FACHBÜCHER FÜR ÄRZTE · BAND III

PSYCHIATRIE
FÜR ÄRZTE

VON

DR. HANS W. GRUHLE
A. O. PROFESSOR DER UNIVERSITÄT HEIDELBERG

ZWEITE, VERMEHRTE UND
VERBESSERTE AUFLAGE
MIT 23 TEXTABBILDUNGEN

BERLIN
VERLAG VON JULIUS SPRINGER
1922

Softcover reprint of the hardcover 2nd edition 1922
ISBN 978-3-642-98623-9   ISBN 978-3-642-99438-8 (eBook)
DOI 10.1007/978-3-642-99438-8

Vorwort.

Ein kurzes Lehrbuch für Ärzte ist kein Buch für Studierende. Es handelt sich hier nicht darum, totes Wissensmaterial für irgendeine Staatsprüfung in möglichst einprägsamer Weise zu vermitteln. Das Büchlein bittet um freundliche Aufnahme bei Ärzten, die in der Praxis stehen. Es hofft ihnen die Augen für vieles zu öffnen, was sich ihnen alltäglich darbietet. Man muß nur gelehrt worden sein, es zu sehen. Neben diesen Gesichtspunkten der Erfahrung stehen Anregungen zum Durchdenken manchen Problems aus der „kleinen" Psychiatrie, das praktisch wichtig ist.

Wenn es mir gelänge, manche Vorurteile gegen die Psychiatrie und ihre angebliche therapeutische Aussichtslosigkeit zu beseitigen und das Verständnis für psychologisch-psychiatrische Tatbestände zu vertiefen, so fände ich mich reich belohnt.

Heidelberg, 15. Mai 1922.

Hans W. Gruhle.

Die Abbildungen und Beispiele entstammen, sofern nicht ausdrücklich anderes vermerkt ist, den Sammlungen der Heidelberger psychiatrischen Klinik (Direktor: Professor Dr. Wilmanns). Für manche freundliche Hinweise bin ich den Herren Professoren G. Steiner und A. Wetzel, sowie Herrn Dr. Mayer-Groß zu bestem Danke verpflichtet.

Inhaltsverzeichnis.

Inhaltsverzeichnis.   V

I. Einleitung.

Ist Psychiatrie nicht eine Wissenschaft für Irrenärzte? Haben nicht nur die Ärzte der großen Heil- und Pflegeanstalten an ihr Interesse? Hat wirklich auch der Arzt mit allgemeiner oder besonderer Praxis mit ihr zu tun?

Dieser Zweifel entstammt einer viel zu engen Auslegung des Wortes „Psychiatrie". Denn Psychiatrie ist keineswegs nur die Lehre von den eigentlichen Geisteskrankheiten, sondern sie ist eine Wissenschaft, die auch die allerleichtesten seelischen Abweichungen von der Norm behandelt. Und diese beobachtet man selten in Irrenanstalten. Sie sind dem eigentlichen Irrenarzt oft weniger zugänglich als dem Pädagogen, dem Hausarzt, dem Menschenkenner. Gerade weil man in der Praxis des Alltags so häufig auf diese „kleinen" seelischen Abnormitäten stößt, ist ihre Kenntnis so wichtig, ihre richtige Beurteilung so nützlich. Die Vertrautheit mit der „kleinen" Psychiatrie ist dem Praktiker viel wertvoller als die genaue Kenntnis der Symptomatologie der „großen" Psychosen.

Aber in neuerer Zeit hat sich der Kreis dessen, was die psychiatrische Wissenschaft behandelt, noch viel weiter gespannt. Nicht nur die leichtesten Abweichungen von der Norm (d. h. von dem Durchschnitt) sind Gegenstand der Psychiatrie geworden, sondern diese hat sich immer mehr zur „Lehre vom Verständnis für Menschen", zur praktischen Menschenkenntnis ausgewachsen. Man glaube nicht, daß dies einen Einbruch in das Gebiet der Psychologie bedeute, — so wie dieses Wort für gewöhnlich verstanden wird. Denn Psychologie ist entweder

1. die Theorie der seelischen Erscheinungen und ihrer Verknüpfung[1]), oder
2. die Beschreibung der seelischen Erscheinungen
   a) nach ihrer unmittelbaren Gegebenheit[2]),
   b) nach ihrer äußeren Auswirkung[3]),

wobei die Interessen dieser psychologischen Wissenschaften entweder rein selbstisch (eben psychologisch) oder dienend orientiert sein können (angewandte Psychologie). Psychologie, wie sie heut gelehrt wird,

---

[1]) Systematische Psychologie.
[2]) Deskriptive, introspektive Psychologie.
[3]) Sog. exakte oder naturwissenschaftliche Psychologie.

Menschen-
kenntnis

ist aber niemals Menschenkenntnis im Sinne entweder einer Lehre, einer Theorie des psychologisch auseinander Hervorgehens[1]), oder eine Praxis des menschlichen Verstehens des Nächsten[2]). Es kann jemand noch so sorgsam psychologische Vorlesungen gehört und Werke studiert haben, er wird hierdurch niemals ein Menschenkenner geworden sein. Es ist dies ähnlich, wie man Kunstgelehrte kennt, die über einen reichen Schatz vorzüglichen Kunstwissens verfügen und dennoch niemals in ihrem Leben mit einem einzigen wirklichen Kunsterlebnis begnadet worden sind. Seelenkunde in diesem Sinne eines „Verständnisses" für die seelische Eigenart des Nächsten[3]) wird nicht von der Psychologie gelehrt. — Inwieweit dies vielleicht in Zukunft einmal anders sein wird, oder überhaupt möglich ist, gehört nicht hierher. —

Will heute jemand praktische Menschenkenntnis lernen, so kann er es — rein äußerlich gesehen — nur in der Erfahrung und zwar in jener Erfahrung, die durch die Psychiatrie geleitet wird[4]). Hierin ist zweierlei gemeint: ganz äußerlich findet sich nur beim Psychiater dasjenige Material zusammen, an dem das Verstehen des Menschen erprobt, geübt werden kann. Denn wer hat denn außer ihm noch Menschenmaterial, das eben im einzelnen genau verstanden gelernt sein will, außer allenfalls noch dem Erzieher, dem Lehrer? Ja man kann es unmittelbar so ausdrücken: Jeder, der Wert auf praktische Menschenkenntnis legt, sollte am Material des Psychiaters eine Lernzeit durchmachen.

Aber auch in ganz anderer, innerer Weise vermittelt die Psychiatrie Menschenkenntnis: Man orientiert sich häufig in einer Sachlage am leichtesten, wenn man sie in der Überlegung nach irgend einer Seite hin übertreibt, wenn man sich einen äußersten, einseitig losgelösten Fall konstruiert. Und welche Erfahrung kann mehr und bessere Übertreibungen liefern als die psychiatrische? Finden sich nicht in ihr die heftigsten und tiefsten Gefühle? Lehrt nicht sie, wie die maßverlierenden Leidenschaften in ihrer Auswirkung unerbittlich alle Hemmungen zertrümmern? Zeigt nicht sie alle Grade der leichtesten Denkstörung bis zum völligen geistigen Zerfall, das völlige Darniederliegen des Willens bis zur unerhörten Gewalttat, den leisesten Argwohn bis zum allesbeherrschenden Wahn?

Es bedarf keiner genauen Darlegung, daß an einer so gelehrten Menschenkenntnis dem Arzt ungemein viel liegen muß. Er muß

---

[1]) Z. B. Theorie des Umschlags von Liebe in Haß.

[2]) Z. B. des Verstehens dafür, daß jemand aus Eifersucht tötet.

[3]) Auch die Alltagssprache sagt ja: Du „verstehst" mich nicht.

[4]) Es wird hier keineswegs übersehen, daß eine unendliche Fülle des Materials zur Menschenkenntnis, besser zum Menschenverständnis von der schönen Literatur beigebracht worden ist, einmal im Kunstwerk selbst (Drama, Roman, Skizze), dann im psychologischen Essay, Aperçu, Aphorismus, Epigramm. Man denke — um nur einige hervorragende Namen aus den verschiedensten Zeit- und Kulturkreisen zu nennen — an Theophrast (Charakterbilder) — Angelus Silesius, Friedrich von Logau, — Montaigne, Labruyère, Larochefoucauld, Vauvenargues, Pascal, Chamfort, Abbé Galiani, Rousseau, — Lichtenberg, Nietzsche, — Amiel.
Wer sich für das Thema der verstehenden Psychologie tiefer interessiert, findet mehr in den hergehörigen Kapiteln von Jaspers' Psychopathologie (siehe den Literaturanhang).

Menschenkenntnis besitzen, wenn er unterscheiden will, ob die vor-
gebrachten Klagen wirklich dem vorhandenen Leiden entsprechen,
oder ob sie aus dem übertreibenden Naturell des Kranken heraus verstanden werden müssen. Er muß häufig genug entscheiden, ob irgend
welche subjektiven Symptome überhaupt objektiv begründet sind, oder
in der Gedankenwelt des Erkrankten ihren Ursprung haben. Er muß
aber auch die Gaben und den Charakter der anvertrauten Kinder erkennen, wenn er als Hausarzt, als Schularzt, als ärztlicher Berufs-
berater bei der Einschulung, bei der Berufswahl die große Verantwortung einer Schicksalsentscheidung mit tragen will. Und wenn er
endlich seine ärztliche Aufgabe so weit und so tief faßt, daß er nicht nur
Symptome mildert, Krankheiten heilt, sondern daß er seinen Kranken
auch hernach noch als Berater verbleibt: dies mußt du meiden, jenem
bist du nicht gewachsen — so wird er verstehen, wie notwendig ihm
praktisches Menschenverständnis und auch die Kenntnis ungewöhnlicher Seelenvorgänge ist. Solches Wissen bemerkt auch der zu Führende
bald und ordnet sich nun williger unter.

Aber auch der Arzt wird bald spüren, wie ihn der Erwerb psychiatrischer Kenntnisse (im geschilderten weiteren Sinne) selbst verändert.
Er verlernt den Glauben an die Objektivität der Symptome, an die
Objektivität der Heilmittelwirkung in weitem Maße; — je größer seine
psychiatrische Erfahrung wächst, um so vorsichtiger wird seine Auffassung einer Sachlage, um so sorgfältiger sein Urteil sein. Die raschen
Entscheidungen des Anfängers oder wenig Erfahrenen — bewußte
Täuschung, böser Wille, elende Willensschwäche, schlechter Charakter,
alberne Einbildung, glänzende Heilwirkung, vorzügliches Ergebnis —
werden immer seltener werden. An Stelle eines primären begeisterten
oder ablehnenden Werturteils tritt ein ruhig abwägendes Verständnis;
das Werturteil bleibt immer häufiger aus. Dabei treibt ihn die Kenntnis zahlreicher Irrtümer seiner Fachgenossen, die gerade auf über-
schätzter Objektivität und mangelnder Seelenkenntnis beruhen, keineswegs in einen übertriebenen Subjektivismus. Er hat ja ein Mehr vor
jenen nur „objektiv“ eingestellten Ärzten voraus, während ihm dabei
die Feststellung des äußerlich nachweisbaren Symptoms keineswegs
fremd wird. Er versucht aus der Paarung von objektiven Anzeichen
und Seelenkenntnis das Wahre zu erkennen.

II. Symptombilder.

Genau wie bei der körperlichen Untersuchung so entdeckt der untersuchende Arzt zuerst auch an dem seelischen Verhalten nur einzelne Anzeichen. Und erst eine längere Beschäftigung mit dem einzelnen Fall erlaubt bei fortschreitender allgemeiner psychiatrischer Erfahrung diese einzelnen Anzeichen zu Symptomgruppen, diese wiederum zu Krankheitsbildern zusammenzufassen. Aber zahllose auffällige Äußerungen des Seelenlebens, die der Arzt an seinen Kranken festzustellen Gelegenheit hat, entspringen gar keiner seelischen „Erkrankung", sondern sind nur Gesten, Ausdrucksweisen des Individuums. Der Arzt wird naturgemäß jene seelischen Zeichen besonders häufig beobachten, die die Reaktion des Kranken auf sein körperliches Leiden darstellen. Sehr viele, ja im strengeren Sinne natürlich alle körperlichen Leiden werden eben von seelischen Symptomen begleitet, nur ist der Arzt meist nicht gewohnt, auf sie zu achten. Die Erziehung der jungen Mediziner unserer Tage ist ja leider mehr auf Technik als auf Verständnis eingestellt.

A. Störungen der Quantität (Stärke und Zahl).

Wenn nun zuerst die Aufmerksamkeit des Lesers auf diese einzelnen Anzeichen gelenkt werden soll, so erfaßt sie seelische Elemente. Doch ist hier der Ausdruck Element nicht wie in der Chemie, sondern viel eher bildlich zu verstehen. Man darf das Seelenleben auch nicht mit einem Mosaikbild vergleichen, aus welchem jedes einzelne Steinchen gelöst und herausgenommen untersucht werden kann. Man meint vielmehr, wenn man von seelischen „Elementen" spricht, relativ einfache, nur durch die Betrachtung herausgehobene, in Wirklichkeit aber nicht zu sondernde seelische Vorgänge. Man schafft solche Einheiten durch die Auswahl, ähnlich wie man bei einer Erforschung der Gesellschaft (je nach dem Standpunkt) das Individuum oder eine Gruppe als gesellschaftsbildende Einheit auffassen kann.

Als psychologische Einheit in diesem Sinne gilt von jeher die **Empfindung.** Aber wohlverstanden nicht die Empfindung, wie man sie als eine Erregung etwa der Vater-Pacinischen Körperchen, der sensibeln Nervenbahnen, der verschiedenen Stationen des Rückenmarks usw. zu fassen gewohnt ist, sondern der Empfindung, sofern sie als

meine Empfindung in meinem Bewußtsein erscheint[1]). Was kann
nun an dieser Empfindung seelisch abnorm sein? Wenn mir ein Bein-
amputierter erzählt, er habe ein „eigenartig zerrendes Gefühl" (er
meint eine solche Empfindung) in seinem (gar nicht mehr vorhandenen)
Fuß, so mag hieran mancherlei ungewöhnlich sein: — seelisch abnorm ist hieran nichts. Wenn ich dagegen sehe, wie ein Mann auf dem
Jahrmarkt auftritt, der sich Nadeln tief in die Glieder sticht, ohne
dabei die mindeste Schmerzäußerung zu verraten, und wenn ich ihn
sogar glaubhaft versichern höre, daß er wirklich den Schmerz nicht
spüre, so erscheint dies seelisch abnorm. Denn eine Untersuchung
des Mannes ergibt ja völlig normale Sinnesorgane, völlig gehörige Reiz-
leitungen usw. Wo anders kann hier das Ungewöhnliche liegen als
in der Psyche? Vielleicht, so könnte man sagen, ist der Mann auf dem
Jahrmarkt im Besitz einer besonderen Gabe, den Körperschmerz nicht
zu „beachten" (oder wie immer man sein Verhalten auch bezeichnen
will). Dann wäre eben diese besondere Gabe seine Absonderlichkeit.
Aber kennt nicht schließlich jeder einmal einen Augenblick in seinem
Leben, da er einen Schmerz „übersah"? Im Kriege hat man reichlich
Gelegenheit gehabt, Leute zu beobachten, die in der ungeheuren Spannung eines Gefechts gar nicht bemerken, daß sie verwundet worden
sind, und die erst vom Kameraden aufmerksam gemacht werden müssen:
Du blutest ja. — Bei einer Zirkusvorführung wird ein Reiter abge-
schleudert und bricht den Fuß. Doch ist er infolge des heftigen Zornes
über sein Mißgeschick und durch den aufgestachelten Ehrgeiz imstande,
mit einem Satz trotz des gebrochenen Fußes wieder in den Sattel zu
springen. Erst jetzt bemerkt er den Schmerz. — Es ist nichts grundsätzlich anderes, wenn jemand in der Aufregung etwas übersieht; es ist
nichts anderes, wenn der geistig konzentriert Arbeitende das Schlagen
der Turmuhr überhört und, darauf aufmerksam gemacht, dennoch
nach einiger Zeit zu sagen vermag: jawohl, jetzt erinnere ich mich, es
hat geschlagen.

Man ist vielleicht geneigt, solche Ereignisse des Überhörens, Über-
sehens, Überempfindens noch dann als normal gelten zu lassen, wenn sie
durch starke Affekte oder stärkste Gedankeneinspannung bedingt sind.
Und man mag vielleicht dieses Symptom erst dann als abnorm gelten
lassen, wenn der Empfindungslose in seinem ruhigen gewöhnlichen
Alltagszustand empfindungslos bleibt. Doch dies ist im Prinzip ganz
gleichgültig. Zahlreiche Zwischenstufen lassen sich finden. Hier kommt
es nur darauf an, festzuhalten, daß dieses Ausgeschaltetsein der
Empfindungen ein interessantes ungewöhnliches seelisches Phänomen
ist. Wie man dieses Phänomen theoretisch fassen will, ist eine Frage
für sich. Man kann sich vorstellen, daß im einen Fall der periphere Reiz
nicht stark genug ist, die gerade anderweit gebrauchte psychische
Energie auf sich zu ziehen, oder daß der Empfindungslose imstande

---

[1]) Man beachte, daß im folgenden zwischen Empfindung und Gefühl streng
unterschieden wird. Ich empfinde etwas, aber ich fühle mich. Ich empfinde
den Zahn als schmerzend, die Füße als kalt, den Sammet als weich, den Arm als
gestreckt — aber ich fühle mich traurig, mich erregt, mich erwartungsvoll usw.

ist, den Zustrom der psychischen Energie zu den betreffenden Empfindungen bewußt und eigenwillig abzustellen. Man kann der Meinung sein, daß (vergleichbar der Selbstumschaltung einer Maschine) sich unter bestimmten Umständen ein Empfindungsgebiet trotz des gegenteiligen Willens selbst ausschaltet[1]). Und man kann endlich davon befriedigt sein, sich außerhalb des Gebietes des rein Psychischen den Sachverhalt so zu denken, daß die Verbindung desjenigen Gehirnrindengebietes, welches mit der Empfindung besonders stark verknüpft ist, mit den übrigen Gebieten der Rinde gestört ist.

Hier ist nicht der Ort, die größere oder kleinere Wahrscheinlichkeit Analgesien von Theorien gegeneinander abzuwägen. Das Symptom der Analgesie Anästhesien (bzw. Anästhesie) selbst wird hier betrachtet. Wo kommt es vor?

Der Arzt kann es überall vorfinden, in allen Altern, bei beiden Geschlechtern. Er entdeckt gelegentlich bei einem anämischen Mädchen als einen Zufallsbefund, daß es halbseitig analgetisch ist. Er wundert sich vielleicht, daß es bei der Blutentnahme so wenig reagiert und deckt dabei die Hemianalgesie auf. — Der Begutachter findet an einem Unfallsverletzten die seltsamsten analgetischen Zonen. — Der Gefängnisarzt vermag bei einem Häftling, der unter eigenartigen Begründungen das Essen verweigert, eine vollständige Schmerztaubheit festzustellen. — Der Bahnarzt bemerkt nach einem Eisenbahnunglück, daß gleich mehrere Personen an den irgendwie gequetschten Gliedmaßen vollkommen schmerzunempfindlich sind. — Der Arzt des Versorgungsamtes, der eine Dienstbeschädigungsfrage entscheiden soll, entdeckt eine völlige Unempfindlichkeit der linken Hand, während die rechte durchschossen wurde.

Man bedenke, daß es grundsätzlich äußerst wichtig ist, eine solche vorstellungsmäßig, gedanklich entstandene Schmerzausschaltung von einer organischen Analgesie zu unterscheiden. Die letztere entsteht irgendwo in der Peripherie bis zur Eintrittspforte der sensiblen Nervenleitung ins Hirn oder in diesem selbst auf irgendeinem mechanischen, chemischen, thermischen Wege. Dabei wirken keine Gedanken mit, sondern die Sinneswerkzeuge (Schmerzpunkte)[2]) oder die Reizleitung, oder die Reizaufnahmestationen des Zentralnervensystems sind irgendwie grob organisch (photographierbar) geschädigt, so daß die Seele überhaupt gar keine Empfindung empfängt, oder — richtiger ausgedrückt — so daß sie gar keinen Reiz empfängt, den sie als Empfindung buchen kann. Bei der psychischen Ausschaltung hingegen empfängt die Seele den Reiz sehr wohl, aber sie nimmt keine Notiz von ihm. Ähnlich wie ich bewußt und absichtlich bei einem Vortrag das störende Abendläuten ausschalte, um mich in meinem Gedankengang nicht irre machen zu lassen, ähnlich schaltet der hysterische Seelenmechanismus unabsichtlich und unbewußt z. B. die gesamte Schmerzempfindung aus.

---

[1]) Ähnlich wie einem dann ein Name besonders schwer einfällt, wenn man sich heftig auf ihn besinnt.

[2]) Die Defekte der Sinnesorgane selbst (Farbenblindheit u. dgl.) gehören ja nicht in das Gebiet der Psychiatrie.

Unterscheiden sich nun solche psychisch bedingten Schmerztaubheiten im Befund von den organischen, etwa solchen, die durch eine Nervendurchtrennung verursacht werden? Man pflegt in der Neurologie auszuführen, daß die organischen Taubheiten dem Ausbreitungsgebiet eines Nerven folgen, während die seelischen Ausschaltungen der Empfindung meist eine vorstellungsmäßige Einheit, einen ganzen Arm, eine halbe Seite usw. umfassen, oder strumpfförmig, manschettenförmig usw. seien. Auch seien die psychogenen Zonen meist schärfer abgegrenzt. Dies trifft sicherlich in den meisten Fällen zu. Denn da der Kranke (als Laie) keine Kenntnis von dem Ausbreitungsgebiet eines Nerven hat, kann er demnach dort auch nicht vorstellungmäßig (wenn auch unbewußt) die Empfindung ausschalten. Doch läßt dies Unterscheidungsmerkmal gelegentlich, nämlich dann im Stich, wenn es sich um halbseitige oder totale Analgesien handelt[1]). Auch kommt es vor, daß ein Arzt beim Kranken eine seelische Empfindungslosigkeit entlang einer Nervenausbreitung selbst erzeugt. Man sieht nämlich nicht selten, daß die Prüfung auf Schmerzempfindlichkeit falsch vorgenommen wird.

Selbst erfahrene Neurologen begehen dabei oft grundsätzliche Fehler, da sie sich den psychischen Ursprung des Symptoms nicht genügend gewärtig halten. Man kann es erleben, daß ein Nervenarzt den nicht organischen Charakter einer umschriebenen Tastempfindungstaubheit aufzeigen will: es glückt ihm auch, daß er nicht das Versorgungsgebiet eines Nerven als tasttaub aufweist, sondern irgend eine bizarre Taubheitszone herausbekommt. Aber er ist sich dabei selten klar, daß er diese eigenartige Taubheitszone geschaffen hat, daß es seine wenig geeignete Fragemethode war, die dieses seltsame Ergebnis zuwege brachte, und daß es viel weniger ein Erzeugnis des Kranken ist. Man kann — ist man etwas geübt — in solchen Fällen je nach der Art der verwendeten Fragen, hintereinander die verschiedensten empfindungslosen Zonen herausbekommen, eine immer bizarrer als die andere. Dabei ginge man gänzlich irr, wenn man etwa bei dem Kranken eine Täuschungsabsicht annehmen wollte. Nur die Suggestivfragen zeitigten gerade dieses Ergebnis[2]).

Ärztliche ungewollte Suggestion

Doch würde man wiederum in der Annahme irren, daß es also nur die Suggestivfragen sind, die die Ausschaltung herbeiführen. Die Sachlage ist viel verwickelter; zweifellos kommen auch Analgesien und Anästhesien vor, ohne daß der Betroffene bisher überhaupt danach gefragt wurde.

Überlagerung organischer Störungen durch psychogene Mechanismen

Die größten Schwierigkeiten für die Entscheidung, ob organisch oder psychisch[3]), machen diejenigen Kranken, welche wirklich eine anatomische Schädigung davongetragen haben (Schuß, Quetschung), welche also auch wirklich „organische" Folgen dieses Traumas haben, bei

---

[1]) Auf die kortikalen Empfindungslähmungen kann ich hier nicht eingehen.

[2]) Fragen wie: Spüren Sie es auf der einen Seite anders wie auf der anderen? — Geben Sie einmal Obacht: ist es rechts eben so wie links? — Fühlen Sie nur am Arm nichts oder auch am Hals? — Hier tut es doch nicht mehr weh? — — usw. sind ganz zu verwerfen (bei jeder Tast-, Temperatur- und Schmerzempfindungsprüfung).

[3]) Man stellt häufig gegenüber: organisch oder funktionell und organisch oder psychogen. Über diese Ausdrücke siehe später.

denen aber außerdem noch eine seelische Empfindungsstörung hinzugetreten ist.[1]) Ja man sieht, besonders war dies im Kriege der Fall, einzelne Kranke, bei denen eine zweifellose sensible Nervendurchtrennung mit entsprechendem Ausfall sich langsam wiederherstellte (die Reflexe beweisen dies), während nun allmählich eine vorstellungsmäßige Tast- und Schmerztaubheit die ursprünglich organische Taubheit ablöste. Man kann als Arzt bei der Beurteilung solcher Fälle gar nicht vorsichtig genug sein[2]).

Die Ausschaltung der Tast- und Schmerzempfindung ist weitaus am häufigsten[3]). Aber man erinnere sich auch, wie im großen Krieg selbst die Tagespresse häufig Notiz von jenen Soldaten nahm, die infolge einer Verschüttung das Gehör verloren hatten. Es wurden besondere Einrichtungen für diese Kriegsertaubten getroffen, ja Lippenablesekurse geschaffen, damit sich jene Ertaubten weiter durch das Leben fänden. Durch solche Maßnahmen wurde der Mechanismus der seelischen Ertaubung natürlich noch mehr befestigt, während durch eine geeignete Suggestivtherapie das Übel sehr schnell hätte behoben werden können. Man wird sich auch erinnern, gelegentlich in den Zeitungen von einem Mädchen gelesen zu haben[4]), das infolge eines Schreckens (etwa beim Anblick einer Feuersbrunst) das Augenlicht verlor. Untersucht man solche Persönlichkeiten, so findet man eine völlige Erblindung und bemerkt trotzdem, daß die Erkrankten, wenn sie im Zimmer umhergehen, sich nicht an den Gegenständen stoßen. Doch baue man nicht zu sehr auf diese Erfahrung, es gibt auch Persönlichkeiten mit normalem aber ausgeschaltetem Sehvermögen, die sich völlig gleich echten Blinden benehmen.

Gesichts-
feld Äußerst vorsichtig sei man auch bei der Prüfung des Gesichtsfeldes am Perimeter. Man erkläre dem Kranken den Mechanismus, setze sich zuerst selbst daran und lasse von einem Gehilfen an sich selbst einige Stichproben machen. Dann nehme der Kranke Platz, werde zu lebhafter Aufmerksamkeit und zu sofortigem Ruf ermahnt, sobald er die Marke erblickt. Nun aber frage man nichts mehr! Keine Ermunterungen! „Nun sehen Sie immer noch nichts?" Oder: „Das ist doch ganz unmöglich, Sie müssen doch die Marke gesehen haben." Mit solchen Zurufen schafft man selbst das Gesichtsfeld, nicht der Kranke. — Infolge der sehr verwickelten Umstände beim Perimetrieren kann man auf Gesichtsfeldfeststellungen, die irgendwelchen Krankenakten beiliegen, nichts geben, wenn nicht die besondere Sorgsamkeit der Prüfung gesichert ist.

Man erfährt es immer wieder gelegentlich, wie gescheit sich ein Arzt vorkommt, wenn er eine neue Vorrichtung zur Entlarvung von

---

[1]) Auch bei der multiplen Sklerose und der Syringomyelie kommt eine solche Mischung vor.

[2]) Über die genauere Methodik der Empfindungsprüfung ist im übrigen ein neurologisches Lehrbuch nachzuschlagen. — Man denke auch daran, daß die Erweiterung der Pupillen bei Schmerzreiz (Nadelstich) bei organischen Analgesien fehlt, bei psychogenen fast immer erhalten bleibt. —

[3]) Über Ausschaltungen des Geruchs und Geschmacks wurde mir aus eigener Erfahrung nichts bekannt.

[4]) Die Notiz kehrt alle paar Jahre wieder.

Simulanten erfunden hat, etwa einen unter dem Bett heimlich angebrachten Lärmapparat oder ähnliches. Man wird ja in der Tat mit solchen Einrichtungen bei wirklichen Schwindlern manchen Erfolg erzielen. Aber man möge doch endlich mit der weitverbreiteten Meinung brechen, daß jeder nicht nachweisbar organisch Kranke ein Schwindler sei. Hierüber wird im III. und VII. Hauptteil noch ausführlicher gesprochen werden.

Bei der Prüfung, ob eine organische oder seelische Gehörsertaubung (Erblindung) vorliege, hat der Ohren(Augen-)facharzt naturgemäß das erste Wort, aber gerade er wird sich seine Aufgabe erleichtern, wenn er die seelischen Ausschaltungen gründlich kennt. Für die Diagnose der seelischen Taubheit bekommt man allmählich, wenn man zahlreiche Fälle gesehen hat, eine bestimmte instinktive Sicherheit. Diese Kranken bewegen sich ganz natürlich, wenig auffällig[1]); sie haben wohl öfters einen etwas ängstlich erstaunten Ausdruck der Augen, doch fallen sie sonst durch keine Ängstlichkeit auf. Während der plötzlich organisch Ertaubte es meiden oder nur mit Widerwillen unternehmen würde, ein Straßengewühl aufzusuchen, Straßenbahnen zu benutzen usw., hat der seelisch Taube dafür meist keine Hemmungen. Er sitzt auch fröhlich mit bei den singenden Kameraden[2]).

Bisher war immer nur von seelischen Ausschaltungen die Rede. Aber es kommt natürlich auch oft vor, daß die Empfindung nicht ganz ausgeschaltet, sondern nur sehr abgeschwächt ist (Hypästhesie, Hypalgesie). Es gibt hier alle Grade. Auch diese Abschwächung kann ebensogut organisch wie psychisch sein. Das soeben von der Ausschaltung Gesagte gilt auch für die Hypofunktionen, ebenso wie es für die Hyperfunktionen richtig ist. Manche Reize, die dem normal eingestellten Menschen nur eben deutlich bewußt werden, rufen bei gewissen Kranken schon heftigen Schmerz oder heftige Abwehrbewegungen hervor (Hyperästhesie, Hyperalgesie). Allgemein bekannt ist ja die Überempfindlichkeit vieler sog. „nervöser" Personen gegen Geräusche und helle Lichtreize. Auch bei körperlich Erkrankten ist eine vermehrte Empfindlichkeit, z. B. gegen das helle Tageslicht oder ein Klavierspiel in der Nähe, häufig zu beobachten. Selbst wenn man sie, z. B. beim Umbetten, noch so vorsichtig angreift, sagt die reizbar verstimmte Fiebernde: „Faßt mich doch nicht so grob an." Sowohl beim körperlich Kranken als beim Neurotiker, besonders beim Kinde, kann die Überempfindlichkeit soweit gehen, daß plötzliche starke Sinneseindrücke (eine zugeschlagene

___

Unter- und Überempfindlichkeit

[1]) Es gibt natürlich auch vereinzelte, die die übertriebensten, läppischsten Gebärden hervorbringen.

[2]) Gerade der Facharzt war bei den im Beginn des großen Krieges Ertaubten oft recht in Verlegenheit, da auch seine Kenntnisse für die neuen Umstände des Krieges nicht ausreichten. So nahm man im 1. Kriegsjahr 1914/15 noch vielfach an, daß die außerordentlichen Alterationen des Gehörorgans bei dem Schall schwerer Granatexplosionen eine organische Schädigung des Labyrinths herbeiführen könnten. Allmählich ist man immer mehr zu der Auffassung gekommen, daß es sich gerade bei diesen Schallschädigungen um psychische Ertaubungen handelt, — von den Zerreißungen des Trommelfells natürlich abgesehen.

Tür usw.) die heftigsten Reaktionen (hysterische[1]) Krämpfe, Weinkrämpfe, Schreianfälle usw.) hervorbringen.

Das Verhalten der Hautreflexe kann keine sichere Entscheidung für die Frage organisch oder psychogen bringen[2]). Wenn früher gesagt wurde, daß die vorstellungsmäßige scharfe Begrenzung der ausgeschalteten oder über- oder unterempfindlichen Zonen das Hauptunterscheidungsmerkmal zwischen seelischer Anomalie und organischer Nervenstörung sei (also strumpfförmig usw.), so kann hier als zweites noch der Wechsel der Befunde hinzugefügt werden. Er spricht durchaus für den psychogenen Charakter. Es kommt vor, daß ich einen Neurotiker untersuche und ihm während der Prüfung der Kniereflexe unversehens einen Nadelstich versetze: er fährt aufs heftigste zusammen. Setze ich nun die Stiche fort, so reagiert er auf den zweiten noch ein wenig, auf den dritten usw. gar nicht mehr: er ist völlig analgetisch geworden. Aber es kommt auch — allerdings viel seltener — vor, daß ein Neurotiker auf den ersten und zweiten Stich usw. immer zunehmend heftiger antwortet. Ja man kann direkt aussprechen: es gibt gar nichts, was hier nicht vorkäme. Die Seele vermag eben alles eigenwillig zu steuern.

Will sich der Arzt über die Empfindungen in einem angeblich erkrankten Körperteil vergewissern, — fragt er also neben der Berührungs-, Schmerz-, Lage-, Temperaturempfindungsprüfung auch nach den spontan auftretenden Mißempfindungen, so wird ihn häufig die Reichhaltigkeit der Schilderungen erstaunen. Der Kranke beschränkt sich nicht nur auf die üblichen unendlich oft gehörten Vergleiche vom bohrenden, klopfenden Schmerz, vom „Gefühl" des Pelzigseins, Ameisenlaufens usw., sondern er erfindet immer neue Vergleiche, um sich ja recht anschaulich auszudrücken. Bei dem einen macht es vielleicht in dem erkrankten Gelenk immer knax, knax; beim andern ist es, als wenn lauter kleine Würmle reinschlupfen täten, aber kaum sind sie drin, schwups sind sie auch schon wieder drauß. Bei einem dritten liegen im Kopfe 2 Kugeln miteinander im Widerstreit; die eine ist größer, die andere kleiner; siegt die größere, so ist eine angenehme Ruhe, siegt die kleinere, so meint man schier, sie wolle überall zum Kopf hinausfahren vor lauter Angst.

Hört man solche Schilderungen, so muß man immer zu entscheiden versuchen: liegen hier wirklich ganz seltsame Mißempfindungen vor, die eben auch seltsamer Vergleiche bedürfen, um richtig geschildert zu werden, — oder sind es die üblichen allgemein bekannten Parästhesien, die nur durch die eigenartige seelische Beschaffenheit der Kranken so merkwürdig beschrieben werden. Diese Entscheidung ist ja praktisch wichtig, denn im ersteren Falle besteht dann offenbar eine ungewöhnliche organische Erkrankung, während im zweiten Falle entweder eine gewöhnliche Erkrankung bei einem seelisch abnormen Individuum festzustellen ist oder vielleicht nur eine seelische Anomalie ohne jede körperliche Erkrankungsgrundlage. Besondere Schwierigkeiten bereiten

Mißempfindungen

---

[1]) Über die Ausdrücke hysterisch, psychogen usw. siehe später.
[2]) Das Fehlen der Sehnenreflexe beweist stets eine organische Störung.

hier die Mißempfindungen des Kopfes und Leibes. Wenn in einer Extremität ganz ungeheuerliche Empfindungen lokalisiert werden, so wird es dem Arzte, der dies Glied objektiv vollkommen gesund findet, leicht fallen, die Schmerzen als „Nervenschmerzen" achselzuckend zu bezeichnen[1]). Damit meint er ja nicht ernstlich, daß nun wirklich die langen Extremitätennerven irgendwie entzündet wären und deshalb diese eigenartigen Empfindungen hervorbrächten, er meint also nicht periphere Neuralgien, sondern er meint — er will es nur nicht so geradenwegs sagen — eine seelische Absonderlichkeit. Beim Leib ist es aber sehr viel schwerer zu entscheiden, was ist organisch, was ist psychisch, was stammt von beiden Seiten her. Wie viele Frauen klagen dem Frauenarzt oder Chirurgen so lange von unerhörten Kreuzschmerzen, die das Leben zur Hölle machen, von rasenden Leibschmerzen, wie wenn Schlangen sich drin winden, von einem schweren Druck, wie wenn Steine hineingefüllt wären, bis er sich entschließt, trotz mangelnden objektiven Befundes den Leib zu öffnen. Meist findet er nichts. Man sagt das freilich der Kranken nicht so direkt. Man erzählt ihr, man habe einige Verwachsungen gelöst, Spangen beseitigt usw. Aber die Schmerzen lassen nicht nach. Sie setzen sich besonders häufig in der Operationsnarbe fest. Es zieht unerträglich. Die früher frische, vor wenigen Jahren noch fleißig Sport treibende Frau ist nun fast dauernd an das Ruhesofa gefesselt. Das Familienleben wird ganz zerstört. Der Ehemann, die Kranke selbst beschwören den Arzt: befreien Sie mich von diesem unerträglichen Leiden. Der Chirurg überlegt: vielleicht eine Wanderniere, eine Enteroptose, eine Verwachsung von der letzten Operation her, eine irgendwie drückende Ovarialgeschwulst? Man operiert abermals und findet nichts. Nun glaubt es allmählich jeder Beteiligte, das Leiden ist „nervös". — Jeder „Nerven"arzt kennt solcher bedauerlichen Fälle eine sehr große Zahl, denn zu ihm gelangen ja diese Kranken doch am Ende.

Aber gibt es denn nun ein Merkmal, solche eigenartigen Mißempfindungen sicher als psychisch bedingt zu erkennen? Keineswegs. Aber der Arzt hütet sich schon vor manchem schnellen Urteil, der Chirurg überlegt wesentlich sorgsamer seine Indikationen zur Operation, wenn er solche Fälle, wie den schematisch soeben geschilderten, kennt. Die Entscheidung: psychisch oder organisch fällt dann um so leichter, wenn der Arzt eben nicht Symptome behandelt, sondern Persönlichkeiten, wenn er die seinem ärztlichen Schutz Vertrauten ihrem ganzen Wesen, ihrem Charakter nach kennt. Doch davon wird später die Rede sein[2]).

Besondere Schwierigkeiten liegen auch immer in der ärztlichen Bewertung des Kopfschmerzes. Es gibt Persönlichkeiten, die jahrelang über die heftigsten, jede Berufsarbeit äußerst erschwerenden Kopfschmerzen klagen, und bei denen doch niemals ein objektiver Befund zu erheben ist. Zweifellos sind dies zum großen Teil Neurotiker, doch

---

[1]) Die Nervenpunktlehre gibt in keiner Hinsicht Aufschluß.
[2]) Siehe im VI. Hauptstück und auch unter Hebephrenie.

kennt der Erfahrene eben auch Fälle, bei denen sich nach langen Jahren allmählich doch ein organisches Hirnleiden herausstellte[1]).

Gewisse eigenartige Mißempfindungen sind andererseits für die nicht organischen Leiden charakteristisch. So z. B. der bekannte Globus hystericus: die Empfindung, als steige eine Kugel vom Leib zum Munde empor, oder als winde sich eine Schlange, ein Wurm vom Magen herauf.

Im großen Krieg ergab die Erfahrung nicht selten, daß die gleiche Motorische Ursache (z. B. eine Verschüttung), welche eine (psychische) Taubheit Ausschaltungen herbeiführte, die Betroffenen auch stumm gemacht hat. Es leuchtet ja von vornherein ein, daß derjenige, der sich nicht mehr reden hört, sich oft auch nicht mehr zu reden getraut, also seinen Sprachmechanismus ausschaltet. Und in recht ähnlicher Weise haben die Kranken mit Anästhesien oft auch motorische Ausfälle (Lähmungen) am gleichen Körperteil. Derjenige, der zu seiner Verwunderung von irgendeinem Glied keine Haut-, Muskel-, Sehnen-, Gelenk- und Lage-Empfindungen mehr empfängt, wird leicht geneigt sein, auch den dortigen Bewegungsapparat von der nervösen Zentrale ganz oder teilweise auszuschalten; hat er ihn doch nicht mehr in sensibler Kontrolle. Aber es kommen selbstverständlich häufig auch motorische Ausfälle ohne sensible Ausschaltungen vor.

Im wesentlichen gilt für die seelischen Lähmungen[2]) dasselbe, was über die seelischen Empfindungsausschaltungen gesagt wurde. Überall dort wird die Erkennung einer Lähmung als einer seelisch bedingten leicht sein, wo jeder organische Befund fehlt. Wenn bei einem Eisenbahnzusammenstoß ein Beteiligter einen heftigen Stoß gegen den Ellenbogen erhielt und nun fürderhin an einer vollständigen Unterarmlähmung leidet, während die elektrische und sonstige Untersuchung der Nerven nicht ein einziges objektives Symptom ergibt, so liegt die Diagnose einer vorstellungsmäßigen Bewegungsausschaltung einfach. Wenn dagegen organische Krankheitszeichen wirklich nicht zu leugnen sind, so ist es oft außerordentlich schwer abzugrenzen, was objektiv, was subjektiv entstanden ist, Eine solche Unterscheidung ist ja schon aus praktisch therapeutischen Gründen sehr wichtig, da eine Psychotherapie ganz anders, oft gerade entgegengesetzt verfahren wird, als eine lokale Behandlung eines organischen Leidens[3]).

Man halte fest, daß eine psychische (hysterische) Lähmung immer eine vorstellungsmäßige Einheit betrifft, also eine ganze Hand, oder die Streckung der Hand, oder den Unterschenkel usw. Niemals entspricht eine psychogene Lähmung dem Versorgungsgebiet eines motorischen Nerven[4]).

---

[1]) Bei der Neurose wird nochmals hiervon die Rede sein. Siehe auch das Literaturverzeichnis.

[2]) Nicht zu verwechseln mit den zerebralen oder zentralen Lähmungen, diese sind organisch.

[3]) Hierüber siehe im VI. Hauptstück.

[4]) Auf die Atrophien lege man differentialdiagnostisch keinen sehr großen Wert; sie können auch bei hysterischen Lähmungen recht erheblich sein. Auch kann eine psychogen gelähmte, wochenlang vielleicht höchst unzweckmäßig getragene Hand cyanotisch und selbst ödematös sein.

Man wird ohne weiteres einsehen, daß es zu sehr eigenartigen Verhaltungsweisen, z. B. einem merkwürdigen Gang, einem bizarren Sichaufrichten usw. kommen muß, wenn nur Teile einer motorischen Gesamtarbeit eines Gliedes ausgeschaltet oder erschwert sind. Durch die Hilfe anderer motorischer Mechanismen versucht dann der Kranke zum gewollten Endergebnis zu kommen. Es entstehen dann alle jenen seltsamen Angewohnheiten, die man im Frieden bei den Unfallsrentenbegutachtungen zuweilen sehen konnte, und die man während des großen Krieges bei den nervös Geschädigten in ungemein großer Zahl immer von neuem bestaunen mußte. Man konnte diese Mannschaften mit ihrem oft geradezu clownartigen Benehmen ja nur mit Mühe vor dem unangebrachten[1]) Mitleid des Publikums schützen. — Umfassen die seelischen Bewegungsausschaltungen nicht nur einzelne Funktionen, sondern schließlich fast den ganzen Körper, so kann der Kranke nicht mehr gehen, ja nicht mehr stehen (Astasie-Abasie).

Schließlich gehören zu den Ausschaltungen auch noch die seelisch-motorischen Fixierungen. Wenn ein Kriegsneurotiker wochenlang mit einer unverrückbar festgehaltenen[2]) Geste herumläuft, als hole er zu einem furchtbaren Schlage aus, so erkennt man leicht, daß dies weder im motorischen noch nervösen Apparat bedingt sein kann, sondern lediglich psychisch entstanden ist[3]). Wiederum ist hier nicht der Ort, zu besprechen, wie man es sich theoretisch zurechtlegen kann, daß der Kranke die Tendenz dauernd ausschaltete, die ursprünglich wahrscheinlich einmal sinnvolle Geste mit Wegfall des Sinnes wieder aufzugeben, und warum er jetzt selbst nach vorsichtiger langsamer passiver Senkung des dauernd drohend erhobenen Armes sofort wieder in die alte Lage zurückkehrt. Er selbst weiß es ja auch nicht, warum er es tut. Zweifellos sind aber alle solchen für gewöhnlich als hysterisch bezeichneten Kontrakturen Phänomene, die zu den seelischen Ausschaltungen, Absperrungen, Abspaltungen, zu den sog. Vorstellungsmechanismen gehören. Man halte fest, daß dies seelische Anomalien sind. Wie wichtig diese Erkenntnis ist, wird erst bei der Frage der Therapie völlig klar werden. Aber schon hier sei der höchst bedauerlichen Tatsache gedacht, daß trotz aller Erkenntnisse über das Wesen der psychogenen Störungen der Vorschlag eines Arztes in unserer Zeit ernsthafte Beachtung fand: man solle den Kriegszitterern Stützkorsetts anpassen, da das Zittern durch eine „Stauchung der Wirbelsäule", eine „Insufficientia vertebrae" verursacht worden sei. Solche abwegigen Meinungen verraten nur die völlige Unkenntnis aller seelischen Mechanismen.

Auch die Tics, die häufig einförmig wiederholten kombinierten Muskelzuckungen irgendwelcher Gebiete (z. B. im Gesicht wie ein Lächeln oder Wegblasen, im Arm wie ein Wegwischen usw.) gehören

---

[1]) Unangebracht, weil es die Störungen regelmäßig verschlimmerte.

[2]) Außer im Schlaf.

[3]) Eigentlich müßten auch die tagelang festgehaltenen Haltungen der Katatoniker (Katalepsien, Stereotypien) der Ordnung halber hier beschrieben werden, wenngleich ihre Entstehungsart anders ist. Doch folgt ihre Erörterung aus äußeren Gründen später.

hierher. Auch sie entspringen häufig (nicht immer) einer ursprünglich sinnvollen Zweck- oder Ausdrucksbewegung, die dann gleichsam erstarrt ist. Manche Tic-Kranke bemerken ihren eigenen Tic nur noch dann, wenn ihre Aufmerksamkeit ausdrücklich darauf hingelenkt wird, andere dagegen erleben ihn als sehr lästig und quälend; er steht dann den Zwangsbewegungen nahe[1]).

Besondere Schwierigkeiten macht zuweilen die richtige Diagnose der Wirbelsäulenverkrümmungen. Auch hier ist keineswegs immer organisch, was auf den ersten Blick organisch erscheint. Es gibt Kyphosen, Skoliosen usw., die fest fixiert und nur einer orthopädischen Behandlung zugänglich zu sein scheinen, und dennoch liegt eine rein psychogene Störung vor: durch einen Unfall, durch eine Verschüttung im Felde waren schmerzhafte Muskelzerrungen entstanden, die eine bestimmte, die geschädigte Seite schonende Haltung des Rumpfes bedingten; diese Haltung wird nun psychogen Wochen, Monate, Jahre fixiert, und die Rückgratsverbiegung ist fertig. Bei der Aufklärung solcher Fälle leistet eine gute Anamnese viel. Kommt man doch nicht zur Klarheit, so entscheidet eine kurze Rauschnarkose die Frage: psychogen oder organisch. Denn einer Narkose hält keine psychische Fixierung stand. Für die Torticollis gilt das gleiche.

Erleichterte und erschwerte Bewegungen
Den Unterempfindlichkeiten entspricht die erschwerte verlangsamte, den Überempfindungen die erleichterte beschleunigte Bewegungsauslösung. Hier sind genau wie dort Vorstellungsmechanismen wirksam. Man erinnere sich, welcher ungemeinen Ausbildung viele Bewegungen durch große Übung fähig sind (Klavier-, Gesangsvirtuosen, Arbeiter an sehr komplizierten Maschinen, Taschenspieler usw.). Besonders die Fakire sollen ja in ihren eigenartigen Produktionen darin ganz Unglaubliches leisten. Man denke an die Präzision der Muskelzusammenarbeit bei Sportsleuten, Akrobaten, und man wird sich beinahe verwundern, daß solche motorischen Überleistungen nicht häufiger in der Sphäre des Krankhaften auftreten. Hier sind es doch fast immer Störungen des gleichmäßig ausgearbeiteten Spieles zwischen Agonisten und Antagonisten, die als abnorm auffallen. Irgendeiner Muskelsynergie fließen übermäßig starke oder zu häufige Impulse vom Zentralorgan zu, und dadurch werden nun andere Synergien gestört; der gleichmäßige Bewegungsablauf ist gehindert. Wenn ich gelernt habe, irgendeine zusammengesetzte Bewegung ganz mechanisch ohne jede Aufmerksamkeitszuwendung zu vollziehen (z. B. Gehen, Radfahren, Sprechen usw.), und ich richte nun plötzlich meine Aufmerksamkeit auf einen Teil dieser Bewegungen oder auf sie insgesamt, so kann ich sicher sein, daß eine Störung eintritt. Laufe ich schnell, je eine Stufe überspringend, die Treppe hinunter, und ruft mir inzwischen jemand zu „vergiß den Brief nicht“, so wird mich das kaum stören. Fällt mir aber beim Herablaufen plötzlich ein, „wenn man hier hinfiele, das wäre recht arg“, so kann ich sicher sein, daß ich stolpere, oder daß doch in die gleichmäßige Folge meiner Schritte ein Rhythmusfehler kommt. So greifen auch hier

---

[1]) Siehe S. 119.

gelegentlich die Vorstellungen störend ein. In diesem Zusammenhang sei z. B. des hysterischen[1]) Schreibkrampfes gedacht. (Nicht alle Schreibkrampfformen und sonstigen Beschäftigungskrämpfe sind hysterisch.) Man kann beobachten, daß jemand im Augenblick starker gedanklicher Konzentration, in irgendeiner heftigen Erwartung oder bei einem stark ablenkenden Geräusch ganz fließend schreibt, aber in dem gleichen Augenblick, in dem er an das Schreiben denkt, ist auch der Schreibkrampf schon da. Auch beim Stotterer hat wohl schon jeder einmal beobachtet, daß die starke Willenszuwendung (übermäßige Innervation) das Leiden zu überwinden, das Stottern erst recht vermehrt[2]).

Es kommt auch vor, daß motorische Bahnen, die für gewöhnlich nur von unbewußten und unwillkürlichen Impulsen durchlaufen werden, bewußt beschritten werden können. So habe ich selbst einen klinischen Tausendkünstler untersucht, der es fertig brachte, seine gewöhnliche Pulszahl durch den Willen nach 2—3 Sekunden um etwa 20 Schläge herunterzusetzen. Wie er dies fertig brachte, ob durch schreckhafte Vorstellungen oder dgl., blieb sein Geheimnis. Bei manchen Psychopathen nehmen die normalen Ausdrucksbewegungen eine abnorme Stärke an. An Stelle des leichten Errötens tritt dunkle bis in den Nacken ausstrahlende Röte. Derselbe Tausendkünstler vermochte durch seinen Willen umschriebenes Schwitzen rein vorstellungsmäßig in etwa $\frac{1}{2}$ Minute zu produzieren. Auch manche Unfallsneurotiker vermögen ähnliches. Es gibt sog. angioneurotische Ödeme, bei denen auf bestimmte zuweilen äußere, immer aber mit eigenen Vorstellungen verknüpfte Einwirkungen hin ein Anschwellen z. B. der ganzen Hand, des Unterarms, einseitig oder beiderseitig eintritt. Es wird berichtet — ich selbst habe derartiges nie gesehen, halte es aber im Grunde nicht für allzu erstaunlich — daß religiös entrückte, in hysterischem Ausnahmezustand befindliche Personen die Wundmale Christi an sich erscheinen lassen konnten[3]). Sicher und nicht zu selten zu beobachten ist es, daß sensitive Persönlichkeiten auf reine Vorstellungen hin Quaddeln (Urticaria) bekamen. Daß alles dies grundsätzlich auch dem Normalen nicht fremd ist, wird ihm einleuchten, wenn er an die Gänsehaut beim Schauer der vorgestellten Kälte und des erinnerten Grausens oder an die außerordentliche Wichtigkeit denkt, die das Vorstellungsleben für die sexuellen körperlichen Vorgänge hat. Mancher bringt es fertig, rein durch seine Phantasietätigkeit ohne irgendwelche körperlichen Manipulationen zu vollkommener sexueller Befriedigung zu gelangen (psychische Onanie).

Die bisherigen Beispiele stammten aus dem Gebiete des Gefäßsystems und seiner Nerven. Aber es gibt auch „Künstler", die ihre

Abnorme Ausdrucksbewegungen

---

[1]) Über die Ausdrücke hysterisch usw. siehe später.

[2]) Bei den organischen Bewegungsstörungen, die mit den Folgezuständen der Encephalitis lethargica zusammenhängen, ist es im Gegensatz zu den psychogenen Störungen oft umgekehrt: da bessert die Aufmerksamkeitszuwendung die Funktion.

[3]) Solche Berichte stammen nicht nur, wie beim heiligen Franz, aus unkontrollierbaren Quellen längst vergangener Jahrhunderte, sondern auch aus unsern Tagen, gestützt auf ausführlich protokollierte Zeugenaussagen.

quergestreifte Muskulatur in ungewöhnlicher Weise innervieren können. So sah ich einen Mann, der die Zacken des m. serratus anterior einzeln zu kontrahieren vermochte, und es wird von anderen berichtet, die gleich einem Neugeborenen, aber willkürlich, mit dem einen Auge hierhin und zugleich mit dem andern dorthin zu sehen vermochten. — Das Zusammenfahren, das jedermann bei einem heftigen Schrecken kennt, kann sich (zumal bei Kindern) so steigern, daß förmliche Krämpfe daraus entstehen.

Bei irgendwelchen Mißempfindungen eines Körperteils z. B. dem rheumatischen Schmerz eines Gelenks hat man wohl nebenbei noch allerlei unangenehme **Gefühle** (z. B. der Ärgerlichkeit, Gereiztheit usw.), doch wird man beide sehr wohl auseinanderhalten können, und niemandem wird es einfallen, die Schmerzempfindung mit dem Unlustgefühl zu verwechseln. Es gibt jedoch Zustände, bei denen eine solch intensive Mischung von Empfindungs- und Gefühlselementen stattfindet, daß eine Analyse schwer fällt. Beispiele nach der Lustseite hin sind die sexuelle Erregung, nach der Unlustseite das Krankheitsgefühl. Fühle ich mich krank, so kann ich zwar einzelne Empfindungsqualitäten aufzeigen (z. B. Fieberhitze, Überempfindlichkeit der Haut, Kopfschmerzen usw.), daneben aber „fühle" ich mich eben krank, d. h. eine ganz bestimmte sonst nicht recht vorkommende Ichqualität liegt vor. Und in solchen Zusammenhängen hat man — nicht ganz korrekt — auch vom Körpergefühl geredet[1]), obwohl es ja ein Empfindungskomplex ist, wenn ich eben nicht „mich", sondern meinen Körper „fühle". Aber zweifellos ist mit diesem Körperempfindungskomplex ein eigenartiges Gefühl eng verbunden. Als Gesunder erlebt man dies deutlich, wenn man in der klaren Winterluft des Hochgebirges auf Skiern zu Tal fährt. Das sind nicht nur Empfindungskomplexe, das ist ein ganz besonderes qualitativ sonst nie erlebtes Lustgefühl.

Abnorme Gefühle

Jedes Gefühl, mag es nun eng mit Empfindungen verknüpft oder ihnen fern sein (Trauer, Spannung), kann einen abnormen Grad erreichen (nach der positiven oder negativen Seite).

Der Hausarzt wird gerufen, weil der 11jährige Hans so trübselig ist. „Seit 4, 5 Wochen wird es immer schlimmer. Es ist ja richtig, er hat Ostern eine schlechte Zensur mit heim gebracht, aber nun ist es schon Juni, und er läuft immer noch so traurig herum. Er geht einem aus dem Wege; weiß man ihn doch einmal zu fassen, so sieht er mit seinen weiten etwas ängstlichen Augen aus, als habe er ein schlechtes Gewissen. Dabei ist sicher nicht das Mindeste vorgefallen. Gestern abend hat ihn meine Frau zufällig gefunden, als er in der Dämmerung auf einer Bank saß und in den Fluß starrte. Helfen Sie uns, Herr Dr., wir haben Angst, am Ende tut sich der Junge noch etwas an."

Die 18jährige Eva aus sozial hochstehender Familie, die bisher in keiner Weise aus dem Durchschnitt ihres Alters und Standes hervorragte, beginnt seit einiger Zeit, sich auffällig zu kleiden. Man bemerkt häufig überraschend geschmacklose grelle Farbzusammenstellungen an ihrem Putz. Gleichzeitig ist sie so lebhaft geworden, sie fällt den Eltern lachend ins Wort, singt laut durchs Haus, hat burschikose Bewegungen, und gebraucht derbe Gassenjungenausdrücke, bei deren Zurückweisung sie sich halbtotlacht. Man sieht, wie sie mit dem alten Kutscher die längsten und scherzhaftesten Unterhaltungen führt. Auch erotisch scheint sie erregt, so daß es selbst dem Gesinde auffällt: unser Fräulein ist nun auf einmal so anders geworden.

---

[1]) Oft auch „Gemeingefühl" genannt. Die Ausdrücke der verschiedenen psychologischen Schulen gehen hier sehr auseinander.

Was ist der Grund, warum in diesen Fällen die Eltern den Arzt zu Hilfe rufen? Was ist beiden Fällen gemeinsam? Nicht die Art der Grundstimmung erscheint auffällig, denn sowohl Heiterkeit als Traurigkeit mit ihren Begleiterscheinungen sind jedem wohlbekannt. Sondern die Dauer und die Stärke des Gemütszustandes (neben der relativen Grundlosigkeit)[1]) sind abnorm. Ein 11 jähriger Junge pflegt nicht so tief und nicht so lange traurig zu sein. Eine 18 jährige Tochter gesellschaftlich obenanstehender Eltern vergißt normalerweise über ihrer Heiterkeit nicht Takt, Geschmack und die Sitten ihres Standes.

Wie leicht übersieht der Lehrer, der Schularzt, der Hausarzt solche Gemütsausnahmezustände, wenn sein Blick, seine ganze Einstellung nicht psychiatrisch geübt ist! Und ist es nicht ein ärztlich befriedigendes Bewußtsein, durch rechtzeitige Erkennung und Behandlung solcher abnormen Stimmungen den Jungen vor dem Selbstmord zu bewahren, das Mädchen vor dem Unglück zu behüten, in ihrer heiteren hemmungslosen Erregung ein Kind zu empfangen? Gerade der Hausarzt im guten alten Sinne als Freund der Familie muß „einen Blick" für abnorme Seelenzustände haben. Und bei dem Arzt, der als Anstaltsarzt Erziehungsanstalten, Gefängnisse, Arbeitshäuser zu betreuen hat oder als Bezirksarzt oder Jugendgerichtsarzt viel mit Verbrechern in Berührung kommt, sollte man schon tiefer dringende psychiatrische Kenntnisse voraussetzen dürfen. Jede Stimmungslage kommt gelegentlich pathologisch gesteigert vor, und jede solche Steigerung bedarf sorgsamer ärztlicher Fürsorge[2]).

Analog den Empfindungen kann man auch von einem Fehlen der Gefühle sprechen. Wenn eine Grundstimmung „herrscht", so unterdrückt sie die ihr nicht vereinbaren Gefühle, aber in der Potenz (und vielleicht schon nach einiger Zeit auch real) sind diese vorhanden. Häufig fehlen sie nur in einem bestimmten Zusammenhang, in dem man sie anzutreffen sonst gewohnt war. Aber dies wird später (S. 48) besprochen werden. Zuweilen beklagen sich Kranke über fehlende Gefühle. Da erzählt eine Schwermütige, deren Hauptkummer ist, unwürdig gebeichtet zu haben, daß sie „gar kein Gefühl mehr habe", wenn sie ihrer Kinder gedächte; sie sei wie tot, wie ausgestorben. Damit trifft sie zweierlei. Sie hat sicher ein Gefühl, sogar ein sehr intensives, sie ist ja trübsinnig. Und diese herrschende Stimmung läßt die Lustgefühle (und dazu gehört doch der freudig betonte Gedanke an die Kinder) nicht aufkommen. Und außerdem ist sie von ihrer depressiven wahnhaften Idee, unwürdig gebeichtet zu haben, so eingenommen, daß sie kaum noch gefühlsbetonte Regungen für etwas anderes aufbringt.

Gefühlsleere

---

[1]) Von abnormen Motiven wird später die Rede sein.

[2]) Man hört gelegentlich einen Arzt darüber klagen, es sei so schwierig, über die Stimmungslage eines Menschen ins Klare zu kommen. Aber wenn man sich selbst kein Urteil aus der Mimik und den Gesten des Kranken zutraut, so frage man ihn doch einfach. Dieses Mittel versagt fast nur bei Stuporen, sonst bekommt man meist erschöpfende Auskunft. Man frage nur etwas geschickt: Wie ist es Ihnen denn zu Mute, fühlen Sie sich frisch, behaglich, lebhaft, zufrieden oder machen Sie sich Sorgen, ängstigen Sie sich um etwas, liegt Ihnen etwas auf dem Herzen?

Alle ihre seelische Energie ist in die eine Form ihrer Schwermut zusammengeströmt. Für das andere ist, wie man zu sagen pflegt, kein Raum[1]). — Die Teilnehmer des großen Krieges haben dies genau kennen gelernt: sie standen so unter dem Eindruck ihrer augenblicklichen Lage, waren so in dem Bewußtsein des jeden Moment möglichen Todes, der Umkehrung aller Lebensverhältnisse usw. befangen, daß sie sich an ihre früheren gefühlsbetonten Interessen nur noch dunkel erinnerten: man ist so leer geworden, hat gar keine Gefühle mehr. Auch hier riß eben ein Vorstellungskomplex die gesamte noch verfügbare seelische Energie an sich[2]).

Heimweh   Aus den vielen Stimmungen, die abnorm gesteigert vorkommen können, sei noch der Heimwehverstimmungen gedacht.

Da äußert eines Tages Marie, ein kleines infantiles 17 jähriges Kindermädchen, seiner Herrschaft schüchtern, sie möchte heim. Man weist sie schroff zurück: sie könne höchstens zum richtigen Termin kündigen, aber daß man sie jetzt plötzlich heimließe, das würde nicht einmal ihren Eltern recht sein. Das Mädchen verliert kein Wort, aber man sieht sie nun häufig verweint, oder man beobachtet, wie sie sinnend vor sich hinstarrt. Sonst ist an dem gutartigen stillen Mädchen nichts weiter auffällig. Eines Tages schreit das kleine Kind der Dienstherrschaft so sonderbar: man findet einen Ausschlag um den Mund. Es fängt an zu kränkeln, niemand errät die Ursache. Da entdeckt die Mutter eines Tages den Sachverhalt: Marie gibt ihm seit etlichen Tagen löffelweise verdünnte Essigessenz ein, um es langsam umzubringen. „Ist das Kind nicht mehr da, dann fällt der Zweck meines Aufenthaltes hier weg, dann kann ich heim.“ So ist des Mädchens kindlicher Gedankengang.

Selbst derjenige, der das Heimweh nie erfuhr, kann sich sonst einfühlen. Aber wer kennt ein so starkes Weh, wie das solcher Nostalgie?[3])

Gereiztheit   Endlich sei noch einer abnorm starken Stimmung gedacht, deshalb, weil sie sehr häufig ist. Es ist die abnorme Gereiztheit. Gutmütige, friedfertige Menschen sind eines Tages wie verwandelt. Schon vom frühen Morgen ab zeigen sie in Mimik und Gesten ein finsteres abstoßendes Wesen. Sie geben auf harmlose Fragen patzige Antworten, verweigern es, die gewohnte Beschäftigung aufzunehmen und lassen sich hinreißen, bei kleinstem Anlaß roh darein zu schlagen. Sie gehen ins Wirtshaus und vertragen an diesem Tag doch nichts. Häufig kommt es dann zu schweren Exzessen, und der Bezirks- oder Gerichtsarzt muß dann später entscheiden: lag ein abnormer Zustand vor, der die ·Verantwortlichkeit ausschloß?[4])

---

[1]) Man spricht in solchen Fällen häufig, wenn auch wenig glücklich, von einer Insuffizienz der Gefühle, Gefühlsleere, auch Gefühlshemmung.

[2]) Dem gegenüber haben diejenigen chronischem geistigen Siechtum verfallenen Kranken, bei denen wirklich ein allmähliches Sterben besonders aller feineren Gefühlsregungen eintritt, bei denen also die Ansprechbarkeit auf Gefühle langsam erlischt, meist kein Bewußtsein dieses Absterbens. Man bezeichnet diesen Verfall als gemütliche Verödung (besonders bei der Dementia praecox).

[3]) Man ist natürlich längst von dem Gedanken wieder abgekommen, daß die „Heimwehkinder“ an einer „Krankheit“ litten. Auch kann man wohl mit Recht annehmen, daß solch intensive Heimwehstimmungen auch qualitativ etwas anders sind als das normale Heimweh. Zum mindesten stehen sich aber beide Grundstimmungen sehr nahe.

[4]) Hierüber siehe im VII. Hauptteil und beim pathologischen Rausch.

Jeder kennt Tage, an denen er vom frühen Morgen an schlechter Laune ist, daran ist nichts Absonderliches. Aber wer kennt Tage, die eine solche Gemütsverdüsterung mit sich bringen, daß man ohne Bedenken einen Fremden halb tot schlägt?

Auch in normaler Gefühlslage drängen die meisten stärkeren Stimmungen zu irgend einer **Entladung**, zu irgend einer Ableitung ins Motorische. Dies ist von jeher so bekannt, daß manche Forscher geradezu meinen, die Willensregung sei gleichsam nichts als das aktivierte Gefühl. Jedermann weiß aus eigener Erfahrung, daß ein freudeerfülltes Kind seinem Affekt durch einen Luftsprung „Luft schafft", daß ein von Sorgen und Ängstlichkeit erfüllter Mann unruhig in seinem Arbeitszimmer auf und ab wandert; — daß ein verzweifeltes Weib schreit und sich das Haar rauft. Und wiederum kennt der Erfahrene nun solche Entladungen, die ihrer Stärke nach abnorm sind. Es ist ein müßiges Spiel mit Begriffen und Worten, wenn man erörtert, ob der **Selbstmord** an sich schon eine pathologische Tat ist oder noch „in die Breite des Normalen" gehört. Fest steht die Tatsache, daß er **häufig** aus Stimmungen hervorgeht, die eine **abnorme** Tiefe und Kraft besaßen. Fest steht die andere Tatsache, daß sich die Schicksalsumstände eines Menschen zuweilen derart verwirren, daß jeder ruhigen Überlegung der Selbstmord als die einzige Lösung erscheint. Hier ist dann **nichts von Abnormität** zu entdecken. Doch gehören diese Fragen schon in den späteren Abschnitt der „Zusammenhänge".

Von schwierigen Überlegungen, von sorgenvollem Nachdenken verschafft wohl jedem einmal ein Spaziergang Erleichterung. Wenn aber ein abnorm Gereizter, wie er oben geschildert wurde, alles stehen und liegen läßt und fast gewaltsam ins Freie stürzt, wenn er ohne ein bestimmtes Ziel zu verfolgen, ohne Nahrung zu nehmen, querfeldein weiter und weiter läuft, bis er erschöpft irgendwo niedersinkt, dann wird jedermann mit Recht von einer abnormen Handlung, von einem impulsiven Fortlaufen, von einem krankhaften Wandertrieb (Poriomanie) reden[1]). Andere Verstimmte bedürfen einer Gewalttat, um sich Befreiung zu verschaffen. Und wiederum ist es dann nicht die **Tatsache** der motorischen Entladung, die als abnorm erscheint, sondern der **Grad der motorischen Intensität:** die erstaunliche Brutalität, das sinnlose Toben z. B. des pathologisch Berauschten. In wieder anderen Fällen ist es die **Zahl der motorischen Impulse,** die weit jenseits des Durchschnitts steht. Der ängstlich Erregte läuft tagelang unruhig umher und findet auch nachts keine Ruhe, so daß er erstaunlich abmagert; die heiter Erregte (wie das früher geschilderte Beispiel Eva) kann sich nicht genug tun in tausend Tändeleien und mutwilligen Scherzen, in unendlichem Reden, Witzeln, Singen und Herumspringen. Erst um Mitternacht zu Bett, fängt sie schon um 3 Uhr früh wieder an zu dichten, zu bästeln oder ihre Umgebung zu plagen. — Die **krankhafte Unruhe** ohne bestimmte ausgesprochene Stimmungsgrundlage wird vor allem dem Kinder- und Schularzt gelegentlich auffallen. Die Lehrer

Entladung

Abnorme Impulszahl

---

[1]) Bei epileptoider Psychopathie siehe S. 81 und bei Epilepsie siehe S. 145.

2*

des ersten Schuljahres müssen oft eine bewundernswerte Geduld bewahren, um solcher unruhigen Quälgeister allmählich Herr zu werden.
Vor allem die Lehrer der Hilfsschulen werden unter ihrem schwachsinnigen Schülermaterial manchen solchen zappligen Buben zu ertragen
haben[1]). — Auch das Gegenteil, die abnorme Impulslosigkeit, Trägheit,
Aboulie findet sich gerade unter den Kindern nicht selten. Es sind
dies Kinder, in denen von selbst überhaupt nichts vorzugehen scheint,
die sich minutenlang kaum rühren, und wenn sie sich doch einmal bewegen, so erfolgen alle Bewegungen, selbst der Blick des Auges, langsam
und schwerfällig[2]). — Wenn der Arzt zu einer älteren Frau gerufen
wird und ihm die Angehörigen erzählen, daß die Mutter seit Wochen
immer stiller und stiller geworden sei, sie verlasse das Haus gar nicht
mehr, äußere keine Wünsche, keine eigenen Ansichten, klage aber auch
über nichts, — so wird der Arzt (selbstverständlich ohne eine genaue
körperliche Untersuchung zu versäumen) sich alsbald die Frage vor-
legen müssen: Liegt' hier nicht eine krankhafte Willensschwäche, eine
Aboulie, eine Hemmung vor? Und in der Tat, wenn er dann die Kranke
abgemagert und schwach findet, ohne daß ein objektives Krankheits-
symptom auf körperlichem Gebiete zu finden ist, wenn sie leise und
einförmig redet, ihre Entschlußunfähigkeit bestätigt, ihre Willenlosig-
keit zugibt, so wird der Arzt nicht fehlgehen, wenn er als Symptomen-
bild eine ernste Willenshemmung krankhafter Art feststellt[3]). Solche
Kranke fangen wohl einen Brief an, schreiben den ersten Satz, aber
dann ist ihre Willenstätigkeit erschöpft, trübe starren sie auf den Brief-
bogen. Kommt jemand hinzu, so raffen sie sich vielleicht zu einem
neuen Briefanfang auf, um nach abermals wenigen Worten wieder in
sich zu versinken. So kann man es z. B. erleben, daß eine derart aboulische Kranke an einem ganzen Tage nichts fertig gebracht hat als
sieben angefangene Briefe. Dabei geht nicht einmal immer etwas in
den Kranken vor, sie sind nicht etwa stets durch irgendwelche Vorstellungen oder Befürchtungen ausgefüllt, sondern sie sind oft tatsächlich leer: die Hemmung des psychischen Geschehens kommt einem
Stillstand der Maschine fast gleich. Es geschieht in solchen Fällen,
daß man auf eine einfache Antwort buchstäblich 60 Sekunden, ja noch
länger warten muß. Und für den ungeduldigen Untersucher entsteht
hier oft die Gefahr einer ernstlichen Täuschung. Man erlebt es nicht
selten, daß Anfänger solche Kranken für dumm oder verblödet halten,
man findet selbst in gerichtlichen Gutachten zuweilen die Sätze: der
Kranke gibt auf die einfachsten Fragen keine Antwort und beweist
damit einen Zustand vorgerückter Verblödung. Hier hilft nichts als
eine sorgsame, geduldige, eindringliche Beschäftigung mit dem Kranken.
Deshalb, weil jemand keine Antwort gibt, braucht er die Fähigkeit
dazu an sich noch keineswegs verloren zu haben. Man spricht eben
deshalb in Fällen, wie sie eben geschildert wurden, nur von Hemmung

---

[1]) Bei erethischer Imbezillität siehe S. 73.
[2]) Vor allem finden sich solche Typen unter den torpid Schwachsinnigen.
Siehe S. 73.
[3]) Meist als Ausdruck einer Melancholie.

(Pseudodemenz), nicht von Verödung, nicht von Verlust. Auch der Lehrer, die Eltern, der Laie überhaupt sind leicht geneigt, ein lebhaftes Kind für klüger zu halten, als es ist, ein stilles langsames dagegen zu unterschätzen. Man hüte sich hiervor. Das Tempo und die Zahl der Willensimpulse hat mit Denkvorräten und Denkfähigkeiten an sich nichts zu tun.

Mit einer besonderen Störung der Initiative hat uns das Studium der neuerdings nicht seltenen Encephalitis lethargica vertraut gemacht. Manche unter diesen Kranken vermögen auf eine äußere Aufforderung oder auch auf einen inneren krampfhaften Entschluß hin einen Gedanken oder eine Handlung zwar richtig zu vollenden. Sobald aber dieser Einzelentschluß ausgeführt ist, verharren sie in langdauernder Willensindifferenz.

Ein gebildeter Kranker von Steiner-Mayer-Groß beschreibt dies sehr gut (Zeitschr. f. d. ges. Neurol. u. Psychiatr. 73, 1921, 294): „Charakterisiert wird diese Zeit dadurch, daß mir zu jeglicher Handlung, auch der kleinsten, nebensächlichsten, wie z. B. Pfeife ausklopfen, Holz aufs Feuer legen u. dgl., völlig der Impuls fehlte. Jede Bewegung war das Resultat einer bewußten Überlegung. Geistig war es ebenso. Ich war nicht imstande, mir aus eigenem Interesse oder Gefühl über irgend einen Vorfall ein Urteil zu bilden. Nur aus der Überlegung heraus, daß man sich anstandshalber ein Urteil bilden müßte, bildete ich mir ein solches ... Dieses Fehlen des Impulses ging so weit, daß ich immer einen Energiestreik befürchtete, d. h. befürchtete, daß mir plötzlich zu jeder Bewegung die Energie fehlen und ich in der Lage verharren würde, in der ich mich gerade befände.“

Nun gibt es freilich auch Kranke, besonders alte Leute, bei denen die Initiative nicht gehemmt, sondern wirklich erloschen ist. In den Alt-Leut-Spitälern sieht man so manches Mütterchen, in der wirklich gar nichts mehr vorgeht, die aller Einfälle bar ist. Und zugleich mit der Initiative — häufig auch schon sehr viel früher — verschwinden **die geistigen Vorräte.** Die Erinnerungen „verblassen“, so pflegt man in gutem Vergleich zu sagen. Es treten auch derartige Störungen auf, wie sie im 3. Abschnitt dieses Hauptteils als Störungen der Zusammenhänge besprochen werden. Aber vor allem gehen die einzelnen Inhalte verloren, das Gedächtnis wird schlecht. Man kann nicht dringend genug davor warnen, das subjektiv schlechte Gedächtnis mit dem objektiv schlechten gleichzusetzen. Zahlreiche, besonders überarbeitete Leute klagen über ein schlechtes Gedächtnis. Prüft man sie genau, so findet man, daß sie zerstreut sind, sich nicht recht konzentrieren können usw., also daß sie an Störungen leiden, die nicht hier in diesen Zusammenhang gehören. Ihre wirklichen geistigen Vorräte aber, das aufgespeicherte Gedächtnismaterial, zeigt sich als unvermindert. Der Arzt erweist dem Hilfesuchenden oft eine rechte Wohltat, wenn er ihm nachweist, daß die beklagte Gedächtnisabnahme nur scheinbar ist; daß der wegen dieses Symptoms Beängstigte[1]) wohl unruhig, zerstreut, zerfahren usw. ist, kurz das, was man nervös nennt, — daß aber sein Erinnerungsvermögen keinen Schaden erlitt. Man unterscheide immer genau: kann jemand nicht auf etwas kommen oder hat er es wirklich

Verlust der geistigen Vorräte

Zerstreutheit

Gedächtnisabnahme

---

¹) Herr Dr. glauben Sie mir, ich werde noch blödsinnig, mir fallen schon die einfachsten Sachen nicht mehr ein.

vergessen. Bei der echten Gedächtnisabnahme[1]) verschwinden die Namen zuerst, dann folgen die anderen Hauptwörter, die Konkretes bezeichnen, dann erlöschen die Hauptwörter für Abstrakta, dann die Zahlen, Eigenschaftswörter, Zeitwörter, Konjunktionen. Man kann geradezu formulieren: Je konkreter eine· Vorstellung ist, um so eher versagt bei der Abnahme des Gedächtnisses das entsprechende Wort. Persönliche Erinnerungen sind zuweilen noch vorhanden, wenn ihre sprachliche Bezeichnung schon unaufweckbar geworden ist. Es ist allgemein bekannt, daß die Gedächtnisabnahme des Alters zuerst die jüngst aufgenommenen Inhalte ergreift, während die aus frühen Jahren stammenden Erinnerungselemente (z. B. die aus der Kindheit) noch lange erhalten bleiben. Man drückt dies auch so aus, daß man sagt, die **Merkfähigkeit** der alten Leute sei schlecht, d. h. die Fähigkeit, Neues hinzuzulernen. Entweder sie behalten gar nichts Neues, oder es „sitzt" nicht mehr recht[2]). Man stellt eine **Merkfähigkeitsprüfung** am besten unauffällig an, indem man sich erzählen läßt, was der Kranke gestern getrieben hat, oder man richtet irgend eine harmlose Frage an ihn, z. B. nach dem Alter des ältesten Kindes, und fragt dann am Schluß der Unterredung: „Ich habe Sie doch vorhin nach Ihren Kindern gefragt; was fragte ich doch da speziell?" Man kann aber auch eine eigentliche Prüfung anstellen. Dabei ist es sehr beliebt, zwei Zahlen und einen Städtenamen zu nennen mit dem Auftrag, sich alles genau zu merken. Nach etlichen Minuten fragt man dann wieder danach. Diese sogenannten wissentliche Methode eignet sich deshalb nicht so sehr, weil die Kranken oft erregt und daher schlecht zum Merken disponiert sind. Die unwissentliche Methode, für die soeben das Beispiel mit dem Alter des Kindes gegeben wurde, ist zum mindesten noch nebenbei anzuwenden[3]).

Neben dem Verlorengehen der Gedächtnisvorräte oder dem Unvermögen neue zu erwerben, ist auch der besonders guten Gedächtnisse als abnormer Erscheinungen zu gedenken. Es gibt **Gedächtniskünstler**, deren Leistungen dem Normalen gar nicht mit rechten Dingen zuzugehen scheinen. Ein Teil der sogenannten psychologischen Experimentatoren gehört hierher[4]), ferner die Rechenkünstler, die vielstellige Zahlen im Kopf miteinander multiplizieren können.

Auch derjenigen Persönlichkeiten ist in diesem Zusammenhang zu gedenken, die besonders **lebhafte Erinnerungen** haben. Eine Erinnerung, die Vorstellung eines Erlebnisses kann so plastisch werden, daß ich sie einen Augenblick lang von neuem zu erleben glaube. So kann ein Verstorbener, an den ich intensiv gedacht habe, plötzlich wie leibhaftig vor mir stehen.[5]). Besonders bei phantasiebegabten Kindern

Merkfähigkeit

Abnorm lebhafte Erinnerungen

---

[1]) Hauptsächlich bei der progressiven Paralyse und der Altersverblödung.

[2]) Weiteres hierüber siehe unter senile Störungen S. 169.

[3]) Von den akuten Gedächtnisverlusten nach Trauma wird später die Rede sein. Siehe S. 134.

[4]) Z. B. Fly and Slade mit ihrem Erraten der im Publikum vorgezeigten Gegenstände und den dazu gehörenden Fragen: Nun aber sage mir dies, wie aber das usw.

[5]) Pseudohalluzinationen. Siehe S. 29.

kann man das Spiel lebendiger Vorstellungen sehr schön beobachten. Auch die übergroße Lebhaftigkeit der Traumvorstellungen gehört hierher. Sie kann den Träumenden veranlassen, laut zu reden, ja selbst aufzustehen und irgendwelche kleine Handlungen vorzunehmen. Besonders frische Traumvorstellungen können sich auch dem Gedächtnis derart stark einprägen, daß der Wachende zuweilen nicht weiß, war es Traum, war es Wirklichkeit.

Es gibt im Gegensatz hierzu wiederum Personen, deren Vorstellungsleben sehr unentwickelt bleibt, die weder lebhafte noch reichliche Vorstellungen erwerben können. Sie bleiben infolgedessen immer geistig arm[1]). Bei anderen schreitet die Entwicklung, die Neuerwerbung geistiger Inhalte nur sehr langsam fort. Solche Individuen können für ihr Alter lange zurückgeblieben erscheinen (Infantilismus), können schließlich aber doch noch normale Werte erreichen. Endlich kann auf den verschiedenen Vorstellungsgebieten die Entwicklung sich sehr ungleich vollziehen. Hierher gehören die Wunderkinder, bei denen ein einzelnes Gebiet von der Natur bevorzugt wurde, z. B. Kinder, die irgend ein Musikinstrument schon mit 9 Jahren virtuos handhaben, oder solche, die mit 6 Jahren schon überraschend vollkommene und treffende Zeichnungen von Gegenständen aus dem Gedächtnis entwerfen. Wenn solche Kinder einmal dem Arzt in der Praxis begegnen, möge er ihnen besondere Beachtung schenken. Sie sind auch sonst in ihrem Wesen meist sehr schwierig und unausgeglichen und bedürfen einer individuellen sorgfältigen Erziehung. Bremsung der hervorragenden, Entwicklung der zurücktretenden Anlagen ist hier die Haupterziehungsaufgabe.

(Randnote: Vorstellungsarmut)

(Randnote: Wunderkinder)

B. Störungen der Qualität (der Art).

Es war früher schon davon die Rede, daß manche Kranke seltsame Schilderungen von ihren Sensationen geben, und daß es oft schwer sei, zu entscheiden, ob die Empfindungen wirklich eigenartig sind — dann gehören sie nicht in das Gebiet des psychisch Absonderlichen — oder ob die allgemein bekannten häufigen Mißempfindungen eines erkrankten Körperteils nur von diesem Individuum so persönlich aufgefaßt, so eigenartig erlebt, so merkwürdig geschildert werden. Im letzteren Falle ist dies zwar auch etwas seelisch Abnormes, vergleichbar etwa dem, daß der eine ein Straßenerlebnis ganz sachlich trocken schildert, während der andere eine Novelle daraus macht. Aber es handelt sich dabei nicht um qualitativ wirklich neuartige Erlebnisse, nicht um Phänomene, die ihrer Art nach dem normalen Menschen ganz unbekannt sind. Man muß dies wohl unterscheiden: neben den seltsamen Auffassungen und Verarbeitungen gewöhnlicher Erlebnisse, neben den (der Stärke oder Schwäche nach) abnormen seelischen Vorgängen gibt es nun endlich absolut „neue“, d. h. dem gesunden Menschen

---

[1]) Viele Formen der angeborenen geistigen Schwäche, Idiotie, Imbezillität, Debilität. Siehe S. 68.

Krankhaft "neue" Phäno- mene völlig unbekannte psychische Phänomene. Der Arzt kennt sie im allgemeinen nicht, auch ist ihre praktische Bedeutung für ihn nicht sehr groß, doch sind sie theoretisch sehr wichtig, und ihre Kenntnis eröffnet für mancherlei Persönlichkeiten, deren Bekanntschaft man im Leben macht, erst das rechte menschliche Verständnis.

Feine Selbstbeobachter behaupten, daß schon der leichte Alkoholrausch Gefühlsqualitäten hervorbringe, die ganz eigen und mit nichts anderem im Leben gleich zu setzen seien[1]). Ich selbst bin aus eigener Beobachtung davon überzeugt, daß das Fieber einen besonderen Gefühl-Empfindungskomplex herbeiführt, der nicht nur in seiner Zusammensetzung eigenartig ist, sondern spezifische Gefühlselemente enthält. Und schon bei diesen gleichsam unbedeutenden Ausnahmezuständen[2]) muß man von abnormen, von **Neuerlebnissen** sprechen. Möglicherweise gehören auch manche Sexualerlebnisse, z. B. die Erregungen der Sadisten, Masochisten, Fetischisten hierher. Wenigstens lassen manche Selbstschilderungen solcher Persönlichkeiten darauf schließen, daß sie nicht nur die gleiche Sexualerregung, wie sie der gesunde Mann kennt, an anderen Objekten und anderen Handlungen haben, sondern daß sie wirklich andersartige Gefühle erleben. Wie es in dieser Hinsicht mit den echten Homosexuellen bestellt ist, darüber traue ich mir selbst kein Urteil zu. Seelisch eigenartige seltene und daher wenn man will abnorme Erlebnisse kommen wohl auch beim Künstler im Momente künstlerischer Produktion, beim Kunstempfangenden (besonders dem Musiker) auch im tiefsten Nacherleben = Genießen und in dem religiösen Versunkensein vor[3]). Sicher ist das über Glücks- gefühle alles Maß hinausgehende Glücksgefühl (in der religiösen Ekstase) nicht nur eine Steigerung der jedem Gesunden bekannten Glücksstimmung, sondern enthält "neue" Elemente besonderer Art. Man hat diese Zustände der Entrücktheit auf die Erlebnisse der Hypnose[4]) bezogen und von beiden gesagt, sie seien sich sehr ähnlich. Das trifft möglicherweise zu, doch könnte Endgültiges nur derjenige aussagen, der beides selbst erfahren hat. — Sicher ist es aber nicht nur plump, sondern falsch, wenn man weiterhin schließt: da Epileptiker sehr häufig Erlebnisse von Gottbegnadung, von Eins sein mit Gott, von messianischer Erwähltheit haben, so sind alle jene, die solche Zustände erfuhren, Epileptiker. Richtig ist nur der Vordersatz. Wenn ein Vater berichtet, daß sein Kind zuweilen wie erstarrt stehen bleibe, daß sich ein seliges Lächeln über sein Gesicht verbreite, und es dann mit dem verzückten Ausrufe "Mutter" ohnmächtig zusammensinke, so liegt in der Tat der Verdacht einer epileptischen Erkrankung vor. Aber solche Entrücktheitszustände sind nicht nur dem Verlauf der Epilepsie (besonders der dementen Form) eigen, sondern sie sind auch aus der Dementia praecox und von hysterischen Persönlichkeiten wohl bekannt.

---

[1]) Dies mag auch für andere Vergiftungen: Morphin, Haschisch usw. zutreffen.

[2]) Auch das bereits früher erwähnte "Krankheitsgefühl" gehört wahrscheinlich hierher.

[3]) Vielleicht hat das künstlerische und das religiöse Ergriffensein deskriptiv manches gemein.

[4]) Trancezustand.

Ob auch der Gegensatz, das Gefühl völliger Verlorenheit, Verdammtheit, Hoffnungslosigkeit — wie es neben der Paralyse und Dementia praecox hauptsächlich die Melancholie hervorbringt, Gefühlsmomente qualitativ eigener Art in sich birgt, ist mir nicht so sicher[1]). Aber an einer anderen Reihe von Erlebnissen kann ein (der Art nach) völlig neues und sicher krankhaftes Moment beschrieben werden.

Jedermann kennt aus seinem Bekanntenkreis argwöhnische Naturen, als mißtrauisch zu bezeichnende Charaktere, die dazu neigen, irgendwelche Erfahrungen, die sie bei ihren Mitmenschen machen, in besonderer Weise auszudeuten. Der naive frische „natürliche" Mensch nimmt eine Äußerung, eine Handlung seines Nächsten gradlinig auf, ohne darüber zu grübeln, ob hinter ihr noch eine Meinung oder Absicht stecke. Die mißtrauisch disponierte Persönlichkeit indessen sucht hinter allem eine Anspielung, eine Tendenz des anderen. Sie glaubt, man wolle ihr irgend etwas zu verstehen geben, ihr „durch die Blume" etwas mitteilen. Wenn auf der Straße der Gruß eines Bekannten ausbleibt, so schließt der Paranoide: er hat mich nicht sehen wollen. Wenn die erwartete Beförderung eines Beamten nicht ganz pünktlich bekannt gegeben wird, so glaubt er, man wolle ihn übergehen, er habe schon seit einiger Zeit gemerkt, daß man ihm nicht mehr so wohlgesinnt sei. Aber man brauche es gar nicht so deutlich zu machen, er sei nicht so harthörig, er verstehe schon so.

Solchen paranoiden Einstellungen unterliegt wohl jeder einmal; — der eine infolge seiner Anlage leichter, der andere nur durch eine besonders unglückliche Verquickung von Umständen veranlaßt. In allem diesem ist sicher noch nichts qualitativ Abnormes. Aber noch einen Schritt weiter und das Abnorme ist plötzlich da, in überraschender Klarheit. Dem geschilderten Paranoiden versucht der Freund gut zuzureden, er sucht die Tatsachen als solche, deren Deutung als subjektiv aufzuzeigen; er weist das zufällige Zusammentreffen von Umständen nach, die niemand beabsichtigen konnte, und so hofft er noch schließlich den Freund zu überzeugen. Ganz anders aber wirkt folgender Bericht: „Ich kam fremd nach Wien, und da fiel mir gleich, als ich in den Prater kam, die Krawatte eines Herrn als merkwürdig auf, sie hatte so verdächtige grüne Streifen. Und als ich bald darauf ein Glas Bier trinken wollte, und ein anderer Herr am gleichen Tische zu seiner Nachbarin sagte: das nächste Mal ziehst du aber das grüne Kleid an: — da war mir sofort alles klar, da wußte ich gleich, hier ist eine Verschwörung gegen dich, man will dich unschädlich machen und „grün" wird das Wichtigste sein." — Wenn man solches hört, dann ist wohl selbst dem Laien sofort deutlich: hier ist alles Zureden vergebens, hier liegt etwas völlig „Neues" vor, in das sich der Gesunde nicht einfühlen kann. Zu ihm führt aus jener mißtrauischen Charakteranlage kein Übergang herüber. Denn der Argwöhnische (Paranoide) beobachtet tatsächlich Richtiges, d. h. solches, was alle seine Mitbeobachter genau so beobachtet haben. Und erst seine Ausdeutung der Motive der richtig beobachteten Handlungen bei den anderen ist eigenartig. Für den

_____
[1]) Alle diese phänomenologischen Probleme sind noch kaum erforscht.

Paranoiker indessen ist mit der Beobachtungstatsache selbst schon unverrückbar, absolut sicher die Bewußtheit verbunden: hier ist eine Verschwörung. Der Normale würde es wohl kaum bemerken, daß er erst eine grüne Krawatte sah, später von einem grünen Kleide reden hörte. Und er würde, selbst wenn er es bemerkt hätte, vor allem niemals auf den Gedanken kommen, daß sich die Krawatte oder das Gespräch auf ihn beziehen könnte. Der Paranoiker beharrt überlegen lächelnd bei seiner Ansicht: es war alles auf mich gezielt. Die absolute primäre Gewißheit von irgend einem aus der Beobachtung selbst sonst nicht erschließbaren, aber zweifellos vorhandenen und auf ihn gemünzten Tatbestand ist das völlig neue, völlig abnorme Erlebnis der paranoischen Bewußtheit, des Wahns. Ein kennzeichnender Unterschied zwischen beiden Verhaltungsweisen (der argwöhnischen Deutung und des wahnhaften Erlebnisses) ist auch der, daß der Mißtrauische an ein für ihn wirklich auffallendes wenn auch objektiv unwichtiges Erlebnis mit seiner besonderen Deutung anknüpft (ein Freund hat ihn zufällig nicht gegrüßt, bei einer Einladung ist er vergessen worden usw.), während der Wahnkranke gerade in dem Alltäglichen, was er tausendmal sah, nun plötzlich (beim Ausbruch der Krankheit) etwas unerhört Neues erblickt[1]: „Der Bahnsteigschaffner knipste mir das Billett —“ („Nun ja und?“) — „Und da war mir auf einmal klar, daß ich Mannheim nie wieder sehen würde.“ — — „Als ich in Kronstadt ankam, war schon der ganze Ort alarmiert“ (im Frieden!). („An was merkten Sie das denn?“) „Es war gar kein Zweifel, die Leute rannten ganz aufgeregt durcheinander, ein Mädchen rief einige Worte in einer fremden Sprache, ein Bahnbeamter hatte sogar einen Orden an, und ich wußte sofort, also auch hier bist du nun schon wieder verleumdet und verfolgt.“ — Diese primären Wahnerlebnisse gehören mit zum Interessantesten aus dem Gebiet der Psychopathologie. Während die bisherigen Beispiele schematisiert waren, sei noch ein Originalbericht im Auszug hier wiedergegeben, den ein Kranker, unterstützt von sachverständigen Fragen, jedoch ohne jeden Zwang und ohne Suggestion abstattete:

„Er wäre eines Morgens zur Schule gegangen, da hätte er auf dem Wege Häckerling (Streu) gesehen, das sei gestreut von der Mitte der Straße bis zur Schultür. Im Mittelalter habe man so gestreut, wenn ein Mann seiner Frau untreu wurde, und zwar vom Hause des Mannes bis zum Hause seiner Geliebten. Er habe auch erst gesehen, daß man ihn meinte, weil es bis zur Schultür ging. Zuerst habe er an einen andern Mann gedacht. An den Herrn Direktor von der Bank, der hatte sich sittlich an einer Kundin vergangen. Das war bekannt geworden durch eine Gerichtsverhandlung in Bensheim. In den folgenden Tagen habe er auch Schweinefutter und Schweinekot und drei fette Mäuse auf dem Weg gefunden, das ging nicht immer bis zur Schultür. Aber er hätte es doch auf sich bezogen, weil es das erstemal ja bis zur Schultür gestreut war, und weil es immer auf seinem Wege

---

[1] Das Wahnerlebnis kommt nur bei der Dementia praecox vor. Man bringe es nicht mit Sinnestäuschungen durcheinander. Mit diesen hat es grundsätzlich nichts gemein. — Dagegen gehört hierher die wahnhafte Bewußtheit, d. h. die unmittelbare primäre Überzeugung nicht nur von einer Bedeutung, sondern auch von einem Geschehen oder Sein. Z. B. der Kranke „weiß“, daß ihm auf der Straße jemand folgt. Er sieht ihn nicht, noch hört er ihn, aber er ist unbedingt überzeugt, daß der Verfolger unmittelbar hinter ihm steht.

war. Er war der einzige Lehrer, der den Weg ging, es war vollständig ausgeschlossen, daß es auf die Schüler Bezug hatte, denn die Schüler wissen ja von diesen Dingen nichts. Auf dem Wege war mit Öl gezeichnet:

das bedeute die Spur eines Schweines, wenn es zum Eber geführt würde. Wenn er vom Bahnhof kam, sah er draußen vor dem Bahnhof Schweinekot liegen, das sei ihm mindestens zweimal begegnet. — Er habe sich gleich gedacht, das gestreute Futter auf dem Wege müsse aus dem städtischen Faselstall sein, wo Farren, Ziegenböcke und Eber gehalten werden. Das habe er an dem Futter gesehen, das sei so gut gewesen, saure Milch und Kartoffeln, wie es Privatleute nur selten anwenden, weil es zu kostbar sei. — Der Schweinekot habe nicht zufällig vor dem Bahnhof gelegen, sondern wie absichtlich, so daß man direkt hineintreten mußte. „Dort kommen keine Schweine hin, ganz ausgeschlossen." Es seien auch andere hineingetreten, aber er habe gewußt, daß es gegen ihn war, weil die anderen Dinge schon vorausgegangen waren. Das Streuen auf dem Wege usw. sollte ihn herabwürdigen. — „Ich finde den richtigen Ausdruck nicht — ja beschämen, beschämen." „Man wollte andeuten: Du bist ein anrüchiger Mensch, denke ich mir." Es sollte aber keine Anspielung auf Ehebruch sein. Dies Streuen habe die ganzen Jahre gedauert. Auch Brot und Wecken habe er dort liegen sehen. Vor seinem Haus habe er auch hin und wieder Schweinekot gefunden, obwohl dort auch keine Schweine vorbeikämen. „Das muß da hingebracht worden sein, es ist gar nicht anders möglich." Er habe sich gedacht, dazu sei einer bestimmt worden, höchstwahrscheinlich der Faselwärter."

Wenn eine besorgte Mutter den Arzt aufsucht und ihm erzählt, die Tochter äußere jetzt so häufig eigenartige Gedanken: man gehe ihr nach, verdächtige Frauenspersonen drängten sich an sie heran, in der Zeitung habe schon etwas über sie gestanden usw., so nimmt das der Arzt für gewöhnlich viel zu leicht: „Ach, das sind so Einbildungen, die müssen Sie ihr ausreden, da wird wohl wieder so eine unglückliche Liebesgeschichte dahinter stecken." Mit solchen Worten hilft sich der Arzt leider meist aus der Situation, sei es, daß er sich ihr selbst nicht so recht gewachsen fühlt, sei es, daß er die Angelegenheit wirklich viel zu leicht auffaßt. Und doch steckt hinter s o l c h e n Äußerungen immer eine schwere geistige Erkrankung, und der Arzt kann auch in diesen Fällen sehr viel tun. Freilich kann er keine Medizin dagegen verordnen, sondern er muß, wie dies das Kapitel Dementia praecox und der VI. Hauptabschnitt zeigen wird, ganz andersartige Mittel anwenden. Es würde sehr viel Unheil vermieden und manchem Menschen Leid erspart werden, wenn der Arzt solche Fälle ernsthafter auffaßte und ihnen kundiger und energischer zu Leibe rückte.

Neben dem Wahnerlebnis steht als ein krankhaftes „Neu"-Erlebnis noch das Gefühl der „Entfremdung". Man kann es am besten veranschaulichen, wenn man daran erinnert, daß in Fällen starker depressiver Affekte oder auch in Zuständen großer Ermüdung alles äußere Geschehen eigenartig kalt läßt. Man sieht, alles geht wie gewöhnlich seinen Gang, die Straßenbahnen fahren weiter, die Menschen eilen wie sonst durch die Straßen, und doch ist irgend etwas anders geworden. Man fühlt sich daran so seltsam unbeteiligt, es geht einen gleichsam gar nichts mehr an. Man sagt sich sehr wohl: Alles ist gleich, nur du selbst bist anders geworden. Und trotzdem einem der Verstand dies vorhält, schiebt man die Ungewohntheit des Zustandes immer wieder auf den äußeren Eindruck. Man nennt daher das Phänomen die „Entfremdung der Wahrnehmungswelt": das alles ist mir heute so fremd. [Vor allem in Zuständen der Erschöpfung: Entblutung, Verdursten[1])]. — Steigert sich dieser Zustand noch mehr, so tritt eine Art Spaltung in mir selbst ein. Ich erlebe mich als doppelt, einmal als einen, der ganz ruhig die große Standuhr aufzieht und ein Buch zur Hand nimmt, und dann als einen zweiten, der mein eigentliches Ich ist, der den anderen nur beobachtet und noch seine Glossen dazu macht. Jener andere Handelnde, was geht er mich eigentlich an, er ist zwar Ich, aber mein anderes unwesentliches Ich. Ich selbst weiß nur von ihm und schweife irgendwo ganz anders umher oder stehe von ferne betrachtend. — Ein Dichter, der diese Zustände aus eigener Erfahrung genau kannte, hat das Getrenntsein und doch aneinander Gebundensein der zwei Iche dadurch zu kennzeichnen gesucht, daß er schreibt: ein Hündchen laufe immer zwischen seinen beiden Persönlichkeiten hin und her. — Man nennt Doppel-Ich diesen Ausnahmezustand den des Doppel - Ichs, der Depersonalisation. Aber man denke daran, daß man in der Sprache des Alltags, die keinen Wert auf feinere Unterscheidungen legt, unter diesem Namen oder unter der Bezeichnung des Doppelgängererlebnisses auch noch ganz andere Geschehnisse mit umfaßt: die Sinnestäuschungen, die die eigene Person zum Gegenstand haben (man sieht sich selbst irgendwo stehend, liegend, beschäftigt) und das sogenannte alternierende Bewußtsein, von dem bei den Dämmerzuständen noch die Rede sein wird. Beide Phänomene haben mit jenem erstgenannten, echten Doppelicherlebnis wenig zu tun.

Wahrscheinlich grundsätzlich von diesen Erlebnissen getrennt und doch beim Versuch der Veranschaulichung noch am ehesten mit ihnen zu vergleichen ist eine andere Entfremdung. Nicht die der äußeren Ich- Wahrnehmungen, sondern die der eigenen Akte, der inneren Tätigstörung keiten. Ich denke, aber ich denke auch wiederum nicht, es denkt in mir. Ich muß zugeben, daß ich sehr lebhaft dabei beteiligt bin, denn es ist ja eben in mir, aber ich bin es doch nicht selbst, der denkt. Dabei meine ich auch nicht immer — obwohl das vorkommt — daß dieses Denken mir gewaltsam aufgedrungen würde, sondern ich will nur damit sagen, daß mir dieses Denken fremd, daß es nicht mein eigen ist, und daß es daher — wie könnte es denn anders sein — von anderen „gemacht" wird. Ebenso ist es mit dem Fühlen und Handeln. Ich wollte ja eben gar nicht essen und nun plötzlich werde ich zum Essen nicht gerade gezwungen — ich könnte es vielleicht sogar unterlassen — aber von fremder Seite innerlich veranlaßt.

Neben diesem ganz eigenen Phänomen, das vor allem bei der Gruppe der Schizophrenien vorkommt und später nochmals berührt werden wird, steht das andere, daß „man weiß", was ich tue, will, denke, fühle. Es sind zwar meine Gedanken, aber „der andere" denkt mit. Vielleicht weiß die ganze Stadt, was ich in diesem Augenblick denke, aber daß sie es weiß, sagt mir niemand, sondern das merke ich meinen

---

[1]) Das Symptom hat keine schlimme Bedeutung.

eigenen Gedanken an: sie sind eben anders als sonst. — Auch können meine Gedanken gelegentlich „laut werden". Nicht als ob sie direkt laut von außen zu mir sprächen, sondern nur als wären sie nicht nur als Gedanken da, sondern würden gleichzeitig innerlich mit einer unheimlichen Lebendigkeit ausgesprochen.

Noch andere Eigentümlichkeiten der eigenen seelischen Akte, die man alle als „Ichstörungen" zusammenfassen kann[1]), sind bekannt, doch gehören sie alle, so interessant sie wissenschaftlich an sich sind, den „großen" Psychosen an, die für den Arzt praktisch weniger in Betracht kommen.

Gleichsam als Anhang der „Störungen der Art" sei noch der **Sinnestäuschungen** gedacht. Sie nehmen in der Ordnung der seelischen Störungen eine ganz eigene Stellung ein. Denn in ihrer Art, in ihrer „Eigen"schaft sind sie gar nicht abnorm oder brauchen es nicht zu sein. Wie ich eine Stimme höre, darin brauche ich nichts Ungewöhnliches zu erleben, diese Stimme hört sich für mich genau so an, wenn sie tatsächlich von draußen zu mir erschallt, als wenn sie in mir selbst krankhaft erzeugt wird. Das Krankhafte ist nicht die Stimme, so wie sie klingt, sondern die Tatsache, daß die Stimme überhaupt für mich erklingt.

Sinnestäu-schungen

Man ist mit dem Urteil „Sinnestäuschungen" bei einem Kranken meist viel zu vorschnell. Der Kranke braucht nur einmal zu äußern, er habe „Pfeifen" gehört oder etwas Ähnliches, so ist das Urteil: er hat Sinnestäuschungen, schon fertig. Aber man muß hier mehreres unterscheiden.

Wenn ich in dunkler stiller Stube meine Gedanken und Vorstellungen ganz auf ein Jahre zurückliegendes Erlebnis richte, etwa eine Begegnung mit einer bedeutenden Persönlichkeit, die mir starken Eindruck machte, und wenn ich mich immer genauer aller Einzelheiten erinnere: hier war die Türe, und dort war ein Polsterstuhl, auf dem seine Frau saß, gegenüber hing die Klingersche Radierung von der Insel Vilm usw., und dort war die Tür, und da trat er plötzlich herein[2]), — so kann diese Erinnerung eine solche Lebendigkeit für mich bekommen, daß ich unwillkürlich aufspringe, dem Verehrten entgegenzugehen. Erst in diesem Augenblicke werde ich mir wieder der stillen dunklen Stube bewußt. Dies ist keine echte Sinnestäuschung gewesen, sondern nur eine ungemein lebhaft erweckte Erinnerung, eine Pseudohalluzination, wie sie die Fachsprache benennt. Eine wirklich halluzinierte Person erscheint im natürlichen Rahmen, tritt z. B. dem verschmachtenden Verblutenden zwischen den Bäumen des wirklich vorhandenen Waldes hervor; — eine lebhaft vorgestellte Situation löscht die tatsächlich vorhandene Umwelt aus (innere Bilder).

Wenn ich im Nebel durch eine einförmige Kiefernheide reite und durch die Überzeugung, den Weg verloren zu haben, ungeduldig und etwas erregt geworden bin, so geschieht es mir leicht, daß sich die ruhige Besonnenheit meines Urteils trübt und ich einen Baumstumpf

---

[1]) Ichstörungen im weitesten Sinne.
[2]) Der Sprachgebrauch sagt wohl: ich sehe es noch wie heute.

für einen Menschen halte. Das ist keine Sinnestäuschung, sondern ein Irrtum. Meine Sinne haben mir „richtige“ aber recht unbestimmte Eindrücke vermittelt, und ich habe diese Eindrücke nur falsch beurteilt. — Der aufgeregte Kranke hört irgendwo im Hause ein Geräusch und deutet dies so, als werde da sein Grab gegraben. Und wenn man dann etwa in einem ärztlichen Bericht liest: H. hörte, wie sein Grab gegraben wurde, so ist das beileibe keine Sinnestäuschung, sondern eine Falschdeutung. Auf dem Gebiet des Gesichtssinnes ist dies natürlich analog.

Wenn ich mich in die Betrachtung einer alten bemoosten Mauer sehr vertiefe und aus den farbigen Flecken des Mooses und Gesteins mir irgend eine Gestalt zusammenphantasiere, und wenn sich meine Meditation immer tiefer hinein versenkt, so kann es mir für einen Augenblick scheinen, als trete diese Gestalt plötzlich lebendig auf mich zu, als strecke sie mir die Hand aus. Dies ist der Übergang zu den echten Sinnestäuschungen. Denn ich habe eine lebendige, leibhaftige, sinnliche Wahrnehmung, der doch die Welt der Objekte nur zu einem kleinen Teil entspricht. Man nennt eine solche Täuschung eine Illusion[1]). Hier sind also noch wirkliche äußere Grundlagen vorhanden, auf denen das Trugerlebnis aufgebaut wird.

Auf der nächsten Stufe fehlt jede äußere Grundlage, fehlt jeder wirkliche äußere Vorgang, und dennoch erlebt der Kranke den leibhaftigen Eindruck: eine tiefe männliche Stimme sprach deutlich zu mir: „Du bist erwählt.“ Solche echten Sinnestäuschungen sind (außer im Delirium tremens und bei der katatonen Verblödung) übrigens recht selten.

Schließlich gibt es noch Erlebnisse, bei denen sich Pseudohalluzinationen und echte Halluzinationen mischen.

Bei der Pseudohalluzination könnte man die Intensität des Vorstellungsvorganges, die Lebhaftigkeit der Vorstellungen allenfalls als quantitativ abnorm bezeichnen[2]). Bei den echten Halluzinationen ist, wie nochmals betont sei, nicht ihr Sosein, sondern ihr Dasein pathologisch. Aber es kommt doch vor, und es ist im Anfang der Halluzinose sogar die Regel, daß sich der Kranke mit seinen Sinnestäuschungen auseinandersetzt, da er merkt, daß die Erfahrungen der andern Leute mit den seinen nicht übereinstimmen[3]). Er fängt an, sich zu beobachten. Und da erlebt er an seinen Sinnestäuschungen häufig (keineswegs immer) etwas Fremdartiges. Die Stimmen stören ihn, zwingen sich ihm auf, er kann ihnen nicht entgehen. Sie wiederholen vielleicht ziemlich laut seine eigenen Gedanken, aber im Augenblick der Wiederholung sind es seine Gedanken nicht mehr. Irgend ein äußerer real begründeter Sinneseindruck, dem ich nicht entfliehen kann (ein Geräusch, Kanonendonner), kann mich gewiß stören, indem er mich beim Nach-

---

[1]) Leider ganz im Gegensatz zu dem sonstigen Gebrauch dieses Wortes. Das von Hecker vorgeschlagene Wort Pareidolie hat sich nicht eingebürgert.

[2]) Siehe S. 22.

[3]) Hierüber siehe auch bei der Beschreibung des Halluzinanten bei der Dementia praecox.

denken zerstreut macht. Auch eine Stimme, die ich bei offenem Fenster von der Straße höre, kann mich unachtsam machen, um so mehr, wenn ich vermute, daß ihre Worte mich angehen. Aber dieser Stimme haftet nicht diese sich mir irgendwie aufzwingende Eigenart an, diese Alteration meiner Persönlichkeit, über die Halluzinanten so oft klagen.

Man sieht, daß hier wiederum eine Beziehung zur **Ichstörung** vorliegt, über die soeben gehandelt wurde. —

Man hört nicht so selten von einem Gesunden den Wunsch äußern, „wenn ich doch einmal Sinnestäuschungen erlebte, ich kann mir gar nicht vorstellen, wie das eigentlich sein mag." Hierbei kann man auf ein Phänomen hinweisen, welches sehr viele völlig normale Menschen aus eigener Erfahrung kennen: die sogenannten **hypnagogen Halluzina-** *Hypna-* tionen. Es geschieht im Augenblick des Übergangs vom Wachen *goge* *Halluzina-* in den Schlaf häufig, daß man sich plötzlich mit Namen gerufen glaubt, *tionen* oder daß man irgend eine Situation höchst lebendig vor sich sieht. Es kommt vor, daß ein Einschlafender fragt, „wie meintest Du?" obwohl gar nichts gesprochen worden ist. Lernt man sich selbst hierbei beobachten, so gewinnt man vom Wesen wirklicher Sinnestäuschungen doch eine ungefähre Anschauung.

Man kann beim Unterricht in der Psychiatrie immer wieder bemerken, daß der Anfänger Wahnideen und Sinnestäuschungen durch- *Wahn-* einander wirft. Beide Phänomene haben deskriptiv gar nichts mitein- *ideen und* *Sinnes-* ander zu tun. Eine Wahnidee kann ohne alle Sinnestäuschungen ent- *täu-* stehen, und andererseits brauchen Halluzinationen keineswegs zu *schungen* Wahnideen zu führen. Wenn ein schizophrener Kranker erzählt, ich höre Stimmen, so ist dies keine Wahnidee. Erst wenn er an das für ihn ja wirkliche Hören der Stimmen eine geistige Verarbeitung, eine Gedankenfolge anschließt, kann eine Wahnidee, z. B. ein Verfolgungswahn daraus entspringen.

C. Störungen einzelner seelischer Zusammenhänge (einfacherer Ordnung).

Schon früher wurde einmal davor gewarnt, wenn von psychischen „Elementen" gesprochen wird, dieses Wort zu wörtlich zu nehmen. Die Seele ist nicht aus Elementen aufgebaut wie ein Haus aus Steinen. *Seelische* Und trotzdem wird man sich immer wieder dieses oder eines ähnlichen *Elemente* Wortes („Einheit", „einfacher Vorgang") bedienen müssen, wenn man die bisher geschilderten oder andere leicht durch Abstraktion abzusondernden Momente (Empfindungen, Vorstellungen, Gefühle, motorische Impulse usw.) lose zusammenfassen will, so verschieden sie an sich auch sind. Wenn ein populärer Vergleich erlaubt ist, so könnte man diese seelischen einfachen Einheiten vergleichen den einzelnen Stuben eines großen Amtes. Ebenso wie diese Amtszimmer untereinander einen lebhaften Verkehr haben, und alle diese Beziehungen einfacher und verwickelter Art dann schließlich in ihrer Gesamtheit als „das Amt" zusammengefaßt sind, so unterhalten auch die seelischen

Einheiten vielfache Beziehungen zueinander und sind schließlich zu der Gesamtheit der Seele zusammengefaßt.

Von diesen Beziehungen und ihrer Störung soll hier die Rede sein, von den Zusammenhängen, den Verbänden zwischen den Elementen. Solche Verbände sind sehr verschieden verwickelt. Es ist nicht möglich, irgendwelche strengeren Sonderungen in verschiedene Ordnungen vorzunehmen. Doch empfiehlt es sich, an einer Trennung festzuhalten.

In der ersten Gruppe von Störungen mag der Apparat noch so defekt sein, mögen noch soviel einzelne Verbindungen abgerissen sein: es gelingt dem übergeordneten regulativen Moment immer noch, den Gesamtzusammenhang festzuhalten. Ist jedoch dieser Regulator gestört (2. Gruppe), so ist es, wie wenn in dem obigen Bilde der Leiter des Amtes fehle, es beginnt eine Zerrüttung des Betriebes. Im Seelischen ist das nicht so aufzufassen, als wenn allen den untergeordneten Verbänden nun ein bestimmtes aufzeigbares Prinzip, eine Fähigkeit, ein Vermögen, eine Zentralseele regulierend gegenüber stände (nicht etwa das Bewußtsein, nicht der Wille, nicht die Vernunft oder auf was immer man verfallen könnte), sondern viele untergeordnete Ordnungen werden von einem sehr komplizierten höher stehenden Funktionsverbande orientiert[1]), der an sich aber wiederum von den tieferen Ordnungen sehr stark abhängig und ohne sie undenkbar ist. Es ist der Komplex, den man für gewöhnlich als Persönlichkeit (vielleicht auch als Charakter im weiteren Sinne) bezeichnet.

1. Vorstellungs- und Gedankenverband.

Jeder einzelne Inhalt der Seele ist mit zahlreichen anderen schlechthin verknüpft. Man nennt dies assoziiert sein und nennt eine solche Verbindung zweier Inhalte eine Assoziation, ein Paar, oder einen Verband, einen Verein. Neapel-Vesuv, Friedrich der Große — siebenjähriger Krieg, Apfel — Obst, Hunger — Trieb, Schwarz — weiß, a — b; — dies sind einige naheliegende Beispiele einfacher Assoziationen. Sie sind gleichsam der tote Haufen, aus dem die Seele ihr Leben aufbaut. Denn da jeder Inhalt mit sehr zahlreichen anderen Inhalten verbunden ist und mit immer neuen verbunden wird, so muß naturgemäß immer eine besondere Einstellung, ein Richtung gebender Akt, ein regulierendes Prinzip vorhanden sein, sonst wäre das Chaos.

Gehorchen diesem Akt zuweilen die Inhalte nicht?

Gewiß. Ihre Bindung ist dann gleichsam erschwert, und auf der Suche wählt der vorstellungsbelebende Akt einen falschen Weg. Er biegt, wie man wohl gelegentlich bildhaft hört, in eine falsche Gedächtnisspur ein. Dort bieten sich ihm andere Vorstellungen dar, die er aber verwirft, weil er sie unter dem determinierenden Zwang der augenblicklichen Aufgabe nicht brauchen kann. So mag es vorkommen, daß der

---

[1]) Wenn hier häufig von höher und tiefer, oberen und unteren Funktionen die Rede ist, so ist damit nichts anderes als ihre relative größere oder geringere Kompliziertheit gemeint; eine andere Wertung findet nicht statt.

Akt den gesuchten Inhalt überhaupt nicht findet. Es war schon die Rede davon, daß bei manchen seelischen Erkrankungen die Inhalte selbst allmählich ganz verloren gehen (Gedächtnisstörung der Paralyse, der Altersverblödung). Und schon damals wurde nachdrücklich darauf hingewiesen, daß ein wirkliches Vergessenhaben streng zu scheiden sei von einem sich nicht Besinnen können. Hier an dieser Stelle ist das letztere gemeint. Ich will mich auf den Namen des Generals Hötzendorf besinnen. Ich weiß, was ich will, ich habe mein Endziel richtig im Auge, der Akt psychischer Zuwendung ist bereit, aber das Objekt erscheint nicht, die Sprachvorstellung Hötzendorf bleibt aus. Die seelische Kraft ist auf dem Wege gehindert, gestaut, der Inhalt ist abgesperrt, oder welche der vielen möglichen Ausdrucksweisen man auch immer wählen möge. Und während ich noch gleichsam arbeite, mich abmühe, zum deutlich intendierten Ziele zu gelangen, stellt sich plötzlich der Name Holzendorff ein. Ich weiß zwar im gleichen Moment, es ist falsch[1]), ich habe einen verkehrten Weg eingeschlagen, weiß aber gleichzeitig, daß beide Sprachvorstellungskomplexe sich sehr verwandt sind, ganz ähnlich gebaut sind, ganz ähnlich klingen. Es kann geschehen, daß ich den falschen Weg Holzendorff mit solcher Energie beschritten habe, daß er nun besonders gut gebahnt ist, und jedesmal wenn der Akt einen neuen Anlauf nimmt, zu Hötzendorf zu gelangen, biegt er wiederum in die falsche Bahn Holzendorff ein. Die Alltagserfahrung weiß davon sehr wohl, wenn sie äußert: „Denken wir erst einmal an etwas ganz anderes, das Richtige fällt uns dann schon von selbst plötzlich ein."

Bei dem eben gebrauchten Beispiel schiebt sich mir die sprachliche Vorstellung Holzendorff immerfort dazwischen, ohne daß ich genötigt wäre, sie auszusprechen. Schon im Entstehen lehne ich sie ab. In krankhaften Zuständen kommt es aber oft dahin, daß irgendeine sprachliche motorische Vorstellung derart zugänglich geworden ist, so offen daliegt, daß jeder neue sprachliche Impuls des Kranken in diese offene Bahn hineinläuft. Der Kranke will ganz verschiedenartigen Einfällen Ausdruck geben: er will das eine Mal um Wasser bitten, dann erklären, er sei vergiftet, er wolle fort usw., aber alles dies bringt er nicht heraus, sondern bei jedem neuen Ansatz zum Sprechen kommt nichts anderes heraus als z. B. „Treue und Gerechtigkeit". (Wo wollen Sie denn hin, Herr Böhme?) „Treue und Gerechtigkeit". Zuweilen kommt das dem Kranken ganz klar zum Bewußtsein, ohne daß er es abzuändern vermag (z. B. beim apoplektischen Herd), zuweilen hat er keine recht klare Vorstellung von seinem Verhalten (z. B. beim epileptischen Dämmerzustand). Man nennt dies Verhalten Haftenbleiben, Perseverieren.

Gelegentlich öffnet der Willensakt eine richtige und eine falsche Bahn gleichzeitig und als Produkt entsteht eine unwillkommene Verschmelzung. Dies kann im reinen Denken[2]) und ebenso in der motorischen Sphäre vorkommen, z. B. beim Verschreiben. Ich will z. B.

---

[1]) Eine sogenannte Fehlreaktion.
[2]) Häufig im Traum.

Berner Bürger schreiben, entgleise aber, indem ich die beiden Bereit-
schaften vorzeitig verschmelze und Bernger schreibe. Ich will jemand
verbessern und ihm sagen: „Sie meinen nicht Ammerland sondern
Ambach“, verspreche mich aber und sage: „Sie meinen nicht Ammer-
bach, sondern . . .“ Auf diesem Wege läuft bei sensorisch Aphasischen
der Impuls häufig irre, und es entstehen durch solche Verschmelzungen
verworrene Sätze oder Wortneubildungen (Paraphasien)[1].

Auch von den Namen und überhaupt dem Sprachlichen abgesehen,
ereignet es sich häufig, daß ich eine Vorstellung ungewollt immer wieder
reproduziere, weil sie sehr bereit liegt. Durch abermalige Wiederholung
wird ihre Bahn immer offener. So vermag sich ein im Scherz einmal
gebrauchtes Modewort so einzubürgern, daß ich mir die größte Mühe
geben muß, will ich es wieder los werden. Oder mir kommt eine Melodie
nicht wieder aus dem Sinn, ein Zitat verfolgt mich, ein Gedanke läßt
mich nicht mehr los, immer wieder steht plötzlich ein Bild vor meinen
Augen usw. In diesen Worten, die hier der Sprachgebrauch anwendet,
liegt meist schon das Zwanghafte angedeutet. Aus irgendwelchen
Gründen[2]) ist der Zugang zu dieser Vorstellung so offen, daß die verschiedensten ganz anderswohin gerichteten Impulse immer wieder in
diese gar nicht gewollte Bahn einlaufen. Wenn ich nur eine Melodie
nicht loswerden kann, so werde ich mir darüber nicht viele Sorgen
machen, wenn ich aber in einer wissenschaftlichen Arbeit immer wieder
dadurch gestört werde, daß meine Gedanken auf einen Komplex ab-
schweifen, so werde ich diese Zerstreutheit selbst sehr tadeln. — Ich
werde etwa von der Sorge um meine Mutter beunruhigt, die ich erkrankt im schlesischen Bade weiß. Und während ich nun im Studium
einer archäologischen Arbeit begriffen bin und auf die Erwähnung eines
Silens stoße, leitet mich Silen auf Silesia, Schlesien ab, und der Mutter-
komplex ist wieder da, das Studium ist gestört. Ich zwinge mich zur
Weiterarbeit und erfahre von der Darstellung einer Badeprozedur auf
einer etrurischen Vase, und wiederum leitet mich dieser Gegenstand
auf das Bad meiner Mutter und erzeugt abermals eine Ablenkung.
Solche Zerstreutheit, solche innere Ablenkbarkeit auf Komplexe
kann einen direkt krankhaften Grad erreichen. Die Überanstrengung
und nervöse Erschöpfung mancher Kopfarbeiter nimmt diese quälende
Form an, die schließlich jede geistige zusammenhängende Arbeit unmöglich macht. Es scheint dann, nicht als ob die Persönlichkeit die
Gedankengänge beherrsche, sondern als ob jene Komplexe ein selb-
ständiges Leben führen und die Persönlichkeit zwangsweise unterjochen.
Handelt es sich um einen einförmig immer wiederkehrenden Gedanken,
so hat man ihn wohl als überwertige Idee bezeichnet. Oder man
spricht auch in diesem Zusammenhang von Zwangsvorstellungen,
Zwangsgedanken.

[1]) Die Lehre von den Aphasien gehört zum Teil auch hierher, doch ist es
heutzutage gemäß Übereinkunft Aufgabe der Neurologie, sie zu behandeln.

[2]) Es können in diesem Zusammenhange leider nicht jene interessanten Theorien
(vor allem die Gedanken Siegmund Freuds) erörtert werden, die die Dominanz
einer Vorstellung, eines Komplexes zu umschreiben versuchen.

Jemand geht als Beamter seinem Beruf nach. Er hat sich soweit in der Gewalt, daß er seine Geschäfte in der Verwaltung glatt erledigt. Aber stets wenn er ein Schreiben in den Umschlag legen und es abgeben sollte, weiß er es einzurichten, daß dies ein anderer Beamter übernimmt. Denn ihn peinigt beständig der Gedanke, er könne im letzten Augenblick die Briefumschläge verwechseln oder falsche Adressen daraufschreiben. Muß er dennoch einmal einen Brief selbst ausfertigen, so ist er imstande, den Umschlag 2-, 3 mal und noch öfter zu öffnen, um sich immer wieder zu überzeugen. Ja, nachdem er sich einmal gewaltsam überwunden und einen Brief in den Postkasten geworfen hat, läuft er ängstlich schwitzend und mit Herzklopfen auf das Postamt, die Wiederherausgabe dieses Briefes zu beantragen, denn er ist überzeugt, er hat dabei doch wieder irgend etwas verwechselt[1]).

Alle Zwangssymptome, mögen sie noch so verschiedene Inhalte haben, haben das eine gemein, daß sie außerordentliche Einengungen des Bewußtseins der Kranken bedeuten. In schweren Fällen gelingt es diesen kaum, sich auch nur stundenweise mit etwas anderem zu beschäftigen. Zu leicht geschieht es, daß irgend eine Assoziation zu dem immer bereit liegenden Komplex hinüberleitet, und dann sind die Kranken wiederum den alten peinigenden Vorstellungen überlassen, sich und ihrer Umgebung eine Qual. Der Arzt hat recht häufig Gelegenheit, solche Zwangskranke zu treffen[2]).

So sehr sich ein Zwangskranker darüber beklagt, daß ihn eine Vorstellung beherrsche, so sehr ist er sich als Persönlichkeit doch seiner Intaktheit bewußt. Er steht diesem feindlichen störenden Komplex mit Krankheitsbewußtsein und nicht anders gegenüber als einer körperlichen Erkrankung; die Einheit seines Wesens und seine kritische Einstellung dem Leiden gegenüber werden dadurch nicht erschüttert. Aber es gibt auch Einengungen des Bewußtseins auf wenige Komplexe, die der Betreffende pflegt. Ursprünglich waren es vielleicht einfache Liebhabereien, die er hatte; allmählich verdrängte er absichtlich alles andere und gab sich nur noch diesen hin, in einem Grade, daß er aller Hemmungen vergißt. So schreckt er z. B. in seiner Sammelwut vor Diebstählen nicht zurück, oder er vernachlässigt seine Familie, nur um alte Fayencen sammeln zu können. Auch solche abnorm starken Liebhabereien fallen in den Umkreis der überwertigen Idee. Endlich gibt es noch ganz andersartige menschliche Einstellungen, bei denen die ganze Lebensführung schließlich von einer leitenden Idee derart beherrscht wird, daß der Ergriffene alles das, was dem Alltagsmenschen das Leben wert macht, preisgibt, ja daß er schließlich sein eigenes Leben opfert, eben um seiner Idee sich völlig zu widmen und sich schließlich ihr ganz hinzugeben. Er ist nicht unfähig geworden, andere Gedankenverbände zu vollziehen, andere Standpunkte einzunehmen, aber er lehnt sie ab, er ergibt sich völlig dem einen Zusammenhang: seiner Idee. Solche Persönlichkeiten (Propheten, Religionsstifter, Heilsbringer, Märtyrer, Asketen, Fanatiker) müssen vom Standpunkte

Liebhabereien

Fanatiker

---

[1]) Weitere Beispiele für Zwangsideen und Zwangshandeln siehe S. 118.
[2]) Über die Behandlung siehe S. 121.

des Psychologen zweifellos als seelisch abnorm beurteilt werden. Es ist abgesehen von der mannigfaltigen Fülle der Begabungen und von der verschiedenen Feinheit ihres Geistes die gleiche psychologische Einstellung, die den Heiligen wie den Askonaer Naturmenschen dazu veranlaßt, seine soziale Existenz seiner Idee zu opfern. Daß der eine dabei vielleicht einer kulturbewegenden Idee dient, während der andere einer lächerlich erscheinenden Schrulle ergeben ist, geht den Psychologen nichts an.

Ab-
normität
und Be-
wertung

Es ist eigenartig, immer wieder zu erleben, daß die Allgemeinheit es als eine Herabziehung, ja Entheiligung ansieht, wenn ihre als Führer hochverehrten, oft als Gipfelpunkte menschlicher Entwicklung bezeichneten Heroen oder Heiligen vom psychologischen Standpunkte aus als seelisch abnorm erklärt werden müssen. Die Psychologie in ihren Standpunkten ist jenen Wertungen grundsätzlich fremd. Keine Brücke führt zu ihnen hinüber. „Psychologisch abnorm", das hat nichts zu tun mit einem kulturell höher oder tiefer, einem besser oder schlechter, einem schöner oder häßlicher[1]). „Psychologisch abnorm" ist ein naturwissenschaftlich-statistischer Begriff, er ist ein Urteil, das beim Nachweis einer Abweichung vom seelischen Durchschnitt, vom seelischen Häufigkeitstypus des betreffenden Alters, Geschlechtes, Standes gefällt wird. Wenn der Nichtpsychologe erklärt, daß er mit diesem Abnormitätsbegriff „nichts anfangen" könne, so steht es ihm frei, innerhalb seiner Wissenschaft einen besonderen, wertorientierten Abnormitätsbegriff aufzustellen, nur hat dieser dann mit Psychologie nichts zu tun. Doch der Allgemeinheit liegen diese Gedankengänge fern. Sie ist gern geneigt, sich vom psychologischen Fachmann das als seelisch abnorm bestätigen zu lassen, was irgend welchen Einrichtungen (etwa dem Staate) schädlich, was vom altgewohnten Standpunkte aus übertrieben oder allzu neuartig erscheint; — sie wehrt sich energisch dagegen, wenn mit gleichem Maße etwas als abnorm erklärt wird, was dem Bestehenden nützlich, den bisherigen Wertmaßstäben entsprechend ist und eine sog. gesunde Entwicklung verbürgt.

Ob vom Standpunkte des Psychologen aus eine als abnorm erklärte menschliche Einstellung indessen als Variation (im naturwissenschaftlichen Sinne) oder als Ausdruck einer Erkrankung, eines Leidens aufgefaßt wird, ist eine weitere Frage, eine Frage, die z. B. bei dem Typus des (auch in diesen Zusammenhang gehörenden) paranoid Eingestellten,

Querulant etwa des Querulanten, noch nicht endgültig entschieden ist. Auch bei ihm liegt ja eine derartige Einengung vor, wie sie soeben zu beschreiben versucht wurde. Er betrachtet seit einer wirklich vorgekommenen meist relativ geringfügig erscheinenden Rechtsverletzung alles nur unter dem Gesichtspunkt seiner Rechtswiederherstellung. Ob er bei seinem endlosen Prozessieren seine wirtschaftliche Existenz ruiniert, seine Familie zugrunde richtet usw., was kümmert es ihn. Er will sein Recht, auch wenn er dabei vielleicht noch soviele andere Rechts-

---

[1]) Nur ein Beispiel: was hat der dichterische Wert eines späten Hölderlinschen Gedichtes mit dem Nachweis zu tun, daß Hölderlin bei der Abfassung dieses Gedichtes schon geisteskrank war?

brüche begeht. Man wende nicht ein, es sei der Unterschied deutlich, daß der Querulant egoistisch eingestellt sei, während der Verkündiger einer Idee altruistisch orientiert sei. Denn der Querulant kämpft in der Tat oft seiner Überzeugung nach um „das" Recht, während der Fanatiker nicht selten egozentrisch „seine" Idee verficht.

Gerade beim Querulanten wird es recht klar, daß der Rechtskomplex, der ihn „beherrscht", eben ein Komplex, d. h. ein durch eine einheitliche Gefühlseinstellung verbundener Ideenverband ist. Und auch bei den Zwangsvorstellungen war es ja deutlich, daß ein gemeinsamer Unlustton alle diese Befürchtungen zusammenhielt. So hat allmählich die Erörterung von der Störung der reinen Vorstellungsverbände schon auf die abnormen Gefühls - Vorstellungsverbände übergegriffen. Bevor aber dieser Gedankengang weiter verfolgt wird, muß noch der Störung andersartiger sehr wichtiger Gedankenzusammenhänge gedacht werden.

Früher war davon die Rede, daß ich einen Gedächtnisinhalt, dem ich mich zuwenden will, dadurch nicht finden kann, daß meine aufgewandte seelische Energie immer wieder in eine falsche Bahn einläuft. Aber die Assoziationen können auch in ganz anderer Weise gestört sein.

Hinter den Worten, deren sich die Alltagssprache bedient: jemand sei vergeßlich, bergen sich recht verschiedenartige Tatbestände, und es ist ja gerade die Aufgabe der Wissenschaft, diese Verschiedenheiten deutlich aufzuzeigen. Zu jedem sich Merken gehört eine gewisse Intensität der Einprägung. Falls ich „nur mit halbem Ohr" dabei bin, wenn mir etwas mitgeteilt wird, brauche ich mich nachher nicht darüber zu beklagen, daß ich es vergaß[1]). Sehr oft ist es bei unruhigen zerfahrenen Leuten so, daß sie einer Einprägung nicht die gehörige seelische Energie schenken. Dann ist nicht, wie sie klagen, das Gedächtnis schlecht, sondern das was man Konzentrationsfähigkeit nennt: Hingegebensein an ein weniges[2]). Bei der Reproduktion des Gelernten ist Konzentration viel weniger wichtig (gedankenloses Hersagen!), ja sie kann gelegentlich sogar störend wirken. Die heute so häufige Klage über starke Vergeßlichkeit ist also meist falsch benannt, sie dürfte nur die Zerfahrenheit, Unruhe der Einstellung usw. beklagen. Wer sich für zu vieles auf einmal interessiert, wird sicher durch jedes einzelne zu wenig gefesselt.

Aber es gibt natürlich auch wirkliche Störungen der einfachen Vorstellungsverbände. Ganze Erlebnisse können durch ein Ereignis aus dem Gedächtnis ausgeschaltet werden. Daß die dazu gehörigen Inhalte nicht wirklich erloschen sind, läßt sich oft in der Hypnose erweisen, in der man die Eingeschläferten dazu bringen kann, sich wiederum an alles zu erinnern. Aber im wachen Zustande ist das ganze Erlebnis abgesperrt, nicht nur, wie im früheren Beispiel der eine Name Hoetzendorf, sondern eben jener ganze Komplex von Empfindungen,

_____

[1]) Die Psychologie des Gedächtnisses ist eine ganze Wissenschaft für sich. Hier kann natürlich nur das allerdürftigste wiedergegeben werden.

[2]) Bewußtseinsenge.

Verstellungen, gedanklichen Inhalten usw., den man als Erlebnis zusammenfaßt. Eine solche Ausschaltung — ähnlich der psychisch bedingten Empfindungslosigkeit — kann von einem gewissen Augenblick bis zu einem andern vollständig sein, sie kann aber auch von einzelnen lichten Erinnerungen durchsetzt sein[1]. Die Erinnerung kann im Laufe der Zeit ganz oder teilweise wiederkehren, sie kann aber auch dauernd verloren sein[2]. Der Verlust kann auch rückgreifend über das schädigende Ereignis hinaus noch Erinnerungsbestandteile umfassen. So erinnert sich z. B. ein Offizier, der bei einem Sturz mit dem Pferde eine Hirnerschütterung erlitt, vielleicht des ganzen Tages (auch seines morgendlichen Ausrittes vor dem Sturz) nicht mehr (retrograde organische Amnesie); — oder ein stimmungslabiles, unbeherrschtes Mädchen kann nach einem vereitelten theatralischen Selbstmordversuch bei einer Liebesszene retrograd alles aus dem Gedächtnis ausgeschaltet haben, was mit dem Geliebten zusammenhängt. Das erste wäre eine Amnesie für die Gesamtheit eines bestimmten Zeitabschnittes, das zweite eine Amnesie für einen gewissen innerlichen Erlebniszusammenhang (Komplex)[3]. Die erstere Art kann organisch oder seelisch sein, die zweite ist immer nur seelisch bedingt (hysterisch, psychogen)[4]. Die Unterscheidung zwischen einer organischen und einer hysterischen Amnesie kann praktisch sehr wichtig sein, man denke nur an die Behauptung eines Verbrechers (solche Behauptungen sind sehr beliebt), er könne sich an den Tatbestand durchaus nicht mehr erinnern. Auch beim Rausch taucht das Problem der Erinnerungslosigkeit sehr häufig auf[5].

Nehme ich aus der Außenwelt irgend einen Eindruck auf, betrachte ich z. B. eine Photographie eines Gemäldes, so entsteht zuweilen sofort das Urteil; das ist dir neu, das hast du noch nie gesehen. In anderen Fällen drängt sich sogleich der Gedanke auf, daran kommt mir irgend etwas bekannt vor. Ich prüfe genauer und finde, es ist eine Einzelheit

---

[1] Man war früher geneigt, dies Moment differentialdiagnostisch zu verwerten und ein totale zeitlich scharf abgegrenzte Erinnerungslosigkeit (Amnesie) als „organisch" (Apoplexie, Commotio cerebri, Epilepsie, Vergiftung) aufzufassen, während eine nur bruchstückweise Erinnerung meist als „nicht organisch" galt. Ganz so einfach ist der Sachverhalt leider nicht, es gibt auch vollständige hysterische und teilweise organische Amnesien.

[2] Man kann sich dies theoretisch auf verschiedene Weise klar machen: entweder als Verlust der betreffenden Inhalte oder als dauernde Zugangsstörung zu ihnen. Die letztere Theorie hat mehr für sich, denn es gelingt durch gewisse Kunstgriffe häufig, Erinnerungen wieder lebendig zu machen, die der Besitzer selbst für längst erloschen hielt.

[3] Ein Komplex ist eine Summe von Empfindungen, Vorstellungen, Gedanken usw., die alle durch ein gemeinsames Gefühl (eine bestimmte Stimmung, Einstellung u.dgl.) zusammengehalten werden, z. B. alles was mit einer großen Enttäuschung (etwa einer Liebesabweisung) direkt oder indirekt zusammenhängt.

[4] Besonders die französische Psychiatrie studierte Fälle, in denen z. B. die ganze Kindheit aus dem Gedächtnis gestrichen war, oder wiederum die Kindheit das einzige war, welches im Gedächtnis verblieb, so daß sich die betreffenden Kranken veranlaßt glaubten, auch wieder wie ein Kind zu reden und zu handeln.

[5] Im VII. Hauptstück wird hiervon nochmals die Rede sein.

des dargestellten Inhalts, oder es ist der Stil des Malers, den ich kenne. Irgendwelche Teile oder das Ganze dieses Bildes haben also für mich etwas Eigenes vor anderen Bildern voraus: den **Bekanntheits-charakter**, das Moment des Wiedererkanntwerdens. Der Eindruck ist also mit der Überzeugung verknüpft, dies Bild oder ein ähnliches schon einmal gesehen zu haben. Aber ich kann mich hierin täuschen. Vielleicht wurde mir nur von etwas Derartigem erzählt, vielleicht aber sah oder hörte ich noch niemals etwas Ähnliches. Und doch ist mir das Ganze so eigenartig vertraut. Es ist dies eine sog. **Erinnerungs-täuschung**. Es gibt deren mehrere Arten. Vielen bekannt ist das Phänomen des „déjà vu". — Ich erlebe auf einer Reise irgend eine Szene. Ich sitze am Züricher See und sehe nach den Bergen, es ist ein schöner klarer Tag, und alles ist voller Behaglichkeit. Ein Herr und eine Dame kommen langsam vorüber, ein Kind läuft hinterher. Die Dame sagt auf französisch etwas zu dem Herrn, der in englischer Sprache antwortet, und vergnügt ruft von hinten das Kind etwas in Schwyzer Dütsch dazwischen. Da taucht mir ruhig Zuschauendem urplötzlich der Gedanke auf: hast du dies nicht alles schon genau so einmal erlebt? Den Sommertag, die Ufer, die Berge, diese dreisprachigen an dir vorüberwandelnden Leute? Und mit einer gewissen Unheimlich-keit muß ich grübeln: wo war es doch, und war es wirklich? — Die Täuschung dieses Déjà vu hat man bisher noch nicht näher aufzu-klären vermocht. Die schöne Literatur hat sich des Motivs schon viel-fach bedient. — Fast man möchte sagen verständlicher erscheint es, wenn eigene Phantasievorstellungen (nicht äußere Eindrücke) so genau ausgestattet, so häufig reproduziert werden, daß der Betreffende dann selbst nicht mehr recht weiß, hast du das alles erlebt oder dir nur so ausgemalt. Begabte Kinder sind ja darin groß, daß sie ihre Phantasien oder Träume als Wahrheiten ausgeben. Sie machen wegen ihrer an-geblichen verstockten Verlogenheit den Eltern und wenig geschickten Erziehern viel Mühe. Der unfähige Erzieher ist in diesen Fällen gar zu gern bereit, eine solche scheinbare Verlogenheit, deren er nicht Meister wird, als krankhaft und also (fälschlich) unbeeinflußbar hinzustellen. Bei der Pseudologia phantastica wird hiervon nochmals die Rede sein[1]). — Endlich kommt es bei der Dementia praecox vor, daß die Kranken soeben irgend ein Erlebnis mit vielen Einzelheiten frisch phantasieren und dabei z. B. behaupten, es habe sich schon vor 5 Jahren abgespielt, als sie gerade heirateten. Und es ist gar nichts davon wahr, obwohl der Kranke fest von der Wahrheit überzeugt ist (eigentliche Erinnerungsfälschungen).

Mit den Erinnerungstäuschungen hängen die sog. **Konfabula-tionen** eng zusammen. Bei manchen Krankheitszuständen (nach Kopftrauma, bei schwerem Alkoholismus, im Greisenalter) ist die Merk-fähigkeit (die Fähigkeit zur Erwerbung neuer Erinnerungen) so ge-stört, daß die Kranken ganz die Kontrolle darüber verlieren, was sie in jüngster Zeit erlebten oder nicht erlebten. Und um die vielen Lücken

---

[1]) Siehe S. 85.

ihrer Erinnerung auszufüllen (zum Teil also halb bewußt), teils aber auch weil sie wirklich nicht mehr wissen, was geschah und was nicht geschah, erzählen sie nun das Blaue vom Himmel herunter. Daß sie sich dabei alle Augenblicke widersprechen, bemerken sie wiederum infolge ihrer Merkfähigkeitsstörung nicht, denn sie haben ja schon wieder vergessen, was sie eben erzählten (sog. Korsakowsche Psychose)[1].

Das Nachdenken des Lesers möge sich noch einmal zu der Störung des assoziativen Verbandes als Ausgangspunkt zurückwenden. Es ergab sich bisher, daß eine Intention einen Gedächtnisinhalt deshalb nicht lebendig machen kann, weil 1. ihre Energie immer wieder in eine falsche Bahn einströmt, 2. der Inhalt verloren gegangen ist, 3. der Inhalt dauernd abgesperrt ist. Hier lag in allen drei Fällen die Störung gleichsam in den Inhalten selbst und in ihrer Bereitschaft. Es gibt aber noch eine andere Art der Störung, die in der Zuwendung, in der Intention selbst ihren Sitz hat. Die Inhalte liegen alle bereit, aber ihre Verlebendigung erfolgt mühsam und schwerfällig. Der Wille hat nicht Kraft genug, die Inhalte zu erreichen. Man spricht dann von einer Hemmung des psychischen Geschehens. Die Aufgabe, die sich der Gehemmte stellt, ist klar, sein Ziel hat er sicher, aber er braucht eine ganz abnorme seelische Kraftentfaltung, das Ziel zu erreichen. Zuweilen erlahmt die Kraft der Intention auf halbem Wege. Solche Zustände der Hemmung[2] finden sich vor allem in Erschöpfungen, bei vielen stark depressiven Affekten, bei der Melancholie. Es handelt sich hier aber um eine Störung der Intensität der Funktion, nicht des Zusammenhangs, und daher wurde ihrer ja auch schon früher gedacht[3].

Aber man kennt auch eine besondere Leichtigkeit der Belebung der Vorstellungsverbände. Man sagt dann wohl, die Vorstellungen drängten sich einem zu; man hat förmlich den Eindruck, als seien sie selbständig geworden, überfielen einen, ließen einen nicht zur Ruhe kommen. Man kann dann seinen Faden schwer behalten, weil man der Endtendenz schwer folgen und nicht ruhig unter den Inhalten auswählen kann. So kann eine solche Ideenflucht[4] peinigend, sie kann je nach Umständen für den Erfaßten sehr lustig sein. Man denke an die Erleichterung des Assoziierens im leichten Rausch[5], wenn der Redner zu allgemeiner Freude gedanklich herumspringend vom hundertsten zum tausendsten kommt. Mancher kann sich auch ohne Alkohol in einen solchen Ideenrausch hineinsteigern, wenn er hingerissen von der Begeisterung eines Augenblicks sich selbst gar keine Zügel mehr

---

[1] Siehe S. 135.

[2] „Intrapsychische" oder besser psychische Hemmung im Gegensatz zur motorischen Hemmung.

[3] Siehe S. 20.

[4] Das Wort Ideenflucht will nicht besagen, daß die vorhandenen Ideen vor etwas fliehen, sondern daß sie in großer Fülle und Geschwindigkeit vorbeijagen.

[5] Nur bestimmte Assoziationsbahnen werden durch geringe Alkoholmengen leichter gangbar gemacht, nämlich die sog. äußeren Assoziationen (Reime, Klänge, Verse, Wortspiele usw.). Über die Geschwindigkeit des Assoziationsvorganges unter Alkoholwirkung widersprechen sich die psychologischen Versuche noch.

anlegt, sondern sich, wie man zu sagen pflegt, vom Einfall des Augenblicks „treiben" läßt. Am ausgesprochensten ist diese Ideenflucht in den Zuständen der Manie, wie sie oben schon bei dem jungen abnorm vergnügten Mädchen Eva geschildert wurden. Gepaart mit lautem lustigen Wesen, überraschend schnellem Redefluß findet sich dann eine wirre Aneinanderreihung zahlloser Inhalte. Als wirr muß man sie deshalb bezeichnen, weil eine bestimmte Determinierung, Richtung, Hauptvorstellung, übergeordnete Vorstellung, Einstellung, oder wie immer man die geordnete gedankliche Orientierung genannt hat, fehlt. Ein schematisches Beispiel für eine Ideenflucht:

Ach da sind Sie ja, lieber Herr Doktor oder Gelehrter oder auch Dozent, was sich immer wieder im Kreise dreht wie die berühmte Schlange, die, Circulus vitiosus genannt, sich in den Schwanz beißt. Aber da meinen Sie natürlich wieder, ich dächte an die Schlange im Paradies, die ich übrigens auf allen Darstellungen der Kunstgeschichte immer recht unähnlich gefunden habe, ebenso wie die Eva langweilig, ich hätte mich nie in die verliebt. Wissen Sie, daß die Oberin oder Supérieure, entsetzliches Französisch, man denkt doch geradezu an Oberkellner, aber der heißt doch wieder Garçon, was auch wieder ganz unpassend ist. Wie oft hat das der Vater gesagt, benimm dich doch nicht so unpassend, obwohl er selbst gar nicht weiß, was paßt außer beim Skatspielen[1]).

Auch die Ideenflucht des manisch Erkrankten[2]) ist ähnlich wie beim Rausch vorwiegend auf „äußere" Vorstellungsverbände eingestellt, vor allem wohl wegen der großen sprachmotorischen Bereitschaft. Vgl. im obigen Beispiel passend und passen beim Skatspiel, Oberin und Oberkellner, die Übersetzungen in andere Sprachen, eingeschliffene Redewendungen usw. Zuweilen werden die Eindrücke der Umgebung besonders ausgiebig mit verwendet, man spricht dann von einer abnormen äußeren Ablenkbarkeit. Es ist sicher, daß eine solche Erleichterung der Vorstellungs- und Eindrucksbeziehungen in der weitaus größten Zahl der Fälle von Manie (und Rausch) keine Ergebnisse zeitigt, die, betrachtet nach wissenschaftlichen oder künstlerischen Maßstäben, irgendwie hoch bewertet werden können. Das leuchtet ja ein, wenn man bedenkt, daß eben die Ordnung der Gedankenverbände, die Selbstdisziplin fehlt, die doch, wie immer auch geartet, sowohl ein Erfordernis der wissenschaftlichen wie künstlerischen Leistung ist. Jedoch sind einzelne Fälle bekannt, denen im Zustand leichtester Manie wissenschaftliche Leistungen (z. B. die Lösung eines mathematischen Problems) oder Kunstwerke glückten.

In der Mehrzahl der Fälle manischer Ideenflucht spricht der Kranke alle seine bunten Inhalte aus, da sich zur Heiterkeit und dem erleichterten Vorstellungszusammenhang noch eine motorische (vor allem sprachmotorische) Erregung gesellt[3]). Es gibt jedoch auch Fälle, in denen auf motorischem Gebiete im Gegenteil eine erschwerte Auslösung

Ablenk-
barkeit

---

[1]) Ein weiteres (originales) Beispiel bei einer schweren Manie: siehe S. 195.
[2]) Man vergesse nicht, daß eine „Manie" ein Zustandsbild ist, keine Krankheit. Es kommt beim manisch-depressiven Irresein, bei der Paralyse, seltener bei der Dementia praecox, noch seltener bei der Erschöpfungspsychose (Amentia) und vielleicht (bestritten) als Ausdruck der Altersrückbildung vor.
[3]) Diese Symptomdreiheit ist das Kennzeichen der reinen Manie.

herrscht. Dann fehlt meist auch die Heiterkeit, und es liegt nur eine innere Ideenflucht vor, die meist als quälend erlebt wird[1]). Solche Zustände wird der praktische Arzt kaum zu sehen bekommen, dagegen sind die einfachen leichten Manien relativ häufig zu beobachten. Da sie meist mit einem lebhaften Gesundheitsgefühl („Ich habe mich nie so wohl gefühlt wie jetzt, ich bin allen Anstrengungen gewachsen, brauche nur 3 Stunden Schlaf und bin immerfort lustig und fidel") einhergehen, kommt meist den Angehörigen der Gedanke an Krankheit erst dann, wenn der Kranke schlimme Streiche begeht. Durch eine rechtzeitige Erkennung einer Manie wird der Arzt manchem Unglück vorbeugen können, nur muß er sich in den Gedanken recht einleben: eine vermehrte Heiterkeit, ein lebhaftes Gesundheitsgefühl kann krankhaft sein.

Das gewöhnliche Assoziationsmaterial wurde schon früher einmal als tot bezeichnet. Es sind erst die verbindenden Funktionen und vor allem deren Steuerung, die das Wesentliche des Seelenlebens ausmachen. Ich kann von irgendeinem Vorstellungsinhalt aus nach sehr vielen Seiten zu anderen Inhalten hin Brücken schlagen. So fällt mir etwa, wenn mir jemand das Reizwort „Starnberger See" zuruft, zuvörderst „ganz unwillkürlich" der Name Ammerland ein, aber sofort schließen sich nun Erinnerungen über Erinnerungen zusammen an dort verlebte Tage, an Menschen, die ich dort sah, Pflanzen, die ich dort sammelte, Bücher, die ich dort las usw. Ein ganzer Starnberger Komplex ist in mir angeschnitten worden. Welche von den zahllosen zugehörigen Vorstellungen ich nun im Augenblick gerade ans Licht des Bewußtseins ziehe, hängt von sehr vielen Umständen, „seitlichen Konstellationen", ab, von meiner momentanen Stimmung, meinen gerade betriebenen Beschäftigungen, meiner derzeitigen Gedankenrichtung, kurz allem dem, was man als eine augenblickliche Einstellung bezeichnet. Jedermann weiß von diesem ihm selbstverständlich erscheinenden Verhalten so gut Bescheid, daß er sich auch in einen andern, der von einem solchen Komplex plaudert, ohne weiteres einfüh en kann.

Es gibt nun Seelenzustände, bei denen die Steuerung solcher Vorstellungsverbindungen irgendwie eigenartig beschaffen ist. Nicht nur in den geschilderten Weisen, also der Erschwerung, der Erleichterung, des Fehlganges, der Ausschaltung usw., sondern im Sinne einer eigenartig ungewöhnlichen erstaunlichen und, wie man zu sagen pflegt, „nicht recht verständlichen" Gedankenverbindung. Daß jemandem beim Anschneiden des Komplexes „Schulzeit" die Namen der Lehrer usw. einfallen, wird jedermann „selbstverständlich" finden. Wenn einem andern indessen bei der Erweckung des Schulkomplexes z. B. der Name des von ihm gewählten Reichstagsabgeordneten oder die wirtschaftliche Erschließung Abessiniens oder derartiges einfällt, so wird man das erstaunlich finden. Man stellt vielleicht durch Fragen hernach fest, daß ein ehemaliger Mitschüler eine Frau geheiratet hat, deren Vater an irgend-

Steuerung des Gedankenablaufs

---

[1]) Bei den manisch-depressiven Mischzuständen und bei manchen frischen Schizophrenien wohl bekannt. Es gibt auch eine ängstliche Ideenflucht mit schreckhaften Vorstellungen. Siehe S. 197.

welchen abessinischen Unternehmungen interessiert war, oder man erfährt, daß der Name des ehemaligen Schulrektors dem Namen desjenigen Herrn ähnlich klingt, mit dem der Befragte gerade zusammensaß, als das Ergebnis der letzten Reichstagswahl verkündet wurde. Und man ersieht daraus, daß sich zwischen Schule und Abessinien in der Tat ein Weg aufzeigen oder (häufiger) doch vermuten ließe. Aber gerade die Auslösung so eigenartig fernliegender Beziehungen macht einen ungewöhnlichen, bizarren und verwunderlichen Eindruck. Dabei ist die Tatsache, daß solche Vorstellungsverbindungsbahnen bestehen, keineswegs abnorm; — ungewöhnlich ist nur, daß sie beschritten werden. Man kann auch nicht behaupten, daß die gewöhnlichen Gedankenverbindungen gelockert oder gelöst wären, nur werden sie in diesen Fällen nicht lebendig. Deutlicher wird der Sachverhalt vielleicht an folgendem Beispiel.

Der 19jährige Friedrich will sich bei der Nachricht von dem Tode einer in der Familie sehr geschätzten Vatersschwester halbtotlachen. Alle anderen sind von dem plötzlichen Unglück sehr betrübt und ergriffen, nur Friedrich kann seines Vergnügens kaum Herr werden, er sieht sein Unrecht auch auf Vorhalt nicht ein. Fragt man nach dem Zusammenhang, so erfährt man, daß die Erwähnung der Tante sofort in seiner Erinnerung ein lang zurückliegendes Erlebnis auslöste, wobei unter recht komischen Umständen der Sturm der Tante den Hut entführte. — Jedes andere Familienglied, obwohl sie alle damals Zeugen der komischen Szene waren, hat jetzt nicht daran gedacht, jeder hat sich der Wohltaten, des guten Charakters usw. der Verstorbenen erinnert, und in jedem tauchte das Gefühl der Trauer auf, das allen selbstverständlich erschien. Anders nur Fritz, bei ihm wendete sich die seelische Energie jenem fernen Ereignis mit seinem komischen Unterton zu, und alle traurig betonten Überlegungen usw. wurden nicht lebendig gemacht.

Man sieht wiederum, es sind nicht die Vorstellungen selbst, die irgendwie abnorm sind — das ist kaum möglich — sondern ihre Steuerung ist ungewöhnlich, ihre Erweckung ist gegen die durchschnittliche Erfahrung erfolgt. Und man vermag sich bei solchen Reaktionen noch auf eine andere Weise der Abnormität bewußt zu werden. Man pflegt die seelischen Beweggründe, aus denen ein Verhalten hervorgeht, das Motiv des Verhaltens zu nennen. Und man pflegt irgend ein Motiv, das für eine Tat angegeben wird, auf seine Verständlichkeit, auf seine Einfühlbarkeit zu prüfen und psychologisch[1]) zu billigen oder nicht zu billigen. Wenn ich höre, daß jemand aus Rachsucht getötet, aus Liebe einen Meineid geschworen, aus Hunger gestohlen hat, — so erkenne ich diese angegebenen Motive als psychologisch „verständlich" an, ich billige sie psychologisch, wenn ich auch weit davon entfernt sein werde, diese Taten ethisch zu billigen. Wenn ich dagegen höre, daß ein Mann aus Freude am Feuer das Haus seines Nachbarn angezündet, aus Enttäuschung über ein mißglücktes Unternehmen seiner Frau 1000 Mk. geschenkt, aus Ehrgeiz seinen eigenen Garten verwüstet hat, dann bin ich geneigt, diese Motive als unsinnig, ja widersinnig, als „nicht verständlich" zu erklären. Man ver-

---

[1]) Man verwechsele diese psychologische Billigung nicht mit einer logischen, ethischen, ästhetischen Bewertung.

mag auch diese Motivstörung als eine **abnorme Steuerung** anzusehen[1]).

Jeder, dem psychologische Gedankengänge ungewohnt sind, wird
vielleicht mit einiger Mühe den hier erörterten Unterschieden gefolgt
sein. Und doch war diese Darlegung nötig, um das Wesentliche einer

Schizo-
phrener
Mecha-
nismus

Störung herauszustellen, die zu einer sehr verbreiteten und ernsten
Geisteskrankheit gehört, der Dementia praecox. Es ist die dieser Krank-
heit eigentümliche **schizophrene Seelenstörung**[2]), von der hier die
Rede ist.

> Der Obersekundaner Lindner bleibt eines Tages dem Unterricht fern. Man
> fragt ihn, warum er dies tat: — es sei so schönes Wetter gewesen. Bisher war er ein
> Muster eines Schülers, niemand vermag sich diesen „Einfall' zu erklären, doch
> vergißt man bald darauf. Alles geht seinen geregelten Gang weiter. Da wird
> eines Tages eine Mitschülerin durch einen anonymen Brief voll Drohungen und
> unflätiger Redensarten geängstigt: die Nachforschungen stellen Lindner als den
> Schreiber heraus. Als Motiv gibt er an, das Mädchen habe ein so häßliches Lachen,
> das könne er nicht hören, er habe sich dafür an ihr rächen wollen. — Man unter-
> drückt die Angelegenheit, Lindner macht seine Schulabschlußprüfung mit Aus-
> zeichnung und erschießt sich, 2 Monate nachdem er die Universität bezog. In
> einem Briefe an seine Eltern gibt er in wenigen Worten an, es seien genug Menschen
> auf der Welt. In seinen Verhältnissen, in seinem Zimmer herrscht musterhafte
> Ordnung, nur überrascht das Vorhandensein einer großen Sammlung von Zeitungs-
> ausschnitten über Mennonismus, — ein Interesse, von dem niemals jemand bei
> ihm etwas bemerkt hatte.

Dies ist ein schematisches Beispiel einer schizophrenen Gedanken-
und Gefühlsstörung. Im besonderen Teil wird bei der Beschreibung
der Dementia praecox hiervon nochmals die Rede sein.

Denk-
störungen

Endlich ist noch einer Beziehung zwischen Vorstellungs- und Denk-
inhalten zu erwähnen, die ganz anderer Art ist als der Motivzusammenhang. Wenn ich eine **logische** Operation vollziehe, z. B. eine mathematische Aufgabe löse und dgl., dann wähle ich von einem bestimmten
Ausgangspunkt nach ganz bestimmten Tendenzen diejenigen Inhalte
unter den zahlreichen möglichen aus, die auf Grund meiner Ausbildung,
meiner Erfahrung und meines Kombinationsvermögens eben zu diesem
besonderen Gedankengang passen. Ich lehne eine große Zahl der sich
darbietenden Inhalte ab, versuche von irgend einem Punkte aus verschiedene Wege weiterzugehen, kehre auf diesem Wege um, verfolge
jenen Weg weiter, und welchen Weg ich nun schließlich wähle, welchen
Inhalten sich meine psychische Energie zuwendet, dies wird eben durch
meine augenblickliche Aufgabe, die Konstellation meines logischen
Vorgehens bestimmt. Es ist klar, daß ein solches logisches Verfahren,
der Vollzug eines solchen Denkzusammenhangs, das Arbeiten gemäß
den erlernten Denkregeln, an den seelischen Apparat große Ansprüche
stellt. Um ihnen zu genügen, muß er nicht nur über einen großen Vor-

---

[1]) Bei dem Problem der Motive tritt man freilich schon aus der hier zu er-
örternden Störung des Vorstellungsverbandes heraus und in das Gebiet der
Gefühlsverbände über.

[2]) Über die Ausdrücke Schizophrenie und Dementia praecox siehe im IV. Hauptteil. Man formuliert am besten so: der schizophrene Mechanismus ist das Hauptsymptom der Dementia praecox.

rat an Inhalten verfügen, sondern er muß in den Tätigkeiten der seelischen Zuwendung und Abkehr besonders ausgebildet sein. Und diese Ausbildung scheitert sehr oft an bestimmten Grenzen, über die hinaus der Apparat mehr nicht leistet. Häufig ist der Erzieher in der Lage, urteilen zu müssen, hier bin ich wohl an der Grenze der Aufnahmefähigkeit des Jungen, dies will in seinen Kopf einfach nicht mehr hinein. — Das kann sich später noch ändern, jedermann vermag an sich die Erfahrung zu machen, daß er logischen Gedankengängen, denen er als Kind durchaus nicht zu folgen vermochte, später sehr wohl nachzugehen vermag. Aber schließlich kommt für jedermann irgend eine Grenze seines Ausbildungs-, seines subjektiven Erkenntnisvermögens. Schon früher war die Rede von jenen Menschen, die infolge einer angeborenen abnormen Anlage überhaupt sehr wenig behalten, nur einen geringen geistigen Vorrat in sich aufstapeln können. Und als äußerster Fall wurde damals der dem Tiere nahestehende Idiot genannt. Hier ist von etwas anderem die Rede, davon nämlich, daß der Einzelne in äußerst verschiedener Weise das Denken, d. h. eben das nach bestimmten Regeln erfolgende Verbinden der Inhalte erlernt. Und abermals steht hier als äußerster Fall eine Art von Idiotie, nur eine andere Form. Es sind jene angeboren geistig Verkümmerten, die über ein erstaunliches Gedächtnis verfügen, mit diesem aber nicht arbeiten können. Sie sind nichts als fabelhaft abgerichtete Papageien, die Sprechen gelernt haben. Sie können zwar ganze lange Gedichte, vielleicht die halbe Bibel aufsagen, aber alles Gedankliche, alles Bezogene, alles Bedeutungsmäßige fehlt. Sie sind unfähig zur einfachsten logischen Operation. Die Unermüdlichkeit geistlicher Anstaltsleiter hat ihnen vielleicht sogar das kleine 1×1 beigebracht, aber nicht der geringste geistige Vorgang steckt hinter diesem toten Aufsagen. Und von diesem Grenzfall gibt es nun alle möglichen Übergänge über jene, denen die einfachsten logischen Operationen mühsam beigebracht werden können (Imbezillität schweren, mittleren, leichten Grades) bis zu jenen, die zwar auch noch nicht die normale Volksschule durchlaufen, die aber doch in Förderklassen soweit gebracht werden können, daß sie eine sozial und wirtschaftlich selbständige Stellung im Leben erringen können (Debilität). Mit allen diesen Formen hat ja der Arzt sehr häufig zu tun; in den sozial tieferen Schichten als Schularzt oder Jugendgerichtsarzt, bei den gebildeten Ständen als Berater der Familie. „Was sollen wir nur mit unserm Jungen anfangen, er kommt in der Schule durchaus nicht fort?", dies ist eine Frage, die eben so oft an den Lehrer, wie an den Arzt gestellt wird. Im IV. und VI. Hauptstück wird hiervon noch ausführlich die Rede sein.

Von einem gewissen Zeitpunkt im Leben an macht die Weiterbildung des Vermögens zu logischen Operationen keine Fortschritte mehr; die Maschine arbeitet zwar noch eine Zeitlang gleichmäßig fort, aber endlich kommt doch der geistige Abstieg. Dabei tritt nicht nur, wie früher auseinandergesetzt wurde, eine Verarmung an geistigem Material ein, sondern vor allem auch eine Abnahme der Denkvorgänge. Das Altern bringt eine gewisse Eintönigkeit mit sich: Neues wird nicht mehr aufgenommen, Altes wird nicht mehr neu kontrastiert.

Dem Altersverfall stehen in dieser Hinsicht alle geistigen Störungen nahe, die nicht vorübergehend den Menschen befallen, sondern sein Seelenleben völlig zerstören, bis der Tod ihn erlöst. Es kommen hier hauptsächlich die **Hirnaderverkalkung** und die **progressive Paralyse** in Betracht. Sie vernichten ja die gesamte Persönlichkeit, machen sich aber begreiflicherweise häufig zuerst in der Störung der kompliziertesten seelischen Vorgänge bemerkbar: der Denkvorgänge.

Wie es der gespanntesten Aufmerksamkeit bedarf, die verschiedenen Muskelsysteme unserer Hand so zu steuern, daß sie eine intendierte Präzisionsbewegung richtig ausführen kann (Violinist), so bedarf es der exaktesten geistigen Zuwendung, um schwierigere gedankliche Verbindungen richtig zu leiten. Jede Alteration unseres Körpers kann hier schon störend einwirken, indem sie psychische Energie auf sich zieht. Ein leichter Katarrh, eine leichte Vergiftung (Alkohol), Kopfschmerzen, aber auch störende Sinneseindrücke können die geistige Arbeit erheblich beeinträchtigen. Besonders bei höherem Fieber tritt nicht nur eine Erschwerung des Denkens ein — leichtes Fieber bewirkt häufig sogar eine Erleichterung der Denkvorgänge besonders künstlerischer Art — sondern es kommt häufig zu **geistiger Verwirrtheit**[1]), zu unzusammenhängenden, nicht mehr gesteuerten seelischen Abläufen. Da aber hierbei auch die gesamte Persönlichkeit mit betroffen ist, wird dieses Thema später erörtert werden[2]).

Vortäuschung einer Denkstörung Es bleibt noch das Problem übrig, ob bei völliger geistiger Klarheit, bei Erhaltensein der Persönlichkeit eine derartige Störung des Denkmechanismus **akut** einsetzen kann, daß der Betreffende auf die Stufe eines Geistesschwachen herabgedrückt wird.

Es kommt vor, daß der Arzt plötzlich zu einem Kranken gerufen wird, dessen Angehörige ihm angstvoll erzählen, der Sohn habe offenbar den Verstand verloren. Er sei eben aus der Fabrik wie auch sonst zurückgekehrt und gebe nun lauter verdrehte Antworten, benehme sich aber im übrigen ganz normal. Der Arzt findet an dem jungen kräftigen Menschen nichts weiter Auffälliges. Die Fragen, ob etwas passiert sei, werden verneint. Ob er sich krank fühle: nein, ob er etwas zu klagen habe: etwas Kopfweh, Herr Direktor. — (Ich bin doch kein Direktor, Sie kennen mich doch?) — Sie sind Herr Direktor Ludwig — (Wer ist denn dies?) — Sie gibt sich als meine Mutter aus. — Wieviel Uhr ist es denn (abends 7 Uhr)) — Früh um 3. — (Heute war Zahltag, wieviel Lohn haben Sie erhalten) 2500 M. — (Sie machen wohl einen Witz, wieviel ist es?) — 25 Pfg. — (Wieviel ist denn der 5. Teil davon?) — 125 Pfg. — (Wieviel ist denn 5 × 5?) — 52 usw.

Solche Störungen der Beurteilung seiner Umgebung und des Denkens entsprechen (bei erhaltener Persönlichkeit und geordnetem Verhalten) **keiner** bekannten krankhaften Denkstörung. Der Arzt kann sicher sein, daß sich der angeblich Gestörte über ihn lustig macht, daß er ab-

---

[1]) Bei den symptomatischen Psychosen wird hiervon noch die Rede sein. Siehe S. 126.

[2]) Siehe S. 50.

sichtlich quere Antworten gibt, daß er simuliert[1]). Meist wird sich dann herausstellen, daß der so Schauspielernde irgend eine Straftat soeben verübt hat und sich auf diese billige Weise als unzurechnungsfähig aus der Angelegenheit herausziehen will. Solches Verhalten ist besonders bei debilen Leuten häufig beobachtet worden.

2. Gefühlsverband.

Schon wiederholt habe ich darauf hingewiesen, daß in die Störungen der gedanklichen Verbände auch die assoziierten Gefühle überall wirksam eintreten. Das Gefühlsgebiet ist eben nur eine andere Seite, eine andere Spiegelung des seelischen Ablaufs. — Aus diesem Gebiet sind noch einige Störungen nachzuholen. Es ist eine allgemeine Erfahrung, daß es in der Erziehung des durchschnittlichen Kindes leicht gelingt, mit den gewöhnlichen Methoden gewisse Gefühle an gewisse Vorstellungen zu knüpfen. So wird bei den allermeisten Kindern Blut und Ekel, Tiertötung und Grauen, Kirche und Ehrfurcht eng verknüpft sein. Es gibt aber eine Anzahl von Kindern, bei denen diese Verknüpfung nicht gelingt. Es sind nicht allzuviele, sie scheinen nur zahlreicher, weil sie den Behörden, dem Staat viele Schwierigkeiten bereiten und daher so auffallen. Es sind diejenigen Persönlichkeiten, denen man ein moralisches Irresein (moral insanity) zuspricht[2]). Mit diesem unglücklichen Ausdruck soll die Tatsache getroffen werden, daß die Erziehung bei diesen Menschen umsonst versucht, die üblichen Bande zwischen vorstellungsmäßigen und gedanklichen Inhalten einerseits und allerlei Gefühlen andererseits herzustellen. Diese Menschen haben eben bei allerlei dem Durchschnittsmenschen grausam, schrecklich, traurig, quälend, aufregend, ekelerregend usw. erscheinenden Handlungen überhaupt keine Gefühle; es fehlen ihnen auch alle jene Gefühlsbetonungen, deren Zusammenhang mit verschiedenen Erwartungen man als „böses Gewissen" zu bezeichnen pflegt. Es ist nicht so selten, daß diese unpassend als moralische Idioten bezeichneten Persönlichkeiten wirklich nebenbei, wenn nicht idiotisch, so doch imbezill sind. Aber es gibt auch solche unter ihnen, deren Verstand durchaus durchschnittlich und bei denen nur das Gefühlsleben defekt ist. Es kann keine Rede davon sein, daß diese Leute nicht imstande wären, die Vorstellungen und Gedankengänge unserer Moral zu vollziehen, sondern diese Gedankengänge sind bei ihnen nur deshalb so wenig wirksam — und deshalb werden jene zu Verbrechern — weil sie eben nicht gefühlsbetont sind.

Wie wenig fest überhaupt die Zusammenhänge zwischen Vorstellungen und Gefühlen sind, zeigt das Traumleben. In unsern Träumen erscheint uns ja oft lustig, was uns im Wachen bitter ernst ist, und die

---

[1]) Die einzige Möglichkeit einer wirklichen Psychose in einem solchen Falle ist die der Hebephrenie (Dementia praecox). Es kommt eben auch gelegentlich vor, daß sich ein Hebephrener über den Arzt lustig macht. — Über den Ganserschen Dämmerzustand siehe S. 96. — Über Simulation siehe S. 288.

[2]) Siehe S. 74.

fabelhaftesten und am Tage unausdenkbar schrecklichen Lagen machen uns oft im Traume nicht den mindesten Eindruck. Es spricht also auch von dieser (und mancher anderen Seite) gar nichts dafür, was viele Geistliche und Erzieher so gern annehmen möchten, daß gewisse Gedanken- und Gefühlsverbände eingeboren in uns ruhen als ein uns von der göttlichen Natur oder von den Vorfahren durch Vererbung auf den Lebensweg mitgegebenes Geschenk. Die Erziehung, die Umgebung, das Beispiel sind es erst, welche diese Gefühls-Gedankenvereine schaffen.

Gelüste   Auch im Leben der Frau kennt man Zeiten, in denen eine eigenartige Gefühlslösung oder Gefühlsvertauschung eintritt: vor allem die Schwangerschaft. Schon in den Backfischjahren haben manche junge Mädchen eigenartige Neigungen: sie werden durch den Genuß von seltsamen Stoffen (Kreide, Papier, Graphit, Essig usw.) in größte Lust versetzt. Aber in der Schwangerschaft stellt sich oft manche noch viel erstaunlichere Vorliebe ein, die man dann als „Gelüst" zu bezeichnen pflegt, ein Drang zur Berührung unappetitlicher Sachen, eine Sucht sich nur in bestimmte Stoffarten zu kleiden und andere zu verabscheuen usw. Sichergestellt ist auch, daß unter den Warenhausdiebinnen besonders viel schwangere Frauen sind. Ob diese Diebstähle mit den eigentlichen Gelüsten irgendwie gleichgesetzt werden können, ist noch nicht entschieden, wie überhaupt dieses Gebiet noch wenig bearbeitet ist. Sichergestellt sind auch noch Fälle, in denen Schwangere haßten, was sie erst geliebt hatten (z. B. den Ehemann, irgendwelche Bücher usw.); erst die Niederkunft beendete diesen Ausnahmezustand.

Schizo-
phrener
Mecha-
nismus   Endlich ist auch an dieser Stelle nochmals hervorzuheben, daß bei dem oben als schizophrener Mechanismus bezeichneten krankhaften Zustand eine Gefühlslösung und Gefühlsverschiebung deutlich und sehr häufig sind. Es war dort davon die Rede, daß der Motivzusammenhang in eigenartiger Weise verändert erscheint. Es lassen sich beim Schizophrenen für seine Handlungen und Stimmungen oft keine, oft unverständliche Motive auffinden. Aber es gibt auch noch andere Zusammenhangsstörungen nicht schizophrener Art, bei denen sich für die vorhandenen Gefühle und Stimmungen kein Grund erkennen läßt.

Endogene
Verstim-
mungen   Wenn ich von einem Menschen höre, daß er in irgend einer ausgesprochenen Stimmungslage sei, so nehme ich ohne weiteres an, daß er dafür wohl einen Grund haben wird. Und selbst wenn ich einen Menschen als launisch bezeichne, meine ich meist nur, daß sein häufiger Stimmungswechsel durch allzugeringe Anlässe hervorgerufen wird. Aber es gibt endlich auch Persönlichkeiten, deren Stimmungsschwankungen gänzlich unmotiviert erscheinen, die eines Morgens mit dem Gefühle größter Reizbarkeit und Unlust aufwachen, und die selbst nicht den mindesten Grund für diese Veränderung ihres ganzen Lebensgefühls anzugeben wissen[1]). Man nennt diese abnormen Gefühlsstörungen endogene Verstimmungen.

---

[1]) Vor allem ist dies bei dem epileptoiden Psychopathen und beim Epileptiker der Fall (siehe S. 81 und 144).

3. Motorisches Verhalten.

Auch die Beziehungen zwischen Vorstellungen — Gefühlen und dem motorischen Verhalten sind zuweilen gestört.

Beispielsweise wurden ja schon sprachliche Fehlleistungen erwähnt, wenn sich mir für einen gesuchten Namen ein anderer ähnlicher einschiebt. Es sollen hier nicht jene Fälle von Erkrankungen der Sprachzentren oder anderer Zentren im Großhirn besprochen werden. Sie gehören in die Lehre von den Herderkrankungen des Zentralnervensystems und also nach der heute nun einmal üblichen Einteilung in die Neurologie. Aber es sei jener Zustände großer Erschöpfung oder stärkerer Vergiftungen gedacht, in denen die Aussprache den ihr zugewandten Impulsen nicht mehr recht gehorcht. Die ausgesandten Antriebe sind vielleicht nicht kräftig genug, oder nicht klar genug orientiert, wenn auch klar gemeint. Und so kommt es, daß der Betrunkene Worte verwechselt, sich im Ablauf von Wortfolgen verwickelt und schließlich lallt. Diesen Vergiftungs- oder Erschöpfungszuständen mit ungenau arbeitender Ordnung des peripheren Sprachmechanismus stehen vielleicht noch jene epileptischen Ausnahmezustände nahe, in denen es zu Sprachstörungen kommt. Hier ist jedoch die Sachlage schon viel verwickelter. Hier wird nicht nur der richtig intendierte Sprachakt in der Ausführung oft ungenau vollzogen (Artikulationsstörung), sondern hier treten zweifellos schon in denjenigen zentralen Vorgängen Störungen ein, die man als Aufstellung des Bewegungsentwurfs bezeichnet. Es stellen sich dann eigenartig konfuse Sätze ohne grammatisch-richtigen Bau, Wortverschmelzungen und Wortneubildungen usw. ein und gelegentlich versagt der Sprachmechanismus zentral ganz, während er artikulatorisch erhalten bleibt. So ist mir ein kleines epileptisches Mädchen besonders deutlich in der Erinnerung geblieben, die in ihren epileptischen Verwirrtheitszuständen nichts mehr herausbrachte, als den rhythmisch alle paar Minuten stundenlang laut gerufenen Ausspruch: „Herrliche Seele aller Welten." (Haftenbleiben, Perseverieren.) Möglicherweise steht mit diesem Phänomen auch die sogenannte epileptische Umständlichkeit in gewissem Zusammenhang. Dem (dementen) Epileptiker gelingt es sehr häufig nicht, mit der Umsetzung einer Absicht in das entsprechende motorische Verhalten so recht zu Ende zu kommen. Er fängt einen Satz an, schaltet viele Nebensätze ein, verwickelt sich, holt nochmals weit aus, aber verliert seinen Faden nicht. Es entstehen dabei wahre Monstra von Sätzen. Und auch in der übrigen Motilität vermag er oft kein rechtes Ende seiner Handlungen zu finden: Er trägt einen Gegenstand irgendwohin, verschiebt ihn dann ein wenig nach rechts, ein wenig nach hinten, versucht es noch wieder auf eine andere Weise usw. Auch hierbei handelt es sich sicher um eine Ordnungsstörung, nur muß die Frage offen bleiben, ob die Störung schon vor oder erst in der motorischen Sphäre liegt.

D. Störungen des seelischen Gesamtzusammenhangs.

Wenn im seelischen Gefüge nur vereinzelte Gedanken-Gefühls-verbände Schaden erlitten haben, wie z. B. bei leichten Zwangsvor-stellungen, so leuchtet es ein, daß die gesamte Persönlichkeit dabei noch keine Einbuße erleidet. Wenn aber im Gegensatz dazu zahllose derartige Zusammenhänge vernichtet oder sonst schwer gestört sind, so wird man eben auch die Persönlichkeit zerstört finden. Unter Persönlichkeit versteht man ja die Summe der höheren Ordnungen; jenen speziellen Verband von Anlagen, Trieben, Grundsätzen, Zielen, Wertungen usw., der mehr ist als eine Summe von einfacheren Ordnungen, weil aus ihnen eben wieder eine höchste Ordnung, ein letztes regulatives Prinzip hervorgeht.

Zerstörung der Persönlichkeit

Man muß bei den schweren seelischen Störungen unterscheiden, ob sie die Persönlichkeit nur vorübergehend schädigen, ob nach ihrer Heilung also der alte Charakter wiederhergestellt ist, oder ob eine „Heilung mit Defekt" eintritt, oder ob endlich eine wirkliche dauernde Vernichtung des Charakters bestehen bleibt.

Von der ersten Form erlebt der Arzt in seiner Praxis sehr reichliche Proben. Alle symptomatischen Psychosen gehören hierher. Zusammen mit Infektion und hohem Fieber kommt es nicht selten zu geistigen Verwirrtheitszuständen, in denen der Erkrankte nur noch Teile seiner Umgebung richtig aufzufassen vermag, während anderes seiner nur flüchtig festhaltenden Aufmerksamkeit entgeht. Ähnlich wie der Träumende nur Teile der Eindrücke der Umgebung in das Gewebe seiner Träume mit aufnimmt, ebenso der Hochfiebernde. Er bemerkt vielleicht am Arzt nur dessen Augen; diese Augen lösen die Erinnerung an einen Onkel aus, und sogleich steht es dem Kranken fest, es ist ja gar nicht der Arzt, es ist der Onkel. — Eben hörte der Kranke im Nachbarzimmer noch etwas von Radieschen sprechen, nun fällt sein Blick auf den Vogelbauer im Zimmer, und da dieser unten kleine, runde Verzierungen hat, behauptet er, das Bauer sei mit Radieschen garniert. So werden vereinzelte Eindrücke von außen, vereinzelte Erinnerungen usw. wirr verarbeitet zu jenem wechselnden Bilde, das man als Fieber-delir bezeichnet. Der Kranke ist nicht imstande, längeren Gedankengängen zu folgen, der Faden entgleitet ihm, er hat sich auch nicht wie sonst in der Gewalt, gebraucht Ausdrücke, die ihm sein Takt sonst verbieten würde, plaudert (ähnlich wie der Träumer) allerlei aus, ist oft unleidlich und grob. Meist ist nach dem Vorübergehen des Zustandes dann seine Erinnerung getrübt.

Verwirrt-heits-zustände

Nimmt ein solcher Zustand höhere Grade an, so bleibt es nicht mehr bei der lückenhaften Aufnahme der Umgebung, sondern es tritt Benommenheit, schließlich völlige Bewußtlosigkeit ein[1]). Auf irgendwelche Temperatur- oder Schmerzreize macht der Kranke nur noch ungeschickte Abwehrbewegungen[2]). Er nimmt im übrigen von der Um-

Be-nommen-heit

[1]) Über die Differentialdiagnose siehe S. 127.
[2]) Auch auf den Reiz seiner gefüllten Harnblase reagiert er oft nicht mehr, daher versäume man nie, die Blase eines Benommenen zu perkutieren, um rechtzeitig katheterisieren zu können.

gebung nicht mehr die geringste Notiz, sondern ist mit vereinzelten Gedanken, die er offenbar nicht mehr recht zu ordnen vermag, und an denen er (auch sprachlich perseverierend) lange hängt, beschäftigt und davon gequält. Dazwischen kann es plötzlich zu lichten Momenten[1]) kommen, in denen der Kranke seine Umgebung wieder erkennt, zusammenhängend spricht usw. — Es gibt wenig Menschen, die im Tode bis zum letzten Augenblick vollkommen klar bleiben.

Alle diese, im Fieber oder in der Agone geistig verwirrten Menschen machen natürlich auf den ersten Blick den Eindruck eines körperlich schwer Erkrankten, so daß dem herbeigerufenen Arzt der Gedanke kaum kommen dürfte, die Psychose sei primär. Wenn der Arzt indessen gelegentlich zu einem Mann gerufen wird, der offenbar seine Umgebung verkennt, leicht verworrenes Zeug daher redet, unruhig umherläuft, ohne daß aber sogleich Anzeichen von Fieber oder einer sonstigen schwereren körperlichen Störung wahrgenommen werden können, so wird es sich dennoch dabei ebenfalls um ein Delirium handeln. Denn Delirium ist keine Diagnose; es ist die Bezeichnung eines Symptomenkomplexes. Ein Delir ist ein Verwirrtheitszustand, in dem der Kranke die Eindrücke seiner Umgebung nur lückenhaft aufnimmt und sie infolgedessen (oder aus anderen Gründen) unrichtig verarbeitet, beurteilt. Wenn ich dem Deliranten einen etwa fingerlangen, bräunlichen Gegenstand zeige, so erklärt er ihn ohne weiteres für eine Zigarre und steckt ihn womöglich in den Mund. Ein geistig Klarer würde sofort erkennen, daß der Gegenstand viel zu dünn für eine Zigarre, auch zu hart, zu spitz usw. ist, und er würde das richtige Urteil „Bleistift" abgeben. Dem Deliranten genügt „fingerlang und braun", um das Urteil „Zigarre" zu fällen. Zwar schmeckt ihm diese Zigarre nicht, er erklärt auch, sie sei ausgebrannt, aber an der falschen Beurteilung hält er gern fest und läßt sich nur mit Mühe bekehren. Schließlich gelingt es, doch korrigiert er sich nicht etwa: Jawohl, ich sehe es ein, es ist ein Bleistift, sondern: Meinetwegen, es „kann" ja auch ein Bleistift sein. Teils auf Grund dieser mangelhaften Auffassung und Verarbeitung der Eindrücke, teils infolge vorgefaßter Ideen (z. B. er sei in seiner Fabrik) verkennt der Delirant nun fast alle Personen und viele Gegenstände in seiner Umgebung. Die Tatsache, daß er im Hemd herumläuft, wird von ihm mit seiner Behauptung, er sei in seiner Fabrik, gar nicht kontrastiert. Auf Vorhalt antwortet er nur, man könne das auch so machen.

Dies ist die Grundstörung des Deliriums[2]). Sinnestäuschungen kommen vor und können fehlen. Zu dem Verwirrtheitszustand tritt meist noch eine gelinde bis mäßige — bei verständiger Behandlung selten schwere — motorische Erregung. Leichte deliriöse Zustände sind meist das, was der Laie häufig als „phantasieren" bezeichnet: eine leichte Entrücktheit (Desorientiertheit) mit dem ungeordneten Spiel aller möglicher Vorstellungen. Im Wesen dieser Ungeordnetheit

---

[1]) Lucida intervalla, über deren forensische Bedeutung siehe S. 275.

[2]) Wenn man das Delir häufig eine Bewußtseinsstörung nennen hört, so ist dies mißverständlich, weil mit dem Worte „Bewußtsein" gar soviel Verschiedenartiges bezeichnet wird.

liegt es auch, daß die falschen Urteile über seine Umgebung immerfort
wechseln. Bald glaubt er zu Hause, bald in einem Wirtshaus, bald auf
dem Bahnhof zu sein. Dieselbe Krankenschwester wird bald für diese,
bald für jene Persönlichkeit gehalten. Bald klammert er sich eine kurze
Weile an eine Deutung fest, bald läßt er sich wiederum alles mögliche
Törichte einreden. Es fehlt jede Spur einer kritischen Einstellung.
Abortiv- Zuweilen gehen leichte deliriöse Zustände sehr schnell vorüber (be-
Delirien sonders bei chronischen Krankheiten: Tuberkulose, Basedow usw.).
Man sitzt am Bett der Kranken und läßt sich berichten, wie es gehe.
Sie gibt vollkommen klare, wenn auch müde Auskunft und erzählt mit
leiser Stimme vom Appetit und von der Nacht. Man lobt ihre Geduld
usw. Da plötzlich streicht sie mit der Hand leise über die Hand des
Arztes: „Nicht wahr, Paul, Du achtest mir recht auf die Klara, daß
nichts passiert." Stellt man sich so, als habe man nichts bemerkt, und
fährt man in der ärztlichen Unterredung fort, so tut sie desgleichen.
Macht man sie aufmerksam[1]), man sei doch nicht Paul usw., so kommt
ihr die Entgleisung zum Bewußtsein: „Ach, verzeihen Sie nur, Herr
Doktor, ich dachte eben an meinen Mann, ich war ganz irr." Und
trotz dieser Einsicht kann im nächsten Augenblick wieder eine neue
Entgleisung auf Grund einer ganz anderen Vorstellung folgen.

Diese Verkennungen der Umgebung, die beim Delirium auf Grund
mangelhafter Auffassung der Umgebung und gestörter Vorstellungs-
und Denkordnung erfolgen, sind grundsätzlich von den Verkennungen
Wahn zu unterscheiden, denen der Wahnkranke unterliegt[2]). Dieser ist
nicht verwirrt, sondern völlig klar, er faßt seine Umwelt nicht mangel-
haft, sondern, zumal er meist argwöhnisch ist, sehr scharf auf, und wenn
er nun trotzdem zu der Überzeugung kommt: dieser angebliche Doktor ist
bestimmt ein Geheimschutzmann, so erfolgt dieses Urteil entweder
aus dem (früher besprochenen) Wahnerlebnis heraus oder auf Grund
aller möglichen systematischen Erwägungen, die eben seinem Wahnsystem entspringen. Der Wahnkranke faßt genau so gut auf, wie der
Zuschauer im Theater Hamlet sieht und hört. Aber genau so sicher,
wie der Zuschauer weiß, es ist ja nicht Hamlet, sondern Kainz, genau
so sicher weiß der Paranoiker, es ist ja nicht der Doktor, sondern ein
Kriminalschutzmann.
Ver- Und endlich muß beim Thema der Verkennungen noch einer
kennungen dritten Art ihrer Entstehung gedacht werden. Auch bei den heiteren
und den ängstlichen Erregungszuständen kommen Verkennungen vor.
Hier ist die Ursache nicht eine mangelhafte Aufnahme und Verarbeitung der Sinneseindrücke wie beim Delir, sondern hier ist es das un-
gehemmte Spiel der phantastischen Ausdeutung bei erhaltener Klarheit
und Orientiertheit. Weil die Nase der Frau Oberin an die einer Freundin
erinnert, ist die Oberin diese Freundin. Vergnügt tanzt das ausgelassene
manische Mädchen um die Oberin herum: „Ach tun Sie doch nicht so,

---

[1]) Was sich im allgemeinen nicht empfiehlt.
[2]) Das Fachwort Delirium wird in der deutschen und in der französischen
Wissenschaft (délire) in ganz verschiedener Bedeutung verwendet. Das veranlaßt
zuweilen Mißverständnisse. — Le délire = der Wahn.

gestrenge Frau Oberin, sie sind ja halt doch die Agnes." — „Geh komm her, Max, sei nicht so fad, was brauchst denn den Doktor zu spielen." — Oder e i n e Persönlichkeit ist gleichzeitig die Vertreterin z w e i e r Personen: der Arzt und der Geliebte, und je nach der Situation wird er nun bald als dieser, bald als jener angesprochen. Man erkennt das lustig Spielerische an diesen Verkennungen: es ist den manischen Kranken mit diesen Behauptungen selbst nicht so recht Ernst. — Und bei den depressiv Erregten (agitierte Melancholie) sind es der Stimmung entsprechend die traurigen Phantasien, die Befürchtungen, die zu Verkennungen führen, obwohl auch hier diesen Verkennungen, wenn auch in ganz anderem Sinne, etwas Spielerisches, Selbstquälerisches zugrunde liegt. Weil der Arzt eines Tages zufällig mit sehr ernstem Gesicht an das Bett der Melancholischen tritt, ist er nun plötzlich der Scharfrichter. Oder weil er einmal vor einem Ausgang im schwarzen Überzieher an der Kranken vorübergekommen ist, nennt sie ihn von da ab: „Herr Totengräber".

Die s c h w e r e r e n E r r e g u n g s z u s t ä n d e , mögen sie nun manisch oder depressiv gefärbt sein, zerstören für die Dauer des Anfalls ebenfalls die Form der Persönlichkeit, wenngleich beim manisch-depressiven Irresein nicht in dem Maße, wie bei den symptomatischen Verwirrtheitszuständen oder der katatonischen Tobsucht. Denn wenn eine manisch-depressive Kranke in ihrer gesunden Zeit noch so ruhig und bescheiden war und jetzt in ihrer Manie noch so ausgelassen und toll ist, so kommen doch auch dann noch die eigentlichen Charakterzüge durch. Und von der Melancholie gilt Ähnliches. Beide Zustände stehen dem Beobachter auch nicht als wesensfremd gegenüber, sondern erscheinen noch immer als denkbar höchste Steigerungen normaler Gemütszustände. Anders ist es bei der k a t a t o n i s c h e n E r r e g u n g . Bei ihr ist das ganze Toben so völlig jeder einheitlichen Stimmungslage fremd, so sinnlos, so verschroben, so roh oder so läppisch, daß sich niemand mehr einzufühlen vermag. Der Katatoniker stürmt im Zimmer umher, zerstört die Gegenstände, drapiert sich mit Fetzen, schreit unzusammenhängende Worte oder halbe Stunden lang eintönige Silbenfolgen[1]); er wiederholt eintönig dieselben Bewegungen, oft wie bei einem Turnen, aber unendlich verschroben. Eine einheitliche Schilderung eines solchen Zustandes ist deshalb kaum möglich, weil er eben in keiner Hinsicht einheitlich ist, sondern uneinfühlbar, zerfahren. Der praktische Arzt wird selten einmal in die Verlegenheit kommen, sich mit solchen schweren Katatonien abfinden zu müssen[2]), und wenn er doch einmal zu Hilfe gerufen wird, so hat er weiter nichts zu tun, als den Katatoniker einer geschlossenen Anstalt zuzuführen. Solche sinnlosen schweren Erregungszustände kommen gelegentlich auch bei einer p r o g r e s s i v e n P a r a l y s e vor, ohne das sie sich seelisch symptomatisch von der katatonischen Erregung wesentlich unterscheiden.

Ebenso wie in einem großen Aufregungszustand kann die Persönlichkeit des Menschen auch im Gegenteil, im S t u p o r , völlig verloren gehen.

Er-
regungen

Stupor

---

[1]) O dosi Resi losi da, odol la la, odul la la, der Paul, der Pol, der Pul, der Pal, odul, odal la la.

[2]) Nur der Gefängnisarzt dürfte öfter einmal Gefängniskatatonien sehen.

Zuweilen geht im Stuporösen überhaupt nichts vor; er ist leer, er scheint keine Psyche mehr zu haben; es ist manchmal wirklich so, als sei die Seele entflohen, während der Körper starr und schlafend auf ihre Rückkehr warte. Aber in anderen Stuporkranken geht sehr wohl etwas vor, nur ist alle ihre Leidenschaft und ihr Interesse auf irgendeine Einzigkeit, meist auf einen Wahn beschränkt. Alles was in diesem Traumleben stört, wird übersehen oder überhört (Negativismus) oder gewaltsam beseitigt (impulsive Akte). Diese Stuporösen sind wie abgekapselt (Autismus).

Langsame Verblödung   Zerstört wird die Einheit der Persönlichkeit endlich durch die langsamen Verblödungsprozesse[1]). Man kann bei ihnen begreiflicherweise keinen bestimmten Zeitpunkt angeben, an dem die Individualität vernichtet wird. Bald geschieht es früher (bei der Paralyse, den rasch verblödenden Epilepsien und Katatonien), bald langsamer (stille Hebephrenie, Katatonie in Schüben), bald kommt es mehr zu einer einfachen geistigen Verödung, bald zu verschroben exaltiertem Wesen. Häufig tritt auch eine sogenannte Heilung mit Defekt ein. D. h. der Krankheitsprozeß macht zwar Halt, die akuten Symptome verschwinden, der Kranke vermag seinen Beruf wieder aufzunehmen, fällt auch sonst nicht irgendwie auf, aber alle, die ihn von früher her kannten, haben den Eindruck: er ist nicht mehr der alte, er hat, wie sich die Alltagssprache gern ausdrückt, einen Knax. Vielleicht ist seine Lebhaftigkeit vorüber, seine Initiative erloschen, seine geistige Regsamkeit dahin. Oder man vermißt an ihm seine persönliche Liebenswürdigkeit, sein Interesse für andere, seinen Takt usw. Kurz, wichtige, grundlegende Eigenschaften seines Charakters sind zerstört. Aber man muß bei dieser Heilung mit Defekt zwei ganz verschiedene Formen sehr wohl unterscheiden. Auch über schwere Schicksalsschläge kommt der Mensch selten hinweg, ohne eine Einbuße an seinen menschlichen Qualitäten zu erleiden. Unzweifelhaft bereichern ernste Lebenserfahrungen das Gemüt, wenn aber ein schweres Unglück nach dem andern über ein Menschenleben hereinbricht, wenn der Krieg dem Vater alle drei Söhne raubt, und wenn sich aus Verzweiflung die Mutter und Frau das Leben nimmt, so vermag auch der aufrechte, kräftige Mann solche Schicksale nicht mehr ohne ernsten Schaden zu verwinden. Und solche schweren Schicksale sind die Psychosen selbst. Wenn ein sensibles, geistig hochstehendes Mädchen im Verlaufe weniger Jahre zwei schwere, viele Monate dauernde Manien übersteht, die sie in die geschlossene Anstalt und in den Kreis aller der traurigen Erfahrungen führen, die nun einmal damit verknüpft sind, so vermag sie hernach diese Erinnerungen nicht mehr frei von sich abzuschütteln und kann nicht weiter so leben, als wenn nichts geschehen wäre. Sondern auch bei ihr ist die Lebenskraft oft gebrochen, ihre Frische ist dahin; auch bei ihr könnte

Heilung mit Defekt   man eine Heilung mit Defekt annehmen, obwohl den heutigen Anschauungen zufolge das manisch-depressive Irresein eine Krankheit ist, die mit einer völligen Wiederherstellung endet. Aber es ist dies eben

---

[1]) Demente Epilepsie, Dementia praecox, progressive Paralyse, Arteriosklerose, senile Demenz.

eine Heilung mit einem ganz anderen Defekt, als man ihn bei einer Katatonie in Schüben findet. Einer der Hauptunterschiede ist das Krankheitsgefühl. Die geheilte manisch-depressive Kranke spricht sicher nicht
gern von dem überstandenen Anfall, denn sie schämt sich der häßlichen
Erinnerungen. Doch ist sie seit ihrer Genesung nicht einen Augenblick im Zweifel, daß sie eine ernstliche Gemütskrankheit überstand.
Der Katatoniker in der Remission spricht auch nicht von seinem überstandenen Erregungszustand, aber aus einem ganz anderen Grunde:
er interessiert ihn nicht. Es interessiert ihn überhaupt nicht mehr
viel. Die manisch-depressive Kranke hat ihren Takt, ihre Sensitivität
usw. behalten, nur ist sie müde geworden, ihre Initiative litt Schaden,
ihre Lebendigkeit ist dahin. Der Katatoniker verlor nicht nur diese
Eigenschaften, er verlor auch den Takt, die Reagibilität, die Interessen.
Er wurde gleichgültig und stumpf, er blieb dement.

Die Frage der De me nz bedarf noch der Erörterung. Man versteht Demenz
unter ihr einen erworbenen dauernden Schwachsinn. Man erlebt es
so häufig bei Anfängern, daß sie nach kurzer Bekanntschaft mit einem
Kranken urteilen: er ist blödsinnig. Ganz abgesehen davon, daß damit
noch wenig gesagt wäre, weil es auf den Grad des Blödsinns ankommt, ist es auch in den allermeisten Fällen nicht richtig. Früher
habe ich schon einmal davor gewarnt, daß man aus einer fehlenden
oder queren Antwort auf Dummheit schließe[1]). Der Ausgefragte hat
vielleicht nicht antworten wollen, oder er hat nur nicht so schnell
reagieren können, oder er hat vielleicht absichtlich den Fragenden
angeführt. Man halte immer streng auseinander: nicht wollen, augenblicklich verhindert („gestört") sein und dauernd nicht können. Ein
endgültiges Urteil hierüber ist selbst für den Erfahrenen oft sehr schwer,
um so mehr sei dem Unkundigen Vorsicht anempfohlen. Die Sachlage
wird dadurch nicht erleichtert, daß der Ausdruck „Demenz" recht
verschiedenartige Defektzustände deckt. Einmal meint man damit
die stille geistige Verödung, die sowohl das geistige Material als seine
Bearbeitung betrifft, und die man bei der paralytischen, arteriosklerotischen, senilen Demenz (allenfalls auch beim Alkoholismus) kennt. Aber
man will mit Demenz auch jenen Defekt treffen, der soeben bei der Schizophrenie geschildert wurde: den Verlust an Initiative, Selbständigkeit,
Einfällen, neuen Gedanken, Ausdauer, Beharrlichkeit, Ehrgeiz, Ehrgefühl, Güte, Takt, Liebenswürdigkeit usw. Es fällt dem Anfänger
begreiflicherweise oft schwer, einzusehen, daß zwei so verschiedenartige Zustände den gleichen Namen tragen sollen. Er hat auch ganz
recht: dies ist völlig unzweckmäßig, muß jedoch, wie so viele Benennungen
in der Wissenschaft, rein historisch verstanden werden. Der schizo-
phren Demente vermag sicher, wenn er mag, komplizierte logische
Operationen, schwierige philosophische Gedankengänge korrekt zu
vollziehen — daneben bringt er es fertig, aus nichtigen Gründen seine
Mutter zu mißhandeln. Der senil Demente vermag vielleicht trotz
besten Willens auch einfache Rechenaufgaben nicht mehr zu lösen,

---

[1]) Pseudodemenz, Examenangst, Emotionsstupor.

aber er wird niemals in seinem Gemütsleben so von Grund auf verändert werden, mag ihn das Alter auch reizbar und mißtrauisch machen.
Man hat, um den Unterschied recht deutlich herauszuheben, bei dem
Defekt der Dementia praecox auch von einer „gemütlichen Verblödung" gesprochen und stellt ihr die andere als die geistige oder
intellektuelle Verblödung gegenüber. Schließlich aber, wenn alle
diese Leiden sehr weit fortgeschritten sind, ähneln sich die Zustände
sehr. Die zahllosen traurigen menschlichen Ruinen, für die der Staat
in den großen Heil- und Pflegeanstalten sorgt — diese Endzustände,
wie sie die Psychiatrie nennt, können auch vom Fachmann nur noch
schwer unterschieden werden. Geben nicht die weißen Haare, eine
deutliche Sprachstörung, ein epileptischer Anfall usw. einen Hinweis,
so sehen aufs erste die zum Tier gewordenen Paralytiker, die stammeln-
den Epileptiker, die alten Katatoniker, die Senilen einander sehr gleich.
Und eine feinere Differentialdiagnostik dieser Endzustände hat für den
praktischen Arzt, der ja nie mit ihnen zu tun hat, keinen erkenntnis-
mäßigen, geschweige denn einen praktischen Wert.

Im Kapitel der „Störung des seelischen Gesamtzusammenhangs" muß auch
der Hypnose noch kurz gedacht werden, wenngleich die künstlich durch sie
gesetzte Störung ganz anderer Art ist, als die bisher beschriebenen Alterationen.
Gewiß kann der Hypnotiseur in das Wesen der Persönlichkeit stark eingreifen,
er kann ihr Gedanken und Handlungen suggerieren, die ihrem Wesen fremd sind.
Doch wird der Hypnotisierte, sich selbst überlassen, nicht aus dem Rahmen seines
Charakters heraustreten, er ist nur unter dem Einfluß des fremden Willens ein
anderer. Sein Verhalten ist ähnlich wie im Traum des normalen Schlafes, denn
auch träumend begeht man ja Handlungen, die dem Charakter fremd sind. —
Freilich hat es auch wortgewandte Freunde des Paradoxen gegeben, die den
Träumenden als den wahren Charakter, den Wachenden als den Verlogenen höchst
einleuchtend dargestellt haben.

III. Bilder abnormer Persönlichkeiten.

Es ist, wie ich schon eingangs erwähnte, ganz unrichtig, wenn man meint, die Psychiatrie habe es nur mit Geisteskrankheiten zu tun. Und es ist ebenso unrichtig, wenn daraus der Schluß gezogen wird, die Psychiatrie gehe eigentlich den Arzt der allgemeinen Praxis nichts an, denn er habe mit Wahnsinnigen, Tobenden und Blödsinnigen ja nichts zu schaffen. Diesem unglücklichen Standpunkt ist wohl die Schuld zuzuschreiben, daß sich bisher der Arzt in der Tat meist recht wenig geschickt benahm, sobald seine Tätigkeit in das Gebiet der Behandlung seelischer Abnormitäten übergriff. Wenn man freilich einen Kassenarzt betrachtet, der lediglich in seiner Kassensprechstunde Rezepte verschreibt oder kurze Anweisungen gibt und sonst nichts als seinen wirtschaftlichen Aufstieg im Auge hat, so kann man ruhig zugeben: dieser Arzt braucht keine psychologisch-psychiatrischen Kenntnisse. Wenn man aber davon überzeugt ist, daß solche ärztlichen Typen glücklicherweise noch selten sind und im wesentlichen nur den Großstädten angehören, und daß es bei der großen Mehrzahl der Ärzte noch immer ihr ehrliches Bestreben ist, ihren Schutzbefohlenen wirklich in jeder Weise zu helfen, die Kranken ihrer Familie, ihrem Berufe, dem Staat wiederzugeben, — so wird man nicht müde werden, den Ärzten immer wieder vorzuhalten und an Beispielen zu erweisen, wie wichtig und nutzbringend Menschenkenntnis — psychologische und psychiatrische Fachkenntnis — auch für den Praktiker ist. Sie öffnet ihm für vieles die Augen, sie erspart ihm manchen Irrweg. Was er von den „großen Psychosen" wissen muß, ist relativ gering. Aber um so sorgsamer und vor allem: um so grundsätzlicher muß seine Kenntnis von den leichten seelischen Abnormitäten sein.

Wenn ein Sohn begüterter Eltern schon in der Sexta sitzen bleibt, die Quinta mit Mühe absolviert, in der Quarta wieder sitzen bleibt, wenn alle Strenge der Eltern, selbst die Schläge des Vaters dem gering begabten Kinde den Verstand nicht schärfen, wenn alle Konferenzen mit den Lehrern, alle Nachhilfen durch Privatstunden den Schulerfolg nicht sicher stellen: — wer anders bleibt den Eltern noch zur Beratung, was geschehen solle, übrig, als schließlich der Arzt? Aber wie kann der Arzt einen verständigen Rat geben, wenn er solche Kinder nicht zu nehmen, die Grenzen ihrer Begabungen nicht zu erkennen, die sozialen Möglichkeiten für sie nicht zu ermessen weiß? Zuerst muß er einmal feststellen; w a r u m kommt der Junge nicht vorwärts, w a r u m vermag er nicht denselben Weg zu schreiten, den so viele seiner Altersgenossen mühelos zurücklegen? Ist es wirklich eine geringe Begabung (und worin besteht diese?), oder liegen sonst irgendwelche Hemmungen und Störungen vor?

Dies zu entscheiden gibt es allerlei Hilfsmittel. Vor allem muß man es verstehen, das Vertrauen des Kindes zu gewinnen. Es wäre nichts ungeschickter, als dem Jungen autoritativ gegenüberzutreten. Es ist eine alte Erfahrung, daß Kinder über alles, was sie bedrückt, sich sehr viel leichter Fremden gegenüber aussprechen, als den eigenen Eltern. Es wird trotzdem nicht immer aufs erste Mal glücken, das Kind zum Erzählen zu bewegen[1]). Der Arzt, der ihm früher einmal bittere Medizin gegeben oder ein Panaritium geschnitten hat, hat vielleicht noch ein etwas schlimmes Andenken beim Kinde; dies muß erst langsam überwunden werden. Es gelingt dem Landarzt etwa, den Buben öfter einmal ein Stück Wegs mitfahren zu lassen. Oder in der Stadt läßt es sich zwischen Eltern und Arzt einrichten, daß man sich Sonntags einmal scheinbar unversehens an einem Ausflugsort trifft, wo der Junge viel mehr aus sich herausgeht als zu Hause. Oder in der kleinen Stadt knüpfen die Kinder des Arztes mit dem Buben Beziehungen an. Auf alle Fälle ist es erst möglich, ein Urteil über die Verstandesgaben des Kindes zu gewinnen, wenn man merkt: es gibt sich, wie es ist. Schon · wiederholt habe ich davor gewarnt, einen E m o t i o n s s t u p o r eines Kindes für den Ausdruck von Dummheit zu halten. Dies wäre genau so unrichtig, wie wenn ein Examinator aus der emotionellen Verwirrtheit eines Prüflings auf mangelhafte Kenntnisse schließen wollte. Gewiß: mangelhafte Kenntnisse k ö n n e n der Grund eines Schreckstupors sein, doch kann dieser sich auch aus ganz anderen Gründen herleiten.

Fest-
stellung
der Ver-
standes-
entwick-
lungGlaubt nun der Arzt den Jungen soweit zu haben, daß dieser bei ihm nicht Wohlwollen, sondern Verständnis voraussetzt — Kinder bemerken solche Unterschiede sehr fein — so kann er sich zur Prüfung der geistigen Anlagen natürlich einiger Hilfsmittel bedienen. Man hat zur exakten Feststellung der intellektuellen Entwicklung neuerdings mit sehr großer Sorgfalt Fragebogen und allerhand Stichproben ausgedacht, die sogar ein zahlenmäßig formulierbares Urteil darüber erlauben, wie weit der Junge hinter dem Durchschnitt seines Alters zurücksteht. Aber man trifft mit solchen „Test"-prüfungen immer nur das augenblickliche Ergebnis der Verstandes- und Wissensausbildung, nicht ihre Gründe. Sehr verschiedene Gründe können zum gleichen Ergebnis führen. Da man sich aber bei der Leitung eines Individuums mehr für die Gründe — denn an ihnen soll die bessernde Arbeit einsetzen — als für das augenblickliche Resultat interessiert, so empfiehlt es sich nicht, die Fragebogen der Intelligenzprüfungen einfach auszufüllen.

---

[1]) In der Kassenpraxis ist das selbstverständlich kaum möglich. Doch können hier (Schularzt!) geschickte Erkundigungen bei den Lehrern, Eltern, Mitschülern, gelegentlich auch ein Blick in die Schulhefte (besonders Diktate, Aufsätze, freie Zeichnungen) ein Urteil bilden helfen.

Es ist im einzelnen Falle ungeschickt, denn es erweckt den Eindruck
einer Schulprüfung und macht ein Kind leicht „bockig", selbst dann,
wenn man sich sonst gut mit ihm steht. Aber der Arzt soll diese Schemata
kennen, um sie sich möglichst einzuprägen oder sich zuweilen wieder
neue Anregung zum Fragen aus ihnen zu holen. Denn die Proben dieser
Bögen sind vielfach sehr klug ausgewählt. Ganz gelegentlich mag dann
der Arzt solche Fragen anbringen, scheinbar zufällig mag er eine kleine
Prüfung anschließen, und er mag, wenn er es mit geschickten und
klugen Eltern zu tun hat, diesen die Fragestellungen und Proben bekannt geben und sich von der Beantwortung dann berichten lassen.
Man wird der sogenannten Wissensfragen nicht ganz entbehren
können, denn es gibt auf jeder Altersstufe Kenntnisse, die so einfach
sind, daß sie der durchschnittlich Entwickelte eben wissen müßte.
Aber den größeren Wert wird man auf die Denkfragen oder Verständ-
nisfragen legen müssen, bei denen es nicht möglich ist, ein totes
mechanisch eingelerntes Wissen wiederzugeben, sondern bei denen
eine Denkarbeit, ein sich mit der Frage Auseinandersetzen im Kopfe
des Kindes stattfinden muß. Dabei ziehe man seine Schlüsse oft mehr
aus der Form der Antwort, als aus ihren wirklichen Inhalten. Wenn ich
als Antwort auf die Frage nach dem Unterschied zwischen einer Treppe
und einer Leiter höre: eine Treppe ist lang und eine Leiter ist kürzer,
so kann ich hieraus auf den Intellekt des Kindes noch gar nicht schließen,
höchstens vermuten, daß es bei ihm zu Hause wahrscheinlich eine
lange Treppe und eine kurze Leiter geben wird, und daß es noch un-
genügend abstrahieren gelernt hat. Wenn ich als Antwort erhalte:
eine Treppe hat Stufen, eine Leiter Sprossen, so braucht dies keinem
Differenzierungsakt zu entspringen, sondern kann vielleicht ganz mechanisch eingelernt sein. Wenn ich dagegen gesagt bekomme: „eine Treppe
ist in das Haus eingebaut und massiv, eine Leiter ist durchsichtig,
und man kann sie forttragen", so entspricht eine solche Antwort
zweifellos einem eigenen relativ hochwertigen Denkakt. Man beachte,
daß die guten Antworten immer einen viel besseren Aufschluß geben,
als die schlechten, die vielleicht nur ungeschickt formuliert sind
oder einer mißverstandenen Frage folgen. Denn zu fragen ist oft
nicht leicht[1]).

Die Notwendigkeit, sich über den augenblicklichen Stand der Ausbildung eines individuellen Intellekts und über den Grad seiner Aus-
bildungsfähigkeit zu vergewissern, liegt für den Arzt nicht so selten vor.
Nicht nur wenn die Frage der Schulwahl oder des Schulfortkommens
aufgeworfen wird, sondern vor allem wenn die Berufswahl heranrückt,
wenn er als Vertrauensarzt eines Unternehmens oder des Staates (Bezirksarzt, Bahnarzt, Militärarzt) die intellektuelle Eignung eines Be-
werbers für den fraglichen Beruf zu beurteilen hat, endlich wenn er
als gerichtlicher Sachverständiger die Frage der Verstandesreife eines

---

[1]) Wenn sich z. B. in einem gedruckten Intelligenzprüfungsschema die Frage
findet: „unter welchen Umständen würden Sie Glück empfinden?", so kann
man nur urteilen, daß sich kaum etwas Ungeschickteres und Unpassenderes ausdenken läßt.

jugendlichen Angeklagten gemäß § 56 RStGB. zu begutachten hat[1]), wird er in den Intelligenzprüfungsmethoden Bescheid wissen müssen. Deshalb seien eine Anzahl von Fragen und Aufgaben hierhergesetzt, die von sachkundigen Forschern nach den Ergebnissen der experimentellen Psychologie für die einzelnen Altersstufen ausgewählt worden sind. Ich möchte jedoch nochmals warnen, sie schematisch anzuwenden, sie sollen nur anregend wirken.

Dreijährige Kinder[2])

1. Mund, Auge, Nase zeigen — also einfachste Probe auf das Wortverständnis. Man kann statt dessen auch abgebildete bekannte Gegenstände zeigen lassen, obwohl dies a priori schwieriger zu sein scheint. — Als erster Fortschritt in der Sprachentwicklung ist dann das Nachsprechen von Vorgesprochenem zu betrachten. Daher

2. und 3. Wiederholen von Sätzen und Zahlen. Ein dreijähriges Kind soll Sätze, die sechs Silben enthalten, sowie zwei (einstellige) Zahlen wiederholen können. — Eine Prüfung der genannten Wahrnehmungs- und Denktätigkeit (und natürlich gleichzeitig auch wieder der Sprachentwicklung) erlaubt

4. das Betrachten eines Bildes, wobei das Kind spontan anzugeben hat, was es sieht. Es werden drei einfache Bilder vorgezeigt, denen gegenüber das dreijährige Kind mit einer „Aufzählung der Teile" reagiert, zunächst der wichtigsten Teile, der Personen, dann der verschiedenen Gegenstände. Ein Fortschreiten innerhalb des Aufzählungsstadiums besteht im Längerwerden der Aufzählung, dann im Einfügen von Partikeln: und, mit, dann usw.

5. Angabe des Familiennamens, der den Dreijährigen nicht so geläufig ist wie der Vorname.

Vierjährige Kinder.

1. Benennen vorgezeigter Gegenstände, eine weitere Prüfung des Sprachverständnisses, die wesentlich mehr verlangt, als was vom dreijährigen Kinde gefordert wurde. Die vorgezeigten Gegenstände müssen hinlänglich bekannt sein, z. B. ein Schlüssel, ein Messer und ein Zehnpfennigstück; von kleinen Ungenauigkeiten in der Aussprache ist abzusehen.

2. Wiederholen von drei Zahlen.

3. Angabe des Geschlechts. Erst die Vierjährigen beantworten die Frage: „Bist du ein Junge oder ein Mädchen?" so gut wie ausnahmslos richtig.

4. Vergleichen zweier Linien (von 5 und 6 cm Länge). Das Kind hat zu zeigen, welches die längere Linie ist. Es handelt sich hier nicht um die rein sinnliche Wahrnehmung eines Größenunterschiedes, sondern um das Verständnis des Wortes „länger" und die entsprechende Reaktion.

Fünfjährige Kinder.

1. Vergleichen zweier Gewichte. Man verwendet zwei Paare gleich aussehender Kästchen, 3 und 12 g und ferner 6 und 15 g wiegend. Das Kind hat anzugeben, welches das schwerste Kästchen ist, was meistens eine längere Erklärung erfordert. Dieser Versuch ist dem vorigen analog, nur wesentlich schwieriger; das Vergleichen und Entscheiden ist hier subtiler.

2. Wiederholen von Sätzen mit 10 Silben.

3. Bis 4 zählen, d. h. jedoch nicht die Zahlen auswendig hersagen, sondern 4 einzelne Gegenstände (z. B. Zehnpfennigstücke) richtig abzählen. Das bloße Hersagen von Zahlen garantiert noch nicht den Besitz des Zahlbegriffes.

4. „Geduldspiel". Dem Kinde werden zwei gleiche Dreiecke vorgelegt die durch Zerschneiden eines (Karton-) Rechtecks erhalten wurden, außerdem ein

---

[1] Weiteres hierüber s. S. 281.
[2] Aus „Zeitschrift für angewandte Psychologie". Stern Liepmann. Bd. 3. Leipzig. 1910. S. 249—255. Sammelberichte. A. Binets Arbeiten über die intellektuelle Entwicklung des Schulkindes (1894—1909). Von Otto Bobertag.

ebensolches intaktes Rechteck als Vorlage; es soll die beiden Dreiecke so zusammenlegen, daß wieder das ursprüngliche Rechteck daraus wird.

5. Abzeichnen eines Quadrates, von 3—4 cm Seitenlänge mit Tinte und Feder. — Für die Ausführung dieses sowie des vorigen Versuches von seiten des Kindes kommen drei Faktoren in Betracht, deren jeder eine gewisse geistige Fertigkeit bedeutet: 1. Verständnis der gestellten Aufgabe. 2. Geschick und Ausdauer in ihrer Lösung. 3. Beurteilung des Geleisteten durch Vergleich mit der Vorlage.

Sechsjährige Kinder.

1. Rechte Hand, linkes Ohr zeigen. Häufig wird das rechte Ohr gezeigt: wird dann nicht sofort spontan verbessert, so gilt dies als „falsch".

2. Vor- und Nachmittag unterscheiden. Man fragt: „Ist jetzt Vormittag oder Nachmittag?" — Zu beachten ist, daß ein Kind, sobald es weiß, daß es schon sein Mittagbrot hinter sich hat, deshalb noch nicht zu wissen braucht, daß nun „Nachmittag" ist.

3. Angabe des Alters, d. h. Antwort auf die Frage: „Wie alt?", nicht auf die Frage: „Wann geboren?"

4. Ausführung dreier gleichzeitiger Aufträge: z. B. „Lege diesen Schlüssel auf den Stuhl da; dann mache die Stubentüre auf; dann bringe mir das Kästchen, das dort auf dem Stuhle neben der Türe liegt", wobei man auf die betreffenden Gegenstände hinweist.

5. Wiederholen von Sätzen mit 16 Silben.

6. Ästhetischer Vergleich. Man zeigt dem Kinde nacheinander drei Paare von Zeichnungen, deren jedes ein „schönes" und ein „häßliches" Gesicht enthält, und läßt angeben, welches das „schönere" ist.

7. Definition von Konkreten, d. h. von Begriffen, die bekannte Gegenstände bezeichnen (z. B. Gabel, Tisch, Stuhl, Pferd, Mama). Dieser Test erlaubt wieder im Gegensatz zu den vorhergehenden einen tieferen Einblick in die kindliche Auffassungs- und Denkweise, gleichzeitig in die fortgeschrittenere Sprachentwicklung, analog dem Vorzeigen von Bildern. Diesem letzteren ist er auch insoweit ähnlich, als sich hier mehrere „Stadien" in der Beantwortung entscheiden lassen. Auf dem niedrigsten Stadium, das als vollständiges Versagen gelten muß und daher gar nicht berücksichtigt wird, reagiert z. B. das Kind auf die Frage: „Was ist ein Tisch?" mit Stillschweigen oder einfachem Wiederholen des Wortes „Tisch" oder mit einer zeigenden Gebärde, die auf den vor ihm stehenden Tisch hinweist: „Das hier". Das zweite Stadium ist dann erreicht, wenn durch Angabe des Zweckes des betreffenden Gegenstandes definiert wird, was bei einem Sechsjährigen verlangt werden muß. Die sprachliche Form dieser Angabe kann sehr wechseln, z. B.: „Gabel — zum Essen, da ißt man mit usw." Jede Beifügung eines Gattungsbegriffs (ein Ding zum Essen) führt über dieses Stadium hinaus.

Siebenjährige Kinder.

1. Das Betrachten eines Bildes auf dieser Altersstufe zeigt, daß hier die Kinder das Stadium der „Aufzählung" gänzlich verlassen haben und in das Stadium der „Beschreibung" getreten sind: es wird angegeben, was die Personen auf den Bildern machen, in welcher Lage und in welchen Zuständen sich die Gegenstände befinden — z. B.: „Der Mann zieht den Wagen, der Hut liegt auf der Erde." Also auf der gedanklichen Seite Fortschritt von der Auffassung der Dinge zur Auffassung der Tätigkeiten; auf der parallelen sprachlichen Seite Fortschritt vom Wort zum Satz (vom Substantiv zum Verbum).

2. Bemerken von Lücken in Zeichnungen. Vier unvollständige Zeichnungen (drei Gesichter und eine ganze Figur) werden dem Kinde vorgelegt, das anzugeben hat, was darin fehlt (Mund, Nase, Auge, Arme).

3. Abschreiben geschriebener Worte („Der kleine Paul") mit Tinte und Feder. Da die Siebenjährigen das erste Schuljahr hinter sich haben, so muß man diese Leistung normalerweise von ihnen verlangen können.

4. Bis 13 zählen, d. h. richtiges Abzählen von 13 einzelnen Zehnpfennigstücken.

5. Zahl der Finger angeben. „Wieviel Finger an der rechten Hand? — Wieviel an der linken? — Wieviel zusammen an beiden?"

6. **Abzeichnen eines Rhombus**; analog dem Abzeichnen eines Quadrats.
7. **Wiederholen von 5 Zahlen.**

Achtjährige Kinder.

1. **Kenntnis der vier Hauptfarben:** Rot, Gelb, Grün, Blau.
2. **Von 20 bis 0 rückwärts zählen.**
3. **Diktatschreiben.**
4. **Vergleichen zweier Gegenstände aus dem Gedächtnis** (Schmetterling — Fliege, Holz — Glas, Pappe — Papier. Im Gegensatz zu den vorangegangenen Tests wieder eine Aufgabe, deren Lösung nicht ein bestimmtes „Wissen" oder „Gelernthaben", sondern eine reine „Verstandesarbeit" voraussetzt: ein hinreichend klares Sich-Vergegenwärtigen der betreffenden Dinge, ein aufmerksames Vergleichen und ein Herausfinden der wesentlichen Unterscheidungsmerkmale; zugleich eine Probe auf eine gewisse Gewandtheit im sprachlichen Ausdruck. — Die Antworten müssen genügend präzis sein; daher ist eine automatische Wiederholung des zuerst angegebenen Unterschiedes unzulässig. — Eine gleichzeitige Beurteilung des „Wissens" und des „Verstehens" gestattet dagegen in gewisser Weise
5. **das Angeben von Erinnerungen an Gelesenes.** Zu diesem Versuche dient ein kurze gedruckte Zeitungsnachricht. „Drei Häuser verbrannt. — Bietigheim, 5. September. Ein großes Feuer vernichtete in Bietigheim in der letzten Nacht drei Häuser mitten in der Stadt. 17 Familien sind obdachlos geworden. Der Schaden beträgt 2 Millionen Mark. Ein Feuerwehrmann hat sich bei der Rettung eines Kindes die Hände ziemlich stark verbrannt." Diese Geschichte hat das Kind zunächst vorzulesen, wobei die Qualität des Lesens, die gebrauchte Zeit und etwaige Verlesungen und Verbesserungen notiert werden. Darauf hat das Kind anzugeben, was es sich von dem Gelesenen behalten hat. Die Menge des Behaltenen richtet sich natürlich zum größten Teil (aber nicht vollständig) nach der Fertigkeit im Lesen; je mehr geistige Energie auf den Leseakt verwendet wird, desto weniger bleibt für die Einprägung des Inhalts übrig. — Die ganze Zeitungsnachricht läßt sich in 18 „logische Einheiten" gliedern, deren jede dann als eine „Erinnerung" wiedererscheinen kann. Von den Achtjährigen wird nun verlangt, daß sie mindestens zwei solche Erinnerungen anzugeben imstande sind, also etwa „in Bietigheim — ein großer Brand". — Außerdem ist aber auch darauf zu achten, in welchem Maße sich Mängel in der Auffassungsmöglichkeit und Selbstkritik bekunden: durch Lesen sinnloser Worte oder durch Angabe falscher und absurder Erinnerungen.

Neunjährige Kinder.

1. **Angabe des Tagesdatums** mit Monat, Jahr und Wochentag.
2. **Aufsagen der Wochentage.**
3. **Ordnen von fünf Gewichten.** Dreierlei kommt hier in Betracht: 1. das Verstehen der dem Kinde gegebenen Anweisung: die Idee des Ordnens nach abnehmender Schwere muß erfaßt werden; 2. das aufmerksame Festhalten dieser Idee während der Ausführung des Versuches; 3. eine gewisse Geschicklichkeit in der Handhabung der Kästchen. — Der Versuch wird dreimal angestellt; zweimal muß er vollständig gelingen.
4. **80 Pfennig auf eine Mark herausgeben.** Es wird „Kaufmann" gespielt: Man kauft dem Kinde, das man mit genügend Geld ausgestattet hat, eins der erwähnten Kästchen für 20 Pfennig ab, legt einen Markschein hin und verlangt das Übrige heraus. Es liegt hier kein bloßes Rechenexempel, sondern eine Kombination eines solchen mit einer Aufgabe vor, bei der außer Kenntnis des Geldes ein gewisses Maß von allgemeiner praktischer Gewandtheit gefordert wird.
5. **Das Definieren von Konkreten** soll bei Neunjährigen in einer über die bloße Angabe des Zweckes hinausgehenden Weise geschehen, wobei mehrere Varianten möglich sind; Angabe eines Gattungsbegriffs, kurze Beschreibung des betreffenden Gegenstandes, Angabe des Stoffes, aus dem er besteht usw.
6. **Das Angeben von Erinnerungen an Gelesenes** kehrt hier mit der Änderung wieder, daß mindestens sechs richtige Erinnerungen verlangt werden.

Zehnjährige Kinder.

1. **Aufsagen der Monate.**
2. **Kenntnis sämtlicher Münzen und der kleineren Scheine.**

3. **Bilden eines Satzes mit drei Worten.** Man sagt dem Kinde, daß es sich einen Satz ausdenken soll, in dem die drei Worte „Hamburg, Hafen, Schicksal" vorkommen. Der Ausfall dieses Versuches ist von nicht wenigen Faktoren abhängig: dem Vorstellungsreichtum des Individuums, seiner kombinatorischen Phantasie, seiner Fähigkeit zu zielbewußter Aufmerksamkeit, seiner Selbstkritik, seiner Gewandtheit im sprachlichen Ausdruck. Daher ist die Beurteilung des Ausfalls oft schwierig. Am meisten empfiehlt es sich, hierbei die Zahl der Sätze zugrunde zu legen, die das Kind braucht, um die drei Worte unterzubringen. Von einem Zehnjährigen kann man verlangen, daß es mit zwei Sätzen auskommt. Sätze, die grammatisch richtig, aber absurd sind, gelten nicht.

4. **Drei leichtere „Intelligenzfragen".** 1. „Was muß man tun, wenn man den Zug verpaßt?" — 2. „Was mußt du tun, wenn du einen Gegenstand zerbrochen hast, der dir nicht gehört?" — 3. „Was mußt du tun, wenn du Geld auf der Straße findest?"

5. **Fünf schwerere „Intelligenzfragen".** 1. Warum sollst du vor einem alten Mann aufstehen? 2. Was muß man tun, ehe man in einer wichtigen Sache Partei ergreift? — 3. Warum verzeiht man eine schlechte Tat, die im Jähzorn verübt wurde, eher als eine, die jemand mit Ruhe beging? — 4. Was mußt du sagen, wenn man deine Ansicht über jemand hören will, den du wenig kennst? — 5. Warum soll man jemand eher nach seinen Taten als nach seinen Worten beurteilen? — Die Beantwortung aller dieser Fragen setzt einerseits eine gewisse Lebenserfahrung, andererseits wieder eine gewisse Herrschaft über die Sprache voraus; einige beanspruchen eine nicht unbedeutende Fertigkeit im Operieren mit abstrakten Begriffen. Die Beurteilung der Antworten ist daher oft schwierig.

Elfjährige Kinder.

1. **Kritik absurder Sätze,** ein Test, der dem vorigen nahe verwandt ist. Das Verfahren ist so: Man kündigt dem Kinde zunächst an, daß man ihm Sätze vorlesen wird, die eine Verkehrtheit enthalten; dann liest man und fragt nach jedem Satze, was darin verkehrt ist. Auch hier ergibt sich wieder, wie begreiflich, eine oft schwierige Beurteilung des Resultates; nicht selten zeigt sich, daß das Kind die Absurdität wohl entdeckt hat, sie aber nicht deutlich genug bezeichnen kann. — Die Sätze lauten: 1. Ein Radfahrer hat sich bei einem Sturz den Kopf zerschmettert und ist auf der Stelle gestorben. Man brachte ihn in das benachbarte Hospital, hat aber wenig Hoffnung für ihn. — 2. Ich habe drei Brüder, Paul, Ernst und mich. — 3. Man hat gestern im Walde einen Toten gefunden, dessen Körper in mehrere Stücke zerteilt war. Es handelt sich wohl um einen Selbstmörder. — 4. Gestern ereignete sich auf dem Hauptbahnhof ein leichtes Eisenbahnunglück, es gab 48 Tote. — 5. Ein Mann sagte einmal: Wenn ich mich aus Verzweiflung einmal umbringen sollte, so würde ich es nicht an einem Freitag tun. Denn der Freitag ist ein Unglückstag, da habe ich noch immer Pech gehabt.

2. **Bilden eines Satzes mit drei Worten.** Von den Elfjährigen wird nun verlangt, daß sie imstande sind, die drei genannten Worte in einem einzigen Satze unterzubringen.

3. **Finden von mindestens 60 Worten in 3 Minuten.** Man sagt dem Kinde, daß es während 3 Minuten möglichst viele Worte, wie sie ihm gerade einfallen nennen soll. Die Minimalforderung beträgt 60 Worte. Außer auf die Zahl ist auch auf die Art der Worte (Konkreta oder Abstrakta usw.) sowie auf den Gedankenfortschritt zu achten, der sich in ihrer Verbindung kundgibt.

4. **Definieren von abstrakten Begriffen,** und zwar von Barmherzigkeit, Gerechtigkeit, Güte. Eine sehr gute Probe auf ein schon ziemlich spätes Stadium allgemeiner intellektueller und moralischer Entwicklung. Die Erklärungen der Begriffe brauchen keine „Definitionen" im strengen Sinne des Wortes zu sein; es muß nur deutlich sein, daß ihr wesentlicher Inhalt richtig erfaßt ist.

5. **Ordnen von Worten zu einem Satz.** Die Worte eines kurzen Satzes sind ungeordnet nebeneinander gestellt; es soll die richtige Reihenfolge rekonstruiert werden. (1. Aufs eines wir schönen Land Tages reisten. — 2. Meinen bat Aufsatz ich zu Lehrer korrigieren meinen. — 3. Guter tapfer Tode ein kämpft zum Soldat bis.) Eine Aufgabe, die ziemlich ohne Beziehung zu realen Kennt-

nissen und Erfahrungen ist, dafür aber eine nicht unerhebliche Aufmerksamkeit und formale logische und sprachliche Gewandtheit erfordert.

Zwölfjährige Kinder.

1. Wiederholen von 7 Zahlen.
2. Wiederholen von Sätzen mit 26 Silben.
3. Finden von Reimen. Dem Kinde wird ein geeignetes Wort genannt, zu dem es so viele Reimworte wie möglich finden soll. Als Minimalleistung werden drei Reime in einer Minute gefordert.
4. Beantwortung zweier Fragen; ein Analogon zu den „Intelligenzfragen“. Sie werden in folgender Weise formuliert: 1. Ein Mann ging behaglich im Englischen Garten spazieren. Plötzlich blieb er entsetzt stehen und lief gleich darauf zum nächsten Polizeiposten, um ihm zu melden, er habe soeben einen Baum mit einem? gesehen. Mit was? — 2. Hast du gesehen, daß der alte Ludwig drüben eben den Arzt, den Notar und den Geistlichen nacheinander zu Besuch gehabt hat? Was mag da wohl geschehen sein?
5. Das Betrachten eines Bildes kehrt auf dieser Altersstufe noch einmal wieder, und zwar wird jetzt eine „Erklärung“ der Bilder verlangt; die dargestellte Situation als ganzes wird charakterisiert durch zusammenfassende Deutung der in den früheren Stadien beziehungslos nebeneinander gestellten Einzelheiten; — aus dem „Mann, der am Fenster steht“ z. B. ist jetzt ein „Gefangener in seiner Zelle“ geworden. Außerdem finden die Gemütsbewegungen der auf den Bildern vorhandenen Personen Beachtung. Diesem gedanklichen Fortschritt von der Aufnahme der Tätigkeiten zur Auffassung der Beziehungen entspricht natürlich wieder eine deutliche Bereicherung der allgemeinen sprachlichen Ausdrucksmittel.

Dreizehnjährige Kinder.

1. Ausschneidungsversuch.
2. Umlegen eines Dreiecks. Ebenfalls eine Aufgabe für das rein „anschauliche Denken“. Da sie sich ohne Zeichnung kaum klar machen läßt, so sei nur erwähnt, daß es sich darum handelt, anzugeben, in welcher Weise eine geometrische Figur durch Umlegen eines Dreiecks verändert wird.
3. Angabe des Unterschieds zwischen abstrakten Begriffen (Vergnügen und Glück, Trotz und Selbständigkeit, Ereignis und Erlebnis, Geiz und Sparsamkeit, Stolz und Anmaßung).

Testschema für die verschiedenen Kindesalter
(aus Otto Bobertag, Über Intelligenzprüfungen. Zeitschr. f. angew. Psychol. 6, 523. 1912.).

5 J.	6 J.	7 J.	8 J.	9 J.	10 J.	11 u. 12 J.	
Quadrat abzeichn.	Bild beschreiben	Rhombus abzeichn.	Lesen, 1 Hauptpunkt	Provozierte Bilderkl.	Lesen, 6 Hauptpunkte	Spontane Bilderkl.	Abstrakta definier.
Zweck-Definit.	Ästhet. Vergl.	Lücken in Bildern	Leichte Verstandesfr.	Oberbegriff-Definit.	3 Worte in 2 Sätzen	Text mit Lücken	Schwere Verstandesfr.
10 Silben nachspr.	16 Silben nachspr.	10 Pf. bis 1 M. kennen	2 Gegenstände vergleich.	Datum	26 Silben nachspr.	Kritik von Absurdität	Worte ordnen
4 Zahlen nachspr.	3 Aufträge	5 Zahlen nachspr.	4 Farben	5 Gew. ordnen	6 Zahlen nachspr.	3 Worte in 1 Satz	Reime
4 Münzen abzählen	Figur zusammens.	Rechts u. links	v. 20—1 zählen	80 Pf. herausgeben	alle Münzen und Scheine kennen		

Nach dem Ausfall dieser Proben wird man sich ja gewiß nur ein sehr dürftiges Bild von der besonderen Veranlagung eines Kindes machen können, aber einige Hinweise hat man doch wohl erhalten. Man möge sein Augenmerk vorzüglich darauf richten:

1. ob eine allgemeine Verschlechterung aller intellektuellen Leistungen festzustellen ist, oder
2. ob nur bestimmte abgegrenzte Defekte vorliegen (z. B. eine schlechte Merkfähigkeit für Optisches (Geometrie) bei gutem Behalten des Akustischen (Sprachen),
3. ob überhaupt keine Intelligenzdefekte sich feststellen lassen, und die schlechten Schulfortschritte auf andere Fehler (leichte Ermüdbarkeit, Unruhe, Fahrigkeit, träumerisches Wesen, üppige Phantasietätigkeit usw.) zurückzuführen sind.

Bei dieser Gelegenheit sei auch mit wenigen Worten der Überbürdungsfrage gedacht. Die Eltern klagen dem Arzt zuweilen, der Junge werde immer weniger. Er bekomme soviele Schulaufgaben, daß er bis in die Nacht hinein sitze und doch nie fertig werde. An Spaziergänge, Spielen usw. sei gar nicht zu denken. — Man glaube dies den Eltern nicht ohne weiteres. Es gibt viele Kinder, — später wird noch dieser Typen gedacht werden[1] — die stundenlang über ihren Büchern sitzen, aber gar nicht arbeiten, sondern ihre Gedanken in irgendeinem Traumland spazieren führen. Es handelt sich in solchen Fällen also darum, festzustellen, wo der Fehler steckt. Sind es dumme Angewohnheiten, ist es eine charakterologische Abnormität, oder ist es eine geistige Schwäche. Gewiß mag es auch einige Schulen geben, die ungebührlich viel Hausaufgaben stellen, meistens aber wird die angebliche absolute Überbürdung nur eine relative Belastung gerade dieses Kindes sein. Und dann sorge man eben individuell für Abhilfe[2].

Die angeführten Binet-Bobertagschen Tests gelten für Kinder. Will man sich bei einem Erwachsenen über seine geistige Leistungsfähigkeit unterrichten, so passe man sich in seinen Forderungen natürlich möglichst dem Stand, dem Beruf, dem Alter und Geschlecht an. Man wird bei der Beurteilung einer Berufseignung (z. B. bei der Unterbringung von Rentenempfängern) in die Lage einer solchen Prüfung leicht kommen können. Auch hierfür seien zur Anregung einige Proben mitgeteilt:

Beschreibung und Erklärung des Kompasses, wie lange geht man an einem Kilometer, was versteht man unter dem Kochen des Wassers, woraus und wie macht man Käse, wodurch wird ein Automobil betrieben, wozu sind die Steuern da, welches ist der Unterschied zwischen Steuern und Umlage, was hat der Reichstag für eine Aufgabe;

Wo fließt der Fluß hin, an dem Ihr Heimatsort liegt; zu welcher Provinz gehört ihre Heimat, zu welchem Lande; wie heißt die Hauptstadt;

---

[1] Siehe S. 84.
[2] Siehe auch das VI. Hauptstück.

Wer war Luther, wer Bismarck; wer hat Amerika entdeckt, waren vor der Entdeckung schon Menschen dort; seit wann besteht das deutsche Reich; wann war das Jahr 1; was bedeutet Weihnachten.

Sagen Sie mir den Unterschied zwischen Treppe und Leiter, Teich und Bach, Irrtum und Lüge, Geiz und Sparsamkeit, Betteln und Bitten.

Rechnen Sie aus (kein kleines Einmaleins!): 2×13, $19 + 13$, $54 - 16$, $78 : 12$, $117 - 25$, wieviel Zinsen bringen 250 Mk. zu $3^1/_2 \%$ in 2 Jahren;

Wenn Sie zu einer Zahl 12 hinzufügen und 19 erhalten, wie heißt dann die Zahl?

Bilden Sie aus folgenden 3 Worten immer einen Satz: Hase, Feld, Jäger; Wiesen, Frühling, Blumen; Soldat, Feind, Ehre; Schule, Bildung, Leben.

Erwähnt sei auch noch die Ebbinghaus - Probe (Ergänzung der Lücken). „Nach langer Wand — — in dem fremden Lande fühlte ich mich so schwach, daß ich — — Ohn — nahe war. Bis — Tode — mattet f — ich ins Gras nieder und — bald fest ein. Als ich erw — —, war es schon längst T —. Die S — — strahlen schienen — ganz unerträglich ins — —, da ich auf — Rücken —. Ich wollte auf — —, aber sonderbarerweise konnte ich — Glied rühren, ich f — — mich wie — lähmt. Verwundert s — ich um mich, da entdeckte —, daß — — Arme und B — —, ja selbst meine damals sehr l — — und dicken Haare mit Schnüren und B — — an Pflöcken — — stigt waren, welche fest in der Erde — —.“

Leichter ist es, mit solchen Fragestellungen zu arbeiten, schwieriger, doch weit ertragreicher, wenn man sich an die individuellen Umstände hält. Erlebt man z. B. bei einem gemeinsamen Spaziergang mit dem Prüfling, daß sich auf einem freigeschlagenen Platze vereinzelte stehengebliebene junge Buchen in großem Bogen fast bis zur Erde neigen; — daß ein halb freistehender Baum hauptsächlich nach einer Seite wächst — das irgendein Bächlein stark gefärbt ist, daß eine Inschrift falsch geschrieben ist usw., so ergibt sich ein reiches Material, an dessen Bearbeitung durch den Prüfling dessen besondere Anlagen weit deutlicher herausschauen, als bei einer Fragebogenprüfung in der Stube.

Idioten   Zu den abnormen Persönlichkeiten gehören ja auch die tiefststehenden unter allen menschlichen Existenzen: die Idioten[1]). Selten kommt es bei Leuten einfacher Lebenskreise vor, daß sie Wert darauf legen, ein als idiotisch erkanntes Kind zu behalten. Meist danken

---

[1]) Es hat für den praktischen Arzt wenig Zweck, sich mit der Einteilung der verschiedenen Idiotieformen zu beschäftigen. Seinem Verständnis erwächst aus ihr keine besondere Förderung, und für die Praxis hat sie schon gar keinen Nutzen. Hier sei nur erwähnt, daß sich eine schwere Idiotie häufig in den Schädelmassen ausspricht, aber sich in ihnen nicht auszusprechen braucht. Ebenso wie es ganz normale Schädelbildungen bei schwerer Idiotie gibt, so gibt es stark abnorme Schädelformen bei normalem Verstand.

Außerdem kommen bei Idioten noch die verschiedenartigsten seltsamen Befunde vor, die aber praktisch ganz unwichtig sind.

sie Gott, wenn ihnen Staat, Stadt oder eine Stiftung die Sorge für das unglückliche kleine Geschöpf abnehmen und es in eine Idiotenanstalt verbringen. Anders ist es in wohlhabenden Familien. Man kann es erleben, wenn nach der Geburt von zwei oder drei gesunden Kindern eine 10 jährige Pause eintritt, und dann noch ein Spätling als Idiot zur Welt kommt, daß dann die ganze Familie an diesem unglücklichen Schicksal zugrunde geht. Die Liebe der alternden Mutter klammert sich oft besonders stark an das Unglückskind, — Versuche der inzwischen herangewachsenen Geschwister, die Eltern zu einer Verbringung des Idioten in eine Anstalt zu bewegen, schlagen fehl; — große Mittel werden für Erziehungs- und Therapieversuche aufgewendet, die doch von vornherein aussichtslos sind; — der Zusammenhalt der Familie geht schließlich durch den unglücklichen Spätgeborenen zugrunde. Hier erwirbt sich der Arzt durch Rücksichtslosigkeit meist ein Verdienst. Hier hilft keine wohlmeinende Beruhigung der Eltern, daß sich „so etwas im Laufe des Heranwachsens noch sehr bessern oder doch ausgleichen könne", hier muß den Eltern von vornherein die klare Wahrheit gesagt werden, um die Erwachsenen zu schützen. Gelingt es dem Arzt, die Angehörigen zu bewegen, den Idioten einer gut geleiteten Anstalt zu übergeben, so hat er meist das gute Werk getan, zu verhindern, daß sich die Lebenskraft der sozial wertvollen Erwachsenen an der mühevollen Aufzucht des wertlosen Idioten aufreibt. Nirgends sind solche unglücklichen, oft dem Tiere ähnlichen Geschöpfe besser aufgehoben, als in unsern öffentlichen Idiotenanstalten[1]). Unter diesen Anstalten fordern einige als Vorbedingung der Aufnahme die „Erziehungsfähigkeit" des Idioten. Und so kommt der Arzt gelegentlich in die wirkliche Verlegenheit, hierüber ein Zeugnis ausstellen zu müssen. Er wird die Erziehungsfähigkeit in den meisten Fällen ohne Bedenken bejahen können. Denn es ist ja hier keine solche Fähigkeit in höherem Sinne gemeint — sonst wäre es ja eben keine Idiotenanstalt — sondern nur eine gewisse Fähigkeit der Abrichtung, der Dressur.

Auf die Stufe der Idiotie können auch Kinder zurücksinken, — und deshalb gehören sie praktisch mit hierher — die nach einer völlig normalen Entwicklung in den ersten Lebensmonaten oder häufiger Lebensjahren eine umschriebene Hirnentzündung, eine Enzephalitis erwerben. Unter akuten Erscheinungen einer schweren Infektion oder wenige Tage nach einer solchen (Influenzaenzephalitis) führen Fieber (kontinuierlicher oder remittierender Typus), Erbrechen, allgemeine Krämpfe, Benommenheit zu einem lebensbedrohlichen Zustand[2]). Fokale Symptome können vorhanden sein und auf alle nur denkbaren Herde im Hirn hinweisen; zuweilen sind sie bei der allgemeinen Benommenheit schwer

Enzepha-
litis

---

[1]) Jeder Arzt kann sich auf dem Landratsamte (Bezirksamte, Oberamte) oder in den größeren Gemeinden beim Armenrate nach den in Frage kommenden Anstalten erkundigen. Vgl. auch den Schwachsinnigen-Kalender und die Literaturübersicht am Schluß.

[2]) Ein Teil dieser Fälle ist wohl der Heine-Medinschen Krankheit, die vor allem die Poliomyelitis anterior acuta (spinale Kinderlähmung) einschließt, zuzurechnen.

festzustellen. Seltener kommen subakute Entstehungen ohne Fieber mit langsamer Ausbildung von Herdsymptomen vor. Kommt das Kind mit dem Leben davon, so bleiben neben den körperlichen motorischen Erscheinungen (spastische, zerebrale Kinderlähmung) häufig schwere allgemeine Entwicklungsstörungen körperlicher wie seelischer Art zurück. Doch können sich, wenn auch selten, alle Symptome zurückbilden. Die schwere geistige Beeinträchtigung, die manche Kinder erfahren, beruht auf ausgedehnten Zerstörungen (mit Narben und Zystenbildung) im Großhirn (Porenzephalie).

Irgendwelche therapeutische Maßnahmen gegen den geistigen frühzeitig erworbenen Defekt sind hier ebenso zwecklos wie bei der echten angeborenen Idiotie. Anders ist es mit dem Kretinismus, jener angeborenen Form geistigen Tiefstandes, die man mit einer Über- oder Unterproduktion der Schilddrüse in Beziehung setzt, und die durch bestimmte körperliche Begleiterscheinungen gekennzeichnet wird: Eigenartige Schädelform, Zwergwuchs; Erhaltenbleiben der Knochenkerne, Knochenverbildungen (Klumpfüße, Rückgratsverbiegungen usw.); dicke, sich eigenartig anfühlende Haut, besonders im Nacken (Myxödem); fehlende oder (häufiger) vergrößerte Schilddrüse; krähende Stimme; seltsamblöder Gesichtsausdruck; unentwickelte Genitalien.

Man wird selten Fälle erleben — obwohl man sie zuweilen veröffentlicht findet —, in denen die Darreichung von Schilddrüsenpräparaten[1]) Wunder bewirkt und aus einem Idioten einen vollwertigen Menschen macht, doch ist ein Versuch mit diesem Mittel schon deshalb zu empfehlen, weil seine Darreichung in sehr vielen Fällen den Menschen doch um etliche Stufen in seiner Menschlichkeit erhebt, seine Erziehungsfähigkeit vergrößert und daher die Schwierigkeiten seiner Wartung und Pflege sehr mildert. Ebenso wie bei der gewöhnlichen kommen auch bei der kretinistischen Idiotie alle möglichen Grade vor, die allmählich überführen zu den weniger schweren (Imbezillität) oder leichteren (Debilität) Formen des Schwachsinns[2]). Und hier setzt nun eben die Aufgabe des Arztes ein, den Grad und die Art des Schwachsinns festzustellen. In den Volksschulen der großen Städte mit ihrem oft vorzüglichen Schulwesen regelt sich die Schulversorgung der Kinder schon von selbst. So sieht das Mannheimer Schulsystem z. B. vor, daß wenn das zweite Sitzenbleiben in einer Klasse zu erwarten steht, das Kind in ein anderes Klassensystem (das Förderklassensystem) übernommen wird, das neben den Grundklassen mit den gleichen Lehrzielen aber anderem Lehrgange besteht. Versagt ein Kind auch in einer solchen Förderklasse ernstlich, oder stellt es sich schon gleich nach der Einschulung als geistig ganz tiefstehend heraus, so wird es dem 3. System,

---

[1]) Man gibt am besten 0,1 Thyreoidin in Form der Merckschen Tabletten. Doch versäume man nie, während der Kur das Allgemeinbefinden und besonders das Herz (Arhythmien, starke Pulsbeschleunigung) gut zu überwachen.

[2]) Neuerdings hört man (im Anschluß an Kraepelin) zuweilen den Namen Oligophrenien, mit dem man alle angeborenen geistigen Schwächezustände zusammenfaßt.

dem Hilfsschulklassensystem übergeben, das nicht nur auf gänzlich andere Lehrwege, sondern auch völlig verschiedene Schulziele eingestellt ist. Hier wird der Arzt also wenig Gelegenheit haben einzugreifen. Nur der Schularzt hat mit diesen Hilfs- und Förderklassenkindern besonders viel Mühe, da sie neben ihrer geistigen Schwäche meist noch eine Fülle körperlicher Störungen zu tragen haben, die ärztliche Sorgfalt erfordern. Doch gehört dies nicht hierher. In den sozial höheren Ständen indessen wird der Arzt häufig um seinen Rat gefragt werden. Einmal darf er nicht vergessen, daß die Eltern die Geistesschwäche des Kindes sehr oft nicht zugeben wollen. Ein schwachsinniges Kind bedeutet in den Augen vieler vorurteilsbeschwerter Menschen eine Schande, und so sucht man dem Defekt ein heuchlerisches Mäntelchen umzuhängen, indem man das schlechte Vorwärtskommen des Kindes mit seiner körperlichen Schwächlichkeit (diese ist keine Schande), mit den überstandenen Masern usw. erklärt. Hier muß der Arzt klar sehen; er darf die Eltern des imbezillen Kindes keineswegs über die Natur der Störung im unklaren lassen, selbst wenn er sich dabei unbeliebt macht. Und nun kommt die große praktische Frage, die bei den bestehenden sozialen Zuständen beim Sohn ja wesentlich wichtiger ist, als bei der Tochter: was soll mit dem Jungen weiter geschehen? Handelt es sich um ernstere Schwachsinnszustände, womöglich um Formen, die mit epileptischen Anfällen oder sonstigen Störungen kombiniert sind, so empfiehlt sich die Verbringung in eine Privatanstalt für schwachbegabte Kinder[1]). Hier kann das Kind, gelöst von der häuslichen Umgebung und ihren Werturteilen, erst einmal von einem Facherfahrenen genau studiert und dann daraufhin beurteilt werden: welche Anlagen sind besonders gut, welche sind besonders schlecht entwickelt. Der Hausarzt der Familie wird gut tun, mit diesem Erziehungsheim direkt zu korrespondieren und dessen Ansichten mit den seinen zu vergleichen. Daß eine solche Unterbringung eines Kindes in einem fremden Erziehungsheim der Mutter oft besonders schwer fällt, der das Sorgenkind vielleicht mehr ans Herz gewachsen zu sein scheint als die normalen Kinder, ist begreiflich. Auch hier wird es Aufgabe des Arztes sein, geltend zu machen, daß das Wohl des Kindes, nicht der Egoismus der Mutter die Beschlüsse diktieren soll. Aber nur recht wohlhabende Familien können sich eine solche Unterbringung eines imbezillen Kindes erlauben[2]). Am schlimmsten sind jene Eltern daran, die aus ihren laufenden Einnahmen wohl imstande sind, den Kindern eine Mittelschulbildung zu ermöglichen, die aber nicht eine Pension zahlen können, wie

Heilerziehungshäuser

---

[1]) Adressen finden sich in dem soeben erwähnten Kalender, ferner in den Anzeigen der Fachzeitschriften (siehe Literatur). Oft werden die Lehrer der Psychiatrie an den Hochschulen in der Lage sein, Adressen zu vermitteln. Für protestantische Schwachsinnige wird sich eine Anfrage bei Bodelschwingh-Bielefeld stets empfehlen.

[2]) Es ist heutzutage ganz unmöglich, Zahlen für die Verpflegungskosten zu nennen. Bieten sich Anstalten zu sehr geringen Sätzen an, so mißtraue man, ob nicht entweder sehr viele Posten extra berechnet werden, oder ob es nicht sonst eine besondere Bewandtnis hat. Es empfiehlt sich stets, zuvor Erkundigungen über die Anstalt einzuziehen, der man ein Kind anvertrauen will.

sie in einem Heilerziehungshaus gefordert wird. Hier wird der Arzt, wenn es ihm nicht gelingt, die Eltern zu dem Entschluß: Volksschulbildung (vielleicht sogar Hilfsschule) dann Handwerk — zu bewegen, nur noch raten können, sich privatim nach Adressen auf dem Lande umzusehen, wo der Junge allenfalls unterkommen könnte. Es gibt Dorfschullehrer, auch Landgeistliche, die zuweilen für eine geringe Entschädigung ein Kind unter der Bedingung aufnehmen, daß es in Garten- und Landwirtschaft mithilft und nebenbei die Volksschule besucht[1]). Man verhehle sich aber nicht, daß hier besondere Vorsicht vor eigennütziger Ausbeutung des imbezillen Jugendlichen geboten ist. Und man verhehle sich auch nicht, daß solche Unterbringungen in der Fremde häufig aus unsachlichen Vorurteilen hervorgehen: ist der Junge fort, so brauchen sich die Eltern in der Stadt nicht mehr zu schämen, daß er „nur“ auf die Volksschule geht und „nur“ Handwerker wird.

Aber auch bei leicht Schwachsinnigen, bei denen eine Unterbringung in einem Heilerziehungsheim nicht nötig fällt, muß der Arzt nicht selten mit den Eltern beraten, was weiter geschehen soll. Denn wenn der Bube in der Quarta nun schon das dritte Jahr sitzt, so sieht doch schließlich jedermann ein, daß es so nicht weiter geht. Hier handelt es sich darum, vor allem die Art der Defekte des kindlichen Intellekts festzustellen. Oft sind diese Ausfälle ganz eng begrenzt. Eine Prüfung ergibt z. B., daß der Junge nicht, wie behauptet wird, allgemein ein sehr schlechtes Gedächtnis hat, sondern daß er nur für alles U n a n s c h a u l i c h e eine schlechte Merkfähigkeit besitzt. Er behält sehr gut alles, was er gesehen, alles was er angefaßt hat. Er vermag selbst kompliziertere mathematische Aufgaben dann zu erfassen und zu lösen, wenn es gelingt, ihm das fragliche Problem zu veranschaulichen. Und nur für Sprachen, Geschichtszahlen usw. hat er weder Verständnis noch Merkkraft. — Hier wird es sich eben empfehlen, der Art der speziellen Begabung die Art der Schulbildung anzupassen. Ein Typus wie der soeben geschilderte wird auf einer Realschule vielleicht ganz gut vorwärts kommen, während das Leben auf dem Gymnasium ihm die Hölle bedeutet. Der Arzt — hat er ein solches Familienproblem befriedigend gelöst — wird ja die Genugtuung haben, dem Kinde nicht nur aus vieler Qual heraus einen Teil seiner Jugendfreude zu retten, sondern auch den Angehörigen unendliche Auseinandersetzungen und Szenen zu ersparen. Dieselben Fragen, die hier die Schulwahl betreffen, werden

Individuelle Behandlung

Schulwahl

Berufswahl

---

[1]) Adressen kann man gelegentlich bei den Lehrern der Hilfsschulen bekommen, die überall auch außerhalb ihres eigentlichen Berufes ihre Kräfte in uneigennützigster Weise der Fürsorge für Schwachbegabte widmen. Auch bei den Rettungshäusern und deren Zeitschriften [„Der Rettungshausbote“ herausgegeben von Kirstein, Eckartsberga. Eckartshaus-Verlag (ev.). — Blätter des rauhen Hauses (ev.). — Zeitschrift für katholische karitative Erziehungstätigkeit, Freiburg i. Br.] kann man zuweilen Anschriften erhalten. Endlich ist es manchen Direktoren und Lehrern an staatlichen Schwachsinnigenanstalten erlaubt, in ihre Familie noch privatim Zöglinge aufzunehmen. Schließlich hätte vielleicht auch ein Inserat in dem Zentralblatt für Vormundschaftswesen (Berlin W 8, Heymanns Verlag) Erfolg.

bei der Berufswahl wieder auftauchen. Auch da wird es Sache des
Hausarztes sein — wer anders soll es denn können? — die Gaben des
Debilen klar zu erfassen und danach seine Vorschläge zu gestalten.
Man ist z. B. in den Vereinigten Staaten dazu übergegangen, bei den
Berufsberatungsstellen Ärzten eine entscheidende Stimme mit zuzu-
billigen. Man ist dort zuweilen in den Fehler verfallen, die Berufswahl
von der Lösung weniger Fragen und Aufgaben (Tests) abhängig zu
machen und hat mit scheinbarer Exaktheit zugleich große Oberfläch-
lichkeit erkauft. Wenn der Arzt in Deutschland mehr als bisher zu den
öffentlichen Berufsberatungen herangezogen werden wird, wird es auch
ihm bei dem naturgemäß dort herrschenden Massenbetrieb kaum erspart bleiben, nach solchen Proben sein Urteil recht oberflächlich abgeben zu müssen. Um so befriedigter kann er von seiner eigenen Tätigkeit sein, wenn er in seiner Privatpraxis als Hausarzt zusammen mit
den Eltern eingehend erörtern kann, welche Fehler des Sohnes gegen
den einen, welche Anlagen für den anderen Beruf sprechen. Er wird
dadurch nicht nur dem zu Beratenden selbst (jeder setzt am liebsten
dort seine Kraft ein, wo sich seine Anlagen am besten verwerten lassen),
sondern auch der Allgemeinheit dienen können (jeder erreiche denjenigen Platz, wo er sozial am tauglichsten ist)[1]). Bei den imbezillen
Kindern der Arbeiterkreise, insbesondere bei den Hilfsschulkindern,
sorgen schon verschiedene Fürsorgeeinrichtungen oder -Vereine dafür,
daß jene ihren ausreichenden Erwerb und möglichste soziale Selbständigkeit erlangen. Sie werden naturgemäß (abgesehen von der kleinen Anzahl handwerklich besonders Begabter) am besten bei Erdarbeiten, in
der Landwirtschaft usw. ihre Arbeit finden. Will man als Arzt für
einen solchen Hilfsschulzögling alles tun, was überhaupt möglich ist,
so mag man sich vergewissern, daß die Strafregisterbehörde davon
benachrichtigt wurde, daß er einer Hilfsschule angehörte; auch kann
man ihn noch besonders der Sorgfalt irgendeines fürsorgenden Vereins
empfehlen.

Ein großer Teil dessen, was hier von der ärztlichen Beratung schwachsinniger Jugendlicher gesagt wurde, gilt auch für jene abnormen Kinder,
deren Defekte nicht oder nicht direkt auf dem Gebiete des Verstandes
liegen. Auch sie sind ebenso wie die Imbezillen nicht krank, sondern
sie sind angeboren absonderlich, sie sind psychopathische Naturen. Psycho-
Der Arzt vermag sich in der Terminologie der Psychologie und Psych- pathisch
iatrie meist wenig zurechtzufinden. Man hört ihn häufig über die und
Unbeständigkeit der Bedeutung dieser Ausdrücke klagen. Er hat psycho-
damit eigentlich nur im Gebiet der Neurosen und Hysterie Recht[2]). tisch
Im übrigen liegen die Fachausdrücke ziemlich fest und können daher
von ihm ohne Bedenken, schon bald wieder umlernen zu müssen,
aufgenommen werden. Und in diesem Zusammenhange bitte ich ihn,
einen allgemein üblich gewordenen Unterschied dauernd im Gedächtnis zu behalten.

---

[1]) Im einzelnen kann auf die Berufsberatung hier nicht eingegangen werden,
vgl. hierzu die Literaturnachweise am Schluß.

[2]) Hierüber siehe S. 103.

Psychopathisch — psychotisch
Abnorm — krankhaft.

Psychopathisch, das ist theoretisch:	Psychotisch, das ist theoretisch:
der Ausdruck einer Anlage, einer angeborenen Disposition. Dieser Begriff entspricht dem der Varietät in der Biologie;	der Ausdruck einer neu einsetzenden Schädigung von außen (Gift im weiteren Sinne) oder von innen (krankhafte Stoffwechselvorgänge). Dieser Begriff entspricht dem der Krankheit;
tatsächlich:	tatsächlich:
die Abweichung vom Durchschnitt, von einem bestimmten Häufigkeitstypus des betreffenden Alters und Geschlechts. Die psychopàthischen Anlagen können sich im Laufe des Lebens entwickeln, verstärken (Entwicklung der Persönlichkeit).	die Abweichung vom bisherigen Zustand, von der gleichmäßigen Entwicklung; das Einsetzen des Neuen, aus dem Bisherigen nicht Ableitbaren; die (vorübergehende oder dauernde) Zerstörung des Vorhandenen. (Einsetzen des Krankheitsprozesses.)

Die psychopathischen Anlagen können begreiflich durch das Leben entwickelt oder unterdrückt werden, sie gehen aber niemals aus inneren Gesetzen heraus progressiv in einen Krankheitsprozeß über. Das schließt natürlich nicht aus, daß ein psychopathischer (abnormer) Charakter auch einmal eine Psychose (als Prozeß) bekommen kann. Nur haben beide Momente dann miteinander gar nichts zu tun, sie sind etwa jener Kombination zu vergleichen, wenn ein angeboren schwächlicher Mensch später einen Diabetes bekommt. Eine psychopathische Anlage ist am ehesten z. B. jenem Fall auf körperlichem Gebiet gleich zu setzen, wenn ein Kind mit einer braun und einer blau gefärbten Iris zur Welt kommt. Da sich gezeigt hat, daß viele von der Norm abweichenden seelischen Eigenschaften sozial untauglich machen, im Leben allerlei Schwierigkeiten bereiten, Konflikte heraufbeschwören usw., so hat man sich vielfach gewöhnt, psychopathisch zugleich als minderwertig aufzufassen. Eine der ersten und besten psychiatrischen Studien, die diesem Gegenstande gewidmet waren, trug direkt den Titel „psychopathische Minderwertigkeiten"[1]. Doch muß man durchaus festhalten, daß diese Gleichsetzung wissenschaftlich unrichtig ist. Einmal steht es der Naturwissenschaft überhaupt nicht an, ihre autonomen Begriffe mit sozialen Werturteilen zu vermengen. Und ferner sind Abweichungen von der Norm, die das soziale oder überhaupt das kulturelle Leben zu fördern geeignet sind, deshalb doch genau so psychopathisch wie die Varietäten auf der sozialen Kehrseite. In diesem Sinne sind alle über oder unter ein gewisses Maß hinausgehenden Gaben, Fertigkeiten, Talente zweifellos als psychopathisch zu bezeichnen, und dem Genie steht ebenfalls dieses Beiwort unzweifelhaft zu. Aber schon früher

---

[1] Von J. L. A. Koch. Siehe Literaturnachweise.

wurde darauf hingewiesen, daß in dieser reinen Konstatierung nicht die Spur eines Werturteils, nicht einmal im Sinne' der Eugenik und Vererbungswissenschaft liegt. Es ist begreiflich, daß die kulturfördernden Psychopathien meist keine ärztliche Hilfe brauchen werden, sofern nicht der Psychopath selbst unter seinen Abnormitäten irgendwie zu leiden hat. Hingegen werden die kultur- oder gesell schaftsschädigenden Psychopathien von der Gesellschaft (mit Hilfe des Arztes) bekämpft werden.

Dem Arzt werden also vorzüglich alle diejenigen abnormen Anlagen vorkommen, die Lebenskonflikte schaffen oder das Wohlbefinden, das seelische Gleichgewicht des einzelnen beeinträchtigen. Solche Konfliktspersönlichkeiten werden also seine Hilfe erbitten. Es wird nach dem Gesagten begreiflich sein, daß man all diese Psychopathien nicht in ein bestimmtes innerlich einheitlich geordnetes Schema, nicht in ein System bringen kann. Soviel Anlagen es überhaupt gibt, ebenso viele abnorme Steigerungen oder Abschwächungen dieser Anlagen gibt es auch. Hier kann es sich nur darum handeln, einige Haupttypen vorüberziehen zu lassen. Es seien diejenigen Psychopathien ausgewählt, bei denen ein praktisches Eingreifen besonders wichtig ist.

Unter den intellektuell beeinträchtigten Persönlichkeiten pflegt man zwei Gegensätze auseinanderzuhalten, den torpid und den erethisch Imbezillen. Doch sind beide Charaktertypen keineswegs der Imbezillität eigen, sondern kommen auch selbständig vor.

Der Torpide

hat neben seinem meist gering entwickelten Verstand noch eine äußerst mangelhafte Initiative. Seine Verstandesfunktionen verlaufen an sich nicht nur mühsam (viele sind ganz unvollziehbar), sondern sie werden meist gar nicht in Bewegung gesetzt. Die Maschine könnte zur Not laufen, aber sie läuft nicht. Der Hauptgrund liegt darin, daß der stumpfe Schwachsinnige auf nichts reagiert. Es freut ihn nichts außer Essen, Trinken und Schlafen, alles andere hat für ihn keinen Reiz. Weil er so wenig Bedürfnis hat, ist er allein der Gesellschaft relativ wenig gefährlich. Betätigt er sich doch einmal verbrecherisch, so läßt er sich meist nur ausnützen, als Aufpasser anstellen, als Hehler verwenden. Weil er selbst zu so wenig Angelegenheiten eine selbständige Stellung einnimmt, läßt er sich leicht verleiten. Er hat keine innere Widerstandskraft, kennt keine Grundsätze und ist insofern kein Charakter, sondern etwa in der Charakter-Terminologie Ribots „amorphe". Als Strafgefangener z. B. fällt er höchstens durch seine Faulheit auf, und aus dem gleichen Grunde und wegen seines Schmutzes und seiner Unordentlichkeit ist er dem Lehrer eine Plage.

Der Erethiker

ist das genaue Widerspiel. Jener passiv, dieser aktiv; jener fast ohne Initiative, dieser mit zahlreichen Einfällen. Schon auf der Schule macht

Erethi-
scher
Typus

der Erethiker die größten Schwierigkeiten. Einmal vermag er wegen seiner oft schwachen Begabung nur wenig zu lernen, sodann fehlt ihm aber auch jede Ausdauer. Ein Hang zu ewiger Unruhe läßt ihn bald zum Schulschwänzer werden; er treibt sich mit Gesinnungsgenossen fischend, Nester aushebend und sonstigen Unfug stiftend in den Wäldern umher, oder er sieht, wo es auf Lagerplätzen usw. etwas zu stehlen gibt. Wird er etwas älter, so kommt er auch nachts nicht heim, sondern nächtigt in Aborten, Scheunen, Eisenbahnwagen, Laubenkolonien. Er ist kein Anführer, denn dazu reichen seine geistigen Fähigkeiten meist nicht aus, aber er läßt sich gern auf exponierte Posten stellen. Er ist kühn, ehrgeizig, hart und schlägt eine gehörige Tracht Prügel nicht im mindesten an. Aber er ist auch roh und brutal, quält Tiere, schneidet ganze Reihen von jungen Obstbäumen ab, zerstampft nachts Gärten fremder Leute nur, „damit sie am Morgen was zu schauen haben", und bringt es unmittelbar nach der Geschlechtsreife fertig, ernste Notzuchtsversuche an erwachsenen Mädchen zu begehen. Er ist jeder feineren Regung bar, aber er ist nicht immer bösartig von Charakter. Wenn er Tiere quält, so ist das eine Art Zeitvertreib, und es ist ja auch „sonst nichts dabei". Es muß immer „etwas los", immer „Betrieb" sein. Aber er wird niemals heimtückisch irgend etwas ersinnen, um jemanden überlegt zu quälen.

Unter diesen Burschen stecken die schlimmsten der jugendlich Verwahrlosten, jene rohen und brutalen Elemente, an denen die Kunst jedes Erziehers scheitert, und die man sich als „Unerziehbare", „Unverbesserliche" zu bezeichnen gewöhnt hat. In den Zwangs-(Fürsorge-) Erziehungsanstalten findet man sie nicht selten, und später sieht man sie unter den Roheitsverbrechern, den Säufern, den schweren berufsmäßigen Einbrechern und den Zuhältern wieder. Hierher gehören

Geborener
Ver-
brecher

auch jene „moralisch Schwachsinnigen" (moral insanity), besser jene geborenen Verbrecher, von denen schon der allgemeine Teil handelte[1]). Der Ausdruck „geborener Verbrecher" ist gar nicht schlecht, nur muß man das Wort nicht im Lombrososchen Sinne verstehen. Falsch wäre die Meinung: ganz bestimmte Vorstellungsinhalte mit zugehörigen Handlungstendenzen seien als vererbt zu betrachten, — als kämen diese „moralisch Schwachsinnigen" mit einem Intellekt zur Welt, der unfähig sei, „moralische" Vorstellungen zu bilden, oder aber mit Trieben, die sich ganz speziell gegen unsere gesetzlichen Ordnungen wendeten. So ist es nicht, nur gibt es eben Persönlichkeiten, die durch die Kombination ihrer Anlagen unfähig sind, sich in die sozialen Verhältnisse unserer Zeit zu schicken. Ist ein solches Individuum gänzlich auf sich selbst gestellt und nicht des Schutzes von geordneten Familienzuständen, aktiv sorgenden Verwandten, wirtschaftlicher Unabhängigkeit teilhaftig, so muß es bei unseren heutigen Verhältnissen sofort mit den bestehenden Einrichtungen in Konflikt kommen, sobald es zu einiger Selbständigkeit herangewachsen ist. Vielleicht wäre es möglich, bei besonderer Sorgsamkeit zahlreiche, bei ganz außerordentlichem

---

[1]) Siehe S. 47. Die folgenden Sätze fast wörtlich aus Gruhle, Die Ursachen der jugendlichen Verwahrlosung S. 207ff.

Aufwande von Erziehungs-, Bildungs- und Schutzmitteln noch weitere
der hier gemeinten Individuen vor sozialem Verfall zu beschützen, —
sicherlich blieben schließlich doch noch etliche Persönlichkeiten übrig,
deren Ansprechbarkeit so gering, deren Gemüt so stumpf, deren Triebe
so roh, deren Aktivität so gewalttätig ist, daß sie vor dem Verbrechen,
vor der Verwahrlosung nicht bewahrt werden können. An dem Vorkommen, dem Vorhandensein von solch „geborenen Verbrechern" in
diesem Sinne kann billig nicht gezweifelt werden. Sie stellen aber
keineswegs irgend eine besondere abgrenzbare Klasse dar, sie stehen
nur an dem äußersten Ende einer Stufen-, einer Nuancenreihe; in sich
wieder äußerst verschieden in ihrer intellektuellen Begabung, in ihrer
charakterologischen Struktur, gleichen sie sich nur in ihrer erethischen
Art: in ihrer rastlosen Aktivität, ihrem starken Willen, ihren ungezügelten
Trieben.

Man findet es nicht selten, daß solche Erethiker in den Erziehungsanstalten und in der Strafhaft falsch behandelt werden. Daß sie überhaupt in die „Erziehungs"anstalten kommen, ist bedauerlich, denn sie
verderben dort nur das Erziehungsniveau und verführen mit ihren Renommistereien noch weniger verdorbene Jungens zu zukünftigen Streichen.
Aber ihre dortige Anwesenheit ist nicht zu umgehen, da ihnen in diesen
Jugendjahren nur relativ kurzfristige Strafen zudiktiert werden können,
die bürgerliche Gesellschaft aber trotzdem ausgiebig vor ihnen geschützt
werden muß. An einer eigentlichen Erziehung kann man verzweifeln.
Man soll dieser Tatsache auch ruhig ins Auge sehen und sich nicht durch
allgemeine Wendungen, daß in jedem Menschen ein Fünklein Gutes
schlummere und nur geweckt werden brauche usw. darüber hinweg-
täuschen. Richtig ist jedoch, daß diese rauhen, rohen prahlenden
Burschen bei geschickter Behandlung ganz plötzlich in Tränen zerfließen
können. Dies zu wissen ist gerade für den Anstaltsarzt recht wichtig.
Denn sowohl in den Erziehungsanstalten wie später im Strafvollzug
machen diese Typen oft immense Schwierigkeiten. Sie „spielen den
wilden Mann", schlagen alles Mobiliar kurz und klein, bedrohen jeden,
der ihnen zu nah kommt, mit dem Tode und machen solche Drohungen
auch gelegentlich wahr. Festes Zufassen der Behörden, Disziplinar-
strafen (Wasser und Brot, Dunkelarrest) usw. verschlimmern das Übel.
Härte erzeugt Härte. Diese Erethiker werden durch alle neuen Zwangs-
maßregeln immer verstockter, immer verbitterter, sie werden durch die
Gewalt der gesellschaftlichen Ordnung oft fast zu wilden Tieren und als
solche dann auch in den sogenannten „festen Häusern" der Heil- und
Pflegeanstalten oder Strafanstalten gehalten. Denn jeder, der solche
Anstalten kennt, muß zugeben, daß sie Raubtierkäfigen sehr ähnlich
sind. In diesen nicht übertreibenden Worten liegt nicht der mindeste
Vorwurf verborgen, denn es gibt keine anderen Möglichkeiten, sich vor
diesen antisozialen Psychopathen zu schützen. Man kann beobachten,
daß der Zustrom zu diesen Bewahrungshäusern psychopathischer Verbrecher — jedes Haus dient immer einer Provinz oder mehreren Re-
gierungsbezirken — aus den in Frage kommenden Anstalten recht
verschieden ist. Und in der Tat liegt es meist im Ton dieser Straf-

anstalten, ob sie mehr oder weniger solche Gewaltmenschen aussondern. Ein Direktor, der in Menschenbehandlung geschickt ist, ein Anstaltsarzt, der den richtigen Ton in seinen Einzelunterredungen zu treffen weiß, ein Gefängnisgeistlicher, der zu beruhigen anstatt aufzureizen versteht, werden sehr viel Konfliktstoff aus der Welt schaffen können. Und besonders in den Fürsorgeerziehungsanstalten ist es wirklich nicht nötig, daß es zu den gewaltsamsten Szenen, Roheitsakten, Mordversuchen, Brandstiftungen usw. kommt. Solange die geschilderten Erethiker noch nicht zu sehr durch das Leben verbittert sind, kann man sie sehr wohl leiten: selten mit Strenge (immer nur dann, wenn der Junge sein Unrecht einsieht), meist mit Güte. Und wenn der Anstaltsarzt sich einen solch verbitterten, verstockten Jungen auf sein Zimmer kommen läßt, und er versteht den richtigen gütig-behaglichen Ton zu finden, dann wird er bald zu seinem Staunen merken, wie sentimental der Junge im Grunde ist, wie leicht man ihn rühren und wie leicht man ihn dann — nur kurz! — leiten kann. Aber nach dem Gesagten wird der Arzt nun auch nicht glauben, das göttliche Feuer in dem kleinen Verbrecher entzündet und womöglich neue Erziehungsmöglichkeiten in ihm erschlossen zu haben, sondern er wird zufrieden sein, der Anstalt und dem Jungen das Leben leichter gemacht zu haben.

Der soeben geschilderte Psychopathentypus ist der aktive, gewaltsame (äußerst männliche), verbrecherische Erethikertypus. Ihm nahe steht

der geborene Vagant.

Er teilt mit dem vorigen die Unfähigkeit zur Einordnung, zur Ruhe, zur Beharrlichkeit. Auf der Schule gehört auch er zu den Schwänzern. Auch er beteiligt sich (als Mitläufer) wohl an irgend welchen jugendlichen Untaten, treibt sich in Wäldern und auf den Bahnhöfen, auf den Messen und an den Häfen umher. Aber ihn lockt an alledem mehr das Abenteuer, das Anregende, das Phantastische, die Abwechslung, die Romantik, — keineswegs das Gewaltsame, die Roheit. Er ist nicht der Junge und auch nicht der Mann, sich an Räuberbanden anzuschließen. Es zieht ihn von allem, was er anfängt, sehr bald wieder fort. Er gilt in der Schule nicht als dumm, sondern als flüchtig, leichtsinnig, oberflächlich. Er verlor seine Schulutensilien und wußte nicht wo; er brannte durch, machte eine fünftägige große Tour und hat davon doch nichts Greifbares gehabt, hat Hunger und Kälte gelitten, aber sich am Abenteuer erfreut. Man bringt ihn aus der großen Stadt, wo er angeblich der Verführung anderer unterliegt, hinauf auf den Schwarzwald: er brennt durch. Man schließt ihn in eine Erziehungsanstalt ein: er läßt sich an zusammengeknüpften Bettüchern aus dem Fenster herunter und verschwindet. Ein Handwerk lernt er nicht, das dauert ihm zu lang. Doch ist er in vielen Handwerken geschickt, denn überall schnappt er etwas auf. Kommt er zu Bauersleuten und fragt um Arbeit, so nimmt man ihn gern auf, denn er macht einen freundlich frischen Eindruck und versteht zuzugreifen. Aber nachdem das Heu herein ist, ist er eines Tages wieder verschwunden. — Sein Strafregister weist noch im 17., 18., 19. Lebensjahr

einige Winter-Bettelstrafen auf; in Duisburg und Hanau, in Landau und
Ulm wurde er zu kurzen Haftstrafen verurteilt; dann bleibt es 8 Jahre
leer: man merkt, er ist ins Ausland gegangen. Vielleicht nahm ihn die
Fremdenlegion auf, vielleicht wanderte er bettelnd an der Riviera, nun
kam er wieder ins Vaterland und erlitt ungezählte Bettel- und Arbeits-
hausstrafen. Er ist immer noch der alte leichtsinnige Bursche, noch
immer nicht ohne Humor und Freude an der Abwechslung, nur erheblich
heruntergekommen: Schnaps und Landstraßenleben haben allmählich
Körper und Geist zerrüttet.

In den sozial höheren Ständen formt sich ein solcher Charakter
aus seiner Umwelt natürlich ein anderes Schicksal.

In der Schule geht es recht schwer, denn er träumt soviel. „Es
ist keine rechte Energie in dem Jungen." Damit hat der Lehrer nicht
recht, Energie ist schon da, aber sie wendet sich alle Augenblicke auf
etwas anderes. Als die Gallischen Kriege gelesen wurden, war er anfangs
ganz frisch dabei, aber inzwischen ist sein Interesse längst ganz wo anders:
er hat sich Kaninchen zugelegt und beobachtet sie stundenlang. Man
ist erstaunt, was er alles weiß. Er ist sehr früh über alles Sexuelle aufgeklärt. In den Pubertätsjahren sieht man ihn wenig zu Hause, niemand
weiß eigentlich, wo er immer steckt. In der Tat hat er sich mit einigen
Alters- und Gesinnungsgenossen zu einem kleinen Zirkel zusammen-
getan. Dort lernt er schon in der Sekunda alle studentischen Ausdrücke
und Gebräuche, dort wird tüchtig getrunken. In der Schule fällt sein
schlechtes Aussehen auf. Vor jeder Versetzung gibt es tausend Ängste
und Schwierigkeiten, nur mühsam schleppt man ihn jedesmal in die
neue Klasse mit hinüber, nicht ohne seine heiligsten Versicherungen,
von jetzt ab mehr arbeiten zu wollen. Gelegentlich erstaunt er seine
Lehrer durch gewandte, frühreife Antworten, daneben fehlt es wieder
an den elementarsten Begriffen. In der Prima hat er schon sein erstes
Verhältnis, mit 19 Jahren hat er eine fertige Weltanschauung. Daß
er das Reifezeugnis erhält, verwundert ihn selbst am meisten. An der
Universität studiert er erst einmal die Großstadt und ist kurze Zeit
„aktiv". Wegen eines unklaren aber nicht ganz sauberen Abenteuers
wird er dimittiert. Nun trinkt er im kleinen Kreise und besucht fleißig
die Bordelle. Man hat ihn nicht ungern, denn er hat mancherlei gelesen,
ist auch persönlich liebenswürdig und, wenn er nüchtern ist, frisch.
Aber jeder, der sich ihm anschließen will, ist nach kurzer Zeit enttäuscht. Man merkt, daß ihm nichts tief geht, daß er keinen Fonds
hat, daß er unzuverlässig ist. Er macht mehrfach Schulden, die mit
Mühe von seinen Eltern gedeckt werden. Nachdem er auch das Studium
dreimal gewechselt hat, und da nicht die mindeste Aussicht auf ein
Examen besteht, sperrt man ihm seinen Wechsel. Kurze Zeit lebt er
von einem Mädchen, dann stellt er sich seinem Vater zur Aussprache.
Das Ergebnis ist seine Anstellung an einer Bank. Bald wegen Unzu-
verlässigkeit entlassen, macht er nun Versuch auf Versuch, sich durch-
zuschlagen. Meist allerdings nicht aus eigener Initiative; immer wieder
öffnet ihm die Liebe der Eltern einen neuen Lebensweg. So probiert
er es noch als Kaufmann, als Journalist, als Agent, als Schreiber bei

Haltloser Typus

einem Anwalt. Nur kurz ist er überall zu brauchen, gar zu schnell hat er es überall satt. Dabei kann er das Trinken nicht lassen. Schließlich kauft ihm die Familie noch die Fahrkarte nach Amerika und gibt ihm eine kleine Summe mit. Aber bald ist auch diese durchgebracht. Er endet als Straßenkehrer und Gelegenheitsarbeiter.

Man nennt solchen Typus auch gelegentlich den Haltlosen. Er findet sich auch unter den Mädchen niederer Stände. In den höheren Gesellschaftsschichten kommt er beim weiblichen Geschlechte infolge der andersartigen Lebensbedingungen nicht so zur Erscheinung, doch gehören auch unter den Künstlerinnen, großen Kokotten und unter jenen berüchtigten Persönlichkeiten manche hierher, die wegen ihres ausschweifenden Lebenswandels den Tageszeitungen immer neuen Stoff geben. Bei den Mädchen einfacher Stände ist es nichts anderes, nur fragt hier niemand danach.

Die geborene Prostituierte

Geborene Prostituierte macht auf der Schule die gleichen Schwierigkeiten, wie der Vagant. Nur schweift sie natürlich nicht nach Jungensart tagelang in den Wäldern umher, sondern sie bleibt in der Stadt, nächtigt bei Freundinnen, in Kellern, Lagerhäusern usw. In bezug auf Flüchtigkeit, Leichtsinn, Schulschwänzen, Unstetheit usw. steht sie dem männlichen Gegenstück nicht nach. Nur ist sie meist raffinierter, macht gern kleine Taschendiebstähle, weiß im Gedränge des Marktes aus den Körben der Frauen allerhand Nützliches zu entwenden. Wird sie bei einer solchen Gelegenheit einmal erwischt und von einer Fürsorgedame, einem Jugendrichter oder Jugendgerichtsarzt vernommen, so ist man von ihr sehr eingenommen. Sie hat ein bescheidenes, fast höfliches Wesen, ist etwas einsilbig, aber voll der besten Vorsätze. Nur ihre Augen gehen während des Verhörs etwas lauernd und unruhig umher. Man ist überzeugt: wieder ein Opfer der Großstadt. Aber schon am nächsten Tage treibt das kleine flinke Persönchen wieder dasselbe Unwesen. Sie reflektiert viel zu wenig, um sich über die Fürsorgedamen lustig zu machen (das kommt erst später), aber sie hat ihnen gegenüber doch von vornherein ihren instinktiven „Geschäftsstandpunkt" gehabt. Darüber, daß sie mit 15 Jahren schon ihr festes Verhältnis hat, braucht sich niemand zu entrüsten, denn sie war schon mit 9 Jahren sexuell völlig aufgeklärt und in den Folgejahren allen möglichen geschlechtlichen Betätigungen ergeben. Wenn sie merkt, daß ihr Freund kein Geld mehr hat, nimmt sie einen andern. Sie ist recht unternehmend, auch geschickt in der Kleidung. Sie schnappt alle möglichen Bildungsbrocken auf und gewöhnt sich bessere Manieren an, ihren Dialekt legt sie ab. Sie ist für den jungen wohlhabenden Kaufmann oder Studenten eine begehrte Liebesgefährtin. Zwischen den einzelnen Verhältnissen gibt sie sich gelegentlich auch gern für ein „feines" Abendessen hin, zu dem sie ein Unbekannter am Bahnhof einlud. Allmählich macht sie aus der Preisgabe ihres Körpers immer bewußter ein Geschäft. Sie verkehrt in einem kleinen Kreise Gleichgesinnter, hat aber noch keinen Zuhälter.

Erst später, wenn sie den dreißiger Jahren nahe kommt und nicht mehr so begehrt ist, bedient sie sich eines Freundes, mit dem sie selbst zusammen lebt, und der sie auf „Arbeit" schickt und sie eventuell schützt und begleitet. Andere ziehen das geordnete Bordell-Leben vor. Je nach ihrer Gescheitheit und nach ihrer Festigkeit dem Alkohol gegenüber vermögen sie sich länger oder kürzer zu halten. Die intellektuell höher stehenden verstehen es schließlich noch irgendwo unterzuschlüpfen, bevor ihnen die Möglichkeit zur Prostitution erlischt: bei einer herumziehenden Gesellschaft, in irgendeinem bedenklichen Gewerbe, als Bordellwirtin. Die intellektuell Tiefstehenden enden als Staubhenne (Landstraßendirne).

Gemeinsam ist ihnen bei verschiedener Intelligenz und verschiedener Herkunft der Hang zur Unstetheit, die Abneigung gegen Verpflichtung und dauernde Tätigkeit, der Trieb zum Erlebnis. Mit ihrer Beweglichkeit und Unruhe stimmt ein gesteigerter Sexualtrieb überein. Es sind keineswegs immer schlechte Charaktere, verworfene Personen, kein Auswurf der Menschheit, sondern es sind oft recht gut zu leidende freundliche Mädchen, die in ihrem Prostituiertenberuf eben einen Beruf sehen und nichts mehr noch weniger. Schwierig werden sie häufig, wenn man sie gewaltsam ihrer Freiheit beraubt und in den Rettungshäusern, Magdalenenheimen, Erziehungsanstalten viele Monate lang zu regelmäßiger strenger Arbeit und „Abtötung des Fleisches" anhält. Dann entstehen Revolten, die — dem Charakter der meisten Insassen gemäß[1]) — nicht durch den Stock des Direktors[2]), sondern viel besser durch das verständig freundliche Wesen der Oberin oder durch ein geschicktes Eingreifen des Hausarztes beigelegt werden. Wenn der Arzt eine der Hauptanführerinnen erst einmal „wegen hochgradiger Nervosität" acht Tage ins Anstaltsspital ins Bett legt und dann eine lange freundliche Aussprache mit ihr hat, bei der er sich ausführlich ihr ganzes Leben erzählen läßt[3]), ihr Vorteile und Nachteile der Fügsamkeit und der Unruhestiftung klar legt usw., so wird es ihm bald gelingen, den Charakter des Mädchens in die Hand zu bekommen. Über die endliche „Besserung" solcher geborener Prostituierten[4]) wird er seine große Skepsis bewahren dürfen.

Psycho-
therapie

Kann der Arzt denn gegenüber solchen Charaktertypen, wie sie eben geschildert wurden, überhaupt irgend etwas tun? Zweifellos. Sicherlich kann er die Charaktere nicht umbiegen. Aber er kann selbst

---

[1]) Es gibt selbstverständlich auch noch ganz andere Prostituiertentypen in diesen Häusern.

[2]) Leider darf in manchen solchen Anstalten der Direktor noch prügeln.

[3]) Er verschaffe sich zuvor die aktenmäßigen Grundlagen über ihr Leben, damit er nicht zu sehr belogen wird.

[4]) Es sei hier nochmals betont, daß unter geborenen Vaganten, geborenen Prostituierten nicht verstanden wird, daß diese Persönlichkeiten unter allen Umständen unbedingt in die vorgezeichnete Laufbahn einlenken müssen. Wenn ein Kind mit solchen Anlagen von wohlhabenden Leuten frühzeitig adoptiert wird, wird es natürlich einen andern Lebensweg gehen. Aber unter den heutigen sozialen Verhältnissen, in dem Milieu der Arbeiterkreise wird das betreffende Individuum mit sehr großer Wahrscheinlichkeit zum Vaganten, zur Prostituierten werden müssen.

unter dem Proletariat sehr viel Gutes erreichen. Wie oft vergreifen sich die jungen Ärzte der Krankenhausabteilungen für geschlechtskranke Frauen im richtigen Ton! Wie wenig Verständnis bringen sie (oft sehr auf Kosten der Disziplin) diesen Persönlichkeiten entgegen. Mit leichtfertigen Witzen oder militärisch lautem Ton macht man die Stimmung in einer Häufung so schwierigen Menschenmaterials nicht besser. Sicher ist Strenge oft sehr nötig, aber Strenge, die aus dem Verstehen entspringt. Welche unwürdigen Zustände herrschen auch sonst noch an diesen Abteilungen! Wie vieles kann der Arzt oft mildern bei Persönlichkeiten, die immer sein Verständnis, oft sein Mitleid, niemals seine Verachtung verdienen, so unsympathisch sie zuweilen auch seien. Aber besonders als Arzt der Erziehungsanstalten, Rettungshäuser, Jugendgerichtshilfen, Schulen, als Bezirks(Kreis-)-Arzt, Arbeitshaus- und Gefängnisarzt kann er viel Gutes wirken. Gerade er als Arzt, der nicht direkter Vorgesetzter ist, der die Anstaltsinsassen vielleicht schon dadurch kennt, daß er sie gelegentlich von einem kleinen körperlichen Leiden befreite, steht ihnen menschlich sehr viel näher als die Beamten. Er vermag viel leichter eine günstige Beziehung zu den Insassen zu gewinnen, denn aussprachebedürftig ist schließlich jeder. Und er eignet sich vor allem dazu, viele Vorurteile zu beseitigen, er kann Beamte und Fürsorgerinnen, Richter und Geistliche aufklären, daß nicht alles Bosheit, nicht alles Verworfenheit ist, was aufs erste so aussieht. Er kann aufzeigen, was an unseligen Anlagen, an unverdienten Schicksalsgaben in den Menschen steckt, und wieviel Schuld dem traurigen Milieu beizumessen ist. Am besten vermag es der Arzt, dahin zu wirken, daß vor jedem Moralisieren, vor jedem Erziehen das Verständnis für die sozial gefallenen Persönlichkeiten stehen muß. Und indem er das Verständnis für jene asozialen Elemente weckt, erleichtert er diesen oft auch ihr wahrlich nicht leichtes Schicksal.

In den gesellschaftlich höheren Schichten kann der Arzt vor allem dann viel tun, wenn er bei Zeiten eingreifen kann. Diese Anlagen der Unstetheit und Haltlosigkeit lassen sich ja unter günstigen Umständen beeinflussen, sie sind nur so stark, daß es einer besonderen Einwirkung, einer außerordentlichen Anstrengung bedarf, um sie einzuschränken, — Anstrengungen, wie sie im vierten Stand eben nicht aufzubringen sind. Zuweilen wirkt eine Entfernung des Gefährdeten aus der Familie schon sehr viel. Manche Eltern kümmern sich um die Erziehung ihrer Kinder ja nur dann, wenn es Konflikte gibt. Dieser Grundsatz ist vielleicht gar nicht einmal so schlecht, wenn nur durchschnittliche Kinder da sind. Sind aber stark psychopathische Naturen darunter, dann bedarf es eben einer aktiven Erziehung. Vor allem wenn nur eine schwache und die Söhne blind liebende Mutter vorhanden ist, empfiehlt es sich oft, mit strenger Hand die Söhne aus dem Haus zu nehmen und in irgendeiner Gemeinschaft, vielleicht einem Landerziehungsheim, unterzubringen. Nicht als ob ich diese Erziehungsheime allgemein für psychopathische Kinder beanspruchen wollte — sie würden selbst sich wohl dagegen verwahren — doch ist es zweifellos, daß in ihnen auf ein schwieriges Kind weit individueller eingegangen werden kann, als in den öffentlichen Schulen. Die „Heilerziehung" ist ja eine eigene neue Praxis für sich geworden; ich kann hier nur auf die Literaturangaben am Schluß verweisen.

Der epileptoide Typus.

Es gibt Jugendliche und Erwachsene — man hat sie bisher merkwürdigerweise hauptsächlich in den Arbeiterkreisen beobachtet — die für gewöhnlich in keiner Weise vom Durchschnitt abweichen, die gutmütig, fleißig, freundlich sind, die aber ihre schlechten Tage haben. Grundlos sind sie dann vom frühen Morgen an verstimmt: es ärgert sie die Fliege an der Wand. — Der Junge kann sich nicht entschließen zur Schule zu gehen, er läuft vorbei, zur Stadt hinaus, er weiß selbst nicht, was heute mit ihm los ist. Er fühlt sich so bedrückt, so schwer, so als ob er ein schlechtes Gewissen hätte, und doch hat er gar nichts Schlimmes angestellt. Er wirft seine Schulhefte irgendwo weg, er will immer weiter, so ein eigenartiges Sehnen liegt in ihm. Dinge fallen ihm ein, an die er sonst nie zu denken pflegt, das Dasein Gottes gewinnt heute für ihn eine seltsame Lebendigkeit; er denkt, was er noch niemals tat, plötzlich über den Sinn des Lebens nach. Inzwischen irrt er weit von der Heimat fort, achtet nicht Hunger noch Müdigkeit, bis er abends erschöpft in einem Walddickicht einschläft. Als er am Morgen frierend mit schmerzenden Gliedern und großem Hunger erwacht, ist er über seine Umgebung ganz erstaunt. Er weiß nur dunkel, wie er hierherkam und kennt die Gegend absolut nicht; er weiß nicht, wo Hut und Schulhefte blieben, und er steht vor allem seinem ganzen gestrigen Ausnahmezustand recht ratlos gegenüber (impulsives Fortlaufen, Fuguezustand, Poriomanie). (S. auch S. 19 und 145.)

Der Arbeiter, den eines Tages eine solche endogene Verstimmung überfällt, geht zwar nach kurzem heftigen Streit mit seiner Frau zur Arbeit, aber es geht ihm heut nicht von der Hand, er ist mit sich und der Arbeit nicht zufrieden. Auch kommt es ihm so vor, als wenn seine Arbeitskollegen ihn etwas stichelten. Das reizt den Gereizten noch mehr. Als ihm der Meister auch noch einen Vorhalt macht, kehrt er ihm brüsk den Rücken: machen Sie Ihren Dreck selber. Er verläßt wütend die Fabrik und irrt in den Anlagen umher, dann geht er ins Wirtshaus. Heim mag er nicht, denn allein die Frage der Frau: nun Du bist heute schon da? würde ihm unerträglich sein. Im ersten Wirtshaus gefällt es ihm nicht, er sucht ein zweites auf. Das Bier schmeckt ihm heute nicht so recht, macht ihm Kopfweh, und dennoch trinkt er weiter. Schon nach dem dritten Glas wird er aufgeregt und mischt sich mit allgemeinen unzufriedenen Redensarten in die Unterhaltung Fremder. „Der Bürgermeister, sich um die armen Leute kümmern? Da kennen Sie den schlecht, der hält zu den Reichen, das ist eine ganz gemeine Gesellschaft. Den armen Leuten das Geld aus der Tasche ziehen, das können sie, weiter nichts." In dem Ton geht es weiter. Man weicht ihm aus, und doch wird seine Stimme immer lauter, seine Gebärden immer drohender. Schließlich kommt er mit einem Gast in ernstlichen Streit und zieht das Messer. Mit Mühe bringt man ihn heim. Am nächsten Tage steht er der ganzen Angelegenheit ebenso verwundert gegenüber, wie der zuvor beschriebene Junge. Auch ist seine Erinnerung für das Erlebnis getrübt (pathologischer Rausch). Solche Zustände haben oft die unseligsten Folgen. Gar manche Wirtshausschlägerei, mancher Totschlag ist auf solche endogenen Verstimmungen [mit Alkoholintoleranz und pathologischem Rausch[1])] zurückzuführen. Wenn man in der Zeitung ab und zu liest, daß ein Mann nachts schreiend durch die Straßen gerast sei und nach jedem Begegnenden mit dem Messer gestochen habe, so kann man sicher sein, daß es sich um einen Epileptiker oder einen solchen Psychopathen handelt, den man als epileptoiden Typus[2]) bezeichnet. Anfallsweise, grundlos geraten diese Epileptoiden in Ausnahmezustände des Gemütes, in gereizte Mißstimmungen, die zu irgendeiner motorischen Entladung drängen, zum sinnlosen Fortlaufen, zum Selbstmord, zur Gewalttat im pathologischen Rausch. Auch das „Amoklaufen" der indischen Soldaten[3]) gehört wohl zu diesen abnormen Entladungen und ebenso die unter dem Namen „Cafard" bekannten Verstimmungszustände der Fremdenlegionäre[4]). Manche Epileptoide fühlen sich so zwangsweise dazu gedrängt, im Trinken sich zu erleichtern, daß sie geradezu gewaltsam sich Alkohol verschaffen und tagelang ununterbrochen trinken können, bis sie dann in einen völligen Erschöpfungszustand oder in einen langen Schlaf verfallen. Man pflegt diese anfallsweise Trunksüchtigen als Quartalssäufer, als Dipsomanen zu bezeichnen[5]).

Amoklaufen
Cafard
Dipsomanie

Psychotherapie

Gegen die epileptoiden Verstimmungen selbst ist der Arzt natürlich machtlos, aber er muß sie nicht nur kennen, um sich in Begutachtungsfällen bei eigenartigen Taten daran zu erinnern, sondern er vermag sehr viel Gutes durch Aufklärung zu tun. Vor allem müssen die Epileptoiden selbst über ihre endogenen Verstimmungen und deren Entladungen unterrichtet werden. Sodann muß der Arzt die Ehefrau, die Kinder darüber aufklären, daß an solchen Tagen den Verstimmten kein Widerspruch gegeben, jeder Ärger aus dem Wege geräumt werden muß. Bleibt er früh im Bett, so soll ihn nicht die Frau mit spitzen Reden zum Aufstehen bringen; führt er an dem Tage einen ungeordneten Lebenswandel, so bleibe ihm jeder Vorwurf erspart. Eine Ehefrau, die bei ihrem dipsomanischen Mann häufig die übelsten Szenen mit erlebt hatte, war so klug geworden, ihm jedesmal, sobald der kritische Tag kam, ins zweite

---

[1]) Hierüber siehe unter Alkoholismus S. 153 und im VII. Hauptteil.

[2]) Man hat diesen Namen gewählt, weil ähnlich wie bei der Epilepsie die Symptome unverständlich, endogen, plötzlich hereinbrechen. Auch in der Konstitution dieser Persönlichkeiten liegen oft Ähnlichkeiten mit der Epilepsie vor. Man glaube jedoch keineswegs, daß die epileptoide Psychopathie eine „Zwischenform" ist, in die man alle unklaren Epilepsiefälle hineinschieben kann. Die Grenze ist scharf.

[3]) Ein motivloses Vorwärtsstürzen mit geschwungenem Messer und Niederstechen aller Entgegenkommenden.

[4]) Heimwehartige Verstimmungen, oft mit unüberlegtem Fortlaufen oder Selbstmord. Neuerdings ist der Ausdruck auch für die „Stacheldrahtkrankheit" der Kriegsgefangenen in den Gefangenenlagern verwendet worden.

[5]) Siehe darüber auch unter Alkoholismus S. 155.

oder dritte Glas Bier ein starkes Schlafpulver zu tun. Wachte er wieder auf und verlangte abermals Bier, so bekam er wieder ein Veronal hinein. So brachte sie ihn schlafend über die zwei schwierigen Tage gut hinweg. Auch in den Erziehungs- und Strafanstalten ist die Kenntnis des epileptoiden Typus noch viel zu wenig verbreitet, auch dort wird der Arzt durch Aufklärung manche Konflikte aus dem Wege räumen können.

Man verwechsle jedoch das impulsive sinnlose Fortlaufen nicht mit der oben beschriebenen Unrast des Erethikers und dessen Wanderlust. Und endlich gibt es noch Persönlichkeiten, besonders imbezille Jugendliche, die auf jede unangenehme Erfahrung, jedes peinliche Erlebnis hin (Schulstrafen usw.) durchbrennen und sich herumtreiben. Auch hierfür hört man unpassend oft den Ausdruck Wandertrieb. Man lerne also zwischen *Impulsives Fortlaufen*

1. der Wanderlust des geborenen Vaganten,
2. dem impulsiven Fortlaufen des endogen Verstimmten (Wandertrieb) und
3. dem reaktiven Durchbrennen des Empfindlichen

unterscheiden. Von letzterem wird noch beim hysterischen Typus die Rede sein.

Die Phantasten.

Früher war schon von der starken Neigung manches Jugendlichen zur Romantik die Rede. Damals handelte es sich aber um Persönlichkeiten, die aktiv und männlich dem Abenteuer nachjagen. Diesen gegensätzlich ist eine andere Gruppe, die nur in ihrem Phantasieleben romantisch ist. Solche Kinder vermögen sich bei ihren Spielen mit den einfachsten Gegenständen zu begnügen; ein Stück Holz, ein Stein bedeutet ihnen hundert Dinge zugleich. Später in der Schule sind sie wohl gelitten, da sie niemals stören und ihre Pflichten erfüllen. Sie lesen sehr viel und führen ein eigenes Innenleben, in das sie fast niemand hineinsehen lassen. Sie entwickeln sich nicht zu Männern des tätigen Erwerbes, der praktischen Wissenschaften, sondern sie werden stille Theoretiker oder gewissenhafte Beamte. Sie haben manches Weibliche an sich, eine starke Scheu und große Zurückhaltung, ein feines Gefühl für Takt und Distanz. Neben ihrem Beruf leben sie ihren Neigungen als Dichter oder Sammler. Sie werden leicht ein wenig verschroben; infolge ihrer Abgeschlossenheit und Weltfremdheit nehmen sie eigentümliche Gewohnheiten an. Sie sind als Originale, Sonderlinge, Einsiedler, Eigenbrödler jedem bekannt. Der Arzt hat mit ihnen zu tun, weil sie sehr häufig zugleich Neurastheniker sind. Auch über ihre Gesundheit und ihre Körpervorgänge haben sie sich, wie über alles in der Welt, ihre eigenen Theorien gebildet. Sie lassen den Arzt eigentlich nur holen, um ihm über ihre Symptome[1] ihre eigenen Meinungen vorzutragen und selbst Therapievorschläge zu machen. Ganz wunderliche Ideen kommen da manchmal zutage. Z. B. ist einer der Überzeugung, daß sein schwacher Magen absolut keine Milch, noch weniger

---

[1] Es handelt sich meist um Schlaflosigkeit, Appetit- und Verdauungsstörungen, Neuralgien.

Kakao und Mehlsuppen vertragen könne, daß ihm dagegen Sauerkraut in kleinen Portionen öfter hintereinander genossen sehr gut tue usw. Solche Persönlichkeiten sind häufig von den Ratschlägen und dem Benehmen der Ärzte schwer enttäuscht. Und in der Tat ist es sehr unzweckmäßig, hier mit robusten Vorschlägen zu kommen („Sie müssen wandern, an die frische Luft, in die Höhe, müssen unter Menschen" usw.). Man wird sich sehr viel besser erst die eigenen Theorien des Kränklichen geduldig auseinandersetzen lassen, wird versuchen mit leichter Hand gar zu Unsinniges aus dem Tagesregime zu beseitigen, wird unter den vielen Möglichkeiten einer Stoffwechselauffrischung jene auswählen, die dem ganzen Wesen des Sonderlings möglichst naheliegen, wird ihm keineswegs seine Meinungen rund abstreiten, sondern wird ihn mit Bedacht und List, nicht mit Energie und Ungestüm zu leiten versuchen. Hierüber wird noch bei der Neurasthenie mehreres zu bereden sein.

Aber von dem gleichen Ausgangspunkt einer regen Phantasie, eines reichen Innenlebens beim Kind können auch ganz andere Entwicklungslinien laufen. Es gibt Kinder, deren Vorstellungsleben so reich ist, daß sie Traum und Wirklichkeit gar nicht mehr zu unterscheiden vermögen, ebenso wie es beim normalen Erwachsenen ganz vereinzelt einmal vorkommt, daß er nicht recht weiß, ob er eine Nachricht gelesen oder geträumt hat[1]). Solche phantasievollen Kinder[2]) leben zuweilen so stark in ihren Märchen und Luftschlössern, daß sie sich der Wirklichkeit ganz entwöhnen. Eine verständige Erziehung wird hier natürlich beizeiten stark abbremsen. Besonders Bücher haben auf solche Kinder außerordentlichen Einfluß. Es ist zwar nicht so, wie es meistens dargestellt wird, daß die Schundliteratur (Detektiv-, Indianer- und Räubergeschichten) die Jugend direkt zur Verwahrlosung treibe. Sie ist nur ein Moment unter vielen, und die an sich schon zum sozialen Scheitern disponierten Jungen nehmen nur die Gewohnheiten ihrer Schundhelden an. Aber es gibt tatsächlich Persönlichkeiten, die sich aus dieser jugendlich phantastischen Einstellung nicht wieder hinausfinden. Sie stellen später einen Teil der Hochstapler dar. Der Arzt muß sie hauptsächlich als Gutachter kennen. Ein solcher Psychopath vermag vielleicht — wenigstens eine Zeitlang — einem Berufe nachzukommen. Er ist z. B. als Verkäufer in einem Geschäft tätig. Aber schon dabei fällt er wegen seiner mit den Tatsachen oft seltsam unverträglichen Antworten auf. Ein Kunde fragt (in dem einfachen Stoffgeschäft), ob bald Ersatz für die eben ausgegangene Rohseide käme: „Gewiß, soeben ist ein großer Abschluß mit dem Liberty House perfekt geworden." Davon ist kein Wort wahr. — Ein anderer Käufer erkundigt sich nach der Lichtecht-

Hoch-
stapler

---

[1]) Siehe auch S. 39.

[2]) Gottfried Keller hat in seinem grünen Heinrich ein unübertrefflich vollkommenes Bild eines solchen Jungen gezeichnet (Werke, Band I des grünen Heinrich, 8. Kapitel S. 87—92).

In den kürzlich bei Langewiesche Königstein-Leipzig erschienenen Lebenserinnerungen „Jugend und Heimat" eines ungenannten Verfassers findet sich für kindliches Lügen ebenfalls ein vortreffliches Beispiel. (S. 30—45.)

heit einer Farbe: „Sie ist absolut echt, ich habe sie selbst wochenlang der Sonne direkt ausgesetzt". Dabei hat er niemals an etwas Ähnliches gedacht. Aber die Frage braucht nur den Gedanken an Möglichkeiten auszulösen: sofort werden Gewißheiten daraus, und — was die Hauptsache ist — der Renommist weiß Einbildung und Wirklichkeit nicht mehr zu trennen. Er bildet sich ein, sechs Sprachen zu sprechen, wenn er kaum deren Grußformen kennt, er läßt gelegentlich etwas von der adligen Herkunft seiner Mutter durchblicken, von den Gütern, die er beim Tode eines Onkels zu erwarten, von dem Examen, das er auf der Handelshochschule soeben gemacht hat. Und mit diesen Vorspiegelungen, denen gar nichts zugrunde liegt, verführt er Mädchen, denen er ein bürgerliches Eheglück ausmalt, betrügt er Bürgersleute um größere Summen, die er momentan dringend brauche, um eine verlangte Kaution zu stellen usw. Oftmals hat er von all diesem, vielleicht monatelang ganz folgerichtig durchgeführten Schwindel direkten Nutzen, ja er lebt als echter Hochstapler von seinen Schwindeleien, — oft aber auch genügt ihm allein die Freude an seinem abenteuerhaften Schwindlertum. — Es gibt in den Gefängnissen Leute, die in der Stille der Einzelhaft ein wahres Traumleben leben. Jeder Besuch des Personals bedeutet ihnen eine unliebsame Störung. Sie gründen irgendein Reich auf einer paradiesischen Insel, ernennen sich zum Herrscher, schaffen volksbeglückende Einrichtungen, machen fabelhafte Erfindungen usw. Sie leben sich in diese Phantasien so hinein, daß sie große Handschriften und Zeichnungen darüber fertigen, ja daß sie in der Gefängniszelle das Benehmen einer königlichen Rolle annehmen. Selbst nach ihrer Entlassung aus der Haft bleiben zuweilen noch Reste ihrer phantastischen Einbildungen nachweisbar. Der Name „Wachträumen" hat sich für solche Zustände eingebürgert. Aber es braucht nicht die Einsamkeit der Haft das auslösende Moment zu sein. Auch im freien Leben kann die reine Freude am phantastischen Schwindeln Triebfeder seltsamen Gebarens sein. Wenn z. B. ein junger Mann, der es bis zum Einjährigen-Zeugnis gebracht hatte und Bankbeamter geworden war, in fremder Stadt sich als Marineoberassistenzarzt eintrug, dort Apotheken aufsuchte und Rezepte verschrieb, sich in einer chemischen Fabrik herumführen ließ und schließlich sogar ein wissenschaftliches Institut aufsuchte, um sich „nach dem Stand der neuesten Arbeiten" zu erkundigen, so hatte er nachweislich von allen diesen Machenschaften nicht den mindesten Vorteil, nur Auslagen gehabt. Er wollte auch nicht etwa einen späteren Trick vorbereiten, denn er kehrte in den nächsten Jahren niemals an diesen Ort zurück. — Selbstverständlich sind nicht alle Hochstapler solche „pathologische Schwindler" (phantastische Pseudologisten)[1]), sondern ein großer Teil von ihnen ist anderen seelischen Ursprungs.

Schon früher war einmal davon die Rede, daß die Erethiker selten Führer der Diebesbanden usw. seien. Wenigstens nicht jene brutalen,

---

[1]) Mit der größten Wahrscheinlichkeit gehört Manolescu hierher. Interessant sind seine Memoiren: G. Manolescu (Fürst Lahovary), Ein Fürst der Diebe. Memoiren. 276 S. Groß-Lichterfelde 1906. Geb. 4,50 M.

rohen Erethiker, deren Geistesgaben meist gering sind. Sondern solchen
Führern eignet eine Form des Naturells, bei dem sich die Impulsivität,
die Unternehmungslust, die Beweglichkeit, die Lust am Geschehen mehr
im Geistigen auslebt. Es macht einem solchen Charakter Freude, andere
für sich arbeiten zu lassen, andere zu lenken, die Fäden eines verwickelten
Organismus in der Hand zu halten und dabei den Reiz der Gefahr auszu-
kosten. Die gute Begabung dieser Führer, ihre überraschend schnelle Auffassung und Anpassungsfähigkeit. — die sie selbst kennen, und an der sie
selbst Freude haben —, macht sie zur Leitung eines größeren Unternehmens sehr geeignet. Ob sie zum angesehenen bürgerlichen Unter-
nehmer werden und allerlei Ehren und Würden davontragen, ob sie Leiter
einer berufsmäßigen internationalen Diebesbande[1]) oder Hochstapler
werden, oder ob sie endlich ihre Talente in den Dienst der Geheimpolizei
stellen, hängt oft von einem kleinen psychischen Mehr oder Weniger ab,
das ihnen die Natur mitgab oder versagte. Oft aber gibt dabei lediglich
der Zufall den Ausschlag. Der Arzt lernt sie nur als Gefängnisarzt
kennen, sie werden die menschlich Interessantesten seiner Anstaltsinsassen sein.

Die Sensitiven.

Schon früher bei den motorischen Erethikern habe ich auf die Spontaneität und Stärke der Leidenschaften, die Ungehemmtheit der Antriebe
dieser Charaktere aufmerksam gemacht. Sie bedürfen gar keines äußeren
Anstoßes, um ihren Affekten freien Lauf zu lassen. Bei den epileptoiden
Psychopathen war ebenfalls von ihren starken Affekten in ihren Ausnahmezuständen die Rede, nur war dort die Sachlage wieder etwas anders
nuanciert: sie warteten in ihren Verstimmungen gleichsam auf einen
Anlaß, um sich auszutoben. Es gibt nun noch eine dritte Art der Leiden-
schaftlichkeit, bei der die Leidenschaften deutlicher im Erleiden
zum Ausdruck kommen. Diese Charaktere warten nicht auf einen
Anlaß, um irgendeine in ihnen irgendwie vorgebildete Stimmung abzureagieren, sondern der äußere Anlaß setzt ihnen erst die Verstimmung.
Dabei sind nicht jene Menschen gemeint, die man früher meist unter
dem alten Temperamentsnamen als Choleriker zusammenfaßte. Diese
Jähzornigen fallen zum großen Teil unter den Begriff des Erethikers,
zum anderen Teil haben sie nur ihre Hemmungen, ihre Selbstbeherrschung im Rausche oder in der Wut verloren. Und nur ein kleiner Teil
unter ihnen gehört zu der hier zu betrachtenden Gruppe der von Natur
Empfindlichen, Reizbaren. Diese sind nicht (wie die Epileptoiden)
zu gewissen Zeiten, an bestimmten schlechten Tagen reizbar und un-
beherrscht, sondern sie nehmen ihrer angeborenen Anlage gemäß alles
viel intensiver auf, was die Außenwelt an sie heranträgt. Solch leichte
Ansprechbarkeit, solch erleichtertes Mitschwingen der Saiten des Gemüts
ist ja eine Eigentümlichkeit, die meist als eine Vorbedingung künstlerischen Schaffens gefordert wird: man kann sich einen Künstler kaum ohne

(Marginalie: Sensi-tiver Typus)

---

[1]) Hoteldiebe, Schlafwagendiebe, Bankräuber, Monte Carlo-Hochstapler,
Heiratsschwindler.

diese gemütliche Anregsamkeit vorstellen. Die Erziehung vermag die seelische Zartheit ebensogut abzuhärten wie sie diese Ansprechbarkeit zu entwickeln imstande ist. Wie sehr sich selbst Erwachsene in diese Empfindsamkeit hineinzusteigern vermögen, zeigt neben manchen Parallelerscheinungen in der Romantik besonders die Genieperiode. Damals reagierte man auf jedes Wehen des Windes, auf jeden fallenden Stern, auf jede Wolke, die vor den Mond zog, und jedes Lachen eines Unbekannten[1]). Heute, da die Reaktion auf das Rokoko und alle die anderen Einflüsse nicht mehr wirksam sind, die die „Gemeinschaft der Heiligen" schufen, kann man es mit Recht als abnorm betrachten, wenn sich eine einzelne Persönlichkeit solchem Gefühlskultus und Freundschaftsüberschwang hingibt. Dem weiblichen Geschlecht liegt diese Neigung zur Empfindsamkeit ja näher, und zumal in den Pubertätsjahren flammen in den „Schwärmereien" junger Mädchen für ältere Freundinnen, Lehrerinnen, Künstlerinnen nicht selten solche Tendenzen selbst bei Persönlichkeiten auf, die dann in ihrem späteren Leben nichts mehr von solcher Weichheit zeigen. Auch mancher junge Mann neigt in den Jahren, die der Geschlechtsreife folgen, häufig zu einem gewissen Gefühlsüberschwang. Indessen sind es doch meist wenig männliche, wenig durchschnittliche Naturen, die sich tiefer in diesen Leidenschaftsergüssen verstricken. Man trifft sie unter den jugendlichen Selbstmördern oder denjenigen, die zusammen mit ihrer Geliebten in den Tod gehen. Wenn man den Gründen solcher traurigen Ereignisse nachforscht, wenn man z. B. die hinterlassenen Schriften oder den Briefwechsel der Verstorbenen durchsucht, so findet man nicht selten, daß wirkliche Gründe zur Tat nicht vorgelegen haben. Die beiden haben seit langem einander angehört, sie haben zwar mancherlei Klatsch und kleine Schwierigkeiten zu ertragen gehabt, aber alles dies ging nicht über das allezeit Übliche hinaus. Aber von vornherein deutet sich in den hinterlassenen Dokumenten ein wehmütiger Zug an, der sich dann immer mehr steigert. Das Mädchen hat hierin die Führung, sie weiß selbst den kleinen Freuden der gemeinsamen Zeit immer einen traurigen Abschluß zu geben. „Bald werde ich nun wieder verlassen sein, andere werden Dein Herz besitzen, und ich gehe einsam und stumm." Er steht ganz unter ihrem Einfluß, beginnt gleich ihr die Zukunft im düstersten Schein zu sehen und lebt sich, immer von ihr geführt, in den Glauben ein, das schönste wäre gemeinsam aus dem Leben zu scheiden. Sie genießen beide ihr Leid, das sie selbst konstruierten. An einem Frühlingstage bittet sie ihn, ein Ende zu machen, sie schmückt sich noch mit Blumen, die er liebte, und empfängt dann von ihm den tödlichen Schuß. Er selbst folgt ihr nach.

Schwärmereien

Doppelselbstmorde

---

¹) Merck an Höpfner (1772): „mit einem zarten in Empfindung zerfließenden Mädchen, wie Joriks Maria, die ihre Freunde und den Mond kniend verehrt, Fest- und Fasttage bei der Ankunft und der Scheidung von ihren Freunden feiert und deren Seele so rein ist, wie der eben gefallene Schnee". —

> „Ihr sollt mit Klopstock weinen! und in Blumen
> Des nahen Frühlings hinzerfließend, fühlen,
> Ihn fühlen, des Lebens ganzen Wert!"   (Herder.)

Pubertäts-
krisen

Vielleicht sind es auch keine Liebeskonflikte, aus denen der junge Mensch keine andere Rettung sieht als den Tod, sondern es sind Weltanschauungsprobleme, aus denen heraus der Gymnasiast keinen Ausweg findet[1]). Er ist in den Jahren nach der Konfirmation, in denen sich Körper und Geist in unruhiger Entwicklung befinden. Religiöse Überzeugungen kollidieren mit den Gedanken des Materialismus, moderne Theorien vertragen sich nicht mit den übernommenen Traditionen. Und in allen diesen Konflikten sieht er keine Hilfe. Er schämt sich, sich jemand anzuvertrauen. Der stets im Beruf aufgehende Vater hat weder Zeit noch Verständnis für ihn; der häuslichen Mutter liegen alle solchen Gedankengänge fern, die Schwestern sind noch viel zu jung und unerfahren. An wen soll er sich wenden? Zu seinen Lehrern hat er kein Zutrauen, auch kennt er sie menschlich kaum. Wenn ihm nun nicht der Zufall einen gleichgesinnten Freund beschert, mit dem er auf stundenlang einsamen Wanderungen durchsprechen kann, was ihre Herzen bewegt, so sieht er oft in seiner Verzweiflung keinen andern Ausweg als den Tod. Die Familie steht ratlos vor dem Ereignis, steht auch ratlos vor der hinterlassenen Klage des Verschiedenen, daß ihn niemand verstand[2]).

Aufmerksamere Eltern bemerken natürlich ein verändertes Wesen des Kindes. Sie sehen seinen zunehmenden Hang zur Einsamkeit, seine veränderten Züge, seine innere Qual. Und indem sie — wie so häufig — das seelische Leiden nur für den Ausdruck eines körperlichen Vorganges halten, bitten sie den Arzt, er solle helfen. Sicherlich ist es für den Arzt nicht leicht, das Zutrauen des unglücklich liebenden Mädchens, des in Weltanschauungskonflikte verstrickten Jünglings zu gewinnen. Wenn er sich aber jeder Überlegenheit des Älteren, aller Gemeinplätze (daß alles sich wieder geben werde, daß jeder so etwas durchmachen müsse usw.) enthält und lediglich Verständnis für die Gedankengänge und Gemütsvorgänge zeigt, wird es ihm doch gelingen, die Führung der jungen Menschen leise zu übernehmen. Oft stellt sich dann heraus, daß, wenn einmal erst der Bann der abgesperrten Aussprache gebrochen ist, mit einfachen Mitteln viel erreicht werden kann. Eine Reise des jungen Mädchens zu einer geliebten Freundin, ein Schulwechsel des Jungen mit neuen ablenkenden Aufgaben und Pflichten und am besten der Anschluß an einen ähnlichen Kreis jugendlich bewegter Personen vermögen zuweilen fast Wunder zu wirken. Jeder Beteiligte ist dankbar, daß einem nicht wieder gutzumachenden Schicksal rechtzeitig und glücklich vorgebeugt worden ist.

Aber gelingt es auch, solche Konflikte zu lösen, so bleiben derartige Persönlichkeiten doch meistens Sorgenkinder: weich, überempfindsam, leicht aus der Balance gebracht.

---

[1]) Vgl. auch das Beispiel S. 16.
[2]) Vielbeweinte Dichtergestalt
    Schreitet zu Tode.
  Aber der Dichter
    Er genest. Ihn rettet die Dichtung,   (Theodor Vischer.)

Manche vermögen die Eindrücke, die sie schwer belasten, irgendwie nach außen abzugeben, abzureagieren. Andere wieder verstricken sich immer tiefer in ihre gefühlsbetonten Gedankengänge, sie werden zu Grüblern, weltfremd, lebensuntauglich. Es gibt eine angeborene Artung, bei der von früher Jugend an das Gefühl dieser Lebensuntauglichkeit den ganzen Lebensweg begleitet. Diese Charaktere haben das Bewußtsein, mit nichts fertig zu werden, alles am falschen Ende anzupacken, keiner Forderung gewachsen zu sein. Sie haben, wie man es genannt hat, eine träge Affektkurve. Ein Ereignis wird nicht mit einer heftigen Reaktion „erledigt", — zu einer heftigen Gemütsbewegung sind sie überhaupt nicht fähig — sondern es gräbt seine Wirkung langsam ein, und lange schwingt die seelische Erschütterung noch nach. Man hat den Ausdruck der Psychasthenie (Janet) für diese Psychopathieformen gewählt und will mit ihm den Mangel an psychischer Kraft bezeichnen. Dieser offenbart sich einerseits in der dauernden Niedergeschlagenheit, Schlaffheit, Hemmung, dem unüberwindlichen Pessimismus (konstitutionelle Depression)[1]. Andererseits neigen jene Persönlichkeiten zur selbstquälerischen Betrachtung, zur hypochondrischen Einstellung. Sie werden geplagt von ewigen Zweifeln und grundlosen Befürchtungen (Phobien). Sie werden innerlich mit nichts fertig, aber sie bilden sich auch häufig ein, äußerlich mit den harmlosesten Dingen des Alltags nicht fertig geworden zu sein. Daraus entsteht eine Neigung zu Zwangseinstellungen (Berührungsfurcht, Fleckenfurcht, Reinigungszwang, Sammelsucht usw. S. auch S. 118ff.).

Hier ist auch der Ort, jener schwierigen Persönlichkeiten zu gedenken, deren Art man als hysterischen Charakter zu bezeichnen gewohnt ist[2].

Der hysterische Charakter.

Sein Hauptmerkmal ist die leichte Beeinflußbarkeit durch angenehme Einflüsse und Persönlichkeiten und die von ihnen geweckten Vorstellungen — der Trotz und Widerstand gegen alles unsympathisch, widrig Erscheinende — nicht immer gegen Pflichten, im Gegenteil: Hysteriker sind oft wahre Helden der Pflicht.

Zuerst zu erwähnen ist der weiche, jedem Einfluß zugängliche Charakter, der mit dem Haltlosen viel gemein hat. Immer geformt durch die Umwelt, stellt er niemals einen Organismus mit fester Struktur dar. Heute läßt er sich willig zu irgend einer Weltanschauung bekehren, um morgen mit dem gleichen Eifer und der gleichen inneren Überzeugtheit zu verbrennen, was er eben angebetet hat[3]. Infolge des mangelnden

---

[1] Über die konstitutionelle Verstimmung siehe auch das Kapitel über das manisch-depressive Irresein (S. 200).

[2] Über die Verwendung des Wortes „hysterisch" siehe später. — Im einzelnen ist die Form des hysterischen Charakters naturgemäß sehr von der hohen oder geringen Intelligenz abhängig, die zu ihm hinzukommt. Ein imbeziller Hysteriker gibt sich ganz anders als ein hochbegabter hysterischer Charakter.

[3] Jeremias Gotthelf (Bitzius) hat in seiner altmodischen doch sehr lesenswerten Erzählung „Jakobs Wanderungen" einen solchen innerlich haltlosen, äußerst beeinflußbaren Jungen aus einfachem Stande ganz vortrefflich gezeichnet.

inneren Halts gilt er überall als unzuverlässig, untreu und — nicht immer mit Recht — als verlogen. Denn da er niemals eine eigene Meinung hat, sondern immer die der anderen, so kann man von einer Verlogenheit eigentlich nicht gut sprechen. Oft gut begabt, der Rede mächtig, weiß er als Literat oder Volksredner große Wirkung zu entfalten, eine Wirkung, die objektiv um so gefährlicher ist, da keine Persönlichkeit dahinter steht. Die Freude an dieser Wirkung, das Bewußtsein seiner geistigen Beweglichkeit vermehrt seine Selbstachtung. Seine große Beeinflußbarkeit zeigt sich auch im kleinen: er nimmt gern fremde Gewohnheiten (z. B. Handschriften) und auch Klagen anderer auf. Hat er einen Leidenden in seiner Umgebung, so werden dessen Klagen bald die seinen sein. Sein außerordentlich gesteigertes Selbstgefühl läßt ihn mit seiner Person oft förmlichen Kult treiben. Er hat sich ganz bestimmte Lebensgewohnheiten (oft etwas weibischer Art) zugelegt, liebt Parfüms, kostbare Stoffe, erlesene Farben. — So sehr er auch die Förderung der Kultur, die Interessen der Gesellschaft usw. im Munde führt — seine eigentliche Lebenseinstellung ist kraß egoistisch.

Der Typus
der nie
Ver-
standenen Die zweite Spielart des hysterischen Charakters ist die Leidende, die nie Verstandene. Sie hat eigentlich alles, was nach allgemeinem Urteil ihr Herz fröhlich machen könnte, hat äußeren Wohlstand, einen liebenswürdigen tüchtigen Mann, gesunde nette Kinder, aber sie zeigt es allen deutlich, daß dies doch für sie nicht das Rechte ist. Der Mann ist ihr zu unkompliziert, zu bieder, er weiß nicht, was er an ihr hat. Die Kinder mögen ja ganz lieb sein, aber einmal kann sie doch nicht in der Tätigkeit eines Kinderfräuleins ihre Lebensaufgabe sehen, und sodann sind sie doch wiederum nur zu bedauern, daß sie eine so leidende Mutter haben. Zudem ist sie verurteilt in der kleinen Stadt zu leben, wo sie keinen Kreis findet, der ihren Interessen, Gaben und Ansprüchen entspricht. Sie liegt den größten Teil des Tages wegen quälender Kopfschmerzen auf dem Ruhesofa. Sie beobachtet zwar sehr genau, was um sie herum vorgeht, hat ein scharfes klares Urteil über alle Personen ihrer Umgebung, aber sie leitet nur alles vom Sofa aus und greift selbst nie zu, ihre Leiden erlauben das nicht. Der ganze Haushalt muß sich nach ihr einstellen, das Zimmer muß dauernd verdunkelt sein, die Kinder werden nur zu gewissen Stunden auf kurze Zeit gebracht. Sexuell ist sie meist frigid. Sie hat einen Hausfreund, der auf ihrem kulturellen Niveau steht, mit dem sie subtile Gedanken über künstlerische oder weltanschauungsmäßige Probleme austauscht[1]). Sie schreibt ihm die reizendsten Briefe voll amüsanter Einfälle und geistvoller Bemer-

---

[1]) Aus einem Tagebuch (Ruth Waldstetter): „Ja, es wäre entsetzlich, wenn ich nicht in diesen zwei verflossenen Leidensjahren eine Leistung vollbracht hätte, wie nie in meinem Leben zuvor. Die Willenskraft, die ich täglich, stündlich und in jeder Minute verausgabe, um meine schlechte Stimmung zu überwinden, die aus körperlichem Mißbehagen, aus Entbehrung jeder Art und aus begründeter Hoffnungslosigkeit aufsteigt, ist größer als alles, was ich je an Energie aufgebracht habe ... Und dieser stille, heroische und doch unfreie Kampf mit mir selbst, diese zwangsmäßige Erziehung zum Heldentum, die mir tröstlich ist, als ob ein persönliches Verdienst dabei wäre, würde mich in meinen Augen zur tragikomischen Figur machen — wenn nicht hinter all diesem der Zweck des Leidens wäre."

kungen. Gelegentlich einmal besucht sie „ihrem Mann zuliebe" — „der Arme soll doch auch einmal neben seinem schrecklichen Beruf etwas vom Leben haben" — Bälle und Feste, und ist dann schön, strahlend heiter, voll Leben und Gesundheit. Alle Fernstehenden sind von ihr bezaubert, das Dienstpersonal haßt sie, der Mann geht an ihr schier zugrunde, wenn es ihm nicht rechtzeitig gelang, sich innerlich ganz von ihr zu lösen. — Stellt sich wirklich einmal ein ernstes objektives Leiden ein, oder entschließt man sich wegen ihrer Klagen zu einer Operation, so erträgt sie dies alles mit großer Standhaftigkeit.

Nicht so selten erlebt man es bei Frauen, daß sich zwei hysterische Charaktere zusammenfinden und sich für ihr Leben unauflösbar aneinander ketten. Die eine, die aktive, geistig bedeutendere, Leidende, die dauernd an ihren Fahrstuhl oder ihr Bett gefesselt ist und von dort aus unerbittlich ihre Umgebung beherrscht und peinigt, und die andere stillere weichere, die in weiblicher Hingabe ihr eigenes Leben opfert, um der ersten zu dienen und sich allen ihren Launen schicksalsergeben zu fügen[1]. Hysterische Freundschaften

Es ereignet sich oft, daß ein hysterischer Charakter im eben umschriebenen Sinne noch vielfache hysterische Einzelsymptome produziert, ohne daß äußere Anlässe dazu nachweisbar sind. Jene entspringen der Sucht interessant zu erscheinen, von sich reden zu machen, eine Rolle zu spielen. So unternehmen es diese Persönlichkeiten z. B., anonyme Briefe mit falschen Anschuldigungen, Schmähungen, sexuellen Verdächtigungen abzusenden, oder sie bezichtigen sich selbst irgendwelcher Straftaten, die sie nie begingen. Sie machen den Behörden unnütze Arbeit durch Anzeigen rätselhafter Vorkommnisse, die sie nur in ihren Phantasien erlebt haben. Sie erfinden Attentate, in denen sie sich selbst einen Knebel in den Mund stecken und sich irgendwo festbinden (Jugendliche!). In den Krankenhäusern produzieren sie unerklärliche Fiebersteigerungen und sind glücklich, wenn sich die Ärzte über den seltsamen Fall den Kopf zerbrechen[2]. Manche jungen Mädchen schlucken Nähnadeln oder stecken sich Nadeln so tief in die Armmuskeln, daß sie ganz verschwinden und schließlich wieder irgendwo herauseitern. Andere unterhalten (durch Essigessenzaufstreichen oder Verbrennungen) künstliche Wunden oder Ekzeme. Einige verfallen in tiefe Schlafzustände, aus denen sie nicht erweckt werden können (hysterische Stuporen)[3].

Man lassen sich durch solche leicht als hysterisch erkennbaren Symptome nicht derart gefangen nehmen, daß man ein daneben bestehendes organisches Leiden übersieht. Man vergesse nie, daß auch neben echten organischen Erkrankungen des Zentralnervensystems noch hysterische Anzeichen bestehen können[4].

---

[1] Vgl. auch später das über „induziertes Irresein" Gesagte S. 99.

[2] Ein „hysterisches" Fieber ist vielfach behauptet, niemals aber ganz einwandsfrei bewiesen worden.

[3] Die Tageszeitungen berichten häufig von solchen Zuständen, meist noch mit mancherlei phantastischen Ausschmückungen.

[4] Siehe unter „symptomatische Psychosen" S. 131.

Patho-
logische
Reak-
tionen

Sind es nicht selbstgeschaffene Situationen oder Reflexionen, sondern wirklich von außen kommende Ereignisse, die das Leben solcher empfindsamen Leute erschüttern, so tritt meist das ein, was die Fachsprache als eine pathologische Reaktion bezeichnet. Daß die Betroffenen auf das Ereignis reagieren, erscheint nicht abnorm, aber wie sie es tun, darin liegt das Ungewöhnliche (abnorme Affekte). Daß eine Braut auf die Nachricht, daß ihr Verlobter im Kriege fiel, lange Monate schwerer Seelenkämpfe durchzumachen hat, bis sie sich einigermaßen wieder findet, ja, daß ihr selbst auf Jahre hinaus die Fröhlichkeit gewichen ist, erscheint ganz selbstverständlich. Wenn sie aber alle Briefe und sämtliche Andenken an ihn, ja schließlich sein Bild verbrennt und einer Freundin schreibt: „Ich will das letzte Gedenken an ihn aus meinem verödeten Herzen reißen", so wird wohl jeder ihre Reaktion als abnorm ansehen.

Wenn eine Mutter auf die Nachricht von dem Selbstmorde des einzigen erwachsenen Sohnes nicht nur tagelang jede Nahrung verweigert, sondern sich einschließt und nun mit ihrem verstorbenen Sohn jede Nacht Zwiesprache hält, wenn sie seine Kinderspielsachen heraussucht, sie aufbaut und immer und immer wieder mit ihnen spielt, so als wäre der Verstorbene als kleines Kind zugegen, so wird man auch diese Reaktion als abnorm bezeichnen dürfen.

Hysteri-
sche
Anfälle

Bei anderen Persönlichkeiten wiederum entstehen Zustände, die mit dem erschütternden Ereignis keinen rechten inhaltlichen Zusammenhang haben. Es kommen Weinkrämpfe vor, in denen die Psychopathin stunden- oder tagelang unaufhörlich schluchzt; Schreikrämpfe, Lachkrämpfe, langdauernde Ohnmachten stellen sich ein[1]) und schließlich große motorische Anfälle: Alles Reaktionen, bei denen die Affekte in die motorische Sphäre abzufließen bestrebt sind. Solche eigentlichen Krämpfe werden ja meist als hysterisch bezeichnet[2]). Sie sind außerordentlich vielgestaltig. Wenn sie in irgend einer Klinik sich sehr ähneln, so liegt das meist daran, daß deren Ärzte durch ihre Fragen, ihre Untersuchungen, ihr ganzes Gebaren (oft ohne es zu wollen) auf einen einheitlichen Ablauf hinarbeiten. Außerdem stecken sich die Kranken oft gegenseitig mit den einzelnen Symptomen an[3]). Hält man solche Einflüsse fern, so spielen sich diese „Krämpfe", wie erwähnt, sehr verschieden ab. Die einen haben einige Ähnlichkeit mit epileptischen Krämpfen. Während des großen Krieges wurde eine erhebliche Anzahl krampfkranker Soldaten in die Heimat zurückgesandt, deren Anhängerzettel die Diagnose „epileptische Anfälle" trugen. Erlebte man solche Anfälle dann im heimischen Lazarett, so sah man folgendes Bild:

---

[1]) Von Ertaubung, Erblindung und Sprachverlust durch Schrecken usw. war früher im allgemeinen Teil schon die Rede. Auch wurde schon erwähnt, daß manche jugendliche Psychopathen auf alles Unangenehme, was ihnen begegnet, dadurch reagieren, daß sie einfach fortlaufen. Besonders findet sich diese Eigentümlichkeit bei Imbezillen.

[2]) Über den Gebrauch des Wortes „hysterisch" siehe später.

[3]) Bei der Suggerierbarkeit der Analgesien wurde schon früher ähnliches gestreift.

Der auf dem langen Korridor mit seiner Pfeife friedlich auf und abwandernde
kräftige Mann stöhnt plötzlich tief auf, greift in die Luft und sinkt zusammen
(schlägt nicht plötzlich längs hin). Auf dem Boden liegt er zuerst eine Weile
schwer atmend, die Hand hat Jacke und Hemd auf der Brust aufgerissen. Plötzlich beginnen die „Krämpfe": Bald mit einem Arm, bald mit beiden gleichzeitig,

Abb. 1. 2. 3.
Momentaufnahmen vom Verlauf ein- und desselben hysterischen Anfalls. Man
beachte das aufgerissene Kleid, die zerwühlten Haare, die verdrehten Bulbi.
(Aufgenommen von Professor Dr. A. Wetzel, Heidelberg.)

schlägt er ziemlich kräftig um sich, der Körper bäumt sich auf und nieder, die
Beine werden bald einzeln bald zusammen angezogen und wieder ausgestreckt.
Am besten lassen sich diese ganzen Bewegungsfolgen als ein unleidliches Strampeln
kennzeichnen. Dabei ist das Gesicht schmerzlich verzerrt, die Augen sind bald
fest zugekniffen, bald wild rollend. Auf Schmerzreize verstärkt sich meist das
Strampeln — wenigstens auf die ersten 2—3 Stiche, dann hört die Reaktion auf.
Die Pupillen lassen sich oft sehr schwer prüfen, da der Kranke den Kopf hin- und

herwirft oder die Augen fest zukneift. Gelingt es doch, sie zu kontrollieren, so sind sie meist sehr weit (Angstpupille, Schmerzpupille) und reagieren schlecht. Babinskisches Zeichen, Enurese usw. fehlen, gelegentlich kommt aber doch ein Einnässen vor, meist — wie sich später herausstellt — dann, wenn die Betreffenden schon früher Bettnässer waren. Man hört häufig, daß diese Anfälle etwas Theatermäßiges haben. Das ist in sehr vielen Fällen nicht richtig. Nach der Dauer von etwa 5—10 Minuten werden die Bewegungen gelinder und hören allmählich auf. Der schweißbedeckte und oft recht erschöpfte Mann verfällt in einen längeren Schlaf und erwacht nur mit sehr lückenhafter Erinnerung.

Die ersten dieser Anfälle traten bei den Mannschaften zuweilen im unmittelbaren Anschluß an einen großen Schrecken (Verschüttung durch Volltreffer auf den Unterstand oder dergl.) auf, meist aber war es so, daß auf den Schreck erst eine Art Emotionsstupor mit Übelkeit, Kopfweh, Schwindel, Zittern einsetzte und erst im Feldlazarett der erste Anfall erschien. Aber von dieser soeben beschriebenen Anfallsform, die ein Unerfahrener allenfalls mit einem epileptischen Anfall verwechseln könnte[1]), führen zahllose Übergänge zu jenen Szenen, die als der gewöhnliche große hysterische Anfall (grand mal hystérique) mit seinen wie für die Bühne bestimmten Stellungen (attitudes passionelles) wohl bekannt sind und besonders von den französischen Psychiatern gezüchtet und eingehend beschrieben wurden. Siehe Abb. 1, 2, 3. Oft spielt sich der Anfall wortlos nur unter Seufzen, Stöhnen und gelegentlichen grellen Schreien ab. Die Kranke rauft ihr Haar, zerreißt ihr Kleid, wälzt sich auf der Erde, so daß sie alle paar Minuten in einer anderen Zimmerecke liegt, dabei greift sie in den Saum der Tischdecke und reißt alles auf dem Tisch Stehende mit der Decke herunter; sie nimmt die eigenartigsten Verrenkungen ein, so daß oft nur Scheitel und Fersen den Boden berühren (Opisthotonus, arc de cercle), rollt die Augen, verkrampft sich in einen Nahestehenden und dergl. mehr. Gelegentlich wird eine sexuelle Erregtheit durch Einnahme entsprechender Stellungen wahrscheinlich. Derartige Anfälle wird selbst der Ungeübte als „hysterisch" erkennen.

Aber es gibt endlich (neben allen Übergängen) noch einen dritten Typus des hysterischen Anfalls, bei dem die motorische Entladung aufgespeicherter dysphorischer Energien zwar auch noch deutlich ist, sich aber einem geordneteren szenenartigen Auftreten unterordnet. Man spricht dann besser von einem hysterischen Erregungs- und Dämmerzustand[2]). Er spielt sich etwa so ab, daß ein Mädchen zu Hause (z. B. nach einer Familienszene) alles durcheinander zu wirren beginnt, sie trägt graziös die Lampe auf den Erdboden, den Stuhl auf den Schrank. Zwischen all diesem Wirrwarr tänzelt sie geradezu halsbrecherisch auf dem Tische oder auf den anderen Möbeln umher[3]). Dabei stößt sie kurze aufmunternde Rufe aus und knallt (scheinbar) mit der Peitsche, gleich als wäre sie Zirkusdirektor und Artistin zugleich.

Hyste-
rische
Dämmer-
zustände

---

[1]) Über die Differentialdiagnose siehe unter Epilepsie.

[2]) Nicht Dämmerungszustand, wie man so oft liest und hört.

[3]) Man weiß, daß die Hypnose (ein künstlicher Dämmerzustand) viele Hemmungen ausschaltet und daher zuweilen die gymnastische szenische Produktion freier macht und verschönt. Erinnert sei an die vor Jahren vielgenannte Traumtänzerin Madeleine G.

Im Kriege konnte man etwa folgende Szene beobachten: Ein soeben
aus dem Lazarettzug eingelieferter Soldat liegt im Bett minutenlang
starr mit weitaufgerissenen Augen; dann schreit er plötzlich laut mit
singendem Ton: „Herr Leutnant, eine Mine!" und gleich darauf fallen
seine Fäuste auf die Seitenwand der eisernen Bettstelle, so daß sich ein
ungemeiner Spektakel erhebt. Nun folgen 3—4 Minuten Pause, bis sich
das Spiel (stundenlang) automatenhaft wiederholt.

Solch ein Dämmerzustand kann Tage, selbst Wochen dauern. Dies
hängt sehr von der Behandlung ab. Er kann die Reaktion auf einen
einzelnen Schreck (Unglückfall), ein sexuelles Attentat, eine sonstige
beliebige seelische Aufregung (Liebesszene, Hochzeitsnacht, traurige
Nachricht usw.) sein, aber er kann auch durch langanhaltende seelische
und körperliche Erschöpfungen herbeigeführt werden. Der Arzt kann
z. B. im Verlauf körperlicher Erkrankungen (Basedowsche Krankheit,
Tuberkulose)[1]), bei langdauernden schweren Geburten und vor allem
in der Untersuchungshaft solch eigenartige Reaktionen sehen. Die
Dämmerzustände nehmen dann meist den Charakter wirklicher Psychosen an, d. h. völliger geistiger Störungen. Der Begriff „Dämmerzustand" ist nicht scharf zu umgrenzen. Er kann dem früher beschriebenen Verwirrtheitszustand gleichen[2]), doch kann der Kranke auch
völlig besonnen und unauffällig handeln. Die Symptome sind ungemein
vielgestaltig. Die Erinnerung kann nur getrübt oder lückenhaft, sie
kann auch — wie früher beschrieben wurde — ausgeschaltet sein. Das
einzige, was allen diesen verschiedenen Dämmerzuständen gemeinsam
ist, ist nur eine gewisse Abspaltung von dem sonstigen Bewußtsein. Alter-
Man spricht deshalb auch gern vom alternierenden Bewußtsein, nierendes
d. h., zwei Persönlichkeitseinheiten lösen sich ab, die von einander sein
nichts wissen. Hierher gehört der Glaube an die Besessenheit, d. h. Besessen-
die Überzeugung, daß eine andere Seele, ein Dämon, ein Gott, ein heit
Teufel, in jemand hineinfahren und dessen eigentliche Seele zeitweise
fesseln oder unterdrücken kann. Schließlich fährt er von selbst oder
durch äußere Beeinflussungen (Exorzismus) wieder hinaus, und die
„wahre" Persönlichkeit ist sozusagen wieder Herr über Körper und
Geist. Sind beide Personen im gleichen Körper nicht nacheinander
vorhanden, sondern darf die eine gleichsam Zuschauerin dessen
sein, was die andere sagt oder tut, so führt dies zur gespaltenen
Persönlichkeit, von der schon oben (S. 28) beim Doppelich
die Rede war. Auch der Trancezustand des Mediums gehört hier- Trance
her: Der Geist eines Verstorbenen spricht aus ihr, der Er-
leidenden.

In den älteren Lehrbüchern wird häufig ein Herr erwähnt, der eine
Reise nach Indien in seinem Dämmerzustand begonnen und vollendet
hat, der während der langen Seefahrt sich völlig korrekt, zweckmäßig
und unauffällig benahm, und der erst in Bombay wieder „zu sich"
kam und absolut nicht wußte, wie er dorthin verschlagen wurde. Und
früher wurde schon eines Beispieles gedacht, daß eine Frau sich im

---

[1]) Hierüber siehe im nächsten Hauptstück.
[2]) Siehe S. 50.

Dämmerzustand nur noch ihrer Jugend entsann, daß alles spätere aber in ihr abgesperrt, von der augenblicklichen Verlebendigung ausgeschaltet war. Wenn also doch der Versuch einer Definition des Dämmerzustandes gemacht werden darf, könnte er — unbefriedigend genug — etwa so lauten: Ein Dämmerzustand ist ein vom normalen Bewußtsein abgespaltener Seelenzustand mit getrübter Erinnerung. Weil diese Umgrenzung relativ vag ist, ziehen manche Autoren vor, alle jenen reaktiven Psychosen, bei denen die Erinnerung nicht erheblich getrübt ist, unter dem Namen der degenerativen Psychosen zusammenzufassen[1]). Manche legen ihnen, da die Störungen immer bestimmten schwierigen und erregenden Situationen entspringen, auch den Namen Situationspsychosen bei. Der Name Dämmerzustand bleibt dann den kürzeren Ausnahmezuständen mit getrübter oder ganz ausgeschalteter Erinnerung vorbehalten[2]).

Situationspsychosen

Um die Terminologie ganz scharf herauszuheben, sei noch einmal festgelegt:

Unter degenerativen (reaktiven, Situations-) Psychosen werden solche geistigen Störungen verstanden, die (vermutlich auf der Grundlage einer besonderen Disposition) durch äußere erregende Ursachen (seelische Erschütterungen) herbeigeführt worden sind. Sie heilen in Tagen bis Wochen wieder völlig aus.

Die „klassische" Degenerationspsychose, zugleich die häufigste, ist die Gansersche Psychose[3]) (der Gansersche Dämmerzustand). In der Untersuchungshaft — also oft gerade in den kleinen Gefängnissen des Landes, wo kein Gefängnisarzt vorhanden ist und daher der Kreis-(Bezirks-)arzt oder ein praktischer Arzt gerufen werden muß — stellt sich am 3. bis 8. Tage (gelegentlich auch noch bis zur 4. Woche) bei dem Verhafteten eine eigenartige Seelenstörung ein. Erregt durch die Tat und ihre Folgen, in größter Spannung über sein künftiges Schicksal, aufgeregt durch die Absperrung von der Außenwelt, unter dem Einfluß mangelnder Bewegung und völlig veränderter Kost, beginnt der Untersuchungsgefangene seinen Sinnen nicht mehr recht zu trauen. Bald ist ihm, als sehe er alles doppelt, dann wieder erscheint alles so unscharf. Ein eigenartiger Geruch wie Schwefeldampf erfüllt das Zimmer. In der dunkeln Ecke bei der Bettstelle bewegte sich eben etwas. Sollten Ratten da sein? Auch vor der Tür ist ein eigenartiges Geräusch wie das Wispern mehrerer Stimmen. Man redet wohl über ihn und über sein Schicksal. Aber dann rasselt es wie Schlüssel, dann scharrt es wie Schaufeln und Schollen fallen. Ob so etwas heute noch möglich ist, ob man ihn ganz still um die Ecke bringen will und drunten sein Grab gräbt? Angstschweiß bricht ihm aus, er zittert am ganzen Körper. Jetzt plötzlich fällts wie ein großer Schatten durchs Zimmer, es ist als packe ihn einer an der Gurgel. Und nun hält er es nicht länger aus, fürchterlich gellt sein Schreien durch das stille Gefängnis. — Als der

Gefängnispsychose

---

[1]) Der Ausdruck „hysterische Psychose" ist am besten ganz zu meiden.
[2]) Siehe auch unter Epilepsie.
[3]) So benannt nach dem Dresdener Psychiater Ganser.

Wärter herbeieilt, findet er den Häftling halb ohnmächtig unter der Bettstatt verkrochen, zitternd, schweißbedeckt, unfähig, ein Wort zu reden. Und von diesem Tage an ist der Kranke verstört, er gibt quere Antworten. Er weiß nicht recht, wo er ist, dann weiß er es wieder; er erinnert sich vieler Dinge nicht mehr, man kann bei den Verhören nichts mehr mit ihm anfangen. Dringt der Untersuchungsrichter in ihn, so wird die Sache nur schlimmer. Er gibt sich selbst einen falschen Namen, erkennt nicht mehr, ist es Nacht oder Tag, kann die einfachsten Rechnungen nicht mehr lösen und macht einen ängstlichen Eindruck. Als einmal der vernehmende Richter zufällig sein Taschenmesser herauszieht, versucht der Kranke angstvoll unter den Tisch zu kriechen. Bei den Antworten fällt auf, daß sie die richtige Antwort immer streifen ($6 \times 7 = 24$, also umgestellte Ziffern; $9 \times 9 = 89$, also die 8 richtig; $31 - 12 = 43$, also anstatt minus plus; Wien die Hauptstadt von? — Ungarn), ein Verhalten, das man als Vorbeireden bezeichnet[1]).

Bei geeigneter Behandlung geht eine solche „Gefängnispsychose"[2]) rasch vorbei (in 1—2 Wochen), bei unpassender Einwirkung kann sie geradezu gezüchtet werden. Man kann sich bei dem geschilderten Verhalten (besonders bei dem Vorbeireden und der Angst) oft des Eindrucks nicht erwehren, daß der Kranke übertreibt oder sich direkt über den Fragenden lustig macht. Es gibt in der Tat Fälle, in denen ein Häftling anfangs einwandfrei absichtlich quer antwortet, d. h. simuliert[3]). Aber es geschieht dann sehr leicht, daß er die Psychose, die er selbst beschworen hat, nicht wieder los wird, und daß aus der bewußten Täuschung eine Geistesstörung erwächst. Den Unterschied zwischen beiden herauszufinden, ist selbst für den Geübten nicht immer leicht. Man hat in solchen Fällen ganz treffend davon gesprochen, daß sich die Erkrankten „in die Psychose geflüchtet" haben. Bei der Besprechung der Simulation im VII. Hauptstück wird hiervon nochmals die Rede sein.

Ähnliche Zustände wie bei der degenerativen Gefängnispsychose kommen auch (meist mit stärkerer motorischer Erregung) bei anderen degenerativen Psychosen, die übrigens ziemlich selten sind, vor. Besonders im Wochenbett finden sich solche Psychosen (auch in der Schwangerschaft)[4]). Sie haben alle eine durchaus günstige Prognose.

Es entsteht nun die Frage: Was kann der Arzt gegen die pathologischen Reaktionen, was kann er gegen die Auswirkungen eines hysterischen Charakters tun? Sofern er zu hysterischen motorischen Anfällen, Schreianfällen usw. gerufen wird, entferne er besonders die Angehörigen. Therapie

---

[1]) Das Vorbeireden kommt fast nur bei dem Ganserschen Dämmerzustand und bei der Hebephrenie vor.

[2]) „Degenerative" Gefängnispsychose; es gibt auch katatonische Gefängnispsychosen.

[3]) Vgl. das frühere Beispiel von Simulation. Siehe S. 46 und den VII. Hauptabschnitt.

[4]) Man hat früher gern das Wort Amentia dafür gebraucht. Es empfiehlt sich nicht, es beizubehalten, da es einen zu großen Bedeutungswandel durchgemacht hat. Im übrigen vergleiche man über Wochenbettpsychosen auch den späteren Abschnitt über symptomatische Psychosen.

Eine jammernde Mutter, ein fluchender Vater verschlimmern das Übel.
auch keine hilfsbereite Nachbarin bleibe zugegen. Er bemühe sich, alles
Zerbrechliche und sonst zu Beschädigende zu entfernen und lasse den
Anfall ruhig vorübergehen. Zieht sich die Betreffende irgendwo eine
Schramme zu, so ist das kein Unglück. Entblößt sie sich, so decke man
sie nicht zu. Dauert der Anfall lange, so ziehe man die Zeitung heraus
und lese. Man darf nicht die Spur einer Unruhe, Hast, Hilflosigkeit
verraten. Man vermeide aber auch ein überlegenes Lächeln oder iro-
nische Bemerkungen. Wird man auf die Straße zu einem großen motorischen Anfall gerufen, so verfahre man ähnlich, das heißt, man bitte
mit kurzen, bestimmten Anordnungen zwei von den umstehenden Männern, den Krampfkranken herzhaft und fest anzufassen und in den
nächsten Hausgang zu tragen. Dann schließe man die Haustür und
bleibe mit dem Kranken allein[1]). Ist man im Zweifel, ob es sich um
einen epileptischen Anfall handelt, und sickert Blut aus dem Munde, so
kann man versuchen, ein Taschentuch, einen Lappen, ein Stückchen
Holz oder was man gerade zur Hand hat, zwischen die Zähne zu schieben,
damit der Kranke nicht seine Zunge zu sehr zerbeißt. Inzwischen kann
man ja immerhin die Sanitätswache benachrichtigen lassen, — hat man
aber Zeit, so warte man lieber ruhig den Anfall ab. Oft kann der Betroffene dann allein nach Hause gehen. Man erlebt es mit Erstaunen
selbst noch bei Ärzten, daß sie sich bemühen, aus der geballten Faust
den eingeschlagenen Daumen herauszubringen usw. Diese und ähnliche,
dem Aberglauben entstammende Prozeduren haben keinen Sinn.

Handelt es sich um Reaktionen, die mehr dem Dämmerzustand oder
der degenerativen Psychose nahestehen, so bleibt nichts übrig, als eine
verständige Person als Wache bei der Kranken zurückzulassen. Aber
im übrigen seien alle Zuschauer und besonders die Angehörigen entfernt.

Man sorge mit unbeugsamer Energie dafür, daß alle Bemitleidungen,
Tröstungen usw. unterbleiben. Eine freundliche, ruhige Sachlichkeit
ist einzig empfehlenswert. — Wird der Zustand durch Geschrei oder
sonstwie so störend, daß man Abhilfe schaffen muß, so zaudere man bei
sonst gesunden, kräftigen Personen nicht, eine Einspritzung zu geben,
und zwar ist nicht so sehr Morphin — dessen Euphorie steigert zuweilen
anfangs die Erregung — als Hyoscin empfehlenswert (von einer $4\,^0/_{00}$
Lösung Hyoscini hydrobromic. $^1/_4$ Spritze = 1 mg)[2]). Bei Schwangeren
und schwächlichen Personen gebe man kein Hyoscin, man muß dann
versuchen, mit warmen (35° C) verlängerten Bädern (2 Std., Wasser
immer nachwärmen!) oder innerlich dargereichten Beruhigungsmitteln
($^1/_2$ g Veronal oder Medinal, 1 Chloral, 1 Sulfonal, $^1/_2$ Trional; Brom
wirkt meist nicht) zustande zu kommen, doch sei man besonders bei
Erkrankungen der Luftwege (zumal bei Phthise) damit vorsichtig.
Selbstverständlich versäume man nicht, bei allen Manipulationen stärkste

Anfalls-behand-lung

Be-ruhigungs-mittel

---

[1]) In den Krankenhäusern gewöhne man dem Personal unter allen Umständen
ab, den Krampfkranken festzuhalten. Das hat gar keinen Sinn und steigert nur
die „Krämpfe“.

[2]) Hyoscinum = Scopolaminum hydrobromicum.

Heilvorstellungen suggestiv zu setzen. Doch übertreibe man hierin nicht — wie man das zuweilen erlebt —, etwa derart (mit einem Blick auf die Anwesenden): Nun da nehmen wir einmal das altbewährte Mittel, das schon so vielen geholfen hat usw. Hysterische sind oft sehr klug, oft klüger als der Arzt, und bemerken solche Absichten dann sehr wohl. Sondern mit großer sachlicher Bestimmtheit beschränke man sich auf klare, feste Anordnungen: „So, die Elise wird jetzt 2 Stunden dauernd im warmen Bad bleiben, die Schwester sorgt mir dafür, daß die Zeit genau eingehalten wird. Dann wird sie müde werden und wird den Schrecken dann im Bett ruhig verschlafen." — Gelegentlich wird die Behandlung durch lästige Einfälle der Kranken etwas erschwert. Z. B. verfällt einmal ein hysterisches Mädchen auf den Gedanken, sich die Haare auszuraufen; ein anderes zerkratzt sich vollständig usw. Auch hierbei bleibt oft nichts übrig als eine Injektion. Eine Internierung in einer Anstalt vermeide man, wenn es nur irgendwie geht: Die Kranke verzeiht sie hernach dem Arzt selten. Zuweilen kommt es vor, daß eine Persönlichkeit mit irgendwelchen hysterischen Symptomen eine ganze Anzahl anderer ansteckt[1]). Aus früheren Jahrhunderten sind Besessenheits-, Tanz-, Geißelungs-, Hunger- oder Anfallsepidemien aus Klöstern überliefert. Heute kommen solche Massensuggestionen nur noch selten bei Erwachsenen (Lourdeswunder), häufiger aber bei Kindern vor. Ein zitterndes oder choreakrankes oder leicht erbrechendes Kind kann in einer Schulklasse eine große Zahl anderer anstecken. Hier empfiehlt es sich natürlich, zu allererst der Urheberin einer solchen psychischen Epidemie auf die Spur zu kommen. Ist sie festgestellt und entfernt (6 Wochen auf das Land usw.), so werden die übrigen Kinder meist sehr bald wieder ruhig. Auf ein hysterisches Kind kann man am besten durch einen vollkommenen Ortswechsel einwirken: in neuer Umgebung unter fremden Menschen verlieren sich die Symptome schnell, ohne daß es besonderer therapeutischer Prozeduren bedürfte.

Seelische Ansteckung

Im Volke ist der Glaube weit verbreitet, daß ein hysterisches junges Mädchen heiraten müsse, dann hörten die Beschwerden rasch auf. Zweifellos ist dies häufig richtig. Auch hier ist es die neue Umgebung, der neue Arbeitsbereich, die neuen Interessen, die sich zugleich mit der Ehe einstellen und die Aufmerksamkeit von den alten Beschwerden völlig abziehen. Man wird also kein Bedenken tragen, zu baldiger Heirat zuzureden, wenn die hysterischen Störungen erst in der Brautzeit erschienen sind. Das Warten auf die noch unbekannten Erlebnisse, die immer gereizte und noch nicht befriedigte sexuelle Spannung wirken oft geradezu hysterisierend. Kennt man aber die hysterischen Symptome bei einem jungen Mädchen schon seit vielen Jahren und betrachtet man sie nicht als Ausdruck einer augenblicklichen unangenehmen oder gespannten Lage, sondern als Offenbarung einer erheblichen hysterischen Anlage, so wird man sich ernstlich hüten müssen, einer Heirat das

Hysterie und Sexualität

---

[1]) Man spricht von einer Folie à deux, wenn eine echt psychotische (z. B. schizophrene) Kranke von einer hysterischen Person nachgeahmt wird (induziertes Irresein).

Wort zu reden. Selbst wenn diese Störungen nach der Hochzeit einige Zeit verschwinden sollten, so kommen sie meist später wieder hervor und zerstören nun nicht nur das Wohlbefinden der Erkrankten selbst, sondern auch das des Mannes und der Kinder. Eine unglückliche Ehe, ein zerrüttetes Familienleben ist dann die schließliche Folge des ärztlichen Rates zur Heirat. — Auch bei älteren verheirateten und unverheirateten Frauen k a n n wohl gelegentlich einmal die Ursache hysterischer Symptome in Sexualitätskonflikten oder sexueller Abstinenz liegen, doch ist dies keineswegs immer der Fall. Es ist viel zu banal, die Sexualität und ihre Konflikte immer für hysterische, neurasthenische usw. Störungen verantwortlich machen zu wollen. Sie ist nur eine Ursache unter anderen.

Noch dies sei erwähnt, daß sich bei pathologischen Reaktionen eine körperliche Untersuchung bei Frauen n i c h t empfiehlt[1]). Einmal wird die ohnehin oft allzu erregte Sinnlichkeit durch eine Untersuchung noch mehr gereizt, und sodann haben Feststellungen von Anästhesien u. dgl. für das Eingreifen des Arztes gar keinen Zweck; im Gegenteil: er züchtet vielleicht nur noch neue Symptome.

Wird der Arzt einmal zu einer akuten Gefängnispsychose gerufen, so wirke er vor allem beruhigend ein (auch durch Schlafmittel, die er mit eigener Hand gibt! Vergiftungsideen gegen das Personal!). Er rede dem Erregten gut zu, suche ihm mit Zustimmung des Gefängnisvorstandes kleine Wünsche zu erfüllen, veranlasse, sofern dies geht, seine Überführung in Gemeinschaftshaft. Er vermittle ihm Lektüre, damit er nicht seinen Gedanken zu sehr nachhänge, und sorge, soweit dies angängig ist, für eine Beschäftigung, die nicht allzu geisttötend ist (k e i n Tabakentrippen noch Tütenkleben!). Produziert der Kranke Gansersche Symptome („hysterische Mätzchen"), so überhöre man dies, sitzt er unter dem Tisch, so kann man sich auch so mit ihm unterhalten. Man nehme das alles nicht so wichtig, sondern sei gleichmäßig sicher und freundlich. Handelt es sich nicht um schwere Delikte, so stimmt die Behörde vielleicht auch einer Überführung ins Krankenhaus zu. Eine Einweisung in eine geschlossene Anstalt sei auch hierbei möglichst vermieden.

Beim hysterischen Charakter endlich kann der Arzt nicht hoffen, die Natur umkehren zu können. Aber auch hier kann er sehr viel Gutes erreichen, vorausgesetzt, daß die Leidende auf ihn „reagiert". Denn es ist meist so, daß sie schon manchen Arzt als gänzlich unfähig abgewiesen hat, bis plötzlich der eine kommt, der sie „versteht". Merkt der (vielleicht vom Ehemann herbeigerufene) Arzt, daß die Kranke ihn von vornherein ablehnt, so ziehe er sich unbedingt zurück, alle Mühe würde vergebens sein. Nimmt ihn die Kranke aber an, so kann er sie oft sehr weit beeinflussen. Vor allem, wenn es ihm gelingt, ihr Vertrauter zu werden, mit ihr alle die Kümmernisse, die sie plagen, eingehend erörtern zu können usw., so wird er auch ihre Leiden, seien es nun Kopf- oder Kreuzschmerzen, Schlaflosigkeit, nervöse Unruhe, nervöses Erbrechen

Behandlung des hysterischen Charakters

---

[1]) Dies gilt natürlich nur für sichere hysterische Reaktionen. Sobald die Diagnose noch nicht feststeht, ist eine körperliche Untersuchung unerläßlich.

usw., günstig beeinflussen können. Wie, ergibt sich aus jeder einzelnen Situation, allgemeines kann darüber nicht gut gesagt werden. Eine eigentliche Hypnose vermeide man, wenn man irgend ohne sie auskommt[1]). Man darf auch keineswegs annehmen, daß eine sehr kluge, sehr gebildete Dame voller literarischer und künstlerischer Interessen unbedingt eines Arztes auf dem gleichen Bildungsniveau bedürfe, vielmehr wird gerade eine solche Hysterika oft von einem unkomplizierten, biederen, energischen Manne stärker beeinflußt werden können, als von einem vielgewandten Großstadttypus. Leicht wird freilich die Stellung des Arztes als des Vertrauten eines hysterischen Charakters niemals sein, und er wird sich immer gegenwärtig halten müssen, daß er eines Tages kurz verabschiedet wird. Solange er aber die Leidende in der Hand hat, wird er von Sanatorienaufenthalten und dergleichen durchaus abraten müssen. Dort würden so viele neue Einflüsse einwirken, dort würden so viele andere Kranken ihre Leidensgeschichte zum besten geben, daß die zur Erholung Fortgesandte vielleicht nur mit neuen Symptomen zurückkehrt. Und besonders vorsichtig sei der Arzt mit der Verordnung kostspieliger Kuren. Manche Hysterika hat schon durch ihre vielen Operationen und Behandlungen ihre Familie wirtschaftlich völlig zugrunde gerichtet. Schon früher wurde (in dem Abschnitt über die eigenartigen Mißempfindungen) dringend vor Operationen gewarnt, zumal am Leib. Wenn der Arzt seine Schutzbefohlene charakterologisch genau kennt, wird es einer sehr eingehenden Orientierung des Chirurgen oder Frauenarztes bedürfen, ehe man sich dennoch zu einem operativen Eingriff entschließt. Die Zahl der unnütz operierten hysterischen Frauen ist sehr erheblich. Schließlich endigen sie ja doch alle beim „Nerven"arzt.

Die paranoiden Persönlichkeiten.

Es gibt Charaktere, die in mancher Hinsicht den Sensitiven nahestehen; auch sie sind in abnormer Weise von der Umgebung abhängig, aber in anderer Form: sie deuten alle harmlosen Erlebnisse des Alltags in wahnhafter Weise um. Schon wiederholt wurde früher der übermäßig argwöhnischen und querulatorischen Persönlichkeiten gedacht[2]). Hier müssen sie nochmals geschildert werden. Haben sie ein gering entwickeltes Selbstgefühl, so sind sie immer gekränkt und verletzt, fühlen sich übergangen, enttäuscht, schlecht behandelt. Sind sie von ihrer eigenen Bedeutung überzeugt, so wehren sie sich gegen die eingebildeten oder wirklichen Benachteiligungen, sie schreiben Beschwerden, Klagen usw. In beiden Fällen ist es die egozentrische Einstellung, die sie auszeichnet: sie beziehen fast alle Vorgänge auf sich.

Es geschieht zuweilen, daß eine Verkettung unglücklicher Umstände eine paranoid veranlagte Persönlichkeit in ihren vorgefaßten Meinungen noch mehr bestärkt. Ihre Anlagen erhalten aus dem Schicksal dann weitere Nahrung zur verderblichen Entwicklung. So kann es

----

[1]) Über Hypnose siehe auch im VI. Hauptstück.
[2]) Siehe S. 25. Man erinnere sich auch des verständlichen Argwohns, der Ertaubte so häufig befällt.

kommen, daß ein argwöhnischer Charakter durch unverdiente Zurücksetzung sich in den Wahn mehr und mehr einlebt: von einer bestimmten
Gruppe von Menschen (z. B. seinen Vorgesetzten) „geschnitten", in
seiner Laufbahn benachteiligt zu werden. Und im weiteren Verfolg
dieser Ideen meint er zu beobachten, daß ihn auch seine Freunde nicht
mehr so behandeln wie früher; er findet es ganz verständlich: denn
mit einem Menschen, der so gescheitert sei, wolle eben niemand mehr
zu tun haben. Und so verrennt er sich immer mehr in Verbitterung,
Einsamkeit und Elend. Ein förmlicher Wahn kann aus solchen Ent-
wicklungen von Anlagen erwachsen. Man hat solche Fälle wohl als
„echte" Paranoia bezeichnet. Doch tut man gut, sich des Wortes
Paranoia als Diagnose überhaupt nicht mehr zu bedienen: dieses Wort
hat im Laufe der Jahrzehnte zu viele Bedeutungswandlungen erlebt.
Will man einen solchen Psychopathen bezeichnen, so nenne man ihn
einen paranoiden Psychopathen oder man spreche zum mindesten von
einer psychopathischen Paranoia im Gegensatz zur dementen
Paranoia oder paranoiden Demenz, die unter der Überschrift der Dementia praecox noch behandelt werden wird. Dort wird auch die Differentialdiagnose erörtert werden.

Als besonders gutes Beispiel einer psychopathischen, d. h. aus
Anlagen erwachsenen Paranoia hat immer der Querulantenwahn
gegolten[1]).

Ein 45jähriger, von jeher rechthaberischer und zu Hause tyrannischer Landmann und Viehhändler Kahn hat in einem Manöver für sein zertretenes Luzernen-
feld eine Entschädigung erhalten, die ihm zu gering vorkommt. In der Tat scheint
er durch irgendwelche Mißverständnisse benachteiligt worden zu sein, denn ein
anderer Dorfbewohner hat für ein kleineres Feld eine größere Entschädigung
bekommen. Doch läßt sich nachträglich die Sache nicht mehr aufklären, er wird
mit einem Gesuch um Mehrauszahlung abgewiesen. Dabei beruhigt sich Kahn
aber nicht. Während er anfangs in ganz korrekter Weise die 87 M., die er mehr
zu verlangen berechtigt zu sein glaubt, fordert, dann einklagt, beginnt er nun
im Laufe der Jahre, die sein Prozeß, der durch alle Instanzen läuft, braucht, Dinge
hineinzuziehen, die mit der Sache nur wenig zu tun haben. Um zu beweisen,
daß der eine der Richter, die ihn abgewiesen haben, mit dem Bürgermeister, der
einst mit in der Flurschädenkommission war, unter einer Decke steckt, führt er
an, daß beide dieselbe Schule besucht haben. Einen anderen Richter beschuldigt
er direkt der Unterschlagung einer Urkunde. Und als man nachforscht, findet
sich wirklich, daß von seinen vielen Schreiben ein Kuvert den Akten nicht ein-
verleibt worden ist. Kahn nimmt sich einen Anwalt und hat schon nach 2 Jahren
für diesen viel mehr aufwenden müssen, als die eingeklagten 87 M. betragen (1910).
Er geht seinem Beruf als Landmann und Viehhändler zwar noch richtig nach
und weiß seinen Vorteil bei seinen Verkäufen wohl zu wahren. Indessen sitzt er
alle freie Zeit über seinen Eingaben und Beschwerden. Er verdächtigt immer
mehr Personen, in seine Sache in unredlicher Weise verwickelt zu sein. Fast jede
Antwort einer Behörde löst bei Kahn neue Klagen, Beschwerden, Anträge aus.
Er hat längst angefangen, Gesetzesbücher zu studieren, und führt bei seinem
vorzüglichen Gedächtnis viele Gesetzesstellen wörtlich in seinen Eingaben an.
Zwar passen diese Zitate keineswegs immer, denn bei seiner einfachen Vorbildung
kann Kahn viele Gesetzesparagraphen nicht ganz erfassen. Aber er berauscht sich
an jenen langen gelehrten Sätzen, er fängt an, unnütze Fremdwörter anzuwenden,
geschraubte Höflichkeitsformen zu gebrauchen, manche Worte fünf- bis siebenmal

____

[1]) Als vorzüglichste Schilderung in der deutschen Literatur lese man den
„Michael Kohlhaas" von Kleist.

zu unterstreichen. Bei der unendlichen Arbeit, die er seit vielen Jahren den Gerichten und anderen Behörden bereitet, konnte es nicht ausbleiben, daß irgendein Beamter einmal irgendeinen kleinen Formfehler beging. Und sogleich hakt
der Querulant hier wieder ein und benutzt dieses Faktum zum Ausgangspunkt
einer neuen Beschwerdenreihe. Läßt man sich Kahn einmal kommen, um seinen
„Fall" mit ihm durchzusprechen, so ist man erstaunt, einen höflichen, freundlichen Mann zu finden, der nur in seinem verschmitzten Lächeln seine hohe Selbsteinschätzung zu erkennen gibt. Er ist nicht eigentlich verbittert, sondern hat
zweifellos eine gewisse Freude am Querulieren, es ist ihm zum Lebensinhalt geworden. Jede neue Antwort, die er von einem Gericht erhält, bereitet ihm große
Genugtuung, allein schon die feierlichen Stempel, Unterschriften und sonstiger
Formelkram machen ihm Freude. Er ist zufrieden mit der bedeutenden Rolle,
die er seiner Meinung nach bei der ganzen Sache spielt. Wo würde die Rechts-
pflege und das Rechtsgewissen bleiben, wenn nicht er, Kahn, immer nach dem
Rechten sähe.

Im Querulanten[1]) sind also eine Anzahl jener psychopathischen
Züge vereinigt, die bisher schon mehrmals einzeln geschildert wurden:
die hohe Selbsteinschätzung, die Empfindlichkeit, die egozentrische
Einstellung, die paranoide Art, der Eigensinn, die Beschränkung auf
seinen Komplex, die große Geschäftigkeit in ihm. Manche Züge an ihm
möchte man geradezu als hysterisch bezeichnen.

Terminologie.

Man muß es geschichtlich verstehen, daß das Wort „hysterisch" Termino-
logie
so viele verschiedenartige Erscheinungen deckt. Im Laufe der Jahrhunderte wechselten die Theorien dieser Symptome: bald wurden sie
auf den Uterus und überhaupt das Liebesleben der Frau zurückgeführt,
bald als Zerebralerscheinungen betrachtet; bald glaubte man einen
„Sitz" dieser Anzeichen im Gehirn und also eine organische Grundlage annehmen zu müssen, bald schob man der Suggestion und also
der rein seelischen Entstehung bei den Definitionsversuchen der Hysterie
die größte Bedeutung zu. Zeitweise legte man auf die einzelnen Erscheinungen, die Stigmata, den meisten Wert (Charcot), dann wieder
hielt man deren postulierte Grundlage, den hysterischen Charakter, für
das Wichtige. Wegen der Vieldeutigkeit des Wortes sind manche
Ärzte seiner so leid geworden, daß sie es ganz aufzugeben vorschlagen.
Heute ist die Lage so, daß nur wenige mehr an eine „Krankheit" Hysterie glauben, und daß das Hauptwort daher gleichsam außer Mode
gekommen ist. Man spricht in dem oben skizzierten Sinn von einem hysterischen Charakter und unabhängig davon von einzelnen hysterischen
Symptomen. In dem letzteren Zusammenhange (also z. B. hysterischer
motorischer Anfall) wird das Wort vorwiegend in der Bedeutung „nicht
organisch" verwendet. Im Gebrauch trifft es häufig mit dem Wort
„psychogen" zusammen[2]). Auch hiermit will man das „Nicht-Organische" bezeichnen und zugleich andeuten, daß die psychogene Störung aus bestimmten Vorstellungen, Ideen, Gefühlen, Wünschen, kurz
eben aus psychischen Momenten hervorgeht. Es bürgert sich heute

---

[1]) Die Unterscheidung zwischen Querulanten und Pseudoquerulanten ist eine
Tüftelei der Fachleute und kommt für den praktischen Arzt nicht in Betracht.
[2]) Man meide das abscheuliche Substantivum: Psychogenie.

immer mehr folgender Gebrauch beider Worte ein, und diese Unterscheidung kann sehr empfohlen werden: Psychogen ist der Oberbegriff. Er umfaßt alles Nicht-Organische, Reaktive. Von diesen Reaktionen auf seelische Erschütterungen sind manche dadurch fixiert worden, daß geheime Wünsche ihre Fortdauer unterstützen. Mag jemand durch die Beibehaltung dieser Symptome sich nur wichtig machen, die Aufmerksamkeit auf sich ziehen wollen, oder mag er damit seine Angehörigen zu bestimmten Maßnahmen veranlassen wollen (Kuraufenthalte, Fortkommen von zu Hause); — mag er eine Rente erzwingen wollen oder sonstige Wünsche hegen; alle solche aus mehr oder weniger bewußten Wünschen herausgeborenen oder fixierten Symptome nenne man hysterisch.

Hysterisch ist also der Unterbegriff: Er umfaßt jenen Teil der psychogenen Symptome, der auf Wunschkomplexen beruht. Wenn z. B., wie S. 12 geschildert wurde, bei einem Eisenbahnunglück ein Reisender sich leicht an den Ellbogen stößt und nun an diesem Unterarm eine nicht-organische Lähmung bekommt, etwa aus der Vorstellung heraus — sie sei hier grob gefaßt —, es müßte doch an dem Arm eigentlich etwas passiert sein, so wird man diese Lähmung als psychogen (manche nennen sie ideogen, das soll heißen, aus einer Idee entsprungen) bezeichnen. Bleibt diese Lähmung nun (aus Rentenbegehrung) weiter bestehen, so wird man zweckmäßig von einer hysterischen Störung reden. Fällt ein sensitives Kind vor Schrecken in Ohnmacht und bleibt nach deren Vorübergehen keine weitere Abnormität zurück, so wird man nicht von einer hysterischen, sondern nur von einer psychogenen Ohnmacht reden. Das gleiche gilt von den motorischen nicht-organischen Anfällen. Man wird nur jene als hysterische Anfälle bezeichnen, die einer Absicht (Wunscherfüllung) dienen. Und wenn man darauf zurückblickt, daß aus historischen Gründen auch eine bestimmte Charakterform als hysterischer Charakter bezeichnet wurde, so kann man nun hier zu dem geschichtlichen Moment noch ein sachliches hinzufügen: dieser hysterische Charakter neigt besonders dazu, seine verborgenen Wünsche irgendwie in äußere hysterische Symptome gleichsam umzusetzen.

Es hat also für den Arzt große Bedeutung, zu unterscheiden, ob eine Störung

organisch oder nicht-organisch.

endogen oder psychogen

ist, und ob innerhalb des Psychogenen hysterische Mechanismen vorliegen. Aber es hat nicht viel Sinn, sich herumzustreiten, ob man ein einzelnes Symptom psychogen oder neurasthenisch oder neurotisch nennen soll. Diese beiden letzteren Ausdrücke sind ja ungemein verwaschen. Will man das Wort Neurasthenie überhaupt verwenden, so schränke man es auf die zwei Fälle der echten erworbenen nervösen Erschöpfung und der angeborenen (konstitutionellen) Neurasthenie ein. Letztere steht der oben besprochenen Psychasthenie (siehe S. 89) nahe. Die Bezeichnung Neurose umfaßt ja ebenfalls in vager Form höchst Verschiedenartiges. Das einzige Positive, was in ihr steckt, ist ja eigentlich das Nicht-Organische. Man bediene sich vor den Kranken selbst oder ihren Angehörigen niemals des Ausdruckes hysterisch: er beleidigt (siehe unter Psychotherapie, S. 244). Man spreche dann von Nervosität oder Neurose. Vor sich selbst aber gebrauche der Arzt niemals den Ausdruck Nervosität. Er hemmt damit sein eigenes diagnostisches Denken, er begnügt sich mit einer nichtssagenden Redensart. Will er doch des Wortes Neurose nicht entraten, so setze er hinzu: Rentenneurose, Wunschneurose, echte Erschöpfungsneurose, Schreckneurose usw. Ein besonders unglücklicher, aber leider eingebürgerter Ausdruck ist „Kommotionsneurose". Man findet bei Leuten, die ein wirkliches Schädeltrauma mit echter Gehirnerschütterung erlitten haben, bei denen man also eine organische Schädigung des Gehirns annehmen muß, oft noch nach Jahren allgemeine unbestimmte Beschwerden (Kopfschmerzen, Schwindel beim Bücken, Empfindlichkeit gegen Lageveränderungen und Erschütterungen, große Ermüdbarkeit, mangelnde Konzentration usw.). Hier handelt es sich also eigentlich um eine wirkliche organische Schädigung und nicht um eine Neurose.

Der Leser würde irren, wenn er nun meint, man brauche sich über die Benennung aller Symptome, sofern man nur entschieden habe, daß sie nicht organisch seien, also nicht weiter den Kopf zu zerbrechen. Worauf es vielmehr ankommt, ist, die Herkunft der Symptome zu ergründen. Man unterscheide genau — es ist therapeutisch wichtig — ob:

Verschiedene Ätiologie der Neurosen

1. eine Störung aus einer angeborenen abnormen Anlage endogen erwächst = Psychopathieformen, z. B. abnorme Charaktere, konstitutionelle Depression, Psychasthenie, konstitutionelle Erregung, konstitutionelle Neurasthenie;

2. eine Störung aus einer angeborenen abnormen Anlage reaktiv erwächst = abnorme Reaktionen eines Psychopathen, z. B. Schreckneurose eines von jeher Ängstlichen, Schockneurose eines angeborenen abnorm weichen Menschen;

3. eine Störung bei einer angeborenen abnormen Anlage durch Erschöpfung und äußere Schädigungen entsteht: = erworbene Neurasthenie eines abnormen Charakters, Kriegsneurose eines Psychasthenikers;

4. eine Störung ohne Nachweis einer angeborenen abnormen Anlage als abnorme Reaktion erscheint: = abnorme Reaktion eines Normalen, z. B. eine Gefängnispsychose, eine Schwangerschaftspsychose, ferner die traumatische Neurose (zum größten Teil, sofern sie Wunschneurose ist);

5. eine Störung ohne Nachweis einer angeborenen abnormen Anlage durch erschöpfende Ursachen oder äußere Schädigungen hervorgerufen wird: = echte erworbene Neurasthenie, Kriegsneurose (zum kleinen Teil), Kommotionsneurose.

Im Sinne dieser Einteilung bevorzuge man ausführliche Diagnosen (wie bei diesen Beispielen) und begnüge sich niemals mit Worten wie Nervenschwäche, Neurose, Neurasthenie, Nervosität u. dgl.

Die nervöse Erschöpfung.

Im Eingang dieses Hauptstücks von den abnormen Charakteren (psychopathischen Naturen) war die Rede davon, daß man ähnlich wie bei den Varietäten in der Biologie bei ihnen eine angeborene abnorme Anlage annehmen muß. Freilich zeigte es sich häufig, daß diese angeborenen Dispositionen im gewöhnlichen Alltagsleben nicht deutlich werden, daß solche Menschen immer als völlig normal und durchschnittlich gelten, bis eines Tages ein außergewöhnlicher Anlaß, eine seelische Erschütterung sie aus ihrem Gleichgewicht bringt. Dann erst wird ihre abnorme seelische Disposition offenbar, und zwar eben dadurch, daß sie abnorme Reaktionen hervorbringt. Forscht man dann rückwärts bei solchen Persönlichkeiten nach, so zeigt sich oft, daß doch schon verschiedene kleine Hinweise auf eigenartige Veranlagungen vorhanden und nur nicht genügend beachtet waren. Schließlich kommt man an eine Grenze, bei der die äußere Einwirkung auf die Seele so mächtig, die seelische Alteration so gewaltsam ist, daß es keiner solchen psychopathischen Anlage mehr bedarf, um eine außergewöhnliche Reaktion zustande zu bringen. Auf ungeheure Einwirkungen hin finden eben schließlich auch auf normalem Boden außerordentliche Auswirkungen statt. Vereinzelte solche Beobachtungen zeichnete man schon von jeher auf bei den großen Unglücksfällen. Da hatte man es kennen gelernt, daß ohne die Spur einer nachweisbaren psychopathischen Anlage ein Erdbeben, Grubenunglück und Ähnliches abnorme Reaktionen hervorbrachten. Und der große Krieg mit seinen zahllosen Erfahrungen hat auch dieses Problem geklärt. Es ergab sich, daß sowohl langdauernde ungemeine Anspannungen und Erschöpfungen als auch plötzliche schwerste Aufregungen (Verschüttungen) bei Männern abnorme Symptome hervorbrachten, bei denen sicherlich von einer psychopathischen Disposition irgendwelcher Art niemals etwas zu spüren gewesen war. Ebenso wird es mit der Haft sein; auch sie stellt einen so gewaltigen Eingriff in die Lebensführung dar, daß es vielleicht gar keiner abnormen Anlagen bedarf, um eine Haftpsychose zu ermöglichen. I. a. W.: **Die Toleranzgrenze für seelische Erschütterungen liegt für jedermann an irgendeinem Punkte: Die psychopathischen Naturen sind nur leichter aus dem Gleichgewicht zu bringen.** Deshalb ist es gedanklich nicht unberechtigt, auch die erworbenen nervösen Erschöpfungszustände unter dem Kapitel der Psychopathien mit zu behandeln. Denn ein Teil der Betroffenen wird von Geburt an psychopathisch veranlagt gewesen sein, der andere Teil nicht. Zudem sind die Symptome der konstitutionellen Neurose von denen der erworbenen Neurose in keiner Weise zu unterscheiden.

Die Symptombilder der Neurosen sind ungemein vielgestaltig. Einmal gehört alles hierher, was man im täglichen Leben als „nervös" zu bezeichnen pflegt. Schreckhaftigkeit gegen Geräusche, leichte Ablenkbarkeit durch kleine Störungen, erschwerte Konzentration auf ein

Thema, große Unruhe, Zappeligkeit, Gereiztheit und besonders — das
„nervöse“ Hauptübel unserer Zeit — Schlaflosigkeit[1]).

Dem Arzt, besonders dem Arzt für die sozial niederen Stände, kommt
die Neurose besonders als Unfallsneurose und Kriegsneurose vor.
Die Anzeichen der Unfallsneurose stehen den hysterischen Symptomen
nahe. Hier sind die Vorstellungen des erlittenen Unfalls, die gedankliche Verarbeitung des Unfalls mit seinen Folgen vor allem tätig,
um zusammen mit dem Bewußtsein des Versichertseins und der Renten-
berechtigung Ungünstiges zu bewirken. Es ist meist so, daß der Unfall
wirkliche Beschwerden setzt, z. B. Schmerzen in dem betroffenen Glied,
Bewegungserschwerungen usw. Und nun bemächtigt sich die Ge-
dankenarbeit dieser Unannehmlichkeiten; sie erwägt, wie angenehm doch
die Versicherung wirke, wie schön man jetzt für jene Beschwerden entschädigt werde, wie gut es sei, jetzt nicht arbeiten zu brauchen und
Ähnliches mehr. So gewinnt mancher sein Leiden lieb und pflegt es.
Aber er pflegt es nicht so, wie sich jemand bemühen könnte, eine heilende
Wunde künstlich offen zu halten, also nicht in einer gleichsam krimi-
nellen Absicht, sondern das Leiden, z. B. die Unbeweglichkeit der gequetschten Hand, hat Macht über den Versicherten gewonnen, es ist
zur überwertigen Vorstellung geworden in ganz ähnlicher Weise, wie bei
dem Querulanten, der von dem Gedanken der Rechtsverletzung nicht
loskommt. Deswegen, weil es unter den Unfallsverletzten viele Renten-
gauner gibt, nun jeden Traumatiker mit nervösen Unfallsfolgen als
Gauner ansehen zu wollen, ist eine äußerst kurzsichtige Einstellung.
Ebenso ist es eine ganz willkürliche, in keiner Weise zu verteidigende
Theorie, wenn man gelegentlich hört: eine traumatische Neurose
dauere 6 Wochen bis allerhöchstens 3 Monate, dauere sie länger, so sei
es keine Neurose, sondern Schwindel. Eine solche Lehre beweist nur,
daß ihr Schöpfer alles andere, nur kein Psychiater ist, und daß er von
der Wirksamkeit von Vorstellungen, vom ideogenen Mechanismus nichts
weiß. Man bedenke auch, daß noch ein zweites Moment oft hinzukommt,
der Schreck (Schreckneurose). Wenn man selbst heftig erschütternde
Schreckerlebnisse durchgemacht hat, weiß man, daß man selbst dann
noch tagelang danach innerlich unruhig und zitterig ist und allen Aufregungen (z. B. auch aller empfindsamen Lektüre) ausweicht, wenn gar
nichts objektiv Schlimmes passiert ist. Wenn man in solchen Gemüts-
zuständen aber noch unangenehme objektive Unfallsfolgen erlebt und
erwägt, so arbeiten die entsprechenden Gedanken eben auf einem ganz

(Randnotiz:) Unfall-
neurose

(Randnotiz:) Schreck-
neurose

---

[1]) Man pflegt als Ursache der allgemein verbreiteten Nervosität unserer Zeit
die Umstände unserer Zeit verantwortlich zu machen. Einige legen die Schuld
vor allem den Genußgiften bei, dem Alkohol, Tabak, Tee, Kaffee. Andere wiederum
beschuldigen vorwiegend den hastigen Kampf ums Dasein, das beständige Hetzen
und Jagen, die Flut immer neuer Eindrücke, den Mangel an Beschaulichkeit.
Endlich sehen wieder andere die Hauptursache in der sog. allgemeinen Degeneration, der Abnahme der geistigen Robustheit, in der Überfeinerung und geringeren
Widerstandskraft gegen Schädlichkeiten, wie sie der heutigen Generation eingeboren innewohne. Ich persönlich neige dazu, den ersten beiden Faktoren, also
den ungünstigen Lebensumständen, nicht der sog. Degeneration die Schuld beizumessen.

anderen Gemütsgrunde als bei nicht Schreckerschütterten. Man hat im großen Kriege häufig den Einwand gehört, daß der wirklich Verwundete, der doch erst recht einen Schrecken erlebt habe, sehr viel seltener eine Schreckreaktion zeige, als der nur Erschreckte ohne Verwundung. Man übersieht hierbei mancherlei. Erstens gab es im Kriege auch Verwundete, die noch beim Verbinden eine abnorme Reaktion zeigten, entweder völlig apathisch waren (auch ohne erheblichen Blutverlust) und gar keine Auskunft gaben, oder mitten unter Sterbenden laut zu reden, Witze zu erzählen, ja zu singen anfingen. Zweitens aber waren viele Verwundete durch die Schmerzen so in Anspruch genommen und durch den Blutverlust so erschöpft, daß sie für eine Schreckreaktion gleichsam gar nicht mehr die seelische Kraft aufbrachten. Endlich wurden die Verwundeten sofort vom Schauplatz entfernt und konnten sich pflegen lassen; man verlangte, man erwartete nichts mehr von ihnen. Das ist eine völlig andere Lage, als wenn man von einem Schrecküberwältigten weiteren Dienst, Pflichterfüllung und Selbstbeherrschung forderte, und wenn er vor allem weiteren Gefahren ausgesetzt blieb.

Kriegs-
neurose

Es ist kein Zweifel, daß bei manchem Kriegsteilnehmer zur Erschöpfung (infolge langen Frontdienstes) und zum Schrecken (bei einer Verschüttung) noch der heimliche Wunsch kam: Du hast nun genug, du willst in die Heimat. Sicher hatte mancher auch ernste Angst vor der Wiederverwendung im Schützengraben. Und so entstand bei den Ärzten der Heimat häufig die Ansicht: die Neurotiker zittern, weil sie feige sind. In der Tat genügte es ja oft im heimatlichen Neurosenlazarett, den neurotischen Zitterern bestimmt zu versprechen, sie dürften vom nächsten Tag an in der Munitionsindustrie arbeiten und sogar beträchtlich verdienen — und sie wachten am nächsten Morgen ohne Zittern auf. Die Wunschsuggestion war allmächtig. Aber nichts wäre verkehrter, als diese Erfahrungen bzw. deren Ausdeutung verallgemeinern zu wollen. Wenn ein Offizier nach dem ersten Jahre des großen Krieges einen Beinsteckschuß erhielt und schon nach 3 Monaten wieder an der Front stand, wenn er nach abermals halbjährigem Frontdienst durch einen Schulterdurchschuß eine versteifte linke Schulter davonträgt, und wenn er schließlich am Ende des dritten Kriegsjahres in seinem Unterstand ernstlich verschüttet wird und eine psychogene Stummheit 2 Wochen bewahrt, so wäre es doch etwas gewagt, diese pathologische Reaktion als Ausfluß der Feigheit ansprechen zu wollen. Fast jedermann neigt dazu, eine gewaltsame seelische Erschütterung nach außen hin, sichtbar, hörbar, abzureagieren. Davon war schon früher die Rede. Ein einfacher Splittersteckschuß ist für einen kräftigen Mann keine besondere Angelegenheit, eine durchschossene Schulter ist ein Erlebnis, das in der heimischen Lazarettpflege, in der ärztlichen Behandlung, selbst in den Schmerzen äußerlich genügend abreagiert wird. Aber eine schwere Verschüttung im Unterstand mit dem gewaltsamen Hereinbrechen der Erdmassen und Stollenbretter, mit dem Eingequetschtsein, Lufthunger und dem nahe drohenden langsamen Erstickungstode ist ein Eindruck, der eben von jedem, besonders aber von dem ohnehin schon seelisch

Labilen oder seelisch Erschöpften auch auf seine Weise nach außen
abreagiert werden muß. Kommt ein solcher Verschütteter nach längerer
Bewußtlosigkeit wieder zu sich, so vermag er eben nicht sogleich wieder
aufzustehen und weiter im Kampfgraben Dienst zu tun. Es müssen
schlechte Kenner der menschlichen Seele sein, die nicht begreifen, daß
eine „pathologische Reaktion", in die sich der Verunglückte „flüchtet",
in solchen Fällen fast das „Normale" ist.

Man mußte damals im Kriege also drei verschiedene Entstehungs-
weisen der Neurosen unterscheiden — von der oben erwähnten Kommotionsneurose abgesehen: erstens die Genese durch die dauernden gehäuften Schädigungen, die ungeheuren Anstrengungen, Entbehrungen,
Übermüdungen zusammen mit unaufhörlichen Spannungen, Aufregungen
und sonstigen Affekten (eigentliche nervöse Erschöpfung). Sodann
die Genese durch den Schreck, die plötzliche Todesgefahr; und endlich die Entstehung der Symptome durch den Wunsch („wenn du
zitterst, brauchst du nicht mehr in den Krieg"). Aber der Krieg ist
nun Jahre vorbei und die Erschöpfungen haben sich ausgeglichen, die
Folgen der Schrecken und Ängste sind längst vorüber, und nur die
Wünsche sind bestehen geblieben. Freilich sind es nicht mehr die
Wünsche, die Front zu meiden, sondern jene anderen wirken heute allmächtig, versorgt zu sein, Rente zu bekommen. Von der Begutachtung
dieser heutigen Kriegsneurosen wird noch später die Rede sein (S. 271).
Die Symptomenbilder der Kriegsneurotiker sind ja inzwischen viel
einförmiger geworden, jene grotesken Bilder der Kriegszeit sind verschwunden. Aber auch heute kann man unter ihnen noch leicht Typen
herausarbeiten:

Da ist z. B. der Gefäßneurotiker, der an plötzlich aufsteigenden Gefäß-
fliegenden Hitzen, rotem Kopf, Flimmern vor den Augen, und Schwindel neurose
leidet. Das eine Mal fährt er mitten in der Arbeit am Schreibtisch
heftig zusammen, es ist, „als greife eine kalte Hand plötzlich nach seinem
Herzen"; dies schlägt nur noch 50—60 Schläge in der Minute, und jeder
Schlag scheint seltsam wuchtig und verstärkt zu sein, so daß er ihn
bis in die Schläfen spürt. Eine schwere Angst legt sich auf seine Brust,
kalter Schweiß tritt auf seine Stirn. — Das andere Mal will sich der
Neurotiker zu behaglichem Mittagsschlaf hinlegen, aber sofort muß er
wieder auffahren, denn das Herz nimmt plötzlich und grundlos einen
unregelmäßigen Rhythmus an (Puls 120—144, Arhythmie); Herz-
stiche und Herzkrämpfe stellen sich ein[1]). Auch das nervöse Asthma
scheint zum Teil hierher zu gehören. Manche Neurotiker geraten durch
jede Aufregung (z. B. Lampenfieber) in heftigen Schweiß. Die Sehnenreflexe des Gefäßneurotikers sind meist lebhaft gesteigert, beim Be-
streichen der Haut röten die Striche stark nach oder treten sogar in
Form eines Reliefs hervor (Dermatographie). Die Muskulatur wird
häufig unruhig innerviert (Zittern); fibrilläres Muskelzucken ist zu beobachten und wird von den Kranken selbst unangenehm empfunden.
Leichte Gleichgewichtsstörungen treten auf, das Rombergsche Zeichen

---

[1]) Man übersehe jedoch bei Leuten mit über 35 Jahren nicht die Möglichkeit
einer echten Angina pectoris.

ist oft schwach positiv. Allerlei Mißempfindungen der Haut stellen sich ein, Kribbeln, Ameisenlaufen, Frösteln[1]); — die Empfindung, als säße eine Kappe auf dem Kopf, als würde der Kopf an den Schläfen zusammengepreßt, stört bei jeder geistigen Arbeit. Die Pulszahl wechselt stark, und zwar nicht nur spontan und bei seelischer Unruhe, sondern auch bei körperlichen Anstrengungen — was besonders zu beachten ist. Auch schwankt gelegentlich die Füllung des Pulses (Herzneurose).

Psycho-neurose
Bei einem anderen Neurotikertypus beschränken sich die Störungen mehr auf die Psyche (Psychoneurose): diese Kranken fühlen sich unausgeruht, wenn sie morgens nach dürftigem und oft unterbrochenem Schlaf erwachen, sie fangen das Tageswerk unlustig an, es ist keine Spannung, kein gesundes Lebensgefühl in ihnen. Ihre Gesichtszüge sind schlaff, es fehlen gesunde Farben. Sie wissen selbst, wie wenig liebenswürdig, wie gereizt sie sind (reizbare Schwäche), aber sie können sich nicht beherrschen, nicht aufraffen. Mitten in der Arbeit schlafen sie ein und in der Nacht können sie kaum schlafen. Sie fühlen sich unruhig umhergetrieben, halten bei nichts aus, fangen immer wieder etwas Neues an. Durch irgendein neues Erlebnis werden sie auf ein paar Tage wieder einmal in die Höhe gebracht und zurecht gerückt, aber sobald der Gleichlauf der Tage anfängt, klappen sie wieder zusammen.

Be-wegungs-störungen
Bei den Unfalls- (auch vielen Kriegs-) Neurotikern überwiegen die motorischen Symptome: da finden sich neben Kopfschmerzen und allerlei Analgesien und Anästhesien jene bunten Bilder der Bewegungsstörungen, deren schon im 1. Abschnitt des II. Hauptteils gedacht wurde. Alle Formen des Zitterns, der Ausschaltungen, der bizarrsten Gehformen bis zu jenem geradezu clownartigen Hüpfen, Springen und Schleudern, das man als saltatorischen Reflexkrampf bezeichnet.

Schließlich tritt aus allen den Varianten und Kombinationen noch der hypochondrische Typus hervor, jene unglücklichen Individuen, die sich selbst den ganzen Tag beobachten, ihren Stuhl und Urin untersuchen, ihren Puls zählen und vor allem ihrer Verdauung ihre

Magen-neurosen
ganze Aufmerksamkeit schenken (nervöse Dyspepsie, Magenneurosen). Sie machen sich oft förmliche Systeme der Speisen zurecht, die sie immer, derjenigen, die sie unter besonderen Umständen und jener, die sie gar nicht vertragen. Diese Aufstellungen sprechen meist allen sonstigen Erfahrungen Hohn. Es ist nicht zu leugnen, daß diese Hypochonder in der Tat häufig an einer mangelhaften Tätigkeit des Magens (übermäßig langem Verweilen der Speisen im Magen oder gestörtem

---

[1]) Eine besondere Form sind die Mißempfindungen der Extremitätenenden (Akroparästhesien), das Eingeschlafensein der Füße, Taubheit der Sohlen, Kaltsein der Zehen, Pelzigsein der Füße, die erschwerte Schnellbeweglichkeit der Finger (Klavierspielen!), „Klammheit" der Finger, Gefühllosigkeit, Abgestorbenheit der Finger. Hier ist die Unterscheidung rein neurasthenischer Herkunft von arteriosklerotischen Veränderungen der Extremitätengefäße, die ganz ähnliche Erscheinungen machen können, oft sehr schwer. Es gibt sogar neurotische Akrozyanosen.

Chemismus) oder Darmes (heftigen Verstopfungen) leiden, und es ist im einzelnen oft gar nicht mehr festzustellen, was von diesen Störungen ursprünglich einmal durch Vorstellungen (psychogen) hervorgerufen, und was durch ein völlig verdrehtes Eßregime verdorben worden ist. Man weiß ja, daß die Verdauungsorgane auf Vorstellungsmechanismen stets auch bei Gesunden sehr zart eingestellt sind (Erbrechen bei Ekel!); da ist es kein Wunder, wenn abnorm starke Vorstellungskomplexe hier besonders verderblich wirken. Manche Kranken werden dadurch geplagt, daß sie große Leere, heftigen Hunger, ja förmlichen Heißhunger verspüren, und sobald das Essen da ist, ist ihnen jeder Appetit vergangen; ja sie können sich kaum dazu zwingen, ein paar Bissen zu nehmen. Bei anderen wieder schlägt sich Aufregung, wie man zu sagen pflegt, auf Magen oder Darm; sie können dann nichts zu sich nehmen oder müssen eilends den Abort aufsuchen, da sich ganz plötzlich unbeherrschbare reichliche Durchfälle einstellen. Mancher hat schon nach wenigen Bissen die Empfindung der Völle, des Drucks, der „Angst auf dem Magen", wieder andere müssen auch ohne Nahrungsaufnahme fortwährend erbrechen (sog. nervöses Erbrechen) bei den geringsten Aufregungen oder Anstrengungen oder bei bestimmten äußeren Eindrücken (Farben, Geräuschen usw.). Durch fortgesetztes Erbrechen können diese Neurotiker körperlich völlig herunterkommen, ja bei Schwangeren (Hyperemesis gravidarum) kann das Übel direkt das Leben bedrohen, so daß im einzelnen Falle, wenn alle Psychotherapie versagt, mit dem Frauenfacharzt zusammen die Frage der künstlichen Frühgeburt erörtert werden muß. Es gibt freilich auch Fälle von gewohnheitsmäßigem nervösen Erbrechen, bei denen der Ernährungszustand der Kranken nicht wesentlich leidet. Bei den meisten Fällen erfolgt der Brechakt erstaunlich leicht. Es kommt keineswegs zu wirklicher Übelkeit oder irgendwelchen Anstrengungen, sondern die Speisen werden ohne jede Mühe vom Magen wieder hinausgeschleudert. Es gibt Persönlichkeiten — es sind keineswegs nur Frauen —, die wochenlang an jedem Tag zu bestimmter Stunde einen heftigen Hustenreiz bekommen, und dieser Reiz läßt nicht nach, bis ein ausgiebiges Erbrechen einsetzt. Dabei ist weder an den Luftwegen noch am Magen irgendein Symptom objektiv festzustellen. Daß bei den echten Migräneanfällen Erbrechen oder Übelkeit selten fehlen, sei nebenbei erinnert. Auch ein Aufstoßen verschluckter Luft kann zuweilen äußerst lästig werden[1]. — In solchen Fällen wird nur ganz selten die lokale Behandlung des Magens selbst irgendeinen Erfolg verbürgen, nur dann nämlich, wenn es gelingt, mit den angewandten Mitteln eine starke Suggestion zu verbinden. Im übrigen wird eine allgemeine Therapie, über die das VI. Hauptstück (S. 244 ff.) berichtet, erfolgreicher sein.

---

[1] Auch jenes merkwürdigen Meteorismus sei gedacht, bei dem auch die sorgfältigste Untersuchung nichts Objektives als Ursache feststellt. Wochenlang können alle Därme und dadurch der ganze Leib mit Luft hochgradig aufgebläht sein, ohne daß sonst wesentliche Beschwerden geklagt werden (scheinbare Schwangerschaft!). Nach einiger Zeit verschwindet der Zustand ebenso plötzlich, wie er gekommen ist, um neuen hysterisch-neurotischen Symptomen Platz zu machen.

Der Hypochonder[1]) hat neben der Sorge für seinen Leib („Hypo-Chondrium") auch noch allerlei andere Sorgen, vor allem wenn er selbst Arzt ist. Dann glaubt er — fast jeder Mediziner macht dieses Stadium ja als Student einmal kurz durch — an sich allerlei Symptome zu entdecken. Vielleicht sind diese Symptome (z. B. alle möglichen neurotischen Mißempfindungen) auch wirklich da, nur werden sie jetzt in der pessimistischsten Weise gedeutet. Den einen Tag herrscht Hoffnung und Freude, daß die Sehnenreflexe noch normal sind, den anderen Tag wiederum ist der Unglückliche tief erschüttert und sieht sich als sicheren Tabiker, weil er ein positives Rombergsches Phänomen bei sich selbst festgestellt hat. Solche Befürchtungen können sich sogar zu richtigen Zwangsbefürchtungen (Phobien, z. B. Syphilidophobie) auswachsen.

Von allen den hier geschilderten Formen der Neurose wurde gesagt, daß sie durch langdauernde Schädigungen des Seelenlebens und auch durch augenblickliche starke Erschütterungen erworben werden können.

Einen etwas abweichenden Verlauf der Symptomfolgen pflegt die reine Wunschneurose (Begehrungsneurose) zu haben. Oft geht sie aus einer Schreck-(Schock-) neurose hervor. Dann gestaltet sich der Verlauf etwa folgendermaßen:

Ein bis dahin gesunder, kräftiger, fleißiger Arbeiter Fischer, der gerade durch die Fabrikräume schreitet, erhält einen heftigen Schrecken durch einen Schlag, den ihm die vom Laufkran herabhängende Kette gegen seinen linken Ellbogen und gegen seine linke Schulter versetzt. F. stürzt hin, steht wieder auf und hat sogleich an beiden Stellen heftige Schmerzen. Er geht zum Arzt, und dieser findet ein paar blutunterlaufene Stellen und sagt ihm beruhigend, nach etlichen Tagen könne er weiterarbeiten. In der Tat beginnt Fischer auch nach 5 Tagen wieder die Arbeit. Das erweckt das Staunen der Kameraden. „Du bist aber schön dumm: wenn ich einen Unfall hätte, da könnte die Versicherung ordentlich blechen." Solche Reden bekommt er viel zu hören. Und in der Tat, nach einiger Zeit bemerkt F. auch, daß sich in der linken Schulter bei schwererem Heben unangenehme Sensationen zeigen. Gelegentliche Stiche fahren ihm durch und durch, die linke Hand wird ihm so schwer, er kann nicht mehr recht zufassen, und er meldet sich krank. Der Arzt kann nur eine Herabsetzung der Schmerzempfindlichkeit am ganzen linken Arm finden, aber das genügt ihm zur Diagnose: traumatische Neurose. Eine unvorsichtige ärztliche Äußerung von Schmerzlähmung wird vom Kranken aufgeschnappt, und nun steht es Fischer fest: der Arzt hat es ja selbst gesagt, sein linker Arm sei gelähmt. Er nimmt die Arbeit nicht wieder auf und verlangt nicht nur Rente für den „total kaputten linken Arm", sondern Vollrente, denn er sei auch sonst ganz ruiniert. Bei dem Schlag gegen die linke Schulter müsse auch das Herz mit gelitten haben: er habe zeitweise ein Stechen in der Brust, „wie wenn das Herz so abgeblasen wird". Er könne nichts mehr arbeiten. Nach Ablauf der Krankenkassenfrist erhält er 50% Rente. Aber schon nach einem halben Jahr meldet er sich wieder bei der Unfallberufsgenossenschaft. Sein Zustand sei schlimmer geworden, die ganze linke Seite sei wie abgestorben, auch das Bein sei nun miterkrankt. — Fischer wird einer Universitätsklinik zugeführt. Dort stellt der Arzt eine linke Halbseitenhypalgesie fest. Das linke Bein wird nachgeschleppt, die linke Hand ist blau und kühl; sie kann zur Faust nicht geschlossen werden. Die Sehnenreflexe sind überall lebhaft. Fischer macht einen müden, abgespannten, etwas traurigen Eindruck. Seit dem Unfall ist nun $1\frac{1}{2}$ Jahr verflossen, aber Fischer hat alle Hoffnung auf Heilung aufgegeben, im Gegenteil, es werde immer schlimmer. Das Gutachten

---

[1]) Daß es keine „Krankheit" Hypochondrie gibt, braucht wohl kaum betont zu werden.

lautet auf eine schwere traumatische Neurose: man solle ihm 75% Rente geben, um ihm den Antrieb zur Arbeit nicht ganz zu nehmen. — In den folgenden Jahren folgt Begutachtung auf Begutachtung. Bald wird Fischer als frecher Simulant erklärt: man habe beobachtet, wie er in seinem Gemüsegarten für zwei schaffe, er verdiene keine Rente, — bald erklärt ihn ein anderer Beobachter wieder für einen schweren bemitleidenswerten Neurotiker, bei dem sich die Genossenschaft der Pflicht der Schadloshaltung für seine Arbeitslosigkeit nicht entziehen könne (100%). So geht es hin und her, bis nach 8 Jahren Fischer noch $66^2/_3$% Rente bezieht und nun auch noch Invalidenrente beansprucht. Inzwischen ist er ein schlecht aussehender, mürrischer, mißtrauischer, querulierender Mann geworden. Er ist so oft untersucht worden, daß er schon vorher ganz genau weiß, was jeder neue Untersucher fragen und untersuchen wird. Seine Symptome sind gleich geblieben. Die Gemeinde bestätigt, daß er zu jeder größeren, geregelten Arbeit vollkommen unfähig ist; er steht nur so herum und hält seinen kleinen Garten imstand.

Das Charakteristische einer solchen reinen Wunschneurose ist der Umstand, daß sie ohne Grund immer schlimmer wird. Die von der Umgebung meist genährte Überzeugung: für einen Unfall müsse man reichlich entschädigt werden, ist hier die Ursache des sozialen Verfalls, der vielfach zu Trunksucht führt. Es ist oft ungemein schwer zu sagen, inwieweit echte Simulation hereinspielt. Hierüber wird das VII. Hauptstück noch einiges bringen.

Bisher war die Rede von erworbenen neurotischen Zuständen. Aber es gibt auch Psychopathen, die ähnliche Einstellungen seit vielen Jahren, oft seit den 20er Lebensjahren, selten seit der Kinderzeit, als Bürde mit sich herumtragen (sog. konstitutionelle Neurose).

Vor allem gehört die Sexualneurose (Sexualneurasthenie) hierher. In außerordentlicher Vielgestaltigkeit zeigen sich da alle möglichen Anomalien. Erstens sind es die psychisch Impotenten, die häufig den Arzt aufsuchen. Bei den einen sind sexuelle Ausschweifungen an der Impotenz schuld — diese gehören kaum hierher. Bei den anderen erinnert die Unfähigkeit am ehesten an Zwangsvorstellungen: sie haben die normale Erregung und die normalen Empfindungen, und erst im Moment des Geschlechtsaktes ist beides vorbei. Zuweilen liegt der Grund darin, daß sie jahrelang der rein vorstellungsmäßigen Onanie ergeben waren und darin völlige Befriedigung fanden; so haben sie sich des wirklichen Aktes entwöhnt. Bei anderen läuft Erregung und Ejakulation so schnell ab, daß es gar nicht zum normalen Verkehr kommt. Zweitens gibt es Neurotiker, die ganz bestimmter Prozeduren bedürfen, um zu ihrer Sexualbefriedigung zu kommen[1]). — Drittens ist vielen der Gegenstand der sexuellen Befriedigung abnorm. Sie sind entweder angeboren oder verführt homosexuell, oder sie finden ihre Lust nur an kindlichen Mädchen[2]), oder sie haben sich irgendwelche Gegenstände als Lustobjekte erkoren (Fetischisten: an Taschentüchern, Frauen-

Sexual
neurose

---

[1]) Die Männer, die in der Entblößung ihres erregten Geschlechtsteiles Befriedigung finden, kommen häufig mit dem Strafgesetz in Berührung (Exhibitionismus). S. VII. Hauptteil. Die aktive Grausamkeit (Schlagen, Stechen, erniedrigende Prozeduren usw.) mit sexueller Lust wird als Sadismus, das passive Gegenstück als Masochismus bezeichnet.

[2]) Im VII. Hauptteil wird der Greise gedacht werden, die sich an kleinen Mädchen vergreifen.

röcken, Frauenhaaren, Schuhen, Strümpfen usw.), während sie der Frau gegenüber unerregt bleiben. — Endlich kann die Stärke des geschlechtlichen Triebes abnorm groß sein, so daß es entweder zu zerrüttenden Ausschweifungen oder zu Gewaltakten kommt (Notzucht, Lustmord).

Auch der Männer mit weiblichen sekundären Geschlechtsmerkmalen und weibischem Wesen und Charakter und des weiblichen Gegenstückes sei hier gedacht. Schließlich seien die Frauen noch erwähnt — oft sind es hysterische Charaktere —, die sexuell völlig unempfindlich (frigid) sind.

Häufig sind solche psychischen Anomalien der Grund einer zerrütteten Ehe und einer großen Qual für den Partner. Und nicht selten geschieht es, daß an den Aufregungen solcher Unstimmigkeiten beide Ehegatten zu Neurotikern werden. Indessen ist die gesamte Sexualneurasthenie ein großes Gebiet für sich. Die Behandlung des Sexualneurotikers setzt viele Erfahrungen beim Arzte voraus und entfällt daher meist seinem Bereich. Es empfiehlt sich fast immer, einen derart Abnormen einem Facharzt für Geschlechtsneurosen zu überweisen, wenigstens dann, wenn mehrere Versuche günstiger Beeinflussung schon fehlgeschlagen sind.

Pollutionen und Onanie Zweier Anomalien sei noch gedacht, wegen deren der praktische Arzt häufig aufgesucht wird: der Pollutionen und der Onanie[1]). Die ersteren kommen bei Neurotikern, Hysterikern, Psychasthenikern nicht nur abnorm häufig vor, sondern sie bilden vor allem den Inhalt dauernden Nachdenkens. Wenn der Psychopath immerfort darüber nachgrübelt, ob heut Nacht wiederum ein Samenerguß eintreten wird, wenn er sich danach die lebhaftesten Sorgen macht, daß er dadurch unheilbar krank, nervös zerrüttet usw. werden wird, so festigt sich das Leiden naturgemäß immer mehr. Oft haben diese Pollutionen gar nichts mehr mit Sexualträumen, mit sexueller Übererregbarkeit usw. zu tun, sondern sie sind eine Zeitlang ganz gewohnheitsmäßig geworden, bis die neurotische Einstellung ein neues Symptom produziert. Man kläre die Neurotiker neben der allgemeinen Neurosentherapie vor allem über die Harmlosigkeit des Leidens auf: es sei nicht wert, ihm viel Aufmerksamkeit zu widmen. — Ähnlich ist es mit der Onanie. Die meisten halb oder ganz erwachsenen Onanisten kommen deswegen in ihrem Gemütszustand völlig herunter, weil sie sich in beständigen Selbstvorwürfen verzehren. Sie geloben sich heilig und bei allen möglichen selbstauferlegten Strafen für den Rückfall, das Übel zu meiden. Und wenn sie dann doch wieder rückfällig werden, sind sie völlig zerknirscht und erschüttert und halten sich für einen Verbrecher, einen gemeinen Feigling usw. So können sie bis zum Selbstmord getrieben werden. Man übersehe nicht, daß solche ausschweifenden Onanisten meist Psychopathen sind. Der geistig vollkommen normale Mensch neigt nicht zu Suchten und also auch nicht zur Sucht der Selbstbefriedigung. Und beim genaueren Nachforschen findet man in der Tat meist, daß die übermäßige Onanie

---

[1]) Über die Menstruationsanomalien siehe den V. Abschnitt.

(Masturbation) nicht das einzige Abnorme an dem Betreffenden ist, sondern daß sich auch noch andere abnorme Charakterzüge oder neurotische Erscheinungen aufzeigen lassen. Man versuche dann im Sinne der Hinweise einer allgemeinen Psychotherapie (s. S. 244) den Psychopathen günstig zu beeinflussen. Man mache ihm aber vor allem klar, daß der onanistische Akt an sich keineswegs eine wesentliche Schädigung des Körpers bedeutet, daß daraus nicht Rückenmarksleiden, Gehirnerweichung usw. entspringen. Solche irrigen Meinungen haben sich ja, durch eine höchst verwerfliche Literatur hervorgerufen, in den Köpfen der Onanisten meist festgesetzt. Wenn es dem Arzte gelingt, dem Kranken die Überzeugung beizubringen, daß die Gewohnheit harmlos, daß nur das Übermaß schädlich ist, ist der erste Schritt zur Heilung getan. Der zweite erfolgt, wenn man auch den Glauben an die ethische Verwerflichkeit, an die „Sünde" aus dem Kopfe des Onanisten vertreibt. Man ersetze die Idee der ethischen Verfehlung durch den Gedanken des ästhetisch Widrigen, und man wird ebenfalls hiermit oft recht erfolgreich sein.

Dem Arzte geschieht es nicht selten, daß ein besorgter Vater einen zitternden, völlig verschüchterten Jungen angeschleppt bringt, der auf der Sünde der Onanie ertappt worden ist. Man scheue sich nicht, den Vater an die eigene Jugend zu erinnern und ihn über die Harmlosigkeit der Sache im eben erörterten Sinne aufzuklären. Man vergesse aber auch nicht, danach zu fahnden, ob bei dem Jungen eine frühzeitige Reizung durch lokale Ursachen (mangelhafte Reinlichkeit der Genitalien, Phimose) bedingt ist, die abgestellt werden müssen. Man forsche aber auch, sofern man das Vertrauen des Jungen durch den Mangel aller Strenge und Würde erworben hat, nach dem Anlaß zur Onanie, ob Verführung durch üble Kameraden im Spiel war u. dgl. Und endlich regele man das Leben des Jungen, bringe ihn zum Wandern, zum Schwimmen, zur Fröhlichkeit und erlöse ihn von der Bürde des Gedankens, durch seine Manipulationen unheilbarem Siechtum verfallen zu sein. Man ist immer wieder erstaunt zu sehen, wie tief sich in einem eindrucksfähigen Kind solche schrecklichen Gedanken eingegraben haben. Daneben wird man ihn selbstverständlich auch an seinem Ehrgefühl packen: ein richtiger ordentlicher Junge mache so etwas nicht, das sei abscheulich häßlich und natürlich auch schädlich für seine körperliche Kraft und Munterkeit, freilich nicht im Sinne des Siechtums. — Es gibt wenige — auch sonst ganz gesunde — Jungen, die nicht vorübergehend onaniert haben. Nur ist es merkwürdig, wie viele alte Leute das völlig vergessen haben.

Es gibt schließlich noch eine größere Zahl von Psychopathien, bei denen weder eine bestimmte abnorme Charakterentwicklung vorliegt, noch eine Ausbildung zu einem bestimmten Neurotikertypus erfolgt ist, sondern bei denen vereinzelte psychopathische Symptome vorkommen. Einzelne psychopathische Symptome

Schon unter den Kindern gibt es Persönlichkeiten, die den Eltern wegen solcher Erscheinungen ernste Sorgen machen. Häufig sind es Kinder wenig lebenskräftiger Eltern, Spätgeborene, Erstgeborene relativ alter Mütter, Trinkerkinder. Ein sonst gut entwickelter vierjähriger Junge hat den Zwang, alles zu trinken. Nur mit Gewalt kann er davon zurückgehalten werden, die ekelsten Pfützen auf der Straße auszutrinken. Alles Flüssige, was ihm erreichbar wird, trinkt er hinunter, ganz gleichgültig, wie es schmeckt. Alle Erziehungsversuche sind vergeblich, bis eines Tages das Übel urplötzlich verschwunden ist.

Ein sechsjähriges Mädchen ist sexuell derartig erregt, daß es die Hand von seinen Geschlechtsteilen kaum wegbringt. Sieht es ein anderes Kind, so geht es sofort darauf zu und greift ganz ungeniert nach dessen Genitale, gleichgültig, ob es ein Junge oder ein Mädchen ist.

Einem siebenjährigen Jungen kann man es durchaus nicht abgewöhnen, alles zu sammeln und zu stehlen. Man kann ihn gar nicht in die Schule oder mit anderen Kindern zusammenbringen, weil er ihnen alles wegnimmt. Auch zu Hause ist nichts sicher vor ihm. Überall an versteckten Orten legt er sich Sammlungen an. Da finden sich die verschiedensten Gegenstände zusammengeschleppt, Kieselsteine und ein Zimmerthermometer, Apfelschalen und ein Tischmesser, ein leeres Fläschchen und eine goldene Uhrkette der Mutter. Motiv?: es hat mir so gut gefallen[1]).

Ein 8 jähriger Knabe hat einen seltsamen Drang, sich in fremden Räumen aufzuhalten, wo er gar nichts zu suchen hat. Je schwieriger es ist, dorthin zu gelangen, um so größer ist der Genuß. Stundenlang sitzt er so in leeren Schulräumen, in Trockenschuppen von Ziegeleien, in leeren Bremshäuschen oder Gartenlauben.

Ein recht häufiges Vorkommnis bei schwächlichen Kindern (Skrophulose, Rachitis) ist das nächtliche angstvolle Auffahren aus dem Schlaf (**Pavor nocturnus**). Laut schreiend oder doch mit angstverzerrten Zügen und weitaufgerissenen Augen, schweißbedeckt, richten sie sich in ihren Bettchen in die Höhe. Manchmal stoßen sie einzelne Worte aus („der Hund, Mammi"), aus denen man die Art ihrer furchterregenden Träume erraten kann, manchmal wachen sie auch auf und vermögen schluchzend zu erzählen. Oft aber sinken sie auch wieder in Schlaf zurück. Man vermeide, sie gewaltsam zu wecken (keine kalten Übergießungen!). Nimmt die Mutter sie zu sich, so werden sie meist, ruhig.

Auch das **Nachtwandeln** gehört hierher. Mit dem Mond (mondsüchtig) hat es dann nichts zu tun, wenn das Schlafzimmer dunkel gehalten wird. Es spricht keineswegs, wie man zuweilen hört, für Epilepsie, wenn es dort auch vorkommt.

Bei manchem Kinde gibt eine überaus große **Schreckhaftigkeit** Anlaß, den Arzt aufzusuchen. Ein solches Mädchen bricht bei einer laut zuschlagenden Türe in Weinen aus, ein Gewitter ruft die größte Angst und lautes Jammern, ja sogar psychogene Krämpfe hervor; ein plötzlich unerwartetes Auftauchen eines Menschen im Finstern kann

---

[1]) Die Heilung solcher Kinder ist sehr schwer. Der Arzt wird die Eltern nur mit verständigem Rat (so wenig Schläge als irgend möglich!) unterstützen können, das meiste bleibt der Mutter zu tun. Bei Kindern begüterter Eltern schlage man durchaus ein Heilpädagogium vor. Adressen sind bei Fachärzten zu erfahren.

eine Ohnmacht herbeiführen. Ein anderes Kind ist nicht zu bewegen, allein in das finstere Zimmer oder in den Keller zu gehen; lieber läßt es sich schlagen, als daß es gehorcht. Manches Kind hat vor dem Wasser eine unüberwindliche Abneigung. Sucht man diese gewaltsam zu brechen, so sind leicht Krampfanfälle, Weinkrämpfe, Schwächezustände oder langdauernde Tiks die Folge. Nach einiger Zeit und unter verständig ruhigem Einfluß, besonders unter der Mitwirkung netter, gesunder Kameraden verlieren sich diese Erscheinungen wieder, die oft ein Ergebnis verkehrter Erziehungsmaßnahmen oder ungünstiger Kindermädcheneinflüsse u. dgl. sind.

Solche Symptome in der Kindheit sind als Anzeichen abnormer Artung nicht immer leicht zu nehmen. Derartige Kinder werden auch erwachsen Sorgenkinder bleiben. Auch des Bettnässens ist in diesem Zusammenhang zu gedenken. Abgesehen von den relativ seltenen Fällen, in denen lokale Ursachen vorliegen (Phimose u. dgl.), handelt es sich um eine seelische Anomalie. Bald gelingt es schon im 4. oder 5. Jahre des Übels Herr zu werden, bald dauert es bis zum 14. oder 15., ehe es ganz nachläßt. Auch die Intensität des Leidens wechselt sehr. Zuweilen kommt das Einnässen jede Nacht (vielleicht gar zweimal) vor, zuweilen setzt es auch Wochen aus. Man war früher der Ansicht, daß es ein Anzeichen einer verborgenen Epilepsie sei, doch kann hiervon nach neueren Forschungen keine Rede mehr sein. Nur das ist richtig, daß es bei Epilepsie vorkommt, es findet sich aber auch bei allen möglichen Psychopathien. Selbst bei erwachsenen Verbrechern, und zwar auch solchen von ausgeprägt männlichem, rohen, erethischen Typus, kann man gelegentlich noch auf das Symptom stoßen, ohne daß eine Epilepsie vorliegt. In den großen Erziehungsanstalten sind besondere Bettnässerzimmer eingerichtet, deren Insassen zweimal nachts geweckt und hinausgeführt werden. Diejenigen, die infolge ihres geistigen Tiefstandes nur aus Indolenz und Verwahrlosung das Bett näßten, gewöhnen es sich bei dieser Einrichtung meistens ab. Bei dem Rest ist eine Therapie oft sehr schwer. Vor der Prügelmethode sei dringend gewarnt. Allgemeine Abhärtungsprozeduren, Vermeiden aller Getränke nach 6 Uhr abends, große Regelmäßigkeit des Tageslaufes, Versagen aller Gewürze, Ablehnung aller örtlichen Prozeduren (um die Aufmerksamkeit nicht unnötig daraufhin zu lenken) haben sich noch am meisten bewährt. Elektrisieren der Blasengegend hat nur bei Erwachsenen Sinn als Unterstützungsmoment einer starken Suggestivtherapie.

Auch die Pubertätszeit bringt zuweilen vereinzelte psychopathische Symptome hervor, die ohne Folgen wieder verschwinden. So reagieren manche junge Mädchen sehr heftig auf ihre erste Menstruation: Depressionen, tagelanges Erbrechen, hysterische Dämmerzustände können sich einstellen. Unzweckmäßige Erziehung und Beeinflussung ist auch hier meistens die Mitursache.

Bei den Erwachsenen gehören die vereinzelten psychopathischen Symptome (bei sonst normaler Konstitution) meist den Zwangssymptomen an, oder stehen ihnen doch nahe. Wie schon im Abschnitt Symptombilder, S. 34 ff., ausgeführt wurde, unterjochen diese Zwangsgedanken förmlich die Persönlichkeit. Eines Tages sind sie da, niemand weiß, wo ihre Herkunft zu suchen ist[1]).

Auf dem Schulwege läuft ein kleines Mädchen immer so die Trottoirsteine entlang, daß sie nie auf eine Fuge tritt. Das tun viele Kinder aus Spielerei, aber bei diesem kleinen Mädchen ist das nun so zum Zwange — wie der Laie sagt, zur „Manie" — geworden, daß sie gar nicht mehr anders kann. Wenn sie ihre Augen wieder einmal auf den Steinen anstatt in der Höhe gehabt hat und gegen einen alten Herrn anprallt, so daß sie nun unfreiwillig doch auf eine Fuge tritt, kommt sie weinend nach Hause, in der festen Überzeugung, nun müsse ein Unglück passieren. — Ein anderes Kind kann nicht anders, als sich auf dem Schulweg ganz verwickelte Aufgaben stellen: Du mußt bis zur nächsten Laterne 30 Schritt machen, dann mußt du warten, bis ein Wagen vorbeifährt, dann mußt du unbedingt an der nächsten Laterne sein, ehe abermals ein Wagen kommt. Wenn es nicht glückt, fliegst du heute in der Schule elend herein. — Dabei ist der Junge in die Erfüllung dieser „Bedingungen" so vertieft, daß er zu spät zur Schule kommt.

Schlimmer wird der Zwang schon bei den Grüblern, die nie zu einem Ende mit irgendetwas kommen können, weil sie ganz bestimmt glauben, einen Fehler gemacht zu haben. Da gibt es Personen, die die Addition einer Zahlenreihe niemals beendigen können, sondern sie zwangsweise immer noch einmal wiederholen müssen. Dem Grübelzwang steht die Zweifelsucht (Irrtumsfurcht) nahe. „Les scrupuleux" müssen sich immer wieder überzeugen, ob auch wirklich niemand im Zimmer ist; sie sehen nicht ein mal, sondern zehnmal unter das Bett, in den Kleiderschrank, hinter den Ofen. Ein anderer muß fünf-, sechsmal in das Zimmer zurückkehren, wo er soeben die Lampe verlöschte, um zu sehen, ob sie auch wirklich richtig verlöscht ist. Ähnlich geht es anderen beim Abschließen des Koffers, der Wohnung, Abdrehen der Wasserleitung usw.

Der Blick eines Bücherfreundes fällt eines Tages auf drei wertvolle Bücher, die er von seinem Großvater erbte. Dabei fällt ihm ein, daß er gestern die Zeitungsnachricht von der Gründung eines neuen Krebsforschungsinstitutes gelesen hat, und daß ja der Großvater an Krebs gestorben ist. Plötzlich taucht ihm die Idee auf: „Ob die Bücher nicht vielleicht doch noch anstecken, Krebs soll doch anstecken?" Und seit diesem Tage wird er den Gedanken nicht mehr los. Er ringt lange mit dem Entschluß, schließlich aber läßt er die Bücher desinfizieren. Aber selbst nachdem dies geschehen ist, stellt er die drei Bücher extra und wäscht sich jedesmal besonders, wenn er sie angriff. — Von der Berührungsfurcht (Türklinken!) werden manche Zwangskranke entsetzlich geplagt. Sie wollen es sich nach außen nicht merken lassen und haben daher verchiedene kleine geheimnisvolle Apparate zur Desinfektion der Hände bei sich, und derer bedienen sie sich in jedem unbeobachteten Augenblick. Andere lassen ihre Fußböden jedesmal sofort scheuern oder aufwischen, sobald ein fremder Fuß hintrat.

---

[1]) Außer Sigmund Freud; über seine Theorien siehe unter Therapie.

Mancher hat die Zwangsangst, er könne jemandes Unglück verschuldet haben, indem er irgendwo ein Zettelchen hinterließ, auf dem mißverständliche Worte stehen könnten; er könne irgendwo einen Brief verloren haben, der ungewollt jemand bloßstellen könnte; er könne irgendwo ein Wort gesprochen haben, das zum Unglück eines Dritten falsch ausgelegt werden könnte.

Für einen anderen ist es jedesmal eine Qual, wenn er den Drang zum Urinieren bemerkt. Denn er glaubt ganz bestimmt zu wissen, daß er diesmal das Klosett nicht rechtzeitig erreichen werde, sondern der Urin vorher abgehen werde[1]). Er gibt zwar auf Vorhalt zu, es sei noch nie passiert, aber diesmal werde es ganz sicher so sein. Es kommt dann gelegentlich zu ganz seltsamen Handlungen. Glaubt sich der Zwangskranke unbeobachtet, so geht er kurz vor der Aborttüre wieder drei Schritte zurück, dann wieder vor, wieder zurück. Er hofft nämlich im stillen, er könne seine Blase gleichsam über den Augenblick des Eintritts in den Abort — das ist der kritische Moment — täuschen, und gelingt ihm dies, und hat er dann plötzlich mit einem großen Sprung das Becken erreicht, so ist er gerettet.

Mit am bekanntesten von den Zwangssymptomen ist die Platzangst (Agoraphobie). Daran Leidende vermögen nicht allein größere Plätze nicht zu überschreiten, sondern auch größere Innenräume (Bühnen, Versammlungssäle) erwecken ihnen Furcht. Bestimmte Gedankengänge — etwa der des Überfahrenwerdens auf dem Platz usw. — liegen nur selten zugrunde. Meist ist es nur ein ganz unbestimmtes Bewußtsein, dort so allein zu sein, sich nicht anklammern zu können usw.

Auch der Termin- und Zielangst sei hier gedacht. Es gibt Psychopathen, die ganz behaglich ihren Spaziergang machen können, solange ihnen kein Ziel oder keine Zeit gesetzt ist. In dem Augenblick aber, da dies doch geschieht, tritt Angst an die Stelle der Behaglichkeit. Der eine fürchtet sich, das Ziel zu erreichen, der andere, es nicht zu erreichen, einem dritten ist der Gedanke schrecklich, eine bestimmte Handlung in einen Zeitraum pressen zu müssen usw.

Andere werden von Kontrastvorstellungen gepeinigt. Sie müssen sich gewaltsam zusammennehmen, um nicht bei einer Trauerversammlung laut aufzulachen, um nicht in die Ruhe einer akademischen Vorlesung Knallerbsen zu werfen. Sie kämpfen damit, sich bei irgendeiner sakramentalen Handlung (etwa dem Abendmahle) etwas Unanständiges vorstellen zu müssen, heilige Worte im obszönen Sinn zu verdrehen.

Etwas gesondert hiervon und doch noch nahe verwandt stehen die plötzlichen Zwangsimpulse. Ein überraschender Blick von einem Aussichtspunkte in eine steile Tiefe erzeugt den ängstlich drängenden Gedanken: wie wäre es mit einem jähen Sprung hinunter. Ein blankes scharfes Dolchmesser, auf das plötzlich der Blick fällt, läßt den quälenden Wunsch aufblitzen und immer wiederkehren: Könntest du es doch jemand ins Herz stechen.

---

[1]) Manche vermögen es auch trotz besten Willens durchaus nicht über sich zu gewinnen, in Gegenwart anderer zu urinieren.

Endlich findet man in diesem Zusammenhange meist noch ein Symptom erwähnt, das wohl nicht recht hierher gehört. Mancher kann z. B. den Gedanken nicht loswerden, er habe keinen Hinterkopf mehr. Nachdem er wiederholt in den Spiegel geblickt und sich befühlt hat, bezwingt er sich wohl endlich, das unnütze Spiel aufzugeben, aber immer taucht die Vorstellung wieder auf. Oder es handelt sich um die Vorstellung, der Kopf wüchse und wüchse, so daß er gar nicht mehr in das Zimmer hineingehe, — oder er sei an den Enden so merkwürdig abgeplattet — oder er habe oben einen Auswuchs und ähnliches mehr. Merkwürdigerweise betreffen diese seltsamen Erlebnisse — man weiß nicht so recht, sind es Vorstellungen, Wahnähnliches oder stecken wirkliche Mißempfindungen dahinter — meist nur den Kopf. Man bezeichnet sie auch gelegentlich als Zwangsempfindungen.

Allen diesen Zwangserlebnissen — es lohnt kaum Zwangsvorstellungen, Zwangsgedanken und Zwangshandlungen auseinander zu halten, meist sind alle drei vermischt — ist gemeinsam, daß die Persönlichkeit unberührt bleibt. Sie läßt sich zwar, wie schon vorhin erwähnt, insofern unterjochen, als sie immer wieder einmal nachgibt, besondere Maßregeln trifft usw., aber in ihrer ganzen Struktur bleibt sie intakt, ihre Kritik den Phänomenen gegenüber bleibt erhalten, deutliches Krankheitsbewußtsein ist da. Das ist ja gerade das Eigenartige an diesen Symptomen, daß die Persönlichkeit den Zwang als Zwang erlebt, sich dagegen auflehnt, daß sie kämpft. Gelingt es ihr dann einmal, wirklich Sieger zu werden, vermag der Platzangstgeplagte wirklich einmal einen freien Platz gewaltsam zu überschreiten, so stellen sich leicht verschiedene andere psychopathische Zeichen ein: Angst, Zittern, Schweißausbruch, Herzklopfen, Kopfschmerzen, Schwindel.

Versucht man unter die Fülle der verschiedenen Zwangsvorgänge einige Ordnung zu bringen, so kann man unterscheiden:

I. Einfaches Zwangserlebnis:

Von irgendetwas nicht loskommen können, z. B. von einer Melodie, von dem Gedanken an einen Todesfall, von einer Enttäuschung im Beruf, von der Vorstellung der Geliebten usw.; Furcht vor tatsächlichen Gefahren.

II. Zwangserlebnis, das kompliziert ist:

A. Durch das Bewußtsein der Unsinnigkeit des Zwangsinhalts: Die auf der Straße Entgegenkommenden zu zählen und sich bei jedem 13. räuspern zu müssen — das Sammeln wertloser Papierschnitzel — Furcht vor ganz gleichgültigen Dingen.

B. Durch das Nebeneinanderbestehen von ja und nein, du sollst und du sollst nicht, Vorstellung und Gegenvorstellung:

Z. B. du hast durch das Wegschütten des Sublimats in den Ausguß jemand vergiftet, du hast ihn nicht vergiftet. — Du hast die Stecknadel verschluckt, du hast sie nicht verschluckt. — Du mußt den Flecken noch einmal auswaschen, du mußt es nicht noch einmal tun. — Du mußt noch einmal fragen, du mußt nicht noch einmal fragen.

Auch kann man die verschiedenen Zwangsgedanken und Antriebe noch dadurch unterscheiden, daß sie egozentrisch sind oder nicht;

z. B. einerseits: Ein Kaufhaus steht in Flammen: bin ich etwa schuld daran, habe ich dort eine brennende Zigarette weggeworfen oder etwa jemand angestoßen, daß ihm die seine entfiel usw. —, oder andererseits: Steht der Buddhismus höher als das Christentum, und wenn der Buddhismus usw. usw.

Nach anderen Gesichtspunkten[1]) kann man dasselbe Erfahrungsmaterial einteilen in:

I. Überwertige Ideen. Die isolierte überwertige Idee wird mit starker Gefühlsbetonung aufgenommen und als eigenes geistiges Produkt angesehen. Sie bleibt einzeln. Das Subjekt vermag sie nicht endgültig zu verarbeiten, nicht durch Nachdenken zu erledigen, abzuschließen, sondern muß sich immer von neuem damit beschäftigen. Man nennt das einen gestauten Denkablauf und spricht wohl auch von immobilen Ideen. (Hierher gehören die abnorme Befangenheit, die Furcht zu Erröten = Erythrophobie, viele hypochondrische Ideen, die Einbildung der Zurücksetzung, die meisten Phobien, der Exaktheitszwang, der Geiz in kleinsten Dingen usw.)

II. Zwangsideen. Ein Zwangsgedanke ist ein Gedanke, der bei intakter Intelligenz gewöhnlich unvorbereitet gleichsam von selbst auftaucht, und dem Subjekt verkehrt, fremdartig und oft sogar widerwärtig erscheint. Trotzdem drängt er sich immer wieder in sein Denken ein, obwohl es sich selbst dagegen zu wehren sucht.

Die Entstehung solcher Zwangsgedanken fällt meist

a) entweder in Zeiten unruhiger dysphorischer Zustände (z. B. nach Schockerlebnissen oder bei schweren wirtschaftlichen Sorgen usw.),

b) oder in zyklothymische Depressionen[2]).

In beiden Fällen bleiben die Zwangsideen episodisch (die Mehrzahl der Fälle).

Oder sie sind Ausdruck der besonderen Konstitution, die man als Psychasthenie (Janet) bezeichnet hat und die dem haltlosen Charakter und der konstitutionellen Verstimmung nahesteht[3]) (die selteneren Fälle). Hier löst immer eine Zwangsvorstellung die andere ab.

Die Zwangssymptome finden sich zuweilen mit anderen psychopathischen Symptomen zusammen, bleiben häufig aber auch allein. Manche Kranke halten jahrelang ihre Zwangsvorstellungen vor aller Welt geheim, wie sehr sie sich auch durch diese Selbstbeherrschung aufreiben, — häufig aber suchen die Gequälten auch den Arzt auf. Dessen Aufgabe ist vor allem, dem Kranken eine sehr ausführliche Aussprache zu ermöglichen. Da ist niemandem mit einer Abfertigung in der Sprechstunde gedient, da darf der Arzt auch nicht überarbeitet, hastig und zerstreut beim Kranken erscheinen, sondern da hilft nichts als eine lange ruhige Auseinandersetzung. Es ist dem Hilfesuchenden schon in der Tat halb geholfen, wenn er alle diese seine Kümmernisse, für die er sonst nirgends Verständnis erhofft, dem Arzt ruhig darlegen kann. Es empfiehlt sich sehr, nun eine Art Vertrauensperson ausfindig zu machen, die mit eingeweiht wird. Je nach der Lage des Falles wird dies die Ehefrau, eine Freundin usw. sein. Mit dieser Helferin muß der Arzt nun den Plan einer Psychotherapie ausarbeiten. Handelt es sich z. B. um Platzangst einer jungen Frau, so wird die Freundin mit ihr häufig kleine Spaziergänge machen, die so geschickt ausgewählt werden, daß sie all-

(Randnotiz: Behandlung)

---

[1]) Nach Friedmanns Vorschlägen (Zeitschr. f. d. gesamte Neurologie u. Psychiatrie **21**. 333. 1914).

[2]) Siehe S. 202.

[3]) Siehe S. 89.

mählich von Häusern und Straßenzügen weiter ins Freie führen. Während des Gehens wird die Aufmerksamkeit niemals auf das Symptom gelenkt; kommt einmal eine kritische Stelle, so schiebt sich scheinbar zufällig der Arm der Begleiterin unter den der Ängstlichen, und ohne die Unterhaltung zu unterbrechen, wird die freie Stelle passiert. Erst später, erst zu Hause wird dann dem Ehemann im Beisein der Kranken berichtet, wie ausgezeichnet es heute ging, welch vorzügliche Fortschritte wir gemacht haben. Das stärkt das Selbstvertrauen der Zwangskranken für die weitere Heilung. Aber es muß in allen diesen Maßnahmen Methode liegen, sonst geht es wie mit einem an Platzangst leidenden Herrn, der sein Symptom züchtete und das Leben seiner Frau schier zugrunde richtete, indem er sie 25 Jahre lang zu fast nichts als zur Führerin brauchte. Gelegentlich schmiedet der Arzt mit der Helferin ein kleines Komplott, trifft die beiden auf einem Gang, freut sich der Fortschritte usw. Es gehört zu allen solchen psychotherapeutischen Maßnahmen große Geduld und eine bewegliche Einstellung; mit starren Grundsätzen ist hier nichts zu erreichen. Vor allem vergewaltige man Zwangskranke nicht, sonst setzt man nur neue Symptome an Stelle der alten. Und man gewöhne es der Umgebung der Kranken ab, daß es immer heißt: „Ach Mutter, das ist ja nur Einbildung, nimm dich doch zusammen, ich gehe ja auch ruhig hinüber, mir passiert ja auch nichts.'' Das ist gewiß ebenso gut gemeint wie praktisch falsch. Man soll andererseits das Leiden natürlich nicht allzu ernst nehmen oder von den Angehörigen nehmen lassen: eine freundliche Festigkeit zeitigt die besten Ergebnisse. Immer muß eine starke Suggestion mit im Spiele sein, zuweilen erreicht man auch gute Fortschritte durch den Tiefschlaf, die echte Hypnose. Über diese und über die Freudsche Theorie wird im VI. Hauptstück noch die Rede sein.

Eine völlige Heilung der Zwangsvorstellungen ist nicht häufig. Eine weitgehende Milderung der Symptome kann jedoch relativ leicht erzielt werden. Schon dadurch bereitet man den Kranken und ihrer Umgebung eine große Wohltat. Die Zwangsvorgänge sind vorwiegend eine Abnormität der sozial höheren Stände. Sehr häufig werden Persönlichkeiten davon ergriffen, die keinen rechten Lebensinhalt und sehr viel Zeit haben, über sich und ihr Leiden nachzugrübeln. Gelingt es, ihre Interessen auf ganz bestimmte fernliegende Gebiete und Aufgaben zu lenken, glückt es, sie dazu zu bewegen, Pflichten zu übernehmen, so ist oft schon sehr viel gewonnen; dann wendet sich die Aufmerksamkeit von den eigenen Symptomen stark ab und jenen neuen Inhalten zu.

Wie soeben erwähnt, ist ja eine große Zahl der Zwangsvorstellungskranken nur episodisch von den Störungen heimgesucht und zwar nur dann, wenn die Stimmung und Lebensumstände widerwärtig sind. In diesen Fällen ist die Prognose relativ günstig. Man bemühe sich nur, dem Kranken über seine widrigen Stimmungen hinwegzuhelfen: mit dem Grundübel werden auch die Zwangserscheinungen schwinden.

Außer den eigentlichen Zwangssymptomen gibt es noch eine ganze Anzahl psychopathischer Einzelzüge, die sich gelegentlich bei Persönlichkeiten finden, an denen man sonst durchaus nichts von abnormer Artung bemerkt. Aus der großen Mannigfaltigkeit sei hier der häufiger vorkommenden gedacht: der Arzt muß sie kennen, schon um in seiner Diagnose keine Irrwege zu gehen. Da sind einmal jene Abneigungen gegen an sich harmlose Gegenstände oder Tiere, die so unbegreiflich stark sind, daß sie Ekel, Erbrechen, Angst, Kongestionen, Ohnmachten auszulösen vermögen. Häufig haben die Betreffenden — zuweilen in früher Kindheit — mit dem besonderen Objekt ein sehr unangenehmes Erlebnis gehabt; das Erlebnis selbst wurde im Laufe der Jahre vergessen, Objekt aber und starker Unlustaffekt blieben eng verknüpft, so daß jedesmal das Erscheinen des Objekts auch den Unlustaffekt mit erweckt. So lassen sich manche, keineswegs aber alle derartigen Abneigungen erklären.

Eine sonst sehr kräftige, in keiner Weise psychopathische, normale, lebenstüchtige Frau hat eine unüberwindliche Abneigung gegen Kühe, eine andere hat peinigende Angst vor Fröschen. Sieht sie auf einem Ausflug einen Frosch über den Weg hüpfen, so ist sie stundenlang vergrämt, oder sie kehrt nach Hause zurück. Sie erklärt selbst, daß dahinter keine weitere Idee stecke, nur k ö n n e sie eben Frösche nicht sehen. Ein sonst in keiner Weise psychopathischer Mann kann kein Jodoform riechen; kommt er doch einmal unvermutet dazu, bringt es ihn einer Ohnmacht nahe. Er kann sich nicht erinnern, jemals mit Jodoform ein unangenehmes Erlebnis gehabt zu haben, weiß auch nichts davon, daß er überhaupt einmal etwas damit zu tun gehabt hat. —

Beim Impfen von Soldaten erlebte man es immer wieder einmal, daß plötzlich ein großer, kräftiger Bursche, während sein Vordermann geimpft wurde, in Ohnmacht fiel. Er erklärte nachträglich, er habe „das nicht sehen können", obwohl er sonst seelisch keine sehr zarte Konstitution zu haben schien.

Manche Mädchen können kein rohes Fleisch sehen, bekommen beim Anblick bestimmter Farbenzusammenstellungen Übelkeit, und was dergleichen mehr ist.

Endlich sei noch der I d i o s y n k r a s i e n gedacht, jener Überempfind- lichkeiten des Organismus gegen bestimmte Stoffe. Zum Teil scheinen diese Reaktionen ja rein körperlich zu sein, z. B. wenn man beschrieben findet, daß manche Leute auf den Genuß von Erdbeeren, Krebsen, Käse u. dgl. urtikariaartige Ausschläge bekommen. Auch das H e u - f i e b e r gehört vielleicht hierher: jene Intoleranz gegen den Blütenstaub gewisser Gräser. Wenn man jedoch bedenkt, daß mancher auch beim Berühren bestimmter Stoffe (Samt, rauher Seide usw.) oder beim Hören bestimmter Geräusche Erytheme und urtikariaartige fliegende Ausschläge oder umschriebene Schweißausbrüche davonträgt, so rückt die Vermutung schon näher, es könne sich um s e e l i s c h gesteuerte Funktionsabnormitäten der Vasomotoren handeln. Kennt man aber endlich die nahen Berührungen dieser Störungen mit den Symptomen der Vasoneurotiker (angioneurotisches Ödem), so wird man dem Gedanken zuneigen, daß auch ein Teil der Idiosynkrasien oder ihre Gesamtheit nichts ist, als eine abnorme seelische Reaktion auf bestimmte Reize. Schließlich weiß man von Hautausschlägen, die eine eigenartige Periodizität haben und mit seelischen Störungen (leichten Gemütsschwankungen) parallel laufen. Auch bei ihnen besteht die Vermutung einer psychischen Bedingtheit. Bei den körperlichen Symptomen des manisch depressiven Irreseins komme ich noch einmal hierauf zurück (s. S. 203).

Psychogene Schmerzen In diesem Zusammenhange der psychopathischen Einzelzüge seien auch noch die isolierten Schmerzen erwähnt, für die selbst vieljährige genaue ärztliche Beobachtung keine objektive Grundlage finden kann. Hierzu gehören die dauernden (Jahrzehnte bestehenden) Kopfschmerzen und die chronischen oder anfallsweise erscheinenden hysterischen Neuralgien. Sie sind von den echten peripheren (der Neuritis nahestehenden) Neuralgien oft schwer zu unterscheiden. Zuweilen geht auch aus einer echten peripheren Neuralgie eine psychogene Neuralgie hervor. Schmerzhafte Druckpunkte usw. lassen oft im Stich. Man muß aus dem ganzen Wesen, aus der ganzen Persönlichkeit heraus seine Entscheidung zu fällen versuchen. Oft ist sie unmöglich.

Bei der Diagnose aller psychopathischen Symptome, mag man sie nun als neurotisch, hysterisch, neurasthenisch usw. bezeichnen, beachte man, daß die Entscheidung immer auf einer eingehenden körperlichen Untersuchung beruhen muß. Erst wenn man durch genaueste Feststellung völlig normaler Funktionen des Zentralnervensystems ein organisches Leiden ausschließen kann, hat man das Recht, eine Neurose anzunehmen. Dann aber spezifiziere man diese Diagnose noch möglichst nach zwei Seiten hin: nach der ätiologischen und symptomatischen: z. B. hysterischer Schütteltremor nach Schreckwirkung oder unbestimmte allgemeine Klagen als Folge einer schweren Erschöpfung u. dgl.

Alkoholismus Bei der Erörterung der abnormen Reaktionen wurde schon darauf hingewiesen, daß man solche Reaktionen zuweilen bei Leuten erlebt, die bisher nie im Leben etwas Neuropathisches oder Psychopathisches kannten. Jeder erreicht schließlich einmal eine Grenze, — das hat der große Krieg in zahllosen Fällen recht deutlich gezeigt — und dann reagiert auch er, der Gesunde, seelisch abnorm. Ähnliche Gedankengänge gelten auch für den Alkoholismus. Man hat von Gegnern der Abstinenzbewegung häufig die Behauptung gehört, das reichliche, wenn auch nicht unmäßige Trinken könne gar nicht so stark schädigen, wie die Abstinenten behaupteten, sonst könne es doch nicht so viel Leute geben, die trotz erheblichen Alkoholkonsums — an Bismarck wird in diesem Zusammenhang gern erinnert — ohne alle geistige Schädigung so alt würden, wie Nichttrinker auch. Aber man vergißt dabei eben, daß die Toleranz des Individuums gegen das gewohnheitsmäßige Trinken genau so verschieden ist, wie gegen sonstige, z. B. die erwähnten seelischen Schädigungen. Auch beim Trinken kommt die Grenze des Ertragbaren bei dem einen früher, beim anderen später, oder es gehören hier schon geringere, dort erst höhere Gewohnheitsquanten zum gleich schnellen Verfall. Denjenigen, bei dem schon auf relativ geringen Gewohnheitsverbrauch hin alkoholistische Störungen erscheinen, betrachtet man nun — ganz analog dem früher über die seelische Toleranz Gesagten — als besonders dazu disponiert, Trinker zu werden, d. h. als psychopathisch geartet. Anders ausgedrückt: eine gewisse Widerstandsfähigkeit gegen dauernden mäßigen Alkoholgenuß muß als eine Eigenschaft normaler Artung vorausgesetzt werden. Dies ist der eine Grund, warum des Alkoholismus unter der Überschrift der psychopathischen Anlagen gedacht werden muß, aber auch die Neigung zum gewohnheitlichen mäßigen und unmäßigen Trinken überhaupt ist offenbar eine Frage der Anlage, wenn auch die Umwelt (studentische Trinksitten) oder die Verführung mitwirken mag. Derjenige, der eben zu gar keiner Sucht disponiert ist, wird auch durch Verführung nicht süchtig werden. Man kann sich die Sachlage also so zurechtlegen: Nur wegen seiner psychopathischen Anlage wird der Trinker zum Trinker und nur wegen dieser Anlage wirkt der dauernde Alkoholgebrauch bei ihm so, daß er alkoholistische Störungen bekommt. Diese Störungen fallen aber in das Hauptstück von den eigentlichen Psychosen.

IV. Krankheitsbilder.

A. Symptomatische Psychosen.

Eigentlich ist es ein Widerspruch in sich selbst, wenn unter den psychischen „Krankheits"bildern die symptomatischen Psychosen mit aufgeführt werden. Denn hier sind die Psychosen eben keine Krankheiten sui generis, keine selbständigen Verläufe, sondern nur Symptome körperlicher Leiden. Es könnte jemand der Meinung sein, das seien Psychosen immer: jede seelische Krankheit sei ein Symptom, ein Ausdruck eines zugrundeliegenden körperlichen Krankheitsprozesses, und es sei nur eine derartige Einteilung statthaft, daß man unterscheide:

1. Seelische Symptome bei nicht zerebralen Erkrankungen (also alle Fieberdelirien usw.) und

2. seelische Symptome bei zerebralen Krankheitsvorgängen, bei welch letzteren man sondern müsse zwischen

a) denjenigen mit nachweisbarem histologischen Befund (also alle Herderkrankungen, auch Paralyse, Senium usw.) und

b) denjenigen ohne nachweisbaren eindeutigen Befund (also manisch-depressives Irresein, Alkoholismus, Dementia praecox usw.).

Aber bei dieser Einteilung wäre es wiederum recht unbefriedigend, daß man abnorme Reaktionen, selbst Zwangsvorstellungen usw. der 2b, den zerebralen Krankheitsprozessen ohne nachweisbaren Befund, zuteilen müßte. Wie immer man auch die unendliche Mannigfaltigkeit der Erscheinungen systematisch einzufangen versucht: irgendwo muß man den Tatsachen in einer Weise Gewalt antun, die wenig befriedigt. Das bedeutet keineswegs, den Versuch einer systematischen Gliederung aufzugeben. Wer vielmehr solchem Versuch Interesse schenkt,

Schema
der
Psychosen

findet in dem Anhang ein Schema sämtlicher seelischer Abnormitäten und Erkrankungen[1]).

Hier sollen die symptomatischen Psychosen vor allem deshalb beschrieben werden, weil sie für den allgemeinen Arzt sehr wichtig sind, weil er sie vielleicht am häufigsten von allen seelischen Krankheiten zu beobachten Gelegenheit hat. Was dabei an Symptombildern vorkommt, wurde im vorigen Hauptabschnitt schon beschrieben[2]), hier sei noch alles dessen gedacht, was über die reine Beschreibung hinausgeht.

Fieber-
delirien

Bei allen möglichen fieberhaften Erkrankungen (Angina, Masern, Scharlach[3]), Diphtherie, Croup, Pneumonie[4]) usw., aber auch bei Abszessen, Erysipel[5]), Wundfiebern, Kindbettfieber usw.) stellen sich — besonders bei Kindern und schwächlichen Personen — zuweilen leichte Trübungen des Bewußtseins, leichte Störungen der Auffassung, kurz leichte deliriöse Zustände ein, die man als Fieberdelirien oder infektiöse Delirien bezeichnet, wie sie früher[2]) beschrieben wurden.

Noch ein schematisches Beispiel sei hier mitgeteilt: Ein erwachsener, immer etwas schwächlicher Mann fühlte sich schon einige Tage nicht wohl; Durchfälle stellten sich ein mit Schleim- und Blutabgang. Am 4. Tage des unregelmäßigen Fiebers, durch reichliche Durchfälle sehr geschwächt, beginnt er leicht verwirrt zu reden. Er begrüßt den Arzt unpassend freundlich: Nun da bist du ja, alter Sünder, so nun setz dich einmal her und erzähl mir etwas Neues. Gleich darauf ist er wieder ganz bei sich und völlig korrekt. Aber nach wenigen Minuten fließen wieder Äußerungen unter, die aus dem Zusammenhang herausfallen. Er knüpft an ein Bild an, das im Zimmer hängt: eine Corotsche Landschaft, und nun dämpft er seine Stimme zum Flüstern und erzählt in geheimnisvollem Tone von dem Abend am Flusse, er habe es der Frau immer gesagt, aber sie habe es nicht glauben wollen, und da habe man schließlich das Bild weggenommen, weil so viele Mädchen darauf waren, aber auf diesem Bilde seien weniger Mädchen, und das sei sehr gut für einen verheirateten Mann. — Und so geht es eine lange Zeit weiter, man kann keinen Sinn in die langen Reden bringen. Immer etwas ideenflüchtig an die Umgebung anknüpfend, zerfahren und ziellos, so läuft die Rede lange dahin, dabei zittern die Lippen, der Ausdruck ist umständlich, der Ton unsicher, die Stimmungen wechseln schnell und wetterleuchten in den Gesichtszügen.

Man ist noch verschiedener Meinung darüber, ob die erhöhte Temperatur oder die Giftstoffe der Infektion die geistige Störung verursachen, doch ist dies praktisch unwichtig. In den meisten Fällen nehmen am Abend die seelischen Symptome zu, es kommt dann häufig zu szenenhaften Erlebnissen mit völliger Verkennung der Umgebung und vielen Illusionen. (Man beuge vor allem vor, daß der Kranke nicht aus seinen phantasierten Szenen Handlungen ableitet, z. B. plötzlich aus dem Bett

---

[1]) Dieses Schema wurde auch aus dem Grunde noch beigefügt, um einen Überblick über die psychiatrischen Fachausdrücke zu geben. S. S. 289.

[2]) Siehe S. 50.

[3]) Beim Scharlach meist im Stadium des Fieberabfalls und der Abschuppung.

[4]) Bei der Pneumonie denke man bei erwachsenen Männern an die häufige Kombination mit Delirium tremens.

[5]) Beim Erysipel meist auf der Höhe der Erkrankung (4. Tag).

springt und fortläuft.) Solche traumhaften Verwirrtheitszustände sind oft den Dämmerzuständen ganz gleich (sog. infektiöse Dämmerzustände). Das Symptombild ist sehr vielgestaltig. Manchmal kommen z. B. heitere (direkt manisch gefärbte) Erregungszustände mit Größenideen vor. Zuweilen finden sich im hohen Fieber eigenartige Sprachstörungen, besonders Haftenbleiben (Perseverieren). In ganz ernsten Fällen kommt es zu einem schweren, völlig verworrenen Delirium mit größer körperlicher Unruhe, dem sog. Delirium acutum, dem meist der Tod folgt. Infektiöse Dämmerzustände Delirium acutum

Die Diagnose ist infolge der Vielgestaltigkeit des Bildes nicht immer leicht, und doch ist eine Entscheidung praktisch sehr wichtig. Man mache es sich durchaus zum Grundsatz, keine symptomatische Psychose zu diagnostizieren, wenn die Anamnese schon von seelischen Abnormitäten vor der Infektion berichtet. Es wird sich dann fast immer um irgendeine selbständige Psychose handeln, deren Symptome durch die dazutretende Infektion gesteigert oder ausgelöst worden sind. Findet man dagegen eine geistige Störung bei einem bisher immer völlig gesunden und unauffälligen, erst durch die Infektion erkrankten Menschen, so wird man mit der Annahme einer symptomatischen (Fieber-) Psychose in den allermeisten Fällen Recht behalten, unbekümmert, wie sonst auch das symptomatische Zustandsbild aussehe. Diagnose

Häufig kann man nicht das mindeste Anzeichen dafür finden, daß das Gehirn oder die Hirnhäute von der Erkrankung besonders mitbetroffen wären, doch sei das Auftreten seelischer Auffälligkeiten bei einem Fiebernden immer eine besondere Aufforderung, auf eine Meningitis (bei kleineren Kindern auch auf eine Enzephalitis) hin zu untersuchen. Denn selbst abgesehen von jenen Fällen, in denen es sich um eine eigentliche Meningitis mit deren bekannten Symptomen handelt (eiterige Form, mit Vorliebe an der Konvexität), finden sich bei allen Infektionskrankheiten gelegentlich Andeutungen der Meningitissymptome (nur leichte Nackensteifigkeit und Kopfschmerzen: Meningismus). Dies ist therapeutisch schon deshalb wichtig, weil man in Fällen von Meningitis durch die Lumbalpunktion sowohl die psychischen als die meningitischen Anzeichen sehr lindern kann. Vor allem wenn bei einem Erwachsenen die Krankheit plötzlich und gleich mit einem deliriösen Zustand einsetzt (öfter mit lautem, langen Schreien), der bald zu tieferer Benommenheit führt, bald sich wieder aufhellt, ohne daß doch hohes Fieber bestünde, und ohne daß sich sonst eindeutige somatische Zeichen feststellen ließen, denke man immer an eine tuberkulöse Meningitis. Diese Formen lassen die eigentlichen meningitischen Symptome, auch die Basissymptome, zwar öfter fast ganz vermissen. Ein solches meningitisches Delirium läßt sich mit einem Delirium tremens aber nicht verwechseln, denn es fehlt bei ersterem sowohl der Humor als auch die komisch ängstliche Unruhe des Alkoholdeliranten. Sondern ein solcher Meningitiker macht von vornherein den Eindruck eines schwer verstörten, körperlich leidenden, in ernster Lebensgefahr schwebenden Mannes. Verwechseln ließe sich ein solches Delirium höchstens mit einem paralytischen oder epileptischen Verwirrtheitszustand. Doch würde Meningitis diese Differentialdiagnose dann durch die Anamnese und den Lumbalbefund zu klären sein.

Lassen sich meningitische Symptome ausschließen, so bedeutet das Vorhandensein eines Fieberdeliriums höchstens die Schwere der Infektion, gibt aber sonst kein übles Vorzeichen. Auch hier ist die individuelle Toleranz sehr verschieden; manche (besonders Kinder) bekommen schon auf leichteste Temperatursteigerungen psychische Symptome, andere können lange höchste Temperaturen (septische Fieber) ohne die Spur solcher Anzeichen aushalten. Der Arzt wird selten durch solche Delirien praktisch in Verlegenheit kommen. Er mag daran denken, daß ein Delirierender nicht ohne dauernde Wache in einem Zimmer eines höheren Stockwerkes bleiben darf (Verwechslung von Tür und Fenster!), auch daran, daß man Vertauschungen von Trinkglas und Arzneiflasche usw. vorbeugen muß. Kommen gelegentlich doch einmal schwerere Erregungszustände vor (selten!), so muß, wenn das körperliche Leiden das sonst erlaubt, das Fieber heruntergesetzt, der Kopf gekühlt werden usw.

Man hat dem Typhusdelir eine besonders ungünstige Bedeutung für den Ausgang zugesprochen: ich selbst habe keine Erfahrung, doch stimmen die Autoren in der üblen Bewertung dieses Symptoms ziemlich überein. Die Zahlen darüber, wie oft überhaupt bei Typhus abdominalis Psychosen vorkommen, schwanken zwischen 12% (Jacobi) und 38% (Bergmann). Man unterscheidet beim Typhus meist ein Initialdelir, dem man eine toxische Ursache zuspricht, von einem Kollapsdelir, das als eine Erschöpfungspsychose erst mit Fieberabfall einsetzt. Zuweilen finden sich nach akuten symptomatischen Typhuspsychosen auch noch längere Zeit seelische Nacherscheinungen, besonders lückenhafte Erinnerung für das überstandene Leiden und alles, was damit zusammenhing. Eine eigene Therapie erfordert die Typhuspsychose natürlich nicht.

Bei allen Infektionskrankheiten, die mit Psychosen einhergehen, kann die Psychose die Zeit der körperlichen Genesung überdauern. Vor allem kommen noch länger (selbst wochenlang) dauernde Korsakowsche Zustandsbilder vor[1]), und es finden sich (selten) auch sog. postinfektiöse Schwächezustände, d. h. langdauernde Beeinträchtigungen der höchsten Persönlichkeitsäußerungen, der Initiative, der Interessen, der feineren Gefühle. Der Arzt bedenke aber, daß auch echte selbständige Psychosen (z. B. die Dementia praecox) gelegentlich durch eine Infektion gleichsam erweckt werden können und dann nach der Infektionsheilung natürlich weiter bestehen. Er mache es sich zum Grundsatz, die Differentialdiagnose zwischen einem postinfektiösen Schwächezustand und einer idiopathischen Psychose nicht selbständig zu entscheiden, sondern einen Facharzt zu Rate zu ziehen.

Die Puerperal-(Kindbett-)Psychosen sind keine Erkrankungen eigener Art. Diese Diagnose ist so bequem, darum scheue man sich, sie zu stellen. Denn unter ihr birgt sich sehr Verschiedenartiges. Erstens einfache Fieberdelirien, ferner Erschöpfungspsychosen

---

[1]) Siehe S. 40.

(besonders nach sehr langdauernden Fieberverläufen oder schweren Blutungen), sodann abnorme Reaktionen (etwa auf eine Totgeburt oder Fehlgeburt), endlich Psychosen manisch-depressiver Zugehörigkeit, die durch das Kindbett nur „ausgelöst" worden sind und eigentlich nichts mit ihm zu tun haben. Schließlich verschlimmern sich gelegentlich auch stille (hebephrenische) Verblödungsprozesse nach einer Niederkunft. In den beiden letzteren Fällen wird oft die Anamnese die Entscheidung bringen. Oft aber kann auch die Differentialdiagnose recht schwierig sein. Man vermeide jedenfalls durchaus das Wort Puerperalpsychose, das nichts besagt. Alle durch das Kindbett bzw. das Puerperalfieber wirklich erzeugten Psychosen haben eine durchaus günstige Prognose. Von ihrer Therapie gilt dasselbe wie vom Fieberdelir.

Wird der Arzt zu einem fiebernden Kranken gerufen, der in tiefster Benommenheit daliegt, so denke er vor allem auch wieder an eine Meningitis. Sonst käme nur noch der selten mit Fieber verlaufende Status paralyticus (bei der progressiven Paralyse)[1] oder eine mit Fieber (selten!) einhergehende Apoplexie in Betracht. Man erinnere sich zur Klärung der Diagnose immer der Lumbalpunktion und vergesse therapeutisch nicht das Katheterisieren (Blasenruptur!). Benommenheit

Hat man bei einem schwer Delirierenden („Phantasierenden") bestimmt kein Fieber feststellen können, wohl aber den Eindruck einer sonstigen ernsten körperlichen Erkrankung, so wird man den seelischen Verwirrtheitszustand entweder auf eine Vergiftung oder eine große Erschöpfung beziehen müssen. Über das Delirium tremens der chronischen Alkoholvergiftung werde ich später ausführlich sprechen. Man vergesse auch nicht, daß ein sehr schwerer akuter Rausch gelegentlich den Eindruck eines Komas machen kann (zumal bei Kindern). Im übrigen wird es sich meist, wenn nicht eine medikamentöse Vergiftung vorliegt (in Betracht käme allenfalls Sekale, Atropin, Morphin und Schlafmittelvergiftungen), um ein Coma uraemicum, Coma diabeticum oder um ein Koma im Verlauf der Eclampsia gravidarum handeln[2]. Die Nebensymptome (bzw. Hauptsymptome) klären in allen diesen Fällen ja schnell die Sachlage. Toxisches Koma

Nur die urämischen Psychosen seien noch besonders hervorgehoben, da der praktische Arzt mit ihnen besonders oft zu tun hat. Die einfache Harnretention führt meistens zu Apathie, körperlicher wie seelischer Kraftlosigkeit, Schlafsucht und Tod. Die Urämie aber, deren verderbliche Wirkung ja in Nephrotoxinen begründet sein soll, hat in ihren psychischen Störungen eine reichere Symptomenreihe. Die chronische Form kann anfangs zu Affektstörungen führen: übergroßer Reizbarkeit oder auch Apathie; dann schließen sich wechselnde Zustände leichterer oder schwererer Benommenheit an, und es treten vor allem Herdsymptome auf, die die Differentialdiagnose sehr erschweren. Zumal wenn sich noch Anzeichen einer allgemeinen Schwächung der seelischen Funktionen hinzugesellen, wenn also zu den Urämische Psychosen

---

[1]) Siehe S. 179.
[2]) Auch bei Herzleiden mit ernsten Kompensationsstörungen kommen symptomatische Psychosen vor. — Über die Arteriosklerose siehe später (S. 172).

Herdsymptomen auch noch allgemeine Defektsymptome kommen, kann die Unterscheidung von einer progressiven Paralyse nur noch durch den bei Urämie sehr häufig positiven Babinski und durch den für Paralyse charakteristischen Lumbalbefund möglich werden. Die Sonderung von der Arteriosklerose wird manchmal völlig unmöglich erscheinen. Praktisch ist dies ja auch nicht allzu bedeutsam, da manche Nephritiden mit der Hirnarteriosklerose verbunden sind. Gegen die Annahme von Tumoren wird der übrige körperliche urämische Befund schützen. Die Herdsymptome, die sich bei chronischer Urämie nicht selten finden, sind Pupillendifferenzen, Babinskisches Zeichen, amaurotische Anfälle (nicht nur retinaler, sondern auch kortikaler Art), Jacksonsche epileptische Anfälle[1]; ferner ataktische Bewegungen und artikulatorische Sprachstörungen. — Die akute Urämie wird häufig von epileptischen Krämpfen[1]), oft mit anschließenden deliriösen Dämmerzuständen begleitet.

Erschöpfungspsychosen   Bei den chronisch Tuberkulösen finden sich in vorgerückten Stadien nicht so selten leichte Verwirrtheitszustände, die meist etwas von Entrücktheit, Verklärung an sich haben. Zuweilen scheinen sie mit einem Temperaturanstieg zusammenzuhängen, zuweilen aber sind sie offenbar nur der Ausdruck der großen Erschöpfung oder des nahenden Todes. Die Kranken verkennen dann die Umgebung, glauben Engel oder Heilige um sich zu sehen, reden mit Verstorbenen, hören himmlische Musik, singen fromme Lieder u. dgl. mehr. Auch nach sehr schweren Blutungen (Verwundungen, Geburten) kommen solch delirante Zustände vor[2]). Endlich sind vor allem im Verlauf der Basedowschen Erkrankung Verworrenheitszustände bekannt: oft sehr leicht und schnell vorübergehend, aber häufig widerkehrend. Vielleicht fällt dem Arzt nur eine sonst nicht vorhandene Taktlosigkeit auf: die gesellschaftlich völlig korrekte Kranke erzählt plötzlich Intimitäten aus dem Familienleben, oder sie vergreift sich in der Formulierung ihrer Fragen an die Umgebung usw. Dies sind die allerleichtesten Zeichen einer Entgleisung, die schließlich zur Verworrenheit führt. Therapeutisch stellen alle diese Störungen keine besonderen Forderungen, nur denke der Arzt immer daran, daß er durch dauernde Wachen (bei Kassenkranken Krankenhausaufnahme) sinnlosen Handlungen vorbeuge; denn solch verwirrte Kranke finden oft den Nachtstuhl nicht, oder sie trinken etwa den Urin usw.

Choreapsychosen   Zu schwereren Verwirrtheitszuständen (zuweilen manisch gefärbten Erregungszuständen) kommt es auch im Verlauf der Chorea minor, auch dann, wenn kein Rheumatismus vorausging und kein Fieber besteht. Man spricht bei diesen seelischen Störungen, die wochenlang dauern können, von Choreapsychosen, ohne damit sagen zu wollen, daß sie sich symptomatisch von den übrigen toxischen und infektiösen Psychosen absondern ließen. Man kann bei jugendlichen Choreakranken besonders häufig beobachten, daß sich, man möchte fast sagen im Gegen-

---

[1]) Siehe die symptomatische Epilepsie.
[2]) Sie haben eine durchaus günstige Prognose. Siehe auch früher unter Puerperalpsychosen.

satz zu ihrer motorischen Unruhe, eine emotionelle Schwäche, eine
Apathie über sie senkt und sie wochenlang gefangen hält. Damit geht
eine auffällige Abnahme der Spontaneität (Wernicke - Kleist) Hand
in Hand, die man therapeutisch begrüßt, da sie die Durchführung der
Bettbehandlung erleichtert. Bei denjenigen Choreapsychosen, die sich
in einer manischen Verwirrtheit äußern, wird man der Beruhigungsmittel
nicht entbehren können[1]). In solchen Erregungszuständen wird nur bei
Kindern sehr wohlhabender Eltern eine häusliche Pflege möglich sein.

Alle symptomatischen Psychosen, mögen sie nun eine
Infektionskrankheit, eine Vergiftung, eine größere Blutung,
eine schwere Erschöpfung[2]) begleiten, sind in ihren einzelnen Formen voneinander diagnostisch nicht zu unterscheiden. Die Diagnose hat aus dem somatischen Haupt-
befunde heraus zu erfolgen. Der Arzt muß aber diese Psychosen besonders genau kennen, auf daß sie ihn nicht irre
leiten.

Vielgestaltigkeit der symptomatischen Psychosen

Bei organischen Hirnkrankheiten (Arteriosklerose, Senium, Hirnlues
werden später gesondert behandelt), die keinen diffusen Rindenprozeß
bedingen, sondern nur einzelne Herde, umschriebene Zerstörungen
setzen, also im wesentlichen bei Gummen, Tumoren, multipler Sklerose,
kommt es nicht selten zu recht verschiedenartigen psychischen Erscheinungen, die sich schwer einordnen lassen. Solche Kranke sind durch den
gemeinsamen Zug ausgezeichnet, daß sie ein eigenartig gemachtes, theatralisches Gebaren an sich haben, daß sie quere Antworten im Sinne des
Vorbeiredens geben, als wollten sie den Arzt verhöhnen usw. Diese
hysterisch aussehenden Symptome, die zuweilen bei Unerfahrenen sogar
den Eindruck der bewußten Täuschung (Simulation) erwecken, verdecken
die organischen Symptome oft derart, daß die Diagnose recht schwer
wird[3]). Der Schwindel, die Gleichgewichtsstörung kann einen psychogenen
Eindruck machen; die Redeweise kann die Mitte halten zwischen einem
hysterischen Meckern-Stottern — wie es z. B. die Kriegsneurose häufig
mit sich brachte — und einer skandierenden Sprache; das Wackeln
und Zittern kann ebensogut als neurotisch, wie auch als Symptom einer
multiplen Sklerose angesprochen werden; kurz die Entscheidung ist
oft recht schwierig. Da mache man es sich durchaus zum Grundsatz:
das organische Leiden ist die Hauptsache in der diagnostischen Erwägung. Ist wirklich ein organisches Symptom sicher nachgewiesen, so sind die hinzutretenden nicht organischen Anzeichen relativ
unwichtig. Ob man sich den Zusammenhang so denkt, daß in diesen
Fällen ein psychopathisch geborener oder neurotisch gewordener Mann
zufällig noch ein organisches Leiden dazu erworben hat[4]), oder ob man
glaubt, daß der Kranke auf sein eigenes Hirnleiden nur pathologisch

Sogenannte hysterische Symptome bei organischen Hirnleiden

---

[1]) Hierüber siehe die zusammenhängenden Ausführungen im VI. Hauptstück.

[2]) Es gibt keine Erschöpfungspsychose sui generis.

[3]) Wenigen Fachärzten ist wohl die gelegentliche Erfahrung erspart geblieben, daß ein solcher „Simulant" plötzlich gestorben ist.

[4]) Man nennt dies mit einem wenig glücklichen Wort häufig eine kombinierte
Psychose oder eine Kombinationspsychose.

reagiert, das ist eine eigene Frage. Auf alle Fälle muß die Diagnose und auch der Therapieplan **den organischen Hirnvorgang in den Vordergrund stellen.**

Aus einem anderen Grunde macht die Beurteilung der Symptome herdförmiger Hirnerkrankungen noch häufig Schwierigkeiten. Sind die Herde sehr groß oder sehr zahlreich, oder sind durch sie die Kreislaufverhältnisse des Hirns schwer gestört, so treten zuweilen Allgemeinstörungen auf, die die Verwertung der Angaben der Kranken erschweren. So ergibt sich gelegentlich eine allgemeine Auffassungsstörung oder ein sehr verlangsamter Denkablauf oder eine Gedächtnisstörung, die eine genauere Lokalisation der Herde (z. B. bei Prüfungen auf die bestimmte Art einer Aphasie) fast unmöglich machen. In solchen schwierigen Fällen wird dem allgemeinen Arzt nichts übrig bleiben, als einen Facharzt zu Rate zu ziehen.

Encephalitis lethargica   Ganz neuerdings bereitet die **Encephalitis lethargica** oft recht große diagnostische Schwierigkeiten. Die Krankheit ist ja erst seit kurzem erforscht, und die praktischen Ärzte des Landes haben sich mit ihrer Symptomatologie noch wenig vertraut gemacht. Erst die stärkeren Ausbrüche in den Monaten Januar bis März der Jahre 1920 und 1921 haben ein größeres Beobachtungsmaterial ergeben. Die Schilderung der Störung ist schwierig, da das Bild ihres Zustandes und Verlaufes äußerst vielgestaltig ist. Bald führt die Erkrankung mit ziemlich leichten meningitischen Erscheinungen bei völliger geistiger Klarheit in wenigen Tagen zum Tode, bald geht sie fast ohne Beteiligung der Seele mit rein neurologischen Symptomen chronisch einher, bald führt sie durch mancherlei seelische Krankheitserscheinungen in einen geistigen Schwächezustand über, von dem unsere bisherige Erfahrung noch nicht zu entscheiden erlaubt, ob er chronisch bleiben oder sich langsam wieder zurückbilden wird. Die Besprechung der neurologischen Symptome gehört nicht in diesen Zusammenhang. Nur sei auch hier wieder die Mahnung an den praktischen Arzt angefügt, eine genaue körperliche Untersuchung nicht zu versäumen. Eine Pupillendifferenz mit einseitiger schlechter Lichtreaktion, eine Anomalie irgendeines Körperreflexes, die Beobachtung eigenartiger umschriebener klonischer Krämpfe der Bauchmuskulatur, ein kaum zu stillender immer wiederkehrender Singultus usw. klärt oft das sonst so verworren erscheinende Bild. Wichtig ist der Drang des Kranken, bei Tage zu schlafen, und die Unmöglichkeit, nachts Schlaf zu finden. Die Gesichtszüge des Kranken sind oft starr, wie aus Wachs gebildet, dem halb offenen Mund entfließt fast unaufhörlich der Speichel. Dem Kranken selbst wie seiner Umgebung fällt es auf, daß alle seine Initiative verloren gegangen ist. Sich selbst überlassen, verharrt er fast regungslos, ja er bleibt gelegentlich wie eine Wachspuppe dort stehen, wohin man ihn gestellt hat. Dem entspricht der Zustand seiner gesamten Muskulatur: eine ausgesprochene Steifheit (Rigidität). Zu Tätigkeiten, die sich für gewöhnlich automatisch vollziehen, bedarf der Kranke jetzt einer etwas mühsamen Zuwendung, eines ausdrücklichen Entschlusses. Ja ein Kranker spürte einmal den deutlichen Zwang, das Atmen bewußt aktiv zu vollziehen, sonst hätte er es „vergessen"[1]). Im Gegensatz zu psychogenen Störungen bessert hier die Aufmerksamkeitszuwendung die psychomuskuläre Funktion. Aber sobald sie sich wieder abkehrt und auf andere Inhalte erstreckt, versandet gleichsam die Handlung, die Maschine bleibt allmählich stehen. Es ist interessant, daß dabei ein äußerer Befehl, ein plötzlicher energischer Zuruf auf keine verlängerte Reaktionszeit trifft, sondern die geforderte Aktion prompt auslöst. Man kann den Sachverhalt etwa so formulieren: ist ein Impuls durch äußeren Anruf oder inneren energischen „Sonderbeschluß" da, so gehorcht der muskuläre Apparat; — fehlt aber der äußere oder innere Antrieb, so ruht alle Funktion. Psychologisch gewendet: es fehlt die Weiterwirkung der determinierenden Tendenz. Dies gilt ähnlich auch für das rein Psychische. Der oben erwähnte Kranke sagte von sich einmal: „Ich war ferner nicht imstande, mir aus eigenem Interesse oder Gefühl über irgendeinen Vorfall ein Urteil zu bilden. Nur aus der Überlegung heraus, daß man sich anstandshalber ein Urteil bilden müßte, bildete ich mir ein solches, woran ich dann, ebenfalls aus Überlegung, nicht aus Überzeugung, festhielt. Dieses Fehlen des Impulses ging so weit, daß ich immer einen Energiestreik befürchtete." Zwischen diese Hemmungserscheinungen (im weitesten Sinne) schieben sich dann auch wieder Erregungssymptome auf motorischem (Zittern) wie geistigem Gebiete („blödsinnige Denkerei, wildes Assoziieren") ein. Ob die epidemische Enzephalitis neben der Initiativestörung auch wirkliche dauernde geistige Defektsymptome setzt, läßt sich nach der heutigen Erfahrung noch nicht sicher beantworten. Die Wahrscheinlichkeit dafür ist nicht allzu groß, da alle bisherigen Beobachtungen den Sitz dieser Störung nicht in der Kortex, sondern in den basalen Stammganglien annehmen lassen. — Die Therapie tappt noch recht im Dunkeln: kleine innerliche Hyoscingaben (0,001), Kaseosaneinspritzungen besserten zwar meistens, doch hielt die Besserung keineswegs stand.

Anhangsweise sei hier kurz des Hitzschlages und Sonnenstichs gedacht. Es kommt bei hohen Temperaturen und mangelhafter Ausdünstungsmöglichkeit des Körpers (enge Kleidung, Helm, schweres Gepäck) zu Wärmestauungen und Blutandrang nach dem Kopf. Ob dies durch hohe feuchte Wärme (mit Erschwerung der Abkühlung durch Schwitzen) oder durch direkte Sonnenbestrahlung bewirkt wird, macht keinen wesentlichen Unterschied. In leichten Fällen kommt es zu Schwindel und Erbrechen, in ernsteren treten Ohnmachten ein, ganz schwere Fälle können zu tiefen langen Bewußtlosigkeiten mit Halbseitenlähmungen und zu Aphasien führen. Die Zustände sind noch wenig erforscht, da ein Facharzt selten Gelegenheit hat, sie zu sehen. Man kann wenig dagegen tun; natürlich wird man ruhige, kühle Lagerung des freigelegten Körpers mit einer vorsichtigen Kühlung des Kopfes nicht versäumen. — Man findet bei der Aufnahme einer Anamnese nicht selten, daß ein Hitzschlag als ursprüngliche Ursache irgendeines Leidens angegeben wird. Forscht man dann genau nach, so ergibt

Hitz-
schlag,
Sonnen-
stich

---

[1]) Eine schöne Selbstschilderung veröffentlichten G. Steiner und W. Mayer-Gross in der Z. f. die ges. Neur. u. Psychiatrie **73**, 283. 1921.

sich meist die völlige Unhaltbarkeit solcher Behauptungen. Dem Laien liegt naturgemäß der Gedanke allzu nahe, ein äußeres Ereignis für irgendeine Krankheit verantwortlich zu machen. So wird dann irgendein ernster Anfall epileptischer, hysterischer, paralytischer, arteriosklerotischer oder urämischer Art als Hitzschlag fälschlich bezeichnet. Der Arzt hüte sich sehr vor dieser Diagnose. Sie ist gar zu bequem und meist falsch.

B. Traumatische Psychosen (organischer Art).

Auf irgendeinen Unfall, z. B. auf die Zerquetschung eines kleinen Fingers kann ein sensitiver, schwächlicher Mensch sehr lebhaft reagieren. Der Schreck, der Schmerz, die lange Behandlung, selbst die leichte Verstümmelung haben ihn derart erschüttert, daß sein schon zuvor recht labiles seelisches Gleichgewicht nun gar nicht mehr recht wiederhergestellt werden kann. Dies ist eine abnorme Reaktion, von der früher schon ausführlich die Rede war. Solche Neurosen sind hier unter der Überschrift der traumatischen Psychosen nicht gemeint. Hier handelt es sich um schwere Schädeltraumen: schwere Hirnerschütterungen, Schädelschüsse, Schädelbrüche, Hirnschüsse u. dgl. In der Friedenspraxis sind es hauptsächlich ein Sturz vom Gerüst auf den Kopf oder ein von oben herabfallender schwerer, den Kopf treffender Gegenstand, die organische Hirnstörungen herbeiführen: der große Krieg lehrte dann vor allem die Folgen der Hirnerschütterungen durch Kopfstreifschuß und die Hirnschüsse selbst kennen.

Schädel-verletzungen

Der Unfall selbst bewirkt ja als unmittelbare Folge die Hirnerschütterung (Kommotion): Bewußtlosigkeit, Erbrechen, langsamer, etwas harter Puls, dann leichte Unruhe mit Benommenheit und allmählicher Übergang zum normalen Zustand, der zuweilen erst nach 3—4 Tagen, selten erst nach Wochen, erreicht wird. Die anfängliche völlige Erinnerungslosigkeit (totale, ev. retrograde Amnesie[1]) schwindet zuweilen allmählich; es bleibt in den ersten Tagen nach wiedererlangter Klarheit die Merkfähigkeit noch erschwert. Aber nicht immer läuft eine Hirnerschütterung, geschweige ein Hirnschuß so glücklich ab.

Hirn-erschütterung

Abgesehen von den Anzeichen der Schädelfraktur und den ev. Herderscheinungen von seiten des Hirns[2]) kommt es vor, daß die Benommenheit des Geschädigten sich nicht aufhellt, sondern in einen Verwirrtheitszustand übergeht. Sein äußeres Benehmen wird wieder ziemlich geordnet, er antwortet freundlich und höflich, nur wie etwas verträumt[3]). Die Inhalte seiner Antworten aber zeigen, daß er für die Unfallserlebnisse die Erinnerung fast ganz verloren hat. Er vermag sich auch nicht recht zu orientieren und gibt ganz verkehrte Antworten; diese zeigen, daß er seine augenblickliche Situation vollkommen

Traumatischer Korsakowscher Symptomkomplex

---

[1]) Siehe S. 38.

[2]) Hierauf kann hier natürlich ebensowenig eingegangen werden, wie auf die Indikationen eines operativen Eingriffs bei Meningea-Blutung, Impressionsfraktur usw. Hierüber siehe die Lehrbücher der Neurologie.

[3]) Meist ist die Stimmung unmotiviert heiter, doch kommen auch Zustände von gereizter, unzufriedener Gefühlslage vor.

verkennt. In dieser Hinsicht erinnert sein Verhalten oft an das oben bei Erschöpfungszuständen beschriebene. Die Lücken seiner Erinnerung füllt er mit ganz merkwürdigen, frei erfundenen Erzählungen aus, die noch dazu aller Augenblicke wechseln. Nichts liegt ihm ferner als ein Betrug. Er ist sich weder seines Zustandes noch seiner Handlungsweise bewußt, sondern wie im Traume erzählt er irgendwelche erstaunlichen Geschichten daher. Auch kann man ihm alles Mögliche einreden. Diese Mischung von Erinnerungslücken für die jüngste Vergangenheit (Amnesie), Merkfähigkeitsstörungen und Konfabulationen hat man sich gewöhnt als Korsakowschen Symptomenkomplex zu bezeichnen[1]). Er kann nach der Verletzung noch Wochen andauern und bildet sich meistens sehr langsam zurück. Sicher ist er der Ausdruck für eine schwere Schädigung des Gehirns. Aber selbst wenn endlich die akuten Zeichen der Kommotionspsychose verschwunden sind, so bleiben häufig für das ganze Leben[2]) Schädigungen zurück, die sich in drei Gruppen teilen lassen:

1. Ein Zustand allgemeiner neurotischer Symptome (sog. Nervosität). Dieser ist in solchen Fällen sicher nicht als eine abnorme Reaktion (im früher erörterten Sinne), sondern als der Ausdruck einer organischen Schädigung der Hirnsubstanz aufzufassen[3]). Vor allem besteht noch lange Zeit eine große Empfindlichkeit gegen Erschütterungen des Körpers (Eisenbahn- und Straßenbahnfahren) und plötzliche Lageveränderungen (Fahrstuhl, Abspringen von der Trambahn). Auch Treppensteigen ist vielen sehr unangenehm, ferner werden starke Sinneseindrücke (grelles Sonnenlicht und laute Geräusche) äußerst peinlich empfunden. Schwindelanfälle und Kopfschmerzen fehlen selten, Flimmern und Tanzen der Buchstaben vor den Augen ist häufig. Alkohol wird meist überhaupt nicht vertragen, auch nicht begehrt. Die Stimmung ist oft noch Monate, ja Jahre lang gedrückt, niedergeschlagen oder apathisch, zuweilen sind die Kranken auch ungemein reizbar und neigen zu leicht paranoiden Einstellungen: sie fühlen sich zurückgesetzt und schlecht behandelt. Die Ermüdbarkeit ist sowohl bei geistigen wie körperlichen Leistungen ungemein groß. Man hat bei diesen Formen niemals den Eindruck, daß der Geschädigte „seiner Neurose lebt", sondern vielmehr den einer ernstlichen seelischen Schädigung. Zum Unterschied von der eigentlichen Neurose als psychogener Reaktion wird man diesen Zustand organisch bedingter reizbarer Schwäche als Kommotionsneurose oder besser als traumatischen Schwächezustand bezeichnen. Mit diesen Symptomen vereinigen sich häufig schwerere, doch vorübergehende geistige Ausnahmezustände, die als

2. traumatische Epilepsie bezeichnet werden müssen und später unter Epilepsie besprochen werden[4]). Endlich findet sich nach schweren Hirnerschütterungen oder -Verletzungen nicht selten ein

Kommotionspsychose

Kommotionsneurose

Traumatische Epilepsie

---

[1]) Er findet sich noch beim chronischen Alkoholismus und im Alter; siehe daselbst.

[2]) Man darf dem Kranken gegenüber natürlich keinen Pessimismus zeigen.

[3]) Siehe S. 105.

[4]) Siehe S. 142.

Post-
trauma-
tischer
Schwach-
sinn

3. posttraumatischer Schwachsinn, der aber nichts Eigenes hat, sondern einem leichten epileptischen Schwachsinn gleicht. Man lese daher jenen Abschnitt nach[1]). Oft aber — besonders nach Hirnschüssen — handelt es sich nicht um einen endgültig erworbenen Schwachsinn, sondern nur um vorübergehende, allerdings zuweilen Jahre dauernde Erschwerungen des seelischen Ablaufs[2]). Abgesehen von etwaigen fokalen Symptomen finden sich große Langsamkeit der Auffassung, Unlust zu längerem Nachdenken, Unmöglichkeit intensiver Konzentration, Schwerbesinnlichkeit und große Ermüdbarkeit.

Therapie

Die Therapie der traumatischen Psychosen besteht anfangs naturgemäß in einer völligen und sehr langen Ruhigstellung des Verletzten[3]). Wochenlange Bettruhe wird unbedingt notwendig sein. Später halte man alle erregenden Eindrücke (Lärm, helles Licht, Straßenverkehr usw.) fern; der Kranke weiß selbst meist genau, was ihm „weh" tut. Im übrigen unterlasse man alle Eingriffe und Prozeduren möglichst und sorge nur für eine vernünftige Lebensweise und Tageseinteilung. Wenn freilich bei einem Hirnverletzten plötzlich — selbst Jahre nach der Verletzung — eine akute Verschlimmerung einsetzt, und wenn der Kranke mit Klagen über heftiges Kopfweh zugleich benommen wird und vielleicht einen epileptischen Anfall vom Jackson-Typus erleidet, dann ziehe man sogleich einen Fachchirurgen zu Rat, weil der Verdacht eines Spätabszesses oder einer anderen fokalen Störung dann naheliegt.

Die Ärzte der Versorgungsämter, aber auch mancher praktische Arzt, werden mit jenen bedauernswerten Hirnverletzten aus dem großen Krieg mancherlei Schwierigkeiten haben. Infolge ihrer langen und ernstlichen Leiden sind sie oft recht verbittert und schwer zu behandeln. Unglückliche

Hirn-
verletzten-
fürsorge

häusliche Verhältnisse haben sie oft noch mehr vergrämt. Vermag man ihnen wenigstens einen Teil ihrer Arbeitsfähigkeit wiederzugeben, so bessert man oft zugleich ihre Stimmung, denn Arbeit bringt nicht nur etwas ein, sondern sie lenkt auch von der Beachtung der eigenen Beschwerden ab. Die Fürsorge für die Hirnverletzten ist heute gut organisiert. In den Spezialschulen, die für sie in Frankfurt, München, Bonn, Berlin eingerichtet sind, versuchen fachkundige Ärzte und Lehrer alle verlorengegangenen Funktionen wiederherzustellen, soweit es irgendwie möglich ist. Falls also auch nur einige Hoffnung auf Besserung besonders solcher Fälle besteht, bei denen die Ausfälle nur einzelne seelische Funktionen umfassen, weise man solche Kranken durch die Kriegsbeschädigtenfürsorge den Speziallazaretten und Sonderschulen für Hirnverletzte zu. Auch Nichtkriegsbeschädigte, besonders solche mit Hirnherderkrankungen in nicht zu hohem Alter (Embolien, Blutungen) können in solche Schulen aufgenommen werden[4]).

---

[1]) Siehe S. 146.

[2]) Man sei daher mit der Diagnose des traumatisch erworbenen Schwachsinns vorsichtig!

[3]) Auf die lokale Therapie und etwaige chirurgische Gesichtspunkte usw. kann ich hier natürlich nicht eingehen.

[4]) Meine in der ersten Auflage dieses Buches geäußerten Bedenken gegen die Schulen für Hirnverletzte muß ich zurücknehmen. Von sachkundigen Ärzten und unermüdlichen Lehrern ist dort sicher sehr viel Gutes geleistet worden, ganz abgesehen von den wissenschaftlichen Erkenntnissen, die wir diesen Forschungsstätten verdanken.

C. Epilepsie.

Bevor die verschiedenen Formen der Epilepsien voneinander unterschieden werden, muß das Hauptmerkmal, das sie alle vereinigt, genau geschildert werden: der motorische epileptische Anfall. Und dies führt sogleich zur Hauptfrage: Wie sehe ich einem großen motorischen Anfall an, ob er überhaupt epileptisch (sei es symptomatisch, sei es genuin) ist oder nicht?

Schon früher (S. 92) wurde ein nicht epileptischer Anfall in seinen verschiedenen Formen geschildert. Schon dort wurde darauf hingewiesen, daß die weitverbreitete Meinung falsch ist: der hysterische Anfall müsse immer etwas Theatralisches, Gemachtes, Posenhaftes an sich haben. Das trifft nur für einen Teil der hysterischen Anfälle zu. Mit diesem Typus wird man ja den epileptischen Anfall kaum verwechseln können. Um aber jenen anderen mehr motorischen Typus des hysterischen Anfalls vom epileptischen unterscheiden zu können, beachte man:

Der epileptische Anfall beginnt plötzlich. Die Vorerscheinungen dauern höchstens Sekunden. Selten ist der Kranke noch imstande zu sagen, er fühle sich schlecht oder fühle einen Anfall kommen. Er merkt wohl eines der Anzeichen („Aura") für den Beginn des Anfalls[1]), aber es geht viel zu schnell, er kann sich nicht mehr äußern, noch Maßregeln ergreifen, allenfalls kann er sich gerade noch setzen. Zuweilen stürmt der Kranke noch etliche Schritte vor, als habe er einen gewaltigen Stoß bekommen, dann bricht der Anfall über ihn ein[2]). Schon im Zusammenstürzen verzieht sich das Gesicht, der Mund steht schief, schaumiger, oft (vom Zungenbiß) blutiger Speichel fließt heraus. Die Augen sind starr nach irgendeiner Seite verdreht. Einige heftige blitzartige Zuckungen laufen über das Gesicht. Der Kopf ist nach einer Seite krampfhaft verdreht oder schnappt gleichsam ein paar Mal heftig nach dieser Seite. Die Zähne werden knirschend aufeinander gepreßt, verschiedene Muskelgebiete (oft fast die gesamte Körpermuskulatur) werden maximal auf etliche Sekunden kontrahiert. Ein eigenartiges Gurgeln oder Röcheln dringt aus dem Munde. Das Atmen erscheint stark erschwert. Nun löst sich die Anspannung. Wiederholte klonische Stöße laufen durch die Körpermuskulatur, dann schließen sich richtige Krämpfe an. Dazwischen schieben sich einzelne, wie abwischende Bewegungen ein. Schweiß bedeckt den Körper. Das Gesicht ist meist

Der epileptische Anfall

---

[1]) Diese Aura kann sehr verschiedenartig sein: Empfindung von angeblasen werden (daher der Name); eigenartige Erscheinungen des Gesichtssinns: Rotsehen, Kleinsehen, Großsehen, Funkensehen, ängstlich rasches Anschwellen der Gegenstände; des Gehörsinns: Rauschen, Klingeln, Trommeln, Pfeifen; seltsame Geruchssensationen, Tastempfindungen, Magenstörungen. — Vereinzelte immerwiederkehrende Erinnerungen, plötzliches Stillstehen aller geistigen Tätigkeit, Angst oder auch Verzückung.

[2]) Es ist wirklich ein über ihn Hereinbrechen, wie von einer äußeren (höheren) Gewalt. Daher die Verehrung, die in fernen Kulturkreisen die Epileptiker genossen, als Gefäße göttlichen Willens, göttlicher Offenbarung (Morbus sacer). Oft initialer Schrei, „wenn der Geist über ihn kommt".

blau, oft kreideweiß. Der Urin ist abgeflossen. Die Pupillen sind starr. Der Kornealreflex ist erloschen. Auf äußere Reize (wie Anrufen usw.) reagiert der Fallsüchtige nicht, auf heftige Schmerzreize gelegentlich durch einige Unruhe des Körpers, aber nicht mit zielsicheren Abwehrbewegungen. Das Babinskische Zeichen ist häufig vorhanden und besteht zuweilen auch noch 1—2 Stunden lang nach dem Anfall. Wichtig ist, daß der epileptische Anfall selten länger als 5 Minuten dauert[1]).

Jacksonscher epileptischer Anfall Der sog. Jacksonsche Typus des epileptischen Anfalls beginnt mit teilweisen, und zwar zuerst meist clonischen einseitigen Krämpfen, z. B. an der Hand. Dann geht er auf den Arm, die Schulter, das Bein der gleichen und zuweilen auf die andere Seite über. Er kann in allgemeinen Krämpfen endigen, er kann aber auch partiell bleiben und auf dem beschriebenen Wege an irgendeiner Stelle anhalten.

Zuweilen erwacht der Epileptiker sogleich nach dem Anfall zu klarem Bewußtsein. Es kommt wohl vor, daß er aufsteht, einige kaum verständliche Worte murmelt und dann auf irgendeinem Stuhle wieder zusammensinkt, um einzuschlafen. Häufiger aber geht der Anfall direkt in tiefen Schlaf über. Nach dem Erwachen fühlt sich der Fallsüchtige sehr abgespannt und müde. Er hat Kopfschmerzen und ist traurig gestimmt. Seine Erinnerung für die Zeit des Anfalls ist erloschen (totale Amnesie).

Differentialdiagnose Aus dieser Schilderung eines typischen epileptischen Anfalls sei nochmals hervorgehoben, was zur Unterscheidung von einem hysterischen Anfall dienen kann. Die Bewegungen des Epileptikers haben etwas Unüberwindliches, Elementares. Wenn man einige Male gesehen hat, wie der Kopf mehrmals nach der Seite zuckt und sich das Gesicht krampfhaft schmerzlich verzieht, so vergißt man dieses epileptische Anfallssymptom sein Lebtag nicht wieder. Die Bewegungen des hysterischen Anfalls (vom theatralischen Typus ganz abgesehen) sind mehr unleidlich strampelnd. Solch Hysteriker bringt es fertig, im Anfall einen ganzen Hausflur entlang zu kugeln: das kommt im epileptischen Anfall niemals vor. Der Epileptiker reißt vielleicht im Augenblick des Niederstürzens irgend etwas um, aber er wird niemals im Verlauf des Anfalls einen Sachschaden herbeiführen. Der Hysteriker vermag unter einen Tisch zu rollen und ihn umzustürzen. Erschöpft ist auch der Hysteriker nach seinem Anfall, er wischt sich selber den Schweiß ab und verlangt entgeistert ein Glas Wasser. Denn es ist sehr anstrengend, 5—20 Minuten um sich zu schlagen, sich zu wälzen, zu krümmen usw. Aber es ist nicht diese stille resignierte Müdigkeit, mit der der Epileptiker in Schlaf versinkt. — „6—8 Männer haben den Mann kaum halten können", so wird einem häufig nach einem hysterischen Anfall berichtet. Einen Epileptiker braucht niemand festzuhalten, bei ihm muß man nur dafür sorgen, daß er leidlich bequem liegt (Kissen unter den Kopf), um sich nicht an einer scharfen Kante zu verletzen. Man kann, wenn es möglich ist,

---

[1]) Schließt sich ohne Pause an den ersten Anfall sogleich ein zweiter, dritter usw., so spricht man von einem Status epilepticus. Dieser gefährdet das Leben des Erkrankten ernstlich. Therapie: 6—8 g Brom per clysma oder 2—3 g Chloralhydrat oder 2—3 mal 0,1 g Luminal.

ihm irgendeinen Knebel in den einen Mundwinkel zwischen die Zähne stecken, damit er sich nicht die Zunge oder Backe zerbeißt. Aber sonst sind keine Eingriffe nötig. Insbesondere ist das Herausbrechen des Daumens aus der geballten Hand und ähnliche Prozeduren nichts als Aberglauben. Übrigens hat auch das Halten eines hysterischen Anfallskranken höchstens den Zweck, die Umgebung zu schützen; der Kranke selbst wird sich keine ernstlichen Verletzungen zuziehen. Viel besser ist es jedoch, wenn man das Halten unterlassen und alle Zuschauer bis auf eine zuverlässige Person entfernen kann, denn das Halten und Zusehen durch andere verlängert meist den psychogenen Anfall. Solange der Hysteriker Widerstand spürt, rauft er weiter, bis er nicht mehr kann. Ist alles um ihn ganz ruhig und still, so geht der Anfall viel schneller vorüber. — Frische ernstliche Zungenbisse sprechen durchaus für Epilepsie, alte Zungenbisse sind sehr schwer zu beurteilen, da Zungenwunden oft sehr gut ausheilen. Einnässen ist neben dem Babinskischen Symptom das sicherste Anzeichen für einen epileptischen Anfall. Die Pupillen sind — abgesehen davon, daß sie oft bei den ganz zur Seite gedrehten Bulbi und bei der Unruhe des Kranken sehr schwer zu prüfen sind, im epileptischen Anfall nicht so selten nicht ganz starr, und beim hysterischen Anfall findet man gelegentlich fast starre Pupillen, wenn sie maximal weit (Angst- oder Schmerzpupille) oder maximal eng (alte Säufer) sind. Ernste Verletzungen, die sich die Anfallskranken beim Umfallen durch Sturz auf eine eiserne Herdkante oder einen Stuhlrand zugezogen haben (auch Verbrühungen in der Küche) sprechen für Epilepsie. Alle motorischen Halbseitensymptome lassen sich gegen Hysterie verwerten. Die lange Dauer eines Krampfanfalls spricht für Hysterie.

Kommt der Arzt zum Anfall zu spät, so wird er nach den oben herausgehobenen Gesichtspunkten die Umgebung befragen müssen (vorsichtig, nicht suggestiv!). Handelt es sich darum, nach der Autoanamnese zu entscheiden, ob eine Anfallskrankheit hysterischer oder epileptischer Natur sei, so wird man sich ganz besonderer Vorsicht befleißigen müssen. Denn die Kranken sind nach ihren Symptomen meist schon so oft befragt worden, daß sie, wenn sie nur einigermaßen gewitzigt sind, recht genau wissen, worauf es ankommt. Und sie werden — vor allem, wenn sie Rente irgendeiner Art begehren — ihre Symptome eben sehr häufig auf Epilepsie stilisieren. Es gibt förmliche Spezialisten der Epilepsie unter den Rentengaunern, die echte epileptische Anfälle gesehen, studiert haben und „richtig" vormachen können. — Ein Moment, das häufig für wertvoll angesehen wird, ist die Ursache bzw. das auslösende Moment des Anfalls. Doch ist diagnostisch leider damit nichts sicher zu entscheiden. Man weiß aus den großen Epileptikeranstalten, in denen doch der Arzt seine Kranken ganz genau kennt, daß manche echten genuinen dementen Epileptiker ziemlich selten Anfälle bekommen, immer aber dann, wenn eine Kommission die Anstalt revidierte, wenn Angehörige zu Besuch kamen, wenn das Weihnachtsfest gefeiert wurde. Und man kennt andererseits sichere Hysteriker, die ohne nachweisbaren äußeren Anlaß ihre Anfälle produzieren. Allerdings erzählt ein Epileptiker gelegentlich, daß seine Anfälle immer eine Ursache hätten. Fragt man nach dieser, so stellt sich dann freilich heraus, daß ein Witterungsumschlag, ein krankes Rind, ein nächtlicher Feuerlärm die vermeintlichen Anlässe waren.

Schema der Anfallsdiagnose.

Anfälle:	Psychogen:		Organisch:	
Ursache	Schreck, Ärger		von selbst	
Anfallsbeginn	oft allmählich, nie aus dem Schlafe heraus		immer plötzlich, oft mit einem Schrei, oft mitten im Schlafe	
Aussehen	selten blau, oft rot, schwitzend		häufig blau oder blaß	
Krämpfe	nie halbseitig, unleidlich strampelnd, wechselnd		elementar, sinnlos, einförmig an Ort u. Stelle	
Einnässen	äußerst selten		sehr häufig	
Zungenbiß	äußerst selten		sehr häufig	
Verletzungen	meist harmlos		oft schwer	
Dauer	Minuten bis Stunden		wenige Minuten	
Reflexe	Babinski negativ	Pupillen reagieren meistens auf Licht	Babinski oft positiv	Pupillen oft starr
Bewußtlosigkeit	nur teilweise		vollkommen	
Rückerinnerung	meist lückenhaft		ganz aufgehoben	

Der praktische Arzt lege auf die richtige Anfallsdiagnose großen Wert; die Entscheidung ist für die Therapie höchst bedeutungsvoll. Die allgemeine Erfahrung des Facharztes ergibt, daß die Diagnose der Epilepsie viel zu häufig gestellt wird.

Wenn man in der Berücksichtigung aller dieser Gesichtspunkte sich nun zu der Diagnose entschlossen hat: Es war ein epileptischer Anfall, so hat man damit eigentlich nur konstatiert, daß es ein organischer Anfall war. Welcher Art der Epilepsie aber dieser Anfall angehörte, ist damit noch nicht entschieden. Man gewöhne sich ab, immer von „der" Epilepsie zu reden, als wäre dies eine einheitliche Krankheit. Man versuche vielmehr, sich klar zu werden, in welche der nachfolgenden Gruppen diese spezielle gerade vorliegende Epilepsie gehört. Es ist zuzugeben, daß die Durchdenkung des Epilepsieproblems nicht ganz leicht ist, aber der Arzt gebe sich die Mühe, die folgenden Aufstellungen einmal genau zu durchlaufen; er wird finden, daß sich ihm manches

einordnen wird, was ihm bisher verworren erschien, und daß er vor allem
aus einer solchen Einordnung dann nutzbringende therapeutische Gesichtspunkte gewinnen wird.

Die Hauptfragen lauten:

1. Sind die nachgewiesenen epileptischen Anfälle Ausdruck irgendeines körperlichen Leidens, dessen Ursache und Natur man nachweisen
kann? (Symptomatische Epilepsie) oder

2. Sind die nachgewiesenen epileptischen Anfälle auf kein körperliches Leiden zu beziehen, sind sie also ätiologisch unklar, bestehen
sie für sich? (Genuine, idiopathische, echte Epilepsie.)

Um die erste Frage entscheiden und bejahen, die genuine Epilepsie
also ausschalten zu können, muß man wissen, bei welchen körperlichen
Leiden denn epileptische Anfälle vorkommen.

Symptomatische Epilepsie bei zerebralen Herderkrankungen.

Unter dem Namen der Gichter oder Fraisen oder Kinderkrämpfe
werden von der Alltagssprache die verschiedensten Störungen zusammengefaßt. Bald wird damit ein Stimmritzenkrampf, bald eine Encephalitis,
bald ein epileptischer Anfall betroffen. Wenn man anamnestisch also
von Gichtern in frühester Jugend hört, kann man diese Angabe nicht
in irgendeinem Sinne verwerten. Der kindliche Organismus reagiert
sehr leicht auf die verschiedensten Schädigungen mit krampfartigen
Zuständen[1]). Man muß also mit der Diagnose echt epileptischer
Anfälle beim kleinen Kinde äußerst vorsichtig sein[2]). Die Kinderärzte,
die diese Kinderkrämpfe besonders erforscht haben, neigen dazu, die
Eclampsia infantum (mit der Kindertetanie zusammen zur Spasmo-
philie gerechnet) nicht in nähere Beziehung zur echten Epilepsie zu
setzen, auch nicht derart, daß eklamptische Kinder später besonders
zur Epilepsie disponiert wären. Die Aufgabe des Arztes wird also
darin bestehen, nach den Anweisungen der Kinderheilkunde (die
nicht hierher gehören) jene Anfälle symptomatisch und ätiologisch zu
bekämpfen.

Nur kurz gedacht sei der Enzephalitis der Kinder, die früher
schon einmal gestreift[3]), diagnostisch ja nicht allzu schwierig zu erkennen ist, und die öfter mit epileptiformen Anfällen einhergeht. Auch
von den Idiotieformen soll nicht weiter gehandelt werden, die ebenfalls

Kinder-
krämpfe

---

[1]) Aptitude convulsive.

[2]) Hier seien die Gesichtspunkte der Differentialdiagnose nach Walther
Birk (Ergebn. d. inn. Med. 3. 1909) angeführt: Die eklamptischen Anfälle finden
sich fast niemals bei Brustkindern, sie erscheinen in Form einer Jahreskurve meist
bei der Zahnung und sind fast immer von mindestens einem der folgenden Symptome begleitet: Laryngospasmus, manifeste Tetanie, Fazialisphänomen, Trousseau-
sches Phänomen, Veränderung der elektrischen Nervenerregbarkeit. Dem entgegen befallen die echten epileptischen Krämpfe auch die Brustkinder, sie erscheinen ohne körperliche Alteration als Ursache, meist einzeln, nicht in einer
Jahreskurve, sehr selten mit einem der oben aufgezählten Symptome, fast immer
ohne elektrische Übererregbarkeit. — Die Diagnose der kindlichen Epilepsie stützt
sich also hauptsächlich auf das Fehlen der spasmophilen Symptome.

[3]) Siehe S. 67.

häufig epileptische Anfälle haben, die aber kaum für den Arzt der allgemeinen Praxis wichtig werden können.

Aber wenn, von diesen drei Formen der Kinderkrämpfe abgesehen, der Arzt zu einem epileptischen Anfall gerufen wird, — wonach kann er die Entscheidung fällen: symptomatisch oder genuin? Er muß vor allem neurologisch genau untersuchen, er muß nach organischen Befunden am Zentralnervensystem fahnden! Sobald der Anfall vorbei ist, muß er nach den körperlichen Anzeichen der Paralyse, nach irgendwelchen Herderscheinungen des Hirns, Hirnnerven- und Augenhintergrundssymptomen, meningitischen Symptomen, Schädelbruchmerkmalen usw. suchen. Und sobald er einen solchen organischen Befund erhoben hat, wird die Wahrscheinlichkeit sehr groß werden, daß es sich um eine rein symptomatische Epilepsie handelt, wie sie bei Paralyse, Hirntumor, Hirnabszeß, Hirngummen, verschiedenen Hirnhautentzündungen, Hirnzysten, nach Schädelverletzungen (Steckschüssen) usw. vorkommt. Solche epileptischen Anfälle können allgemeine oder partielle (Jackson-Typus) Krämpfe sein[1]). Kann man durchaus kein Anzeichen für irgendein organisches Hirnleiden finden, so kann deshalb die vorliegende Epilepsie noch immer symptomatisch sein Sie kann vor allem sein eine

Symptomatische Epilepsie

Traumatische Epilepsie.

Traumatische Epilepsie

Dabei ist hier nicht an jene Fälle gedacht, die durch eine umgrenzt einwirkende Gewalt eine Eindrückung des Schädelknochens (Impressionsfraktur), eine Hirnblutung oder andere herdförmige Hirnzerstörungen mit folgenden epileptischen Krämpfen erlitten haben. Diese würden ja unter die vorige Gruppe gehören. Sondern es gibt zweifellos Fälle von schwerer Hirnerschütterung (mit oder ohne Schädelbruch), die sogleich von epileptischen Anfällen (Jackson- oder allgemeiner Typus)[1]) gefolgt sind, neben anderen, die erst nach Monaten (ja vielleicht sogar noch nach Jahren) zu großen motorischen Anfällen und allen anderen Anzeichen von Epilepsie, auch zur epileptischen Demenz führen können. Die Therapie wird sich bei diesen Formen nicht wesentlich von der bei genuiner Epilepsie unterscheiden.

Endlich finden sich epileptische Anfälle bei allen möglichen Vergiftungen.

Toxische Epilepsie.

Toxische Epilepsie

Ihrer sei hier nur flüchtig gedacht. Sehr zahlreiche Gifte anorganischer wie organischer Art, schließlich auch Infektionen[2]) können gelegentlich einmal epileptiforme Anfälle hervorbringen. So sind solche Anfälle nicht selten (nur die häufigeren Gifte seien erwähnt) bei Alko-

---

[1]) Der Jackson-Typus, wenn er sich immer in gleicher Weise wiederholt, kann natürlich auf eine bestimmte Region als Sitz eines Herdes hindeuten. Doch kommen zweifellos auch Fälle genuiner (vielleicht fötal-enzephalitischer) Epilepsie mit Anfällen vom Jackson-Typus vor.

[2]) Die sog. Epilepsie nach Scharlach ist wohl eine genuine Epilepsie, deren erster Anfall nur durch die Infektion ausgelöst wurde.

hol (Delirium tremens), Santonin, Kokain, Wurstgiften, Kohlenoxyd, ferner bei Urämie und auch bei Diabetes. Hier wird der Arzt ja aus der Anamnese, den Umständen, dem sonstigen Befunde leicht erkennen, daß es sich nur um epileptische Anfälle als Symptom einer Vergiftung handelt. Auch vergesse man bei einer Frau nicht die Möglichkeit, daß die Anfälle der Ausdruck einer Eclampsia gravidarum sind. Unter

Reflexepilepsie

versteht man eine symptomatische Epilepsie, die angeblich „reflektorisch" durch den Reiz ausgelöst werden soll, den eine Narbe (besonders eine Narbe, in die ein Nerv mit einbezogen ist), ein kranker Zahn, eine Stirn- oder Kiefernhöhleneiterung usw. setzt. Es ist äußerst wahrscheinlich, daß alle hierher gehörenden Beobachtungen genuine Epilepsien sind, bei denen nicht die Epilepsie überhaupt, sondern höchstens der einzelne Anfall durch eine der genannten Schädigungen ausgelöst worden ist, genau so wie bei einem genuinen Epileptiker mit seltenen Anfällen einmal ein Anfall durch einen frischen fieberhaften Katarrh „ausgelöst" werden kann. D. h. der gleichsam krampfbereite Organismus (latente Epilepsie) reagiert auf eine Schädigung mit der ihm adäquaten Reaktion, dem epileptischen Anfall. Man stand bis zum großen Kriege der echten Reflexepilepsie im allgemeinen sehr ablehnend gegenüber. Aber man kann nicht leugnen, daß der Krieg sowohl den deutschen wie den französischen Beobachtern wiederum eine ganze Reihe von Fällen geliefert hat, die sich — bei peripheren Nervenschüssen — schlechterdings nur als Reflexepilepsien auffassen lassen. Der praktische Arzt wird sie wegen ihrer großen Seltenheit kaum zu sehen bekommen. Als

Reflexepilepsie

Spätepilepsie

werden epileptische Anfälle zusammengefaßt, die etwa nach dem 40. Lebensjahr erscheinen und Ausdruck entweder einer Hirnlues sind (antiluische Therapie!) oder infolge arteriosklerotischer Veränderungen (Hirnblutungen) eintreten. Auch schwere Säufer leiden (abgesehen vom epileptischen Anfall als Beginn eines Delirium tremens) in späteren Lebensjahren zuweilen an epileptischen Anfällen (Alkoholepilepsie), bei denen noch nicht feststeht, ob allein die chronische Alkoholvergiftung oder indirekt die durch das Gift bedingten arteriosklerotischen Veränderungen verantwortlich gemacht werden können.

Spätepilepsie

Kann man alle die genannten Herderkrankungen, Vergiftungen usw. ausschließen, so wird man endlich zur Diagnose der

genuinen, idiopathischen, echten Epilepsie

gelangen. Sie ist also eine Diagnose per exclusionem.

Jede Epilepsie, die man nicht als Symptom irgendeines nachweisbaren körperlichen Leidens ansehen kann, muß als idiopathisch betrachtet werden.

Genuine Epilepsie

Es war bisher immer nur die Rede von dem großen motorischen Anfall. Und in der Tat ist er das **Hauptsymptom der Epilepsie, das einzige, auf das sich die Diagnose sicher stützen kann.** Aber es finden sich daneben in wechselnder Anordnung noch andere Anzeichen. Diese kleinen Symptome sind allerdings hauptsächlich der genuinen Form eigen, bei der symptomatischen Epilepsie fehlen sie meist. Nur die traumatische Epilepsie hat ebenfalls die kleinen Symptome.

Epileptische Äquivalente
Ohnmachten
Dämmerzustände

Man hat schon seit langer Zeit die Erfahrung gemacht, daß bei einem genuinen Epileptiker, bei dem man den Anfallsverlauf genau kannte, gelegentlich nach der Aura kein Anfall einsetzte, sondern nur eine tiefe **Ohnmacht**, die dann in den bekannten terminalen Schlaf überging. In anderen Fällen folgte auf die Aura ein **Dämmerzustand**, in dem der Kranke verwirrt herumredete, einige verkehrte Sachen machte (z. B. die Wasserflasche hinter den Ofen trug, einige Blumen aus einer Vase nahm und im Zimmer mit seltsamen Gesten verstreute und derlei mehr), vielleicht auch eine leichte Sprachstörung[1]) zeigte und oft auffallend heiter, zuweilen ekstatisch glücklich war. Dann kehrte er (nach der Dauer von wenigen Minuten bis Stunden, ja Tagen) wieder in die normale Bewußtseinslage zurück und hatte vollkommene Amnesie für die Vorgänge[2]). Wiederum in anderen Fällen konnte man beobachten, daß ohne Aura der Epileptiker mitten im gesprochenen Satz stecken blieb, ein paarmal heftig schluckte oder einige unverständliche Gesten machte oder auch Sekunden wie versteinert stand und hierauf in der Rede

Absencen

und Beschäftigung fortfuhr, als wenn nichts geschehen wäre (**Absencen**)[3]). Auch geschieht es nicht so selten, daß ein genuiner Epileptiker plötzlich starr vor sich hinsieht, von mehreren heftigen klonischen Zuckungen gestoßen wird (vor allem in den Armen) und ohne hinzustürzen nach Sekunden seine Tätigkeit dort fortsetzt, wo er unterbrochen wurde. Infolge seiner Amnesie ist er z. B. dann ganz verwundert

Petit mal

darüber, daß er die Kaffeetasse umgeschüttet hat (**Petit mal**). In allen solchen Fällen stellt man sich vor, daß ein motorischer Anfall eingeleitet wurde, daß es aber aus irgendwelchen nicht näher aufzuzeigenden Gründen nicht zu seiner vollen Entwicklung kam, sondern daß sich die genannten Störungen gleichsam als sein Ersatz einstellten (**epileptisches Äquivalent**). Endlich beobachtete man bei Epileptikern auch

Endogene Verstimmungen

eine besondere Neigung zu **unmotivierten Stimmungsschwankungen.** Sie haben Tage oder auch nur Stunden, in denen sie mißmutig, gereizt und zu Gewalttätigkeiten geneigt sind, ohne daß für die

---

[1]) Es kommen sowohl artikulatorische wie aphasische Sprachstörungen vor, zuweilen sogar beide gemischt.

[2]) Die epileptischen Dämmerzustände sind sehr verschieden gestaltet. Sie können allein stehen (als Äquivalent) oder einem großen motorischen Anfall vorausgehen (präparoxysmal) oder ihm folgen (postparoxysmal). Sie stellen zuweilen eine schwere Psychose (Verwirrtheitszustand) mit Tobsucht und brutaler Gewalttätigkeit dar (Therapie: keine Zwangsjacke, kein Morphin, sondern 1—2 mg Hyoscin eingespritzt).

[3]) Deren Formen sind recht verschieden. Auch Zustände starken Schwindelgefühls kommen vor.

veränderte Grundstimmung ein Motiv aufzufinden wäre, ganz ähnlich den endogenen Schwankungen, die früher bei den epileptoiden Psychopathen beschrieben wurden[1]). Genau wie bei diesen gehen solche Verstimmungen auch in Fuguezustände (Poriomanie, impulsives Fortlaufen) oder pathologische Räusche über[2]). Endlich findet man anamnestisch, daß besonders viele Epileptiker an kindlichem, ja zuweilen bis gegen das 18. Lebensjahr anhaltendem Bettnässen leiden, und daß bei ihnen auch der (früher schon beschriebene) Pavor nocturnus nicht selten besteht.

Poriomanie
Pathologischer Rausch
Bettnässen
Pavor nocturnus

Es kommt vor, daß Kranke zum Arzt gebracht werden, die nur an diesen epileptischen Äquivalenten zu leiden scheinen, deren Angehörige also viel von Dämmerzuständen, Absencen usw., aber nichts von motorischen großen Anfällen berichten. Forscht man dann genau nach, so stellt sich heraus, daß zum mindestens nächtliche motorische Anfälle sehr wahrscheinlich sind. Zwar wissen die Kranken infolge ihrer Amnesie von ihnen meist nur Indizien anzugeben, aber diese sind sehr kennzeichnend. Sie haben sich z. B. früh morgens ganz zerschlagen und müde beim Aufwachen nicht im Bett, sondern neben ihm wiedergefunden, oder sie wachen mit einem Zungenbiß oder naß von Urin auf, oder sie haben, ohne etwas davon zu wissen, alle Gegenstände vom Nachttisch heruntergefegt usw. (Man vergesse nie, genau nach solchen nächtlichen Anfällen zu fahnden). Endlich gibt es aber auch Verläufe, in denen tatsächlich die großen motorischen Anfälle zu fehlen scheinen und nur die kleinen vorkommen. Solche Formen bezeichnet man als larvierte Epilepsie. Der praktische Arzt gehe an diese Diagnose nur mit der größten Vorsicht heran und getraue sich nur dann sie zu stellen, wenn wirklich ganz einwandfreie Petit-mal-Zustände oder Absencen von ihm selbst beobachtet wurden. Noch einen Schritt weiter — man denke sich auch noch die kleinen motorischen Anfälle hinweg—, so bleiben nur die epileptischen Dämmerzustände, die Schwindelanfälle und die Verstimmungen mit ihren Entladungen übrig. Solche larvierten Epilepsien werden als psychische Epilepsien bezeichnet. Der praktische Arzt verzichte völlig auf diese Diagnose (es handelt sich auch um recht seltene Fälle), denn selbst dem geübten Fachmann fällt oft die Abgrenzung der psychischen Epilepsie von verschiedenen Psychopathieformen sehr schwer. Es sei nochmals betont, daß die epileptischen Äquivalente vor allem die genuine Form auszeichnen und außerdem nur bei der traumatischen Epilepsie beobachtet werden; insbesondere kommen bei dieser Dämmerzustände und Absencen vor.

Nächtliche Anfälle
Larvierte Epilepsie
Psychische Epilepsie

Die Symptome während des Verlaufes einer Epilepsie können also recht bunt wechseln. Aber der Verlauf selbst kann vor allem zu einem

---

[1]) S. 81 ff.

[2]) Alle diese Symptome sind ja schon bei der epileptoiden Psychopathie beschrieben worden. Wegen der Gemeinsamkeit dieser Phänomene wählte man eben den Namen Epileptoid. Über den pathologischen Rausch siehe unter Alkoholismus. Auch Nachtwandeln kommt bei der Epilepsie wie bei Psychopathien verschiedener Form vor. — Epileptiker sind sehr oft Linkshänder.

Sehr häufig besteht bei Epilepsie dauernde Alkoholintoleranz. Zuweilen hat der Epileptiker Anfälle in Form der Dipsomanie (siehe S. 155).

ganz verschiedenen Ausgang führen, ein Gesichtspunkt, nach dem man alle Epilepsien wiederum zu trennen hat. Manche Verläufe führen nämlich zu einer langsamen, doch deutlichen geistigen Schwächung: *demente Form* der Epilepsie. Und andere wiederum beeinträchtigen die Persönlichkeit nicht, lassen vielmehr ihre Verstandesfunktionen völlig unberührt: *nicht demente Form* der Epilepsie (auch degenerative Epilepsie benannt). Dieser Ausgang in Demenz hängt mit den Symptomen nicht zusammen, i. a. W.: man kann aus den Symptomen nicht auf den Verlauf schließen. Lediglich in den Fällen, in denen sich die Anfälle *sehr* häufen, kann man mit großer Wahrscheinlichkeit einen ungünstigen Ausgang voraussehen. Hat man einmal einwandsfrei eine geistige Abnahme festgestellt, so ist der weitere Verfall meist unaufhaltbar. Allerdings ist die Schnelligkeit des Verfalls sehr verschieden. Es gibt stürmisch verlaufende Formen, bei denen in 2—3 Jahren eine schwere Verblödung eingetreten ist, und es gibt wiederum demente Formen, bei denen sich erst nach einem Jahrzehnt deutliche Anzeichen geistiger Schwächung nachweisen lassen.

Man sagt häufig, daß die *epileptische Demenz* recht eigen und von anderen Demenzformen wohl zu unterscheiden sei. Das ist richtig *anderen erworbenen Demenzen* gegenüber. Doch gibt es Formen *angeborenen Schwachsinns*, die dem epileptischen Schwachsinn sehr ähnlich sind. Wenn die Angehörigen dem Arzt versichern: „Unser Bruder war früher ganz anders; erst seit den 3 Jahren, seitdem er die Anfälle hat, ist er geistig so schwerfällig geworden" — dann dürfte die Diagnose demente Epilepsie leicht sein. Wenn man aber keine Anamnese hat und wird zu einem in der Stadt krampfkrank aufgefundenen Mann gerufen, so kann man nach dem Anfall oft unmöglich entscheiden: war der Fremde geistig immer so oder ist er neuerdings verblödet?

Die Demenz des Epileptikers äußert sich derart: Zuerst gehen, wie bei allen erworbenen Defekten, die feineren Regungen des Seelenlebens verloren, hier aber die feiner gebauten *gedanklichen* Verbände, die Akte der Zuwendung, der Neugruppierung, die Interessen. Er verödet etwa ähnlich dem Presbyophrenen. Sein Wesen bleibt freundlich, zutraulich, zugänglich, auch erhält sich recht lange sein Verständnis dafür, wer es gut mit ihm meint und wer nicht. Ja man kann ihm hierin sogar eine gewisse Feinfühligkeit nicht absprechen. Offenbar ist ja das Erfassen dieses Momentes ganz unabhängig von irgendwelchen Verstandesoperationen. Man denke dabei an manche Tiere, die einen sehr feinen Instinkt dafür haben, ob man ihnen freundlich gesinnt ist oder nicht. Der Epileptiker ist hierin sehr empfindlich. Ein rasches Wort, eine bestimmte, vielleicht etwas wegwerfend aussehende Geste des Arztes kann ihn tief verstimmen. Es kann mir 1917 geschehen, daß er mir erklärt: „Herr Doktor, Sie müssen in dieser Beziehung nicht denken, daß das Urteil über den Umfang oder sagen wir auch die Grenzen oder vielleicht die Umgrenzung meines Verstandes oder der zum Verstand gehörigen Funktionen derartig durch meine Anfälle in Mitleidenschaft gezogen und also einigermaßen getrübt oder beeinträchtigt wäre,

daß ich nicht noch wüßte, daß Sie mich, als Sie mich das erstemal am
26. November 1901 nachmittags um $1/_2$4 in der Goethestraße sahen,
wenn Sie mir erlauben, einmal diesen allgemeinen Ausdruck zu wählen,
ziemlich häßlich behandelt und mit Blicken beleidigt haben." — Man
sagt vom Epileptiker immer, er sei rachsüchtig. Daran ist insofern etwas
wahr, als sein Gedächtnis, wie dieses schematische Beispiel zeigen soll,
meist lange recht gut bleibt (oft für die unbedeutendsten Kleinigkeiten),
und daß er sich, wenn einmal eine Verstimmung mit dem Drang zur Entladung über ihn kommt, dann an jemand vergreift, dessen vermeintliche
Beleidigungen er erinnert. Sein Gedächtnis ist aber — und darin
liegt ein Hauptkennzeichen seines Schwachsinns enthalten — für
Haupt- und Nebensachen gleich gut. Er erinnert sich vielleicht
irgendeines Vorgangs bis in unbedeutende Einzelheiten, und doch hat
er den Sinn, der hinter diesem ganzen Vorgang steckte, nicht erfaßt.
Er bleibt am Kleinlichen, Äußerlichen hängen. Der demente Epileptiker
ist ferner ungemein umständlich. Er hat die Fähigkeit kurzer sprach-
licher Formulierung völlig verloren. Man hat schon in den ersten Worten
eines Satzes erraten, was er sagen will, aber es dauert einige Minuten,
ehe er selbst mit seinen langen Umschreibungen so weit gekommen ist,
daß er mit sich selbst zufrieden ist. In fortgeschritteneren Fällen von
Demenz findet er überhaupt kein Ende. Da verwickelt er sich derart
in Umschreibungen und Erklärungen, daß wahre Satzungeheuer entstehen. Man hört gelegentlich, daß der Unkundige derartige seltsame
Sprachprodukte mit Ideenflucht verwechselt, aber damit hat die Umständlichkeit des Epileptikers eigentlich gar nichts gemein, als den
Redeschwall. Während dem Manischen 1000 Sachen einfallen, fällt
dem Epileptiker nichts ein[1]). Seine Weitschweifigkeit äußert sich auch
in seinen Handlungen. Er liebt die Ordnung bis zum Fanatismus. Er
legt sich Sammlungen an, macht von diesen Listen, von diesen wieder
Verzeichnisse und so fort. Er führt eine Handlung in seltsam umständlich verschrobenen Formen aus, so daß man oft denkt, er will auf wunder
etwas hinaus, und erstaunt ist, wenn es sich um ganz primitive Tätigkeiten handelt. Etwas feierlich Getragenes ist meist in seinem Wesen.
Wie er möglichst umständliche, wenn auch völlig leere Formen der gesellschaftlichen Höflichkeit liebt, so liebt er auch sehr die Formen der
religiösen Andacht. Die Feierlichkeit des Gottesdienstes sagt ihm an
sich so sehr zu, daß er ein eifriger Kirchenbesucher ist. Dort erregt
er oft Aufsehen, indem er sich in übermäßiger Weise verbeugt, ungemein
häufig bekreuzigt usw. Er führt auch im Alltagsleben den Namen
Gottes immer im Munde und zitiert gern Bibelsprüche, Gesangbuchverse
u. dgl. Seine Auffassung wird allmählich immer schwerer. Aber wenn
er auch für seine Anfälle eine gewisse — oft nicht sehr tiefgehende —
Krankheitseinsicht behält, so hat er doch für seine zunehmende Demenz
kein Verständnis. Im Gegenteil, er wird nicht deprimiert, sondern
seine Selbstgefälligkeit steigt. Er wird direkt eitel, schmückt sich mit
Blumen, pflegt seine Kleidung und verlangt von seiner Umgebung

---

[1]) Es ist hier nicht von den epileptischen Dämmerzuständen die Rede. In
diesen kommen zuweilen einmal Äußerungen von echter Ideenflucht vor.

laute Anerkennung der Vorzüge seiner Persönlichkeit. Wenn man ihn nur freundlich behandelt, so ist er in seinem Dauerzustand völlig harmlos. In seinen Ausnahmezuständen dagegen, vor allem in den Dämmerzuständen und Verstimmungen kann er, zumal wenn er auf Neckereien oder Widerspruch stößt, hemmungslos gewalttätig werden. Auch kommt es vor, daß er in seinen Dämmerzuständen maßlos sexuell erregt und gefährlich ist[1]).

Im Endzustande epileptischer Verblödung sind die Kranken geistig derart zerfallen, daß eine Unterhaltung mit ihnen kaum mehr möglich ist. Dann hat natürlich auch das Gedächtnis sehr Not gelitten.

Solche Ausgänge in Demenz kommen bei allen beiden Formen der Epilepsie (der symptomatischen wie der genuinen) vor. Sie finden sich bei Verläufen mit großen motorischen Anfällen und bei solchen, die nur kleine Anfälle haben. Es gibt geistig hochstehende Persönlichkeiten, Techniker, Künstler, Gelehrte, Beamte, die an seltenen epileptischen Anfällen leiden, und deren geistige Potenz bis zu ihrem Lebensende nicht abnahm. Ja in den verschiedensten Werken über Epilepsie sind vereinzelte Fälle bezeugt, in denen Kranke sogar an häufigen, z. B. jede Woche kommenden Anfällen litten und doch nicht verblödeten[2]).

Prognose   Die Kenntnis der Tatsache, daß die Epilepsie zu so verschiedenen Ausgängen führen kann, muß den Arzt streng darauf hinweisen, mit seiner Prognose vorsichtig zu sein. Sogar die Diagnose der Epilepsie seinen Kranken und deren Angehörigen zu nennen, wird sich vielleicht nur in schweren Fällen empfehlen. In leichteren Fällen, vor allem in solchen ohne Demenz, dürfte das Wort Epilepsie die Angehörigen und den Kranken nur unnütz ängstigen. Ist aber ein Arzt ein Anhänger davon, stets ohne Kompromiß seine Auffassung des Falles zu äußern, so unterlasse er nicht, hinzuzusetzen, daß mit der Diagnose Epilepsie selbst noch nichts über den Verlauf gesagt sei, daß sich dieser vielmehr so und so abspielen könne[3]).

---

[1]) Es sei an den Mörder Tessnow erinnert, der seinerzeit in allen Tageszeitungen besprochen wurde und viel Aufsehen erregte.

[2]) Ob, wie häufig zu lesen ist, Napoleon, Cäsar usw. Epileptiker gewesen sind, ist infolge mangelhafter historischer Nachweise nicht zu entscheiden, aber (zum mindesten bei ersterem) sehr unwahrscheinlich.

[3]) Nur anhangsweise sei noch einiger Kuriositäten aus dem sog. Grenzgebiet der Epilepsie gedacht.

Es gibt Jugendliche (vor allem asoziale Jugendliche, Verwahrloste, Fürsorgezöglinge), die für gewöhnlich nicht an epileptischen Anfällen irgendwelcher Art leiden, die aber nach großen Erregungen (Verhaftungen, Strafprozeduren usw.) Anfälle bekommen, die nach allen ihren Symptomen durchaus als epileptisch anzusprechen sind. Man nennt solche seltenen Fälle Affektepilepsie. Ihre nosologische Zuordnung ist noch zweifelhaft. — Bei Kindern und Jugendlichen nimmt der Verlauf der Epilepsie überhaupt zuweilen recht seltsame Formen an: da gibt es z. B. die gehäuften kleinen Anfälle (Narkolepsie), die psychasthenischen Krämpfe, die sich neben allerlei psychopathischen Symptomen meist als Reaktion einstellen. Alle diese für die Erfahrung des praktischen Arztes wegen ihrer Seltenheit kaum in Betracht kommenden Formen werden am besten zur degenerativen Epilepsie gerechnet.— Natürlich gibt es auch Epileptiker mit hysterischen Erscheinungen. Man wird deshalb aber nicht von einer Hystero-Epilepsie reden, sondern genau formulieren, z. B.: es ist eine degenerative Epilepsie mit vereinzelten hysterischen Stigmaten usw.

Die Therapie der Epilepsie hängt vor allem von der Beantwortung jener Fragen ab, die ihrer Wichtigkeit halber hier nochmals wiederholt seien. Therapie

Genuin oder symptomatisch?

Wenn symptomatisch, dann Symptom wovon?

Dement oder nicht dement?

Niemals erspare sich der Arzt die Beantwortung dieser Fragen.

Bei allen symptomatischen Formen wird man natürlich das Grundleiden behandeln. Bei der traumatischen Epilepsie wird man sich ebenso wie bei der genuinen Form verhalten können. Handelt es sich um eine nicht demente Form mit ihren seltenen Anfällen, so wird man jede medikamentöse Therapie unterlassen mit Ausnahme gelegentlicher (seltener) Beruhigungs- und Schlafmittel. Dagegen wird man die Lebensweise der Kranken genau prüfen und gesundheitsgemäß einrichten. Bei Kindern tut ein Milieuwechsel oft auch hier Wunder.

Bei der dementen Form der Epilepsie wird man ebenfalls jede Therapie unterlassen, wenn die Anfälle sehr selten sind, wenn z. B. nur alle 1—2 Jahre oder noch seltener einmal ein großer Anfall eintritt. Verstimmungen sind nur einer Psychotherapie zugänglich. Bei den epileptoiden Psychopathen ist hierüber schon ausführlich gesprochen worden. Wegen kleiner Anfälle, wenn sie sich nicht zu sehr häufen, trete man in keine Bromtherapie ein. Denn alles, was die Epilepsietherapie bisher leisten kann, richtet sich gegen die Häufigkeit der motorischen Anfälle. Die Verblödung erscheint jedem hindernden Einfluß entzogen[1]).

Die Meinungen stehen sich heute noch in unentscheidbarem Streit gegenüber, ob der epileptische anatomische Hirnvorgang die Demenz herbeiführt und die epileptischen Anfälle nur als relativ geringfügige unwichtige Symptome nebenherlaufen, oder ob die epileptischen Anfälle selbst das Gehirn schädigen und daher den Demenzprozeß mittelbar oder unmittelbar beschleunigen. Da die letztere Meinung, wenn sie auch nicht allzuviel für sich hat, immerhin nicht schlankweg abgewiesen werden kann, und da andererseits die motorischen Anfälle, zumal wenn sie sich häufen, für die Kranken gefährlich (Sturz von der Treppe, vom Rad usw.) und die Umgebung aufregend und lästig sind, hat man sich gewöhnt, die Anfälle durch Beruhigungsmittel zu bekämpfen. Man verwendet dafür das Brom in verschiedener Weise. In der Kassen- Brom praxis wird man sich der einfachen wässerigen Lösung von (Bromkalium oder) Bromnatrium 100 : 1500, 3—6 Eßlöffel am Tag bedienen. Sonst sind die brausenden Bromsalze oder das Sedobrol empfehlenswert. Letzteres (nicht billig) ist eine Vereinigung von Bromnatrium mit sehr wenig Kochsalz und verschiedenen Suppengewürzen. Eine Sedobrol-Tablette (1,1 g NaBr) in $^1/_{10}$ l Wasser aufgelöst ergibt eine leidlich schmeckende, bouillonartige Suppe. Man beginnt mit einer Tablette in der Mittagssuppe und steigt bis auf 3 und höchstens 5 am Tag. Man muß sich dabei jedem einzelnen Epileptikerfall genau anpassen und

---

[1]) Es sind auch gegenteilige optimistischere Ansichten laut geworden.

darf genaue Aufzeichnungen über die Zahl der Anfälle vor der Kur und nach langsam einsetzender Kur nicht unterlassen. Man kann an Stelle des Sedobrols natürlich auch — nur mit größerer Mühe — sich mit den einfachen Bromlösungen einen Kurplan zurechtmachen.

Das Wesentliche der modernen Bromtherapie[1]) ist die starke Verringerung der gleichzeitig dem Körper zugeführten Kochsalzmenge. Deshalb ist die Sedobroltherapie bequem, weil sie den Suppen einen salzigen Geschmack verleiht und doch dabei die Kochsalzquanten sehr herabdrückt. Man gebe auch neben den Sedobrol- (bzw. sonst irgendwie präparierten Brom-) Suppen nicht eine kochsalzfreie, sondern kochsalzarme Diät. Wenn man den Epileptiker an eine Bromsuppe mittags und abends gewöhnt und nebenbei noch möglichst Milch verabreicht, so wird man leicht die Kochsalzzufuhr im Tag auf 10—12 g herabdrücken können. Man scheue sich vor einer intensiven — aber immer individuellen! — Bromkur nicht wegen eines etwa einsetzenden Bromismus. Bromismus Dieser äußert sich in erschwerter Auffassung, Müdigkeit, Merkfähigkeitsstörung, Sprach- und Schriftstörungen, schlechter Stimmung. Man höre auf keinen Fall mit der Bromdarreichung auf — alle plötzlichen Änderungen im Chlor-Brom-Stoffwechsel des Kranken können direkt lebensgefährlich werden —, sondern vermindere sie nur dann langsam, wenn man hohe Dosen erreichte. Man kann auch in ernsteren Fällen von Bromismus neben der herabgesetzten Brommenge noch 3—4 g Kochsalz im Tage geben. Oft geht aber der Bromismus allmählich von selbst vorüber. — Wichtig ist, daß die Bromdarreichung lange Zeit (Monate und Jahre) erfolgt, je nach der Anfallshäufigkeit und dem sonstigen Verlauf. Auch nach Ausbleiben der großen Anfälle gebe man Brom noch Monate, ja Jahre weiter[2]).

Man wird nicht selten von bekümmerten Eltern um Rat gefragt, die bei ihrem epileptischen Sohn schon „alles" probiert haben. Meist stellt sich heraus, daß sie ungeduldig von einem Arzt zum anderen gezogen sind und unzufrieden waren, wenn nicht nach sechswöchiger Kur die Anfälle ausblieben. In allen diesen Fällen rate man zu einer methodischen gründlichen, gut überwachten ein- bis zweijährigen Bromkur[3]). An Stelle des Broms bedient man sich heute gern des Luminals. Man beginnt mit 0,05 am Tag und fährt fort mit zweimal 0,05; dann mit 0,05 und 0,1; dann mit zweimal 0,1 usw. so lange langsam steigend, bis die Anfälle wegbleiben. Über 0,5 am Tage gebe man im allgemeinen nicht. Erfordert ein Fall doch erhebliche Dosen, so kombiniere man das Luminal mit etwas Brom. Man beginne jedoch nicht sogleich mit dieser Kombination, da man dann nicht übersehen kann, was eigentlich wirkt. Man hat zwar das Luminal schon über Jahresfrist regelmäßig ohne Schaden gegeben, man hat aber dabei auch schon ernsthafte Ver-

---

[1]) Von der Flechsigschen Brom-Opiumkur ist man immer mehr abgekommen.

[2]) Die oft störende Bromakne wird durch Arsen (Sol. Fowleri 2 mal tägl. 4—8 Tropfen) beseitigt, stärkere Bromulzerationen werden mit Kochsalzumschlägen und Quecksilbersalbe (Brom nicht aussetzen!) behandelt, auch mit Kochsalzbädern.

[3]) Vor allen Geheimmitteln sei dringend gewarnt. Ihr wirksamer Bestandteil, wenn sie überhaupt wirken, ist meist Brom.

giftungen (mit seltsamen Exanthemen usw.) gesehen. Wir kennen dieses Mittel eben noch nicht lange genug, um über seine chronische Darreichung schon ganz Sicheres aussagen zu können. Jedenfalls ist seine Wirkung oft vorzüglich.

Manche Ärzte sind große Freunde der vegetarischen Kost in der Epilepsiebehandlung. Sie kann sicher nichts schaden. Häufig bekommt man die Frage zu hören, ob denn nicht eine Operation das Übel be- Operation heben könne[1]). Die Meinungen darüber sind noch sehr geteilt. Die Chirurgen äußern sich zum Teil ziemlich optimistisch, doch fehlen ihnen fast immer längere Katamnesen. Man wird zu einer Operation — wenn wirklich alles andere umsonst versucht worden ist — nur dann zureden können, wenn jeder Anfall immer mit halbseitiger Aura oder einem genau umgrenzten, sich immer gleichbleibenden Krampf verläuft, wenn also bestimmte Herderscheinungen vorliegen (Jacksontypus) und vor allem, wenn die Anamnese mit Wahrscheinlichkeit auf eine kindliche Enzephalitis oder ein späteres eng umschriebenes Trauma verweist.

Der Arzt wird häufig von den Eltern epileptischer Jungen zu Rate gezogen, wenn es sich um die Berufswahl des Sohnes handelt. Daß man in Arbeiterkreisen nur zu einem Beruf raten wird, der in bezug Berufswahl auf die Anfälle möglichst ungefährlich ist, ist selbstverständlich (also Landmann, Erdarbeiter, Zigarrenarbeiter usw.). In den gesellschaftlich höheren Ständen handelt es sich bei der Entscheidung um die Art der Epilepsie. Bei einer nicht dementen Form mit seltenen Anfällen wird man nur Ingenieure, Offiziere u. dgl. ausschließen müssen. Bei häufigeren Anfällen ohne Demenz wird sicher noch der Beruf des Kaufmanns, Bankbeamten, Beamten möglich sein. Bei dementen Formen empfehlen sich natürlich nur untergeordnete Stellen, z. B. kann die große Genauigkeit und Reinlichkeit des Epileptikers, wenn er noch nicht zu sehr verblödet ist, der Tätigkeit als Bureauschreiber, Zeichner, Präparator, Laborant usw. zugute kommen. Schwerere Formen werden sich nur noch in der Landwirtschaft und Gärtnerei beschäftigen lassen.

Bei allen Epilepsieformen dringe man auf vollkommene Enthaltsamkeit von Alkohol, Tee, Kaffee und sorge für eine naturgemäße Lebensweise. Sport ist nur dann zu empfehlen, wenn keine motorischen Anfälle vorkommen. Vor dem freien Baden, vor Hochtouristik und Radfahren sei besonders gewarnt, Kraftwagenselbstfahren ist ebenfalls unmöglich

Der histologische Befund bei der Epilepsie ist noch sehr verschieden- Hirn-
artig. Es gibt zwar eine bestimmte Gruppe von Epilepsieformen (wahrscheinlich befund
nur dem dementen Verlauf zugehörend), die einen relativ einheitlichen Hirnrinden-
befund zeigen, doch ist dies nur eine kleine Gruppe (die sog. anatomische Epilepsie
Nißl - Alzheimers), welche klinisch noch nicht einheitlich umschrieben werden
kann. Für den allgemeinen Arzt kommen diese Fragen praktisch noch nicht in
Betracht.

---

[1]) Es werden von den Chirurgen verschiedene Techniken angewandt. Manche öffnen lediglich den knöchernen Schädel, andere setzen eine Duralücke, wieder andere nehmen eine partielle Rindenexzision vor.

D. Alkoholistische Geistesstörungen (und Suchten).

Schon früher war davon die Rede, wie man es sich wohl erklären könne, daß bei ungefähr gleicher sozialer Herkunft, gleichen Trinksitten und der gleichen Menge des durchschnittlichen Alkoholverbrauchs der eine zum Säufer werde, der andere nicht. Man hilft sich im täglichen Leben mit der allgemeinen Redensart: der eine könne mehr vertragen als der andere. Aber damit wird ein Moment der Anlage, der Disposition getroffen. Und ein solches Moment der Anlage muß man auch, so wenig diese Ausrede auch befriedigt, annehmen, wenn man sich die Frage vorlegt, warum der eine Säufer zum Delirium tremens, der andere zur Alkoholhalluzinose, der dritte ohne akute Schübe zur chronischen Trinkerentartung mit Eifersuchtswahn und der vierte endlich zu alkohol-epileptischen Anfällen kommt. Denn es bekommt doch keineswegs jeder Trinker alle alkoholistischen Geistesstörungen. Man kennt die wirklichen Ursachen der Verschiedenheit der Verläufe nicht. Auch die Dauer des Trinkübermaßes und die Art und die Menge des zugeführten Alkohols hat sich noch nicht in eine regelmäßige Beziehung zur Art der alkoholistischen Geistesstörungen setzen lassen. Man kann nur im allgemeinen sagen, daß der Schnapsgenuß hauptsächlich zum Delir, zur Alkoholepilepsie und zum Korsakowschen Komplex, der Biergenuß vorwiegend zum chronischen Verfall zu führen scheint.

Es gibt außer den genannten Formen alkoholistischer Psychosen auch noch die **akute Alkoholvergiftung**, nicht im Sinne des gewöhnlichen Rausches, sondern in der Art einer akuten, das Leben gefährdenden schweren Vergiftung, die mit Krämpfen usw. einhergeht. Doch wird der Arzt höchstens dann einmal in die Lage kommen, einen solchen Zustand zu sehen, wenn ein Kind oder Jugendlicher heimlich über eine Flasche süßen Likörs kommt und sie in kurzer Zeit gierig austrinkt.

Akute Alkoholvergiftung

Wie verschieden die menschlichen Naturen auf den Alkoholgenuß reagieren, weiß man ja aus der Erfahrung des Alltags, wenn man sich daran erinnert, wie verschieden die Räusche aussehen. Über den normalen, d. h. durchschnittlichen **Rausch**, mag er nun mehr heiter-glücklich gefärbt sein oder mehr ins „heulende Elend‟ führen, sei hier nichts weiter angeführt. Höhere Grade des normalen Rausches werden als schwerer Rausch oder (vor allem im Gerichtssaal) als **sinnlose Trunkenheit** bezeichnet. Der normale Mensch vermag sich jederzeit in einen solchen Zustand zu versetzen, er muß nur entsprechend große Alkoholmengen zu sich nehmen. Freilich gilt dies nur für die Mehrzahl der Menschen. Denn es gibt vereinzelte Individuen, die sich sonst in gar keiner Weise vom Durchschnitt unterscheiden und nur in dieser einen Beziehung der Reaktion auf Alkohol sich anders verhalten. Es gibt z. B. Männer, bei denen das Stadium der Erregung nach Alkoholgenuß auszubleiben scheint. Solche Berauschten werden alsbald schläfrig und verfallen bei fortgesetztem Alkoholgenuß, wenn der Magen ihn überhaupt zuläßt, einfach in tiefen Schlaf. Andere wiederum (besonders

Rauschformen

Frauen) bekommen auf geringe Alkoholmengen schon starke Erweiterung der Hautgefäße, einen roten Kopf, Kopfschmerzen, innere dysphorische Unruhe und schließlich alle möglichen Anzeichen einer körperlichen „Erkrankung". Die Alkoholintoleranz äußert sich sehr verschieden. Macht der Zustand des Magens die Aufnahme größerer Alkoholmengen unmöglich, oder tritt schon nach kleinen Alkoholdosen ein solch allgemeines körperliches Übelbefinden ein, daß der Betreffende nicht imstande und auch gar nicht willens ist, mehr zu trinken, so kommt es eben nicht zum Rausch. In anderen Fällen aber vermag der Körper immerhin 2—3 Glas Bier oder $1/_4$ l Wein aufzunehmen, und nun verfällt der Alkoholintolerante in eine besondere Art von Rausch, die mit den oben erwähnten Graden des gewöhnlichen Rausches wenig mehr gemein hat. Man bezeichnet diese Art Räusche als pathologische oder abnorme Räusche und meint also damit nicht höhere Grade des gewöhnlichen Rausches, nicht sinnlose Betrunkenheit, sondern eine qualitativ andersartige Berauschung. Ein pathologischer Rausch ist ein durch seine Symptome pathologischer Rausch, abnorm ist an ihm oft (nicht immer) auch das Mißverhältnis zwischen geringer Alkoholmenge und hochgradigem Ausnahmezustand. Es gibt Individuen, die jedesmal, wenn sie Alkohol zu sich nehmen, in einen pathologischen Rausch verfallen, und es gibt wiederum andere, bei denen die Alkoholintoleranz zeitlich sehr wechselt. So sind z. B. Hysteriker bekannt, die in der vollen Ruhe eines behaglichen Abends große Mengen Biers oder Weins trinken können, die aber in leidenschaftlicher Erregung, z. B. in zornigem Affekt gar nichts vertragen können und dann schon nach ganz geringen Alkoholquanten in einen pathologischen Rausch geraten. Und es sind die Epileptiker und die epileptoiden Psychopathen, die in ihren Verstimmungen alkoholintolerant sind; manche von ihnen sind es freilich immer. — Im Verlaufe langjähriger Trunksucht wird auch der gewöhnliche Trinker schließlich meist intolerant.

Die ausgebildete abnorme Trunkenheit des Intoleranten — eben den pathologischen Rausch — pflegt man durch folgende Symptome zu charakterisieren:

1. die völlig veränderte, unangenehme Stimmungslage,
2. die starke motorische Erregung, die zu Gewalttätigkeit drängt,
3. das auffällig wirre, verstörte Wesen,
4. die nachfolgende Erinnerungslosigkeit für die Dauer des Zustandes.

Das wirre verstörte Wesen des abnorm Berauschten äußert sich hauptsächlich in eigenartigen Redewendungen, die in den Zusammenhang nicht zu passen scheinen. Man merkt, es geht in dem Betreffenden innerlich etwas vor, was nichts mit der augenblicklichen Umgebung zu tun hat, es würgt etwas in ihm, er wird mit etwas nicht fertig. Sein Blick ist stier, aber nicht glasig wie der eines schwer Betrunkenen, sondern bösartig, so wie man sich als Kind den Mörder vorzustellen pflegt. Er nimmt keine Rücksicht auf seine Umgebung, brütet vor sich hin, sieht in die Ecke. Plötzlich fragt er etwas Abruptes, was niemand beantworten kann, und was allgemeines Kopfschütteln hervorruft.

„Wer hat die Gesetze gemacht ? — gelt, da wißt ihr nix, ihr Saubande." Ebenso wie der einfach Verstimmte beschäftigt sich der pathologisch Berauschte gern mit allgemeinen Problemen. Während doch sonst der Gesprächsstoff des einfachen Mannes mehr seine Umgebung mit allen ihren konkreten Umständen ist, redet er nun von Gott und der Welt Ungerechtigkeit, vom Hochmut der Reichen, von der Abrechnung mit den Leuteschindern usw. in hochtrabenden Phrasen.

Die Erinnerungslosigkeit, die nach dem pathologischen Rausch besteht, ist nicht immer vollkommen. Meistens sind sogar dunkle Erinnerungen vorhanden. Nicht wie beim epileptischen Dämmerzustand ist eine bestimmte Zeit plötzlich und völlig ausgeschaltet[1]), sondern es liegen (wenigstens bei den leichteren Formen des pathologischen Rausches) dunkle Erinnerungen an Einzelheiten vor.

So schildert z. B. ein Dipsomane[2]): Nach 2—3 Glas Bier sei er geliefert. Er werde allerdings nicht eigentlich betrunken, könne ruhig und ohne Aufsehen zu erregen nach einer solchen Kneiperei nach Hause gehen, doch dürfe sich keiner seinem Willen entgegenstellen; er vertrage keinen Widerspruch, verliere schnell alle Beherrschung und werde gewalttätig. Auch könne er sich vieler Einzelheiten aus solchen Zuständen hinterher nicht erinnern, wenn er auch nur wenig getrunken habe. Oft habe er sich ganz geordnet dabei benommen und keiner habe ihm glauben wollen, daß er an diese Ereignisse keine Erinnerung habe. Wiederholt haben ihn die Leute geneckt, was er denn jetzt wieder erfunden habe, und er habe keine Ahnung gehabt, welchen Anlaß er zu diesen Neckereien gegeben habe.

Man hört (besonders im Gerichtssaale) nicht selten die Forderung aussprechen: wenn wirklich die Tat eines Berauschten die eines krankhaft Beeinflußten (eben eines pathologisch Betrunkenen) sein solle, so müsse man bei ihr doch die innere Folgerichtigkeit vermissen. Man könne dann nicht annehmen, daß der Betreffende fliehen, seine Verfolger niederschießen, sich geschickt verstecken könne usw. Daraus gehe doch eine klare Zwecksetzung und Zweckverfolgung hervor. Ein solcher Mensch sei doch nicht geisteskrank. — Über die Frage der forensischen Wertung der Räusche wird in dem VII. Hauptstück „Begutachtung" noch einiges mitgeteilt werden. Hier sei nur erwähnt, daß dieser Einwand eben ein Laieneinwand ist; er geht von der falschen Meinung des Ununterrichteten aus, der geistig Abnorme müsse immer unzweckmäßig handeln. Die Handlungen des pathologisch Berauschten sind vielmehr bald in sich folgerichtig, bald nicht, bald zweckmäßig, bald unzweckmäßig.

Es wurde erwähnt, daß mancher Mann nur zu gewissen Zeiten alkoholintolerant und zu pathologischem Rausch disponiert sei. Aber es gibt auch Männer, die für gewöhnlich den Alkohol kaum sonderlich lieben und nur in gewissen Zeiten ihm zuneigen, dann aber mit unwiderstehlicher Gewalt. Es sind die sog. Quartalssäufer, die

---

[1]) „Locheisenförmig" ist das viel mißbrauchte Wort.
[2]) Fall 31 in Pappenheim. Über Dipsomanie. Zeitschr. f. d. ges. Neur. u. Psychiatrie 11. 1912.

Dipsomanen[1]). Dipsomanie ist keine Diagnose, das Wort bezeichnet nichts als den soeben umschriebenen Tatbestand. Es gibt endogene Dipsomanen, d. h. Leute, die ohne äußeren Anlaß aus ganz unbekannten Ursachen heraus plötzlich zum Alkoholgenuß gedrängt werden — sie finden sich vor allem unter den Epileptikern und den epileptoiden Psychopathen — und es gibt reaktive Dipsomanen, die im Alltag sich dem Alkohol fernhalten und nur bei Erregungen, Enttäuschungen, Streitigkeiten usw. Vergessen und Linderung in ungeheuren Alkoholmengen suchen. Sie finden sich zumal unter den hysterischen Persönlichkeiten. Dies ist allen Dipsomanen eigentümlich, daß sie nicht wieder aufhören können zu trinken, sobald sie einmal angefangen haben. Sie zechen dann oft Tag und Nacht hindurch ohne Rücksicht auf Pflichten, Stellung, Beruf und Familie und schütten alle nur irgend erreichbaren alkoholhaltigen Getränke hinunter, bis nach 2—3 Tagen die Krise erreicht wird, und ein langer Schlaf den Ausnahmezustand beschließt. Die Erinnerung ist zuweilen etwas getrübt.

Die bekannteste unter den alkoholistischen Geistesstörungen, ja vielleicht unter den Geistesstörungen überhaupt, ist das Delirium tremens. Man kennt davon eine abortive Form, die z. B. bei alten Landstreichern (Schnapstrinkern) nicht so selten ist. Immer, wenn die Dämmerung kommt, da wusselt es so merkwürdig, als wenn hier etwas gehuscht wäre, sich dort etwas bewegt hätte. Es wird alles so unsicher, die Hand will nach etwas greifen und greift doch in die Luft. Es ist ein wenig gemütlicher Zustand, doch löscht ihn der Schlaf bald aus. Das ausgeprägte Delir verläuft etwa so:

Der Droschkenkutscher hat wie gewöhnlich abends einen kleinen Rausch und hat dabei zufällig einmal Unglück: er biegt um die Ecke, wird von der Straßenbahn erfaßt, und durch den Ruck, den sein Wagen erhält, fliegt er vom Bock auf das Pflaster und bricht den Arm. Er kommt ins Spital, wird dort behandelt und fängt am dritten Abend an, sich etwas unpassend zu benehmen. Die Schwester beobachtet, wie er am Fenster immer eigenartig herumgreift, auf Vorhalt hat er eine Ausrede bereit. In der Nacht hat er in eine Ecke des Krankenzimmers uriniert, fiel auch durch lautes vergnügtes Reden im Schlaf (offenbar sprach er mit seinen Gäulen) auf. Am Morgen redet er die Schwester mit einem falschen Namen an, und nun steigert sich die Störung schnell: er fängt an zu räumen, bringt alles durcheinander, läuft fröhlich, aber unsicher im Hemd überall umher, vergreift sich an fremdem Eigentum, trinkt aus einer leeren Flasche und lobt das Getränk sehr. Er wird derart störend, daß man ihn isolieren muß[2]). Nun ist er in voller Fahrt und ganz mit sich beschäftigt. Er redet — obwohl allein — mit allen möglichen Leuten, striegelt seine Pferde, klopft die Kardätschen aus, schirrt die Gäule an, fährt los (Beschäftigungsdelir) und vollzieht alle diese Bewegungen mit leeren Händen. Dann sucht er wieder einmal lange auf dem leeren Fußboden, zieht Fäden aus der Luft, fängt nicht vorhandene Mücken, sammelt allerkleinste Abfälle (Brotkrümel u. dgl.) und behauptet, er müsse die vielen Erbsen wieder zusammenlesen. In den Ecken (Halbdunkel!) sieht er zahlreiche herumhuschende Mäuse, Schlangen, Würmer; auf der Bettdecke kriechen massenhaft Spinnen. Bei allem diesem Herumgreifen, das tagelang andauern kann, ist er bald heiter, humorvoll, aber doch immer etwas gespannt, leicht beunruhigt, unsicher, bald ernsthaft ängst-

---

[1]) Fritz Reuter soll ein Dipsomane gewesen sein.

[2]) Das geschieht in einer psychiatrischen Klinik im allgemeinen grundsätzlich nicht. Dort weiß man sich auf andere Arten zu helfen, deren Schilderung aber nicht hierher gehört.

Abb. 4. Schrift eines Alkoholikers während eines Delirium tremens (Diktat). (Aus den Sammlungen der psychiatrischen Klinik Heidelberg.)

lich. In den Angstzuständen läuft ihm der Schweiß in Strömen herunter, er steht an der Wand und stützt sie stundenlang mit Aufbietung aller Kraft, da sie sich schon sehr gesenkt hat, wackelt und einzustürzen droht. Dabei schont er seinen gebrochenen Arm nicht im mindesten. Man kann ihm alles mögliche unsinnige Zeug einreden, sofern es mit seinem sonstigen Lebenskreis übereinstimmt. Er ist sehr suggestibel. Selbst seine Gesichtstrugwahrnehmungen kann man beeinflussen, besonders wenn man seine Augenlider schließt und mit den Fingern leicht auf seine Bulbi drückt. Hierbei hat er allerlei wechselnde Gesichtserlebnisse. Er verkennt alle Gegenstände, alle Personen und ist örtlich und zeitlich vollkommen desorientiert. Dabei hat er nicht etwa eine (mit der Wirklichkeit nicht übereinstimmende) herrschende Idee (Wahnidee), sondern alles wechselt kunterbunt. Gelegentlich hält er irgendeine Falschdeutung einmal eigensinnig eine Zeitlang fest, aber bald kann man ihm wieder etwas anderes einreden. Nur das ist allen seinen verkehrten Urteilen gemein, daß er sich immer an irgendeinem seiner alltäglich gewohnten Orte zu sehen glaubt.

Echte Gehörstäuschungen sind selten. Man darf aus der Tatsache, daß er mit (nicht anwesenden) Leuten redet, keineswegs ohne weiteres auf Gehörstäuschungen schließen. Körperlich fällt vor allem sein unsicherer Gang (positives Rombergsches Zeichen) und sein starkes Zittern (meist feinschlägig) auf. Die Pupillen sind oft eng und reagieren dann schlecht[1]). Der Puls ist meist beschleunigt (Angst oder körperliche Daueranstrengung!), oft flackernd, aussetzend, schwach. Zuweilen besteht leichtes Fieber[2]). Alle Sehnenreflexe sind meist recht lebhaft, die

[1]) Zuweilen sehr weite Angstpupillen (vorzugsweise bei jüngeren Leuten) mit ebenfalls schlechter Reaktion. Sicher starre mittelweite Pupillen sprechen gegen reinen Alkoholismus und entweder für eine Kombination mit Tabes oder Paralyse oder für Paralyse allein.

[2]) Die Frage, ob es ein echtes Delirium tremens-Fieber gibt, oder ob dies immer durch Komplikationen bedingt sei, ist noch nicht völlig geklärt.

Hautreflexe wie die allgemeine Schmerzempfindlichkeit sind oft herabgesetzt. Gelegentlich ist im Urin etwas Eiweiß.

Die Dauer eines Delirium tremens beträgt meist 2—4 Tage, es endet fast immer in einem langen tiefen Schlaf, aus dem der Kranke klar erwacht. Seine Erinnerung für die vergangenen Tage ist getrübt und lückenhaft. Nur selten aber besteht eine völlige Amnesie. — Die Auslösung eines Delirium tremens wird häufig durch die Abstinenz von der gewohnten Alkoholmenge bewirkt (Abstinenzdelir); dies ist zum mindesten meine persönliche Überzeugung. Diese Frage ist viel umstritten worden. Die Tatsache, daß viele Fälle von Delirium tremens erst 2 bis 3 Tage nach einer Verhaftung, nach einer Einlieferung ins Spital ausbrechen, ist nicht zu bezweifeln. Und mit dieser Absonderung aus der bisherigen Lebensweise ist ja immer Alkoholabstinenz verknüpft. Andere Forscher glauben aber, daß in diesen Fällen eben die allgemeine Schädigung des Organismus, die zur Spitalsaufnahme geführt hat (eine Lungenentzündung, ein Beinbruch usw.) gleichzeitig auch das Delir mit auslöste. Es ist andererseits sicher, daß manche Delirien auch ohne Abstinenz mitten aus dem gewöhnlichen Säuferleben heraus ausbrechen.

Die Behandlung des Delirium tremens berücksichtige vor allem das Herz. Nach vielfältigen Erfahrungen gebe man sogleich nach Feststellung des Delirs herzstärkende Mittel, gleichgültig, ob der Puls noch gut oder schon schlecht ist (Fol. Digitalis pulv. titrat. 0,1 zweimal täglich oder Digipuratum zweimal 1 Tablette bis zum Gesamtverbrauch von 1,0 g Digitalis). Natürlich wird man vermeiden, die Pulver oder Tabletten direkt zu geben, man wird sie in irgendeiner Nahrung einschmuggeln. In bedrohlichen Fällen bediene man sich der Strophantininjektionen (Vorsicht, wenn vorher — vielleicht von einem anderen Arzt — schon Digitalis gegeben wurde!) oder Kampfer- oder Koffeineinspritzungen. Handelt es sich um einen sonst gesunden, kräftigen Mann, so wird man ihn über sein erstes oder zweites Delir wohl gut hinwegbringen; bei öfteren Rückfällen verschlechtert sich die Prognose. Bei ernsten Komplikationen (insbesondere Lungenentzündung, dann auch größeren Wunden, komplizierten Beinbrüchen, Tuberkulose) ist wenig Aussicht vorhanden, den Deliranten durchzubringen: es tritt dann eine nicht mehr zu bessernde Herzschwäche ein. Man vermeide es, sofern es nicht unbedingt nötig ist (etwa um einen Deliranten in eine Anstalt zu bringen), Narkotika zu geben, mit Ausnahme von Paraldehyd. Dieses wird als „Schnaps" von den Deliranten gern genommen (täglich zwei- bis dreimal 4—5 g) und hat keine schädlichen, wohl aber zuweilen beruhigende Wirkungen. Große Sorgen machen oft die Wunden oder Knochenbrüche der Deliranten, mit denen sie selbst äußerst rücksichtslos verfahren. Es ist oft direkt ängstlich, zu sehen, wie ein Deliriumkranker mit seinem gebrochenen Bein herummanövriert[1]).

Behandlung

---

[1]) Aus dem Glauben an das Delirium tremens als Alkoholabstinenzerscheinung haben manche Autoren die Folgerung abgeleitet, sofort Alkohol zu geben und dadurch den Anfall zu beseitigen. Obwohl ich selbst auch an das Abstinenzdelir glaube, habe ich mich bisher nie gezwungen gesehen, Alkohol zu verabreichen,

Ein überstandenes Delirium tremens wirkt natürlich noch eine Zeitlang schwächend nach. Sonstige Folgen hat es nicht. Zuweilen, vor allem wenn der Einfluß des Arztes und der Angehörigen in diesem Sinne zusammenarbeitet, hat es den Wert eines abschreckenden Warnungszeichens. („Für dieses Mal haben wir Sie noch glücklich durchgebracht; wenn Sie aber so weiter trinken, und es kommt zu einem zweiten Anfall, dann ist es zu Ende".)

Die Unterscheidung eines Delirium tremens von anderen Delirien ist ziemlich leicht. Die eigenartige Mischung von Humor und Angst, die zahlreichen optischen Sinnestäuschungen kennzeichnen es zur Genüge. Lediglich mit dem paralytischen Delirium (nicht sehr häufig) könnte es verwechselt werden; man achte eben stets auf die körperlichen Zeichen der Paralyse (ev. Lumbalpunktion!) und darauf, daß die paralytischen Delirien mehr akustische, weniger optische Sinnestäuschungen haben.

Alkohol-
halluzinose
Die Alkoholhalluzinose ist vom Delirium tremens gut zu unterscheiden. Dort ein Verwirrtheitszustand mit Desorientiertheit und vorwiegend optischen Halluzinationen, hier völlig klares Bewußtsein mit deutlicher Auffassung der Umgebung und ausschließlich akustischen Sinnestäuschungen. Die Halluzinose ist ein ängstlicher Verfolgungswahn.

Der trunksüchtige Beamte Auerbach hatte schon seit einigen Tagen bemerkt, daß man Bemerkungen über ihn machte. Im Bureau fielen so kleine Andeutungen. Wenn er früh eintrat, so sagte einer hm, hm. Bot er guten Morgen, so antwortete ein anderer: Schön guten Morgen, und das sollte ironisch klingen. Kam der Chef, so legte er ihm irgendeine Arbeit mit einer wegwerfenden Handbewegung hin. Später sagte ein anderer: „Haben Sie bemerkt, wie schlechter Laune er heut war?“ Damit meinte jener zwar den Chef, deutete aber an, daß er seinetwegen schlechter Laune gewesen wäre. So ging das schon etliche Tage. Heute aber war es besonders schlimm. Schon nachts hatte Auerbach ein paar Mal zum Fenster hinausgesehen, weil sich wiederholt in auffälliger Weise Schritte näherten und wieder fortgingen. Auch auf der Treppe knackte es ein paarmal bedenklich, so daß er den Revolver zurechtlegte. „Nun mögen sie nur kommen, es gibt einen heißen Empfang.“ Gegen Morgen sprachen mehrere Leute auf der Straße unter seinem Fenster. „Haben Sie gehört, daß man den Bach auskehren will?“ „Ja, es ist halt wieder an der Zeit wie in jedem Jahre, der Dreck muß raus.“ „Ja, aber es ist doch immer eine unangenehme Sache. Erst wollen sie den Schwabinger Bach dran nehmen, und dann den in der Au.“ Dann entfernte sich das Gespräch, aber ihm war sonnenklar, daß nur er damit gemeint sei. „So plump hätten sie es gar nicht zu machen' brauchen, ich hätts auch sonst schon gemerkt, erst reden sie vom Bach und dann von der Au. Also meinen Namen verhöhnen sie auch noch. Aber so leicht werd’ ichs ihnen nicht machen.“ — Da es Sonntag ist, macht er einen Ausflug, aber schon auf der Trambahn heißt es wieder: „Jetzt kommt er.“ Der Schaffner sagt: „Wir werdens gleich haben.“ Und so geht es überall. Verdächtige Menschen machen sich bemerkbar. Geheimpolizisten drängen sich an ihn heran. Fremde Frauenspersonen zwinkern mit den Augen, und überall sagen es die Leute: „Lange treibt er es nimmer.“ Gehetzt und schwitzend vor Angst kommt er zu Hause an und verbarrikadiert seine Wohnung, um den Feinden zu begegnen, die ihn nachts holen werden.

Bei der Halluzinose ist nichts von dem Trinkerhumor, der auch im Delir durchblickt, zu bemerken. Unsägliche Angst quält den Hallu-

sondern komme immer ohne jeden Tropfen Alkohol aus. Immerhin würde ich in einem verzweifelten Falle, etwa bei einer Pneumonie + Delirium tremens, bei dem ich von vornherein die Prognose schon ungünstig stellen würde, schließlich als zum letzten Mittel auch einmal zu Alkoholdarreichungen greifen.

zinanten. Ob er dabei echte Halluzinationen hat, steht noch dahin, möglicherweise deutet er nur viele Geräusche als Worte aus[1]), und vielen Worten legt er einen verborgenen Sinn unter, alles im Umkreis seines Verfolgungswahns. Dieser Wahn ist nur insofern systematisiert, als alle die Verfolger unter einer Decke stecken. Aber es wird selten ein bestimmter Ausgangspunkt der Verfolgung angenommen, auch bedienen sich die Verfolger nicht etwa (wie bei der paranoiden Dementia praecox) besonderer Apparate. Der Alkoholhalluzinant wird vielleicht auf den Gedanken kommen, daß man deshalb zeitiger als sonst seine Haustüre geschlossen und das Licht gelöscht habe, um ihn auf der Treppe im Finstern besser überfallen zu können, aber er wird niemals meinen, daß z. B. eine sich sonnende Katze bedeute: für dich ist auch in der Sonne kein Platz mehr (wie bei der Dementia praecox).

Die Halluzinose verläuft wesentlich langsamer, nicht so anfallsartig wie das Delir. Es gibt auch abortive Halluzinosen, einzelne halluzinatorische Züge z. B. neben dem Eifersuchtswahn des chronischen Trinkers. Besondere körperliche Symptome sind nicht zu beachten. Wohl aber denke man daran, daß der Alkoholhalluzinant in der Angst, verfolgt zu werden, anderen gefährlich werden kann, und daß daher ev. seine Internierung angezeigt erscheint, ehe es zu spät ist. Auch Selbstmorde kommen in der Verzweiflung vor. Wird der Kranke in einer Anstalt eingeschlossen, so kann trotz seiner damit ja eintretenden Abstinenz die Störung noch Tage, selbst einige Wochen andauern. Die Frage, ob eine Alkoholhalluzinose chronisch werden kann, ist noch umstritten. — Die Differentialdiagnose gegen eine paranoide Dementia praecox ist oft sehr schwer und vom Praktiker kaum zu stellen, außer eben aus der Anamnese. Wenn ein schwerer Trinker einen Verfolgungswahn bekommt mit vorwiegend akustischen Sinnestäuschungen und Angst (ohne Ichstörung, ohne schizophrenen Mechanismus, ohne katatonische Symptome), so wird in den meisten Fällen eine Alkoholhalluzinose vorliegen.

Der Arzt hat ihr gegenüber keine andere Aufgabe, als in ernsten Fällen beizeiten mit Geschick und besonderer Vorsicht (mit Hilfe des Kreisarztes) die Einbringung in eine geschlossene Anstalt durchzuführen.

Der Halluzinose nahe steht der Eifersuchtswahn der chronischen Trinker. Es ist sehr eigentümlich, daß ein inhaltlich so genau umschriebener Wahn gerade durch den Alkoholmißbrauch erzeugt wird. Aber die Tatsache steht fest. Es kommen selbstverständlich auch gelegentlich bei paranoiden Dementia praecox-Fällen Eifersuchtsinhalte vor, doch haben sie dann stets noch andere Wahnvorstellungen neben sich.

Der Eifersuchtswahn entsteht ganz langsam aus einer Eifersucht heraus, die oft in den Anfängen nur allzu begründet erscheint. Das Familienleben des Trinkers ist ja derart zerrüttet, daß sich die mißhandelte Frau tatsächlich oft einen anderen Mann zum Liebhaber sucht. Deshalb darf man sich von dem Wissen, daß bei der chronischen Trunksucht Eifersuchtswahn vorkomme, nicht von vornherein so gefangen-

Eifersuchtswahn

---

[1]) Ein kleiner aber kennzeichnender Zug der „Stimmen" bei Alkoholhalluzinanten ist, daß die Stimmen den Kranken nie anreden, sondern immer über ihn sprechen: „Wir kriegen ihn schon" oder „Er macht bald schlapp."

nehmen lassen, daß man alle eifersüchtigen Erzählungen eines bekannten Trinkers ohne weiteres für wahnhaft hält. Krankhaft wird die Eifersucht erst dann, wenn er aus seinen Beobachtungen unverständliche Folgerungen zieht. Man bedenke auch, daß der chronische Trinker in sehr vielen Fällen seine sexuelle Potenz schwinden fühlt, obwohl sein Sexualtrieb weiterbesteht. Versucht er dann (vergeblich) mit seiner Frau zu verkehren, so entsteht ihm leicht der Gedanke, die Frau sei kalt, an ihr liege die Schuld. Daß sie aber kalt sei, rühre daher, daß sie einen anderen zum Liebhaber habe usw.

Sirius und seine Frau lebten gut zusammen, nur fiel es ihm eines Tages auf, daß ein Bekannter ihn merkwürdig betonend fragte: „So so, also Sie leben jetzt wieder mit Ihrer Frau?" Er konnte sich keinen rechten Vers darauf machen, doch blieben ihm die Worte im Gedächtnis. Im Sommer bemerkte er eines Abends, als er heim kam, daß in der finsteren Stube ein Mann an ihm vorbeischlüpfte. Da wurde es ihm sofort klar: Deine Frau betrügt dich. Er machte ihr aber keinen Vorhalt, sagte überhaupt nichts, sondern nahm dies nur so still für sich zur Kenntnis und beschloß, weiter zu beobachten. In einer anderen Nacht hörte er um $^3/_4$12 Uhr ein Geräusch im Zimmer. Es war finster. Es klang so, als wenn seine Frau wieder ins Bett herein schlüpfte. Er fragte: „Wo bist du denn gewesen?" erhielt aber keine Antwort. Nun wußte er sofort, daß sie ihm eben wieder untreu gewesen war. „Wenn sie auf dem Abort gewesen wäre, hätte sie es mir ja sagen können, aber sie hat nichts gesagt." Auch zeigte seine Frau (sie war 52 Jahre alt) ihm niemals mehr den Wunsch nach ehelichem Verkehr. Es wurde ihm nichts Schlimmes hinterbracht, aber er war der Überzeugung, daß sie ihm untreu sei. Er schaffte sich eine elektrische Taschenlampe an und legte sie neben das Bett. Denn er glaubte nicht etwa, daß die Frau ihn irgendwo auswärts betrüge; nein, nachts im gemeinsamen Zimmer, während er schlief, empfing sie seiner Meinung nach fremde Männer. „Die, die so etwas treiben, sind fix." Einmal war er sogar fest überzeugt, daß seine Frau im Bett einen anderen Mann versteckt halte. Nachgesehen hat er freilich nicht in dem Bett, denn bis er nachgesehen hätte, wäre der ja längst weggewesen.

Aus diesem (nicht schematisierten) Beispiel[1]) gehen zwei Kennzeichen des alkoholistischen Eifersuchtswahns sehr deutlich hervor: einmal die paranoische Verwertung an sich gänzlich harmloser Beobachtungen, sodann der Mangel der Tendenz, der Sache doch einmal auf die Spur zu kommen. Der Kranke registriert seine Beobachtungen nur, er hat nicht die Neigung wie der Gesunde, sich durch den Augenschein zu überzeugen — in diesem Fall, sich auf den vorbeischlüpfenden Mann zu stürzen oder das Bett zu untersuchen —, sondern er bedarf dieser Untersuchung gar nicht; er weiß, was er weiß. — Daß solche Eifersuchtswahnkranke eine schwere Gefahr für die Frau bedeuten, und daß sie infolge ihrer Einbildungen meist diese aufs grausamste prügeln usw., bedarf kaum der Erwähnung.

Nur kurz ist noch einer Form alkoholistischer Störung zu gedenken, die der Arzt kennen muß, die er aber selten zu sehen Gelegenheit hat: des **Korsakowschen Symptomenkomplexes** bei Alkoholismus. Früher wurde ja schon erwähnt, daß diese Symptomvereinigung (Merkfähigkeitsstörung, Konfabulationen) auch nach Hirnerschütterungen vorkommt[2]). Sie findet sich bei Trinkern meist zusammen mit einer

Korsakowscher Symptomenkomplex

---

¹) Entnommen aus „Verbrechertypen" **1**. 1914, Verlag von Julius Springer, Berlin. Fall Sirius von Gruhle und Dreyfus.
²) Siehe unter „traumatische Psychosen".

Alkoholpolyneuritis (Druckempfindlichkeit der Nervenstämme, Nervenschmerzen, Sensibilitätsstörungen, Lähmungen mit aufgehobenen Sehnenreflexen). Die Diagnose der Polyneuritis ist nicht schwer, doch lasse man sich gerade bei ihr nicht durch den Kranken verwirren, der vielleicht seltsame Angaben macht. (Er habe das Leiden schon seit 20 Jahren, auch sein Großvater habe es schon gehabt. Offenbar käme es von einer schweren Erkältung, die er sich beim Militär zugezogen habe usw.) Es handelt sich dann eben um die erwähnten Konfabulationen. In ganz beliebiger, beständig wechselnder Weise wird dann irgendetwas daher erzählt. Man kann auf diese Erzählungen um so leichter hereinfallen, als der Kranke sein äußerlich korrektes Benehmen, seine höflichen Manieren usw. bewahrt. Solche Konfabulationen können dies Leiden auch gegen eine „Geistesstörung bei Tabes" abgrenzen[1]), mit der ja sonst die polyneuritische Psychose (Pseudotabes alcoholica) verwechselt werden könnte (Lumbalpunktion!). Die Korsakowsche Symptomgruppe kann auch beim Alkoholismus in verschiedenen Graden auftreten, von der leichtesten Gedächtnisstörung an bis zu vollkommenem geistigen Verfall. Ihre Prognose ist im allgemeinen recht ungünstig. Selbst bei totaler Abstinenz bildet sich die Schädigung nur sehr langsam und fast nie bis zur völligen Wiederherstellung zurück.

Es wurde schon früher erwähnt, daß ein Delirium tremens zuweilen mit einem epileptiformen Anfall einsetzt, auch bei Personen, die sonst niemals an ähnlichen Anfällen, geschweige denn an Epilepsie gelitten haben. Es gibt jedoch auch schwere Trinker, die, vor allem in vorgerückteren Lebensjahren, an vielfach wiederkehrenden Anfällen leiden, die durchaus den epileptischen Charakter haben. Davon war ja schon oben unter Spätepilepsie (S. 143) die Rede. Alkoholepilepsie und Arterioskleroseepilepsie werden als Spätepilepsie zusammengefaßt. Therapie: Abstinenz.

Der Säufer untergräbt seine wirtschaftliche Existenz durch die hohen Ausgaben für seine Trunksucht. Infolgedessen kehrt bald Not in seiner Familie ein. Noch mehr aber zerrüttet er sein und seiner Angehörigen Leben durch seine zunehmende Verrohung. Der Alkoholist erleidet allmählich Einbuße an allen feineren Regungen seines Seelenlebens. Sein Taktgefühl erlischt, sein Egoismus drängt sich hervor. Er verliert vor allem seine Interessen. Denkt man an die chronischen Trinker des Bürgerstandes, so sieht man, wie sie nur noch ihrem Stammtisch, ihrem Kartenspiel leben. Und „opfern" sie sich der Familie derart, daß sie Sonntags mit ihr einen Ausflug unternehmen, so enden sie auch dort gleich wieder im Biergarten. Eine außerordentliche Eintönigkeit herrscht in ihnen, tausendmal werden immer wieder dieselben Witze wiederholt, immer dieselben Redensarten abgesponnen, immer dieselben faden Neckereien vorgebracht. Kommt doch einmal ein Stammtischgespräch auf ein allgemeines Thema, etwa auf Politik, so werden immer wieder die gleichen abgedroschenen Phrasen zitiert. Es geht eben in diesen Trinkern einfach nichts mehr vor, es fällt ihnen nichts mehr ein, sie sind geistig verödet[2]). In den gesellschaftlich höheren Ständen

---

[1]) Siehe S. 189 unter Tabespsychosen.
[2]) Sog. alkoholistischer Schwachsinn.

G r u h l e , Psychiatrie. 2. Aufl.　　11

fängt der Trinker an, sich zu Haus gehen zu lassen (ganz ähnlich wie beim Altersrückgang). Er zieht sich nicht mehr korrekt an, hält die sonst gewahrten Gewohnheiten beim Essen nicht mehr inne, gebraucht unpassende, ja rohe Ausdrücke, geniert sich nicht mehr vor den Dienstboten, wird reizbar und macht wegen der geringfügigsten Dinge große Szenen. In Arbeiterkreisen äußert sich die Verrohung viel drastischer. Der betrunken heimkehrende Mann mißhandelt die Frau, wenn sie ihm nicht sofort zu Willen ist; bleibt sie sexuell unerregt, so schlägt er sie wieder mit der Beschuldigung, sie habe wohl gerade erst einen anderen bei sich gehabt. Widerspruch bringt ihn in die größte Wut. Er zertrümmert die Einrichtungsgegenstände, die vielleicht noch nicht einmal völlig abbezahlt sind, kann es nicht hören, wenn ein Kind schreit und verprügelt es roh. In seiner Wut benennt er die Kinder und die Frau mit den gemeinsten Schimpfnamen, er jagt die Frau im Hemd aus der Wohnung hinaus, so daß sie bei mitleidigen Nachbarn Zuflucht suchen muß. Vor seinen Kindern hat er nicht das mindeste Schamgefühl, er hat in ihrer Gegenwart nicht nur Geschlechtsverkehr mit seiner Frau, sondern mutet ihr auch sonst noch alles mögliche zu. Mit zunehmender sexueller Impotenz versucht er sich an Kindern aufzuregen: er vergreift sich an seinen eigenen Kindern oder gehört zu jenen Männern, die in den öffentlichen Anlagen herumsitzen und kleine Mädchen beobachten, freundlich behandeln und beschenken, um sie zu unsittlichen Handlungen gefügig zu machen. Ein großer Teil der Sittlichkeitsverbrecher an kleinen Mädchen sind schwere Säufer. Welchen Grad die Zustände in solchen Trinkerfamilien erreichen, was besonders die Ehefrau oft auszustehen hat, weiß nur derjenige zu ermessen, der selbst in solche Trinkerfamilien tiefen Einblick gewann.

Therapie   Man muß leider dem Arzt der allgemeinen Praxis den Vorwurf machen, daß er dem Elend, das durch den Alkoholismus heraufbeschworen wird, zu gleichgültig gegenübersteht. Oder vielleicht bedauert er wohl Frau und Kinder eines Säufers aufs herzlichste, aber er tut nichts. Und gerade der Arzt hat zum energischen rechtzeitigen Eingreifen die beste Gelegenheit. Niemand von den gebildeten Ständen, zum mindesten in der Stadt — auf dem Lande könnte der Geistliche hierin auch viel wohltätiger wirken, als es geschieht — hat solchen Einblick in die Verhältnisse der kleinen Leute als der Arzt, zumal der Kassenarzt. Das soziale Verantwortlichkeitsgefühl unserer Medizinstudierenden wird leider während ihres Studiums nicht erweckt. Und so liegt dem jungen Arzt meist der Gedanke ganz fern, daß er auch ungefragt eingreife, ja daß ihn das Wohl einer Familie, im höheren Sinne das Wohl des Staates dazu zwinge, einzugreifen. Wenn er gelegentlich eines Besuches in üblem Stadtviertel den Spektakel eines Betrunkenen hört, wenn er wegen eines kranken Kindes in eine Trinkerfamilie selbst gerufen wird, wenn ihm eine gonorrhoisch infizierte Ehefrau klagt, ihr trunksüchtiger Mann habe Verkehr mit anderen Frauen, so hat er ja immer und immer wieder die Möglichkeit, solche Trinkerfamilien zu finden, aufzudecken.

Und hierauf kommt es vor allen Dingen an. Selbst die Assistentin einer Kinderklinik, die Ärztin eines Säuglingsheims, der junge, an einer

Poliklinik tätige Arzt haben reichlich Gelegenheit, durch ihre Kranken auf Trinker aufmerksam zu werden. Es würde eine unermeßliche Arbeit für die soziale Hebung der ganzen arbeitenden Volksschicht geleistet werden (wirtschaftlicher Verfall, Säuglingssterblichkeit, Trinkerkinderentartung, Verbreitung der Geschlechtskrankheiten, Verwahrlosung der Jugend durch Verrohung der Eltern usw.), wenn jeder Arzt eine energische Bekämpfung des Trinkerelendes sich zur Pflicht machte. Er hat zwar keinen Pfennig Nutzen, viel Arbeit und manchen Ärger davon, aber er muß bedenken, daß es eine Ehrenpflicht ist.

Was kann der Arzt tun?

In den leichteren Fällen der Trunksucht eines Elternteils, wenn noch kein völliger Verfall der Familie vorliegt, benutze der Arzt den besonderen Anlaß, der ihn den Fall kennen lehrte, vor allem zu einer Aussprache mit dem Trinker. Er kläre ihn z. B. auf, daß das Kind nur deshalb schwachsinnig sei, weil er trinke, — daß dies Kind später ihm sicher keine wirtschaftliche Erleichterung durch eigene Arbeit bringen, sondern ihm dauernd nur Ausgaben machen werde. Hierin zeige man ihm die verderblichen Folgen seiner Sucht. Ähnlich verfahre man, wenn der Trinker selbst den Arzt wegen irgendeines körperlichen Leidens um Hilfe bittet (Magenleiden, morgendliches Erbrechen, Pharyngitis usw.). Hat man es mit einem rohen Patron zu tun, so ziehe man andere Saiten auf. Man habe die Pflicht, das Kind als schwachsinnig der Schulbehörde zu melden und als den Grund des Schwachsinns seine Trunksucht anzugeben (Vorwand!), dadurch würden ihm Unannehmlichkeiten entstehen, Schutzleute ins Haus kommen usw. Kommt die Ehefrau wegen Verletzungen, hat ein Trinkerkind Krätze erworben, so drohe man ebenso mit Anzeige. Und vor allem: man erstatte diese Anzeige auch, ganz gleichgültig, ob man dazu irgendwie formal berechtigt ist oder nicht. Man erstatte sie nur richtig begründet und am richtigen Orte. Man verlasse sich nicht auf allgemeine Angaben, denn zuweilen ist die verprügelte Ehefrau nicht besser als der Mann und will ihn nur hineinlegen. Sondern man erkundige sich bei einem gelegentlichen Besuch bei Nachbarn oder einem Kassenvertrauensmann oder in der Fabrik (Blaumachen!). Man führe womöglich Zeugen in der Anzeige an und schildere mit genauer Angabe von Wohnung, Daten der Beobachtung usw. Je nach den örtlichen Verhältnissen wird man konfessionelle oder andere Wohltätigkeitsvereine, Guttemplerlogen[1]), Trinkerfürsorgestellen, Beratungsstellen für Alkoholkranke, den Armenrat benachrichtigen[2]). Hat man mit Trinkerkindern zu tun gehabt,

---

[1]) Der Guttemplerorden (Deutschlands Großloge I des I. O. G. F.) Hamburg, Eppendorfer Landstraße 39. Bund evangelisch-kirchlicher Blaukreuzverbände Barmen, Herr Generalsekretär Goebel. Kreuzbündnis-Verein abstinenter Katholiken, Werden-Heidhausen an der Ruhr. Katholisch-akademischer Abstinentenverband (Deutschland, Österreich, Schweiz). Generalsekretär des Vereins zur Bekämpfung des Mißbrauchs geistiger Getränke, Berlin.

[2]) Dadurch, daß der Arzt privatim Vereine, Fürsorgestellen usw. aufmerksam macht, vermeidet er ja auch, — wenn er dies scheut — seine Persönlichkeit und damit auch ev. seine Beliebtheit und Gesuchtheit aufs Spiel zu setzen.

so wende man sich an die Jugendfürsorgeausschüsse, die Jugendgerichtshilfen, Jugendämter usw. Weiß man in irgendeiner Stadt nicht genügend Bescheid, so erkundige man sich auf dem Armenrat (Rathaus) oder Jugendamt oder Fürsorgeamt (beim Landratsamt bzw. Bezirksamt, Oberamt). Auch die deutsche Zentrale für Jugendfürsorge[1]) wird sicher gern Auskunft geben. Auch der Kreisarzt (Bezirksarzt) wird in vielen Fällen Bescheid wissen.

Liegt schon ein ernsterer Fall von Trunksucht im Sinne einer der geschilderten geistigen Störungen vor, oder ist an einer schon vorhandenen Verwahrlosung der Kinder nicht zu zweifeln, oder ist die Frau ernstlich mißhandelt worden, so erstatte der Arzt eine formelle Anzeige beim Kreisarzt oder beim Landrat (Bezirksamt). Hat man es mit einer verständigen Ehefrau zu tun, die von ihrem Manne geschieden sein will, so verweise man sie an eine Rechtsschutzstelle für Frauen oder an die Trinkerfürsorgestelle. Ist der Säufer ein wirklicher Schnapslump, so erinnere man den Armenrat an sein Recht, den Antrag auf Entmündigung wegen Trunksucht zu stellen. Dies ist deshalb oft wichtig, weil die Ehefrauen aus Angst, vom Mann erst recht verprügelt zu werden, die Stellung irgendwelcher Anträge verweigern. In kleinen Städten geht die Angelegenheit oft gar nicht recht von der Stelle, da gibt es alte Herren als Amtsrichter oder Kreisärzte, die den Forderungen einer neuen, sozial anders orientierten Zeit noch kein Verständnis entgegenbringen und nur als gewissenhafte Beamte die Vorschriften erfüllen. Dann lasse der Arzt sich keineswegs einschüchtern, sondern setze sich durch, mache andere Persönlichkeiten mobil, versuche es auf einem anderen Wege, und wenn alles nichts hilft, drohe er mit einer Beschwerde bei der aufsichtführenden Behörde usw. Wie erwähnt, bleibt dabei mancher Ärger nicht aus: man nehme ihn auf sich in dem ruhigen Bewußtsein, der Allgemeinheit zu dienen.

Entmündigung Die Entmündigung des Trinkers ist nicht, wie man gelegentlich hört, praktisch zwecklos. Denn die Trinkerheilanstalten nehmen nur solche Trinker auf, die freiwillig kommen oder als Entmündigte eingebracht werden. Entmündigte, die entlaufen, können auf Anordnung des Vormundes bzw. Vormundschaftsgerichtes jederzeit wieder in die Trinkerheilanstalt oder Kreispflegeanstalt (Landarmenhaus) zurückgebracht werden. Man kann auch der Verwahrlosung der Jugendlichen viel leichter zu Leibe gehen, wenn man nicht immer wieder durch den Eigensinn eines trunksüchtigen Vaters gestört wird; ist er entmündigt, so läuft alles viel glatter. Kommen schwere Trinker schließlich einmal aus einer Landarmenanstalt oder Trinkerheilstätte wieder zurück, so versuche man alles, ihren Anschluß an eine Abstinenzvereinigung zu erreichen (Guttemplerorden). Nur dann wird der baldige Rückfall vermieden oder doch sehr erschwert werden[2]).

Internierung Die Kreisärzte werden sich hoffentlich in Zukunft weniger als bisher auf die Form der Gesetze und Verordnungen berufen, wenn es sich

---

[1]) Berlin, N 24, Monbijouplatz 3 II.
[2]) Es empfiehlt sich, daß Frau und Kinder gleichzeitig aufgenommen werden.

darum handelt, einen schweren Trinker in einer Irrenanstalt zu internieren[1]). Bisher geschah dies leider oft erst dann, wenn der Säufer seine Frau in den Selbstmord getrieben oder halb tot geschlagen hatte. Daß auch für die Kreisärzte dort ein Weg ist, wo ihr Wille es wünscht, beweist das Verhalten manches dieser Beamten in den großen Städten, der das öffentliche Wohl über den Paragraphen stellt[2]).

Von dem Wirthausverbot verspreche man sich nur etwas in sehr kleinen Orten. In den Gemeinden mit über 10 000 Einwohnern ist es völlig wirkungslos. Wirtshaus-
verbot

Die Ärzte der Strafanstalten sollten schon längere Zeit, bevor das Ende der Strafe bei chronischen Trinkern erreicht ist, bei der Anstaltskonferenz beantragen, daß Schritte getan werden, den Entlassenen in eine Abstinenzvereinigung aufzunehmen, ja ihn womöglich durch ein Mitglied dieser Vereinigungen aus der Strafanstalt abholen zu lassen. Denn die längere erzwungene Abstinenz in der Strafhaft muß als Beginn dauernder Abstinenz verwertet werden. Eine einfache Überweisung eines zu entlassenden Trinkers an den Verein für entlassene Strafgefangene ist eine rein symbolische Maßnahme auf dem Papier. Zuweilen wird es auch möglich sein, die Reue des Trinkers während der Strafhaft dazu zu benutzen, seine Zustimmung zu einer Aufnahme in eine Trinkerheilstätte zu erlangen. Dann kann noch während der Strafzeit die Kostenfrage geregelt und der Süchtige direkt der Heilanstalt zugeführt werden. Trinker
im Straf-
vollzug

Leider hat nach dem großen Kriege die Trunksucht sehr erheblich zugenommen. Viele sind schon im Felde zu Trinkern geworden. Die meisten Säufer aber haben ihrer Sucht erst recht nachgeben können, als der Staat wieder das Brauen stärkerer Biere erlaubte. Die hohen Löhne, die der Arbeiter heute bezieht, gestatten ihm außerdem, seine Genußwünsche frei zu erfüllen. Und besonders der jugendliche Arbeiter der großen Städte kennt ja deren nur drei: Sexualität, Kino und Alkohol. Viele Rentenempfänger setzen ihre Rente sofort in Spirituosen um. Als man während des Krieges diese Entwicklung der Verhältnisse ahnte, hatte man zwar gehofft, daß es möglich sein werde, auf dem Umwege über die Gemeinde solchen trunksüchtigen Militärinvaliden die Rente nicht in barem Gelde, sondern in Lebensmitteln usw. auszuliefern, — aber wer denkt unter den heutigen Zuständen noch daran! — Wir können der erschreckenden Ausbreitung der Trunksucht nur Einhalt tun, wenn jeder einzelne, gerade von uns Ärzten, seine soziale Pflicht erfüllt. Von der Initiative der Behörden, des Staates kommt kein Heil.

---

[1]) Während er dort untergebracht ist, kann seine (ev. vorläufige) Entmündigung am leichtesten gerichtlich beschlossen werden, so daß er direkt von der Irrenanstalt in ein Landarmenhaus oder dergl. verbracht werden kann. — Das zweckmäßigste wären Arbeitshäuser oder Arbeitskolonien für Trinker. Leider dürfen wir wegen unserer allgemeinen wirtschaftlichen Not in naher Zukunft nicht auf deren Errichtung hoffen.

[2]) Hoffentlich wird in Zukunft unsere Gesetzgebung bessere Formulierungen finden. Mit dem badischen Irrenfürsorgegesetz läßt sich in dieser wie in jeder Beziehung gut arbeiten.

Sucht und
Anlage

Der Alkoholismus ist eine Sucht, für die man, wie erwähnt, eine gewisse Anlage anzunehmen geneigt ist. Man hört demgegenüber häufig die Äußerung: so solle man nicht sprechen, auf diese Weise könne man alles entschuldigen. Aber niemand will etwas entschuldigen. Die Annahme einer Anlage hat mit moralischen Bewertungen gar nichts zu tun. Man stößt hier wie so häufig auf den gewöhnlichen Vorwurf gegen den Psychiater: er erkläre alles für abnorm und daher jeden für unverantwortlich. Solche Wendungen sind ebenso oberflächlich wie gewissenlos. Was die Psychiatrie für abnorm erklärt, dafür schafft sie sich die Maßstäbe selbst; sie tut dies als reine Wissenschaft, ohne sich um den Beifall oder den Tadel der Allgemeinheit zu kümmern. Mit diesem Abnormitätsbegriff hat die Aufstellung der rechtlichen oder ethischen Verantwortlichkeit nur in gewissem Sinne zu arbeiten, wie dies im letzten Hauptabschnitt (Begutachtung) ausführlich dargelegt werden wird.

Die Feststellung einer Anlage hat mit der Feststellung der Verantwortlichkeit durchaus nichts zu tun: die erstere besteht in dem Nachweis einer im Individuum angeboren beruhenden Neigung, — die letztere in der Prüfung, ob jemand für die Betätigung einer Neigung (gemäß ethischen oder rechtlichen Normen) zur Rechenschaft gezogen werden kann oder nicht. Um die verschiedene Orientiertheit dieser Begriffe ganz klarzustellen, sei noch ein Beispiel erlaubt: Wenn ich den Entschluß eines Mannes, Künstler zu werden, auf eine eigene, ihm eingeborene Anlage zurückführe, so will ich doch dabei weder im positiven, noch im negativen Sinne über seine Zurechnungsfähigkeit (oder „Entschuldbarkeit") bei diesem Entschluß etwas aussagen.

Morphi-
nismus

Einer Anlage entspringen wohl auch die übrigen Suchten. In Deutschland ist eigentlich nur noch der Morphinismus praktisch einigermaßen wichtig. Es gibt wenige Persönlichkeiten, die ganz ohne äußeren Zwang, ohne schwierige Lebensumstände gleichsam durch den Zufall, der der Anlage zu Hilfe kam, zu Morphiumsüchtigen wurden. Weitaus die Mehrzahl wurde durch ein unglückliches Schicksal süchtig. Eine unglückliche Ehe, ein verfehltes Leben, eine unheilbar scheinende Krankheit trieben den Veranlagten dem Morphingenuß zu. Aber in einer sehr großen Zahl der Fälle ist der Arzt der Schuldige an der Sucht. Erstens wird Morphin überhaupt viel zu viel verschrieben. Man gibt es nicht nur bei der allein zu rechtfertigenden Indikation, der Schmerzlinderung, sondern man verschreibt es leider auch als Beruhigung, Euphorie, Schlaf bringendes Mittel. Zweitens aber bewahrt der Arzt selten die genügende Sorgsamkeit bei der Art der Darreichung. Es muß ein unerschütterlicher Grundsatz sein, daß er es nur in ganz kleinen Mengen dem Kranken in die Hand gibt (zum innerlichen Gebrauch), und daß er Einspritzungen nur selbst vornimmt. Im Kriege lagen Ausnahmezustände vor, da mußte auch das Personal gelegentlich Injektionen ausführen. Aber im Frieden besteht dazu nirgends und niemals ein Anlaß. Es ist zweifellos ein Mißstand, wenn die Krankenschwestern oder Pfleger das Recht zu Morphineinspritzungen vom Arzt zugestanden erhalten. Und es ist einfach gewissenlos, wenn der Arzt dem Kranken, der vielleicht an gastrischen Krisen oder Neuralgien oder Gallensteinanfällen leidet, die Spritze selbst in die Hand gibt. Man erlebt es, daß der Arzt dem traumatischen Neurotiker gegen dessen „unbeschreibliche Kreuzschmerzen" die Morphinspritze zu beliebigem Gebrauch übergibt. Ich erinnere mich einer Frau, die durch eine unglückliche Ehe an den Trunk gekommen war, abends immer ängstliche Abortivdelirien erlebte und nun gegen diese Delirien einen Morphinvorrat und eine Spritze vom Arzt ausgehändigt bekam! Es ist keine Übertreibung: der Arzt ist von einer großen Anzahl von Morphinismusfällen selbst die Ursache.

Es ist bei der Morphiumsucht wie bei allen Suchten: die genommenen Quantitäten wachsen mit der Zeit. Im Körper, der sich an das Gift gewöhnt, verflüchtigt sich die Wirkung allmählich schneller. Auch weiß sich der Süchtige mit zunehmender Sucht immer weniger zu beherrschen und greift sofort zur zweiten Spritze, sobald die Wirkung der ersten vorüber ist. An Stelle der Tagesmaximaldosis von 0,1 erreicht der Süchtige Mengen von 1 g und mehr. Allerdings glaube man ihm selbst die Höhe seiner Tagesdosis niemals: er gibt immer zu viel an[1]). Der Zwang, mit seiner Sucht vor aller Welt verborgen zu bleiben, der beständige Rückfall entgegen den besten Vorsätzen, die unlautere Weise, sich immer neue Vorräte des Giftes zu verschaffen, das Bewußtsein, nur durch die Giftwirkung arbeits- und genußfähig zu bleiben, — dies alles verdirbt die Persönlichkeit. Mit Recht gilt der Morphinist immer als feig, verlogen, haltlos und unzuverlässig. Man glaube ihm nie. Will man ihm seine Sucht abgewöhnen, so rechne man niemals mit seiner Mitwirkung, baue nie auf seine Versprechungen usw., sondern man führe die Entziehungskur rigoros durch. Eine wirklich einwandfreie Kur ist nur in einer geschlossenen Anstalt möglich. Man nehme ihm bei der Aufnahme alles, selbst Bücher und Uhr, und lasse ihn in völlig neuer und fremder Wäsche im Bett bleiben. Man lasse ihm kein Geld in der Hand, damit er keine Personen seiner Umgebung besteche. Man kontrolliere den Besuch von Angehörigen sehr scharf. Und dann beginne man ihm täglich dreimal je 2 cg zu geben und gehe in den nächsten Tagen allmählich herab, so daß man mit etwa 14 Tagen morphinfreie Aqua destillata einspritzt. Dabei verteile man die drei täglichen Spritzen etwa so, daß er erhält, morgens, mittags, abends: 0,02—0,02—0,02; 0,02—0,01—0,02; 0,02—0,005—0,02; 0,01—0,005—0,02; 0,01—0,000— 0,02; 0,005—0,000—0,02; usw. Fragt er nach seinen Dosen, so verweigere man die Antwort, und zuletzt scheue man die Mühe nicht, ihm noch einige Tage Aqu. dest. weiter einzuspritzen. Treten bei der Entziehung Durchfälle, Anfälle von Schwitzen, Schlaflosigkeit, Zittern usw. auf, so bekämpfe man diese Symptome, doch wähle man hierzu keine Präparate, die dem Morphin nahestehen. Man beobachte sorgsam das Herz und gebe, wenn nötig, Herzmittel. Man suche dem Süchtigen

Be-
handlung

---

[1]) Zu viel, weil er dabei hofft, der Arzt beginne bei der Entziehung dann von einer höheren Tagesdosis aus.

die Übergangszeit auf alle mögliche Weise zu erleichtern, man lasse sich
aber auch durch die flehentlichsten Bitten nicht erweichen, sein einmal
aufgestelltes Behandlungsschema zu durchbrechen. Man erkläre dem
Morphinisten von vornherein, man übernehme die Entziehungskur nur,
wenn sich der Kranke verpflichte, 2 Jahre lang jedes halbe Jahr zur
Nachprüfung sich auf 2 Tage wieder aufnehmen zu lassen. Nur diese
Maßregel ist eine sichere Kontrolle dafür, daß der Süchtige wirklich
vom Rückfall frei blieb. Und es ist dem Süchtigen auch eine Art Stütze,
wenn er weiß, daß er jedes Halbjahr 2 Tage lang wieder genau bewacht
wird, ob sich auch keine Symptome bei Morphinfortfall zeigen. Bei einer
solchen Nachprüfung überwache man selbstverständlich den Prüfling
wieder aufs genaueste.

Bei anderen Genußgiften — praktisch kommt wohl nur noch das
Kokain in Betracht — verfahre man ganz ähnlich.

Ent-
ziehungs-
anstalten

Will man einen Süchtigen einer besonderen Entziehungsanstalt
zuführen, so erkundige man sich so genau als möglich nach ihrem Ruf.
Ja man übergebe Kranke am besten nur solchen Entziehungsanstalten,
deren Leiter man selbst unbedingt vertraut. Es kommt vor, daß ohne
Wissen des Leiters der Pförtner heimlich Morphin zu hohen Preisen
an die Kranken verkauft. Es kommen aber auch sonst noch alle möglichen Mißstände in diesen Entziehungsanstalten vor. Die in den
Zeitungsanzeigen so häufig angekündigte Entziehung „ohne Schmerz
und Qual" ist ein Unding; so etwas gibt es nicht, außer wenn es sich
um Scheinentziehungen handelt, so daß an Stelle des Morphins nur ein
ähnliches Präparat (etwa das Pantopon usw.) gesetzt wird. Es gibt
zweifellos — besonders im Auslande — Anstalten, denen es um die
Entziehung nie wahrhaft ernst ist, denen nur daran liegt, mit dem
möglichst langen Aufenthalt des Kranken möglichst viel Geld zu verdienen.

E. Senile und arteriosklerotische Störungen.

Alter und
Arterien-
verkalkung

Die Abnahme der geistigen Fähigkeiten, zumal des Gedächtnisses,
die das Altern mit sich bringt, macht sich bei den einzelnen Individuen
in sehr verschieden hohen Lebensjahren bemerkbar. Oft mag bei früh-
einsetzendem geistigem Verfall eine frühzeitige Arteriosklerose der
Hirngefäße schuld sein, aber es bleibt dann wieder die Frage offen,
worauf diese Gefäßveränderung beruhe. Man kann nach Lues, nach
Trunksucht, nach familiärer Anlage zu früher Arteriosklerose forschen.
Senile und arteriosklerotische Veränderungen des Hirns greifen oft derart
ineinander, daß eine Trennung unmöglich erscheint. Sicherlich kann man
beide in anderen Fällen wieder recht wohl auseinanderhalten. Aber man
hüte sich, aus einer nachweisbaren sonstigen Arterienverhärtung (Arte-
riae radiales) auf das Bestehen einer Hirnadernverhärtung zu schließen.
Auch der Blutdruck belehrt über den Zustand der Hirnadern nicht.
Es gibt eine Hirngefäßveränderung (oft in den kleinsten Gefäßen), die
für sich allein zu bestehen scheint.

Häufig beginnt die verschlechterte Arbeit des Gehirns sich in der schlechten Merkfähigkeit[1]) zu offenbaren. Schon in den 60er Jahren klagen viele über Abnahme des Gedächtnisses für Namen, wobei ja immer die neu eingeprägten Namen gemeint sind. Die alten Erinnerungen sitzen meist noch lange Zeit recht fest. Das Neuhinzulernen macht Schwierigkeiten. Aber diese Merkfähigkeitsstörung ist nur dasjenige Symptom, das den alt gewordenen Leuten selbst am unangenehmsten auffällt. Daß sie nebenbei noch allerlei sonstige Einbuße erlitten haben, spüren sie selbst viel weniger als ihre Umgebung[2]).

Die ersten leisen Anzeichen des Leidens bestehen oft darin, daß eine Persönlichkeit, die auf Äußeres und Manieren sehr viel hielt, etwas nachlässiger wird.

Alters-
schwach-
sinn

Der Geheimrat beobachtet nicht mehr so sorgsam wie bisher die gesellschaftlichen Formen und läßt vor allem zu Hause manche Rücksicht vermissen, die er früher als selbstverständlich übte. Nimmt das Alter zu, so läßt er sich immer mehr bedienen. Überall liegen zu Hause seine Gegenstände umher, seine Zigarrenasche ist allenthalben verstreut, seine Kleidung ist nicht mehr tadellos sauber. Zuweilen geht er bis zum Mittag in Hausschuhen und ohne Kragen umher. Trifft ihn so ein Fremder, so entschuldigt er sich wohl gewohnheitsmäßig noch ein wenig, aber „dem Alter ist manches erlaubt". Er wird immer egoistischer und interessiert sich nur noch recht oberflächlich für die Tageserlebnisse der Familie. Die jüngeren Kinder klagen: „Der Vater hört gar nicht mehr darauf, wenn man ihm irgend etwas erzählt." Dabei bekommt er seine Schrullen; oft ist ihm schwer etwas recht zu machen. Obwohl das Badezimmer so, wie es ist, seit vielen Jahren zu allgemeiner Zufriedenheit benutzt wurde, entdeckt er plötzlich, daß der Badeofen gänzlich verkehrt darin stehe, er müsse unbedingt in die andere Ecke versetzt werden, so gehe es nicht weiter. Das Wissen von seinem Alter erzeugt den Gedanken, seine große Erfahrung verstände alles besser, als andere Leute. So beginnt er über Verhältnisse zu urteilen, die ganz außerhalb seines Bereiches liegen[3]), oder er mischt sich in die Küchenangelegenheiten oder in sonst etwas, was ihn gar nichts angeht. In seinem Beruf als Beamter vermag er noch ziemlich lange Zeit zu befriedigen; diese Tätigkeit ist ihm seit Jahrzehnten so gewohnt, daß sie fast mechanisch verläuft. Neuer Einfälle bedarf es dabei nicht. — Allmählich wird er immer eigensinniger, man muß sehr geschickt sein, wenn man ihn beeinflussen will. Seine Aussprüche werden leerer, er erzählt immer wieder die gleichen Geschichten, man weiß bei vielen Gelegenheiten schon zuvor ganz genau, was er sagen wird. Er nimmt ganz einförmige Lebensgewohnheiten an und will in ihnen unter keinen Umständen gestört sein. Kommen noch irgendwelche körperliche Gebrechen des Alters hinzu, so vegetiert er dann nur noch für sich so hin, bis er schließlich der Wartung und Pflege bedarf wie ein kleines Kind.

---

[1]) Man pflegt die Fähigkeit zur Neuaufnahme und Einprägung (als Merkfähigkeit) von dem Vermögen der Reproduktion früher erworbener Gedächtnisinhalte (als Gedächtnis) zu unterscheiden und sondert bei letzterem noch das Gedächtnis für die eigenen Erlebnisse (als Erinnerung) von dem für das erlernte Material (als Wissen).

[2]) Aus der schlechten Merkfähigkeit ergibt sich oft der Wahn, beständig bestohlen zu werden: die Greise vergessen sofort, wohin sie ihre Gegenstände legen und glauben dann, man habe sie entwendet.

[3]) Es ist z. B. bei Gelehrten eine nicht so seltene Erfahrung, daß sie im Alter plötzlich über Themen allgemeiner Art schreiben, die ihrem Arbeitsgebiet bisher ganz fernlagen. Sie glauben in irgendwelchen Weltanschauungsproblemen oder politischen Gegensätzen auf Grund ihrer großen Lebenserfahrung ihr Urteil abgeben zu müssen, obgleich diese Fragen mit Erfahrung meist gar nichts zu tun haben. Wie flach und geschwätzig solche Werke oft ausfallen, wird ihnen nicht mehr bewußt; die Fähigkeiten zur Selbstkritik sind zerstört.

Presbyo-
phrenie

Aber es gibt neben dieser einfachen geistigen Verödung auch Alters-
psychosen. Hierzu gehört z. B. die Presbyophrenie. Man kann
zuweilen (z. B. bei alten Frauen in den Alt-Leut-Spitälern) zuhören,
wie sie sich sehr lebhaft über irgend etwas unterhalten und ganz einig
sind, und trotzdem weiß keine von ihnen, worüber sie überhaupt geredet
haben. Sie wiederholen immerfort alteingeschliffene Wendungen, die
ihnen noch zur Verfügung stehen, vom schönen Wetter, und sie hätten
es immer gesagt, und der Krug gehe solange zum Wasser, bis er breche,
und die Zeiten änderten sich eben, aber was Recht sei, das müsse auch
Recht bleiben und so fort. Dabei machen äußerlich diese alten Frauen
einen ganz korrekten, überaus freundlichen, lebhaften Eindruck, und
man ist ganz erstaunt, daß sie einen wie einen alten Bekannten begrüßen,
obwohl man sie bisher niemals sah. Beschäftigt man sich nun genauer
mit ihnen, so entdeckt man, daß sie keine Ahnung haben, wer man ist.
Auf direkte Fragen erhält man die Antwort: „Ach, ich werde Sie nicht
kennen, ich habe Sie doch schon so oft gesehen." (Wo denn?) „Nun,
man trifft sich doch hier und da und freut sich immer, wenn man sich
einmal wiedersieht." Und so geht es weiter, ein bestimmter, klarer
Inhalt kommt in den Antworten nicht zutage. Dagegen gelingt es sehr
leicht, diesen Kranken alles mögliche zu suggerieren. Sie gehen mit
Freuden darauf ein, daß man sie doch gestern zu einem Spaziergang
abgeholt, mit ihnen eine Tischdecke gekauft habe usw. Und hat man
einmal solchen Komplex angeschnitten, so spinnen sie ihn fort und kon-
fabulieren munter weiter. Oft sind diese alten Leute örtlich und zeitlich
vollkommen desorientiert. Und so ähnelt dieses Zustandsbild der Presbyophrenie sehr dem Korsakowschen Symptomenkomplex, der schon
bei den traumatischen Psychosen und bei dem chronischen Alkoholismus
geschildert wurde: Merkfähigkeitsstörungen, mangelhaftes oder falsches
Urteil über ihre Umgebungen infolge erschwerter Auffassung und gestörter
Verarbeitung, Konfabulationen. Bei noch höheren Graden dieser Störung
geht dann auch noch das äußerlich korrekte Benehmen verloren: in
völliger Desorientiertheit sitzen dann die hinfälligen alten Leute im Bett
oder auf der Erde mitten unter ihren Bettstücken, sie kramen und räumen
unausgesetzt und halten z. B. Kopfkissen für Wickelkinder, die sie wiegen
müssen: seniles Delirium. Sie finden nicht einmal mehr den Weg zum
Klosett und sind infolgedessen unrein (Dekubitusgefahr, andere Geschwüre
und Ausschläge!). In den sozial unteren Schichten gehören solche Kranke
unbedingt in eine Anstalt. Sie werden gelegentlich vom Arzte im Zustande unbeschreiblicher Verwahrlosung aufgefunden. Besonders allein
wohnende alte Leute, um die sich kein Mensch gekümmert hat, geraten
in grauenhafte Umstände: sie wickeln ihre Exkremente in alte Wäsche-
stücke, waschen sich nie mehr, tragen seit vielen Monaten die gleiche
Wäsche, lassen unter sich gehen, sind am Verhungern usw. Die traurigsten
Schilderungen über solche Zustände bei alt gewordenen, ganz verlassenen
Menschen sind in den Akten der Armenpfleger reichlich vorhanden[1]).

---

[1]) Ein ziemlich frühzeitig einsetzender besonders rascher seniler Verfall
mit allmählichem Sprachverlust und Gehstörungen aber ohne sonstige Herdsymptome wird neuerdings als „Alzheimersche Krankheit" bezeichnet.

Neben der einfachen senilen Demenz und der Presbyophrenie kommen im Alter noch gelegentlich leicht heitere Erregungszustände vor, etwa in der Art einer Hypomanie, oft zusammen mit den Anzeichen leichten Altersschwachsinns. Es ist noch nicht sicher entschieden, ob solche manisch gefärbten Symptombilder auch Ausdruck der senilen Hirnveränderung sind, oder ob es sich um manisch-depressive Persönlichkeiten mit senilen Zügen handelt. Praktisch ist diese Unterscheidung völlig unwichtig.

In den ersten Jahren des 6. Jahrzehnts, selten etwas früher und vor allem bei Frauen (also zugleich mit dem Klimakterium) entsteht zuweilen eine geistige Störung, der man irgendwelche Beziehungen zum Senium zuschreibt — ob mit Recht, ist sehr fraglich — und die man deshalb den präsenilen Wahn genannt hat. Die Bezeichnung ist deswegen wenig glücklich, weil die eigentlichen Kennzeichen des Greisenalters vollkommen fehlen. Diese Kranken haben keine Merkfähigkeitsstörungen, keine Gedächtnisausfälle usw., sondern werden nur gepeinigt von ihrem Wahn[1]).

Man hat bemerkt, daß ein altes Fräulein, die einzige Tochter eines längst verstorbenen hohen Beamten, seit Wochen ihre Wohnung nur immer in den Abendstunden verläßt. Da ihre Geldverhältnisse äußerst dürftig sind, nimmt man anfangs an, daß ihre unscheinbare Kleidung sie vielleicht am Tage zu Hause zurückhält. Regelmäßig wird der Frühstücksbeutel an der Tür ihrer kleinen Dachwohnung entleert, und regelmäßig liegt am nächsten Morgen das Geld darin, aber zu sehen bekommt auch die Semmelträgerin die alte Dame nie. Auch der Postbote hat sie nie erblickt, nur war es ihm manchmal, als wenn jemand hinter der Gardine der Vorsaaltüre stände. Den Nachbarn fällt weiter auf, daß in den ersten Nachtstunden öfter ein Mann vor dem Hause patrouilliert. Man forscht nach und erfährt, daß dies ein Detektiv ist, der von der Dame gemietet sei, das Haus zu bewachen. Als man nachts gelegentlich seltsame Geräusche in der Wohnung oben hört, wird den Hausbewohnern die Sache unheimlich, und sie benachrichtigen den Kreisarzt. Mit Mühe und erst nach langem Verhandeln durch die Tür verschafft er sich Eingang und findet nun merkwürdige Vorkehrungen in der Wohnung. Gegen die Tür ist eine Art Barrikade von Möbeln errichtet. Die Fensterläden gegen die Straße sind nicht nur geschlossen, sondern alle Fugen sind auch noch mit Papierstreifen verklebt. Es gelingt dem Arzt, an alte Familienbeziehungen anknüpfend, das Vertrauen der Kranken zu gewinnen, und nun erzählt das alte Fräulein folgendes: Sie bemerke seit etwa $^3/_4$ Jahr, wie man sie beobachte. Es habe damit angefangen, daß sich drüben auf der Straße die Fenstergardinen immer so auffällig bewegten. Sie habe deutlich gesehen, daß dahinter Personen standen, die mit kleinen Röhrchen nach ihr herüber lugten. Dann wurde es toller. In den Abendstunden ging immer dieselbe Person vorbei, die sich meistens, wenn sie an ihrem Hause vorbeikam, schneuzte. Ein Dienstmädchen mit einem Korb am Arm und einem kleinen Hund fiel ihr auf, sie kam so „unnatürlich oft". Und besonders der Hund benahm sich sehr auffällig und vor allem sehr unanständig, was sie besonders kränkend empfand. Denn es war ihr, die das alles immer durch ein Loch im Fensterladen beobachtete, gar nicht zweifelhaft, daß sie damit getroffen werden sollte. Wurde es dunkel, so wurden die Verfolger — denn ganz offenbar handelte es sich um eine gemeine Verfolgung gegen eine hilflose alte Dame — frech. Sie drangen ins Haus und knackten eigenartig auf der Treppe. Im Schornstein rappelte es, als würden Steine hineingeworfen. Deutlich hörte man Tritte. Sie verließ nun ihren Posten am Fenster und stellte sich mit einer Dute gemahlenen Pfeffers in der Hand hinter die Möbelbarrikade auf die Lauer, um den ersten der herannahenden Verfolger

Präseniler
Wahn

---

[1]) Die Beziehungen zur Spätkatatonie werden dort behandelt. Von einigen Autoren wird der präsenile Wahn als Involutionsparanoia bezeichnet.

zu blenden. So stand sie jeden Abend, bis gegen Mitternacht die auffälligen Zeichen nachließen. Zuvor aber war immer noch ein seltsames Phänomen zu beobachten. Von dem ziemlich fernen kleinen Rathaustürmchen her wurden Kugelblitze ins Zimmer geschleudert; sie liefen einen Moment an der Wand entlang und verschwanden dann unter deutlichem Knistern. Offenbar waren diese sehr unangenehmen Zeichen Winke für die Verfolger, und es wurde dem alten Fräulein nun klar, daß das Rathaus und also auch der Bürgermeister um das Benehmen der gemeinen Bande vollkommen Bescheid wisse, ja daß er es vielleicht leite.

Diese präsenilen Verfolgungsparanoien gleichen sich ganz überraschend. Immer wieder finden sich dieselben Symptome: vor allem Umdeutung wirklicher Erlebnisse (Eigenbeziehung) und seltsame optische Erscheinungen. Auch die dadurch bedingte eigenartige Lebensweise und die Verteidigungsmaßnahmen gleichen sich meist bei diesen Fällen genau. Echte akustische Sinnestäuschungen fehlen oder sind überaus selten. Ähnlich anderen Paranoikern haben auch diese Kranken einen ungemein festen Glauben an ihren Wahn und eine sehr hohe Selbsteinschätzung. Sie haben meist schon einen überlegenen, etwas geheimnisvollen Gesichtsausdruck. Oft ist es sehr schwer, sie zum Erzählen zu bringen, sie haben ein unbegrenztes Mißtrauen.

Durch ihre seltsame Lebensweise infolge ihres Wahns werden sie meist sozial unmöglich. Aber sie sind fast niemals ernstlich gefährlich. Man braucht sie nur selten in geschlossene Anstalten zu bringen. In einem Stiftungshaus, in einem Bürgerspital sind sie genau so gut aufgehoben. Ihre äußeren Formen bewahren sie durchaus, ja sie haben gelegentlich ein etwas hoheitsvolles Wesen. Körperlich findet sich nichts.

Der Wahn führt nicht zum Schwachsinn. Er kann einige Jahre bestehen, dann seine Gefühlsbetonung verlieren und gleichsam vergessen werden. Korrigiert wird er nie. Zuweilen flackert er nach einigen Jahren wieder auf. Es ist eigenartig, daß dies fast immer nur in der Freiheit, nicht in Anstalten passiert. Es besteht eine merkwürdige Abhängigkeit des Wahns von den Lebensumständen: fast immer handelt es sich um alleinstehende Witwen oder alte einsame Jungfern.

Der Arzt hat fast nur dafür zu sorgen — meist im Einvernehmen mit dem Kreisarzt, da die Kranken fast niemals gutwillig ihre Häuslichkeit aufgeben —, daß die Präsenilen irgendwo in einem Heim usw. gut untergebracht werden. Von irgendeiner Therapie kann keine Rede sein.

Hirn-
arterio-
sklerose Die Sklerose der Hirngefäße offenbart sich keineswegs immer zuerst in einer geistigen Beeinträchtigung. Vielmehr gehen allgemeine unbestimmte Beschwerden auch diesem organischen Hirnleiden, wie manchem anderen, oft Jahre voraus. Meist werden solche Arteriosklerotiker als Neurastheniker angesehen und behandelt, und das schadet auch nichts, sofern das Bestreben des Arztes darauf ausgeht, eine vernunftgemäße Lebensweise durchzusetzen und grobe Schädlichkeiten fernzuhalten. Immerhin mag der Arzt bedenken, daß bei einem Kranken von über 50 Jahren, der ihn wegen allgemeiner unbestimmter Beschwerden aufsucht, dann an eine Gefäßsklerose zu denken ist, wenn besonders Kopfschmerzen geklagt werden. Gesellen sich gar noch Schwindelgefühle hinzu, so gewinnt diese Diagnose noch an Wahrscheinlichkeit. Erheblich deutlicher wird das Krankheitsbild schon, wenn irgendwelche Anfälle eintreten. Von den epileptischen Anfällen wurde schon unter dem Titel der Spätepilepsie gehandelt. Ihre Therapie ist von der der allgemeinen Epilepsie nicht unterschieden, nur kann man neben absolutem Alkoholverbot auch noch eine antiarteriosklerotische Therapie durchführen.

Eine weitere Form der Anfälle sind einfache Ohnmachten (gelegentlich mit Erbrechen), die von den Kranken und ihrer Umgebung oft auf äußere Ursachen (Hitze, Magenverstimmung usw.) bezogen werden, meist aber ihre Ursache in kleinen Blutungen des Hirns haben. Eine genaue neurologische Untersuchung solcher Kranker bringt dann doch oft leichte Herdsymptome heraus. Auch geschieht es nicht so selten, daß ihr allgemeines Aussehen sich sehr verschlechtert. Sie werden sehr schnell zu Greisen, bekommen weißes Haar, lassen in ihrer körperlichen Leistungsfähigkeit, in ihrer geistigen Arbeit stark nach. Sie werden vergeßlich, ungeschickt und kommen auch zu Fuß nicht mehr so recht fort. Man findet keinen ausgesprochen apoplektischen Gang (Zirkumduktion eines Beines), sondern die Kranken gehen vorsichtig, mit kleinen Schritten. In diesem Stadium bemerken die Angehörigen auch kurzes Versagen der Sprache oder schnell vorübergehende Verwirrtheiten. Der Kranke erhebt sich plötzlich vom Ruhesofa, geht ans Telephon und macht sogleich eine Bestellung, die an sich vielleicht nicht unsinnig ist, aber er hat gar keine Telephonnummer genannt, er hat seinen Auftrag direkt ins Telephon gesprochen, ohne jemand anzurufen. Hinterher weiß er nichts davon, oder sucht sich mit einem leichten Scherz einem Vorhalt zu entwinden. Oft haben solche Arteriosklerotiker aber ein recht deutliches Bewußtsein ihres geistigen Verfalls, und es sind Fälle bekannt, in denen die Kranken, früher geistig hochstehende Männer, selbst ein Ende machten, um nicht ihr geistiges Siechtum zu erleben.

In anderen Fällen kommt es nicht zu kleinen (oft gehäuften) Anfällen, sondern zum großen apoplektischen Insult. Es ist hier Apoplexie nicht der Ort, auf die Herderscheinungen selbst näher einzugehen. Nach der heute üblichen Abgrenzung der Sonderfächer in der Medizin ist die Lehre von den Hirnherdsymptomen ein Abschnitt der Neurologie. Nur auf einige Umstände sei hingewiesen.

Bilden sich die üblichen Halbseitenerscheinungen sehr schnell zurück, so daß sie am nächsten Tage schon so gut wie verschwunden sind, so wird es sich nicht um eine Hirnblutung, sondern höchst wahrscheinlich um einen Anfall bei progressiver Paralyse gehandelt haben. Auch ein epileptischer Anfall mit Herderscheinungen könnte in Frage kommen (Pupillen, Wassermannsche Reaktion, Lumbalpunktion entscheiden). Wird man zu einem Anfall gerufen, so findet man, abgesehen von den körperlichen Symptomen, den Kranken meist bewußtlos (das weitaus häufigste Zustandsbild ist: Lähmung der einen Seite einschließlich Gesicht und Zunge, dabei positiver Babinski und Fehlen des Bauchdeckenreflexes auf der gelähmten Seite, Verdrehung der Augen nach

der nicht gelähmten Seite hin). Nach Stunden oder auch erst Tagen
hellt sich diese Bewußtlosigkeit allmählich auf. Zuweilen schließt sich
daran noch ein deliriöser Zustand, der meist nur Stunden, selten Tage
dauert. Der Gelähmte erweist sich, soweit man ihn verstehen kann,
als desorientiert, er spricht aus einer eingebildeten Situation heraus usw.

Die Beachtung der seelischen Vorgänge bei der Arteriosklerose ist
deshalb auch praktisch besonders wichtig, weil sie ein Urteil über das
Fortschreiten der Erkrankung ermöglichen. Finden sich häufiger kleine,
kurze delirante Zustände oder zeigt sich schon unverkennbar eine Ab-
nahme der geistigen Regsamkeit, so muß man mit einer wenig günstigen
Prognose, mit einem ziemlich raschen Verlauf rechnen. Fehlen solche
seelischen Symptome ganz, so kann natürlich trotzdem ein schneller
Verfall oder der Tod eintreten, doch ist dann die Prognose auf keinen
Fall von vornherein schlecht zu stellen. Besonders wenn nach einem
Schlaganfall der erste Monat verstrichen und der Kranke bereit ist,
sich einer alsbald einzuleitenden Therapie zu unterziehen, können
Jahre vergehen, bis das Leiden weiter deutlich fortschreitet. Natürlich
kann etwas Bestimmtes nie vorausgesagt werden.

Therapie   Beim apoplektischen Anfall unterlasse man jede eingreifende Untersuchung. Man sieht zuweilen junge übereifrige Ärzte derart an dem
Kranken herumhantieren, seine Lage verändern usw., daß dadurch
weitere Blutungen entstehen können. Man beschränke sich in der Praxis
auf eine flüchtige Untersuchung, stelle die Füllung der Blase fest (Katheterisieren!) und kühle den Kopf (Eisblase). Man schärfe den Angehörigen ein, keine Nahrung und möglichst auch keine Getränke zu reichen
(Verschlucken, Schluckpneumonie!), ehe der Kranke wieder ganz klar
ist. Dauert die Bewußtlosigkeit tagelang, so kann man mit hohen Ein-
läufen Flüssigkeit zuführen. Nahrungszufuhr kann sehr wohl 2—3 Tage
unterbleiben. Man beginne eine Ernährung mit der Schlundsonde
nicht vor dem 4. Tage, sie regt den Kranken oft unnütz auf und kann
hierdurch Schaden stiften. Man verwende große Sorgfalt auf zweck-
mäßige Lagerung und scheue sich nicht, mit genügenden Hilfskräften
den Kranken vom 2. Tage an regelmäßig alle paar Stunden vorsichtig
umzulagern. Ein Dekubitus entsteht oft (besonders bei sehr fetten oder
sehr mageren Leuten) überraschend schnell. Das regelmäßige, sorgsame
Umlagern des Kranken kann auch einer hypostatischen Pneumonie
vorbeugen. Der Darmentleerung sei selbstverständlich gedacht.

Übersteht der Kranke den schweren Anfall, so lasse man ihn 3 bis
4 Wochen im Bett, alte Leute halb sitzend (auch im Fahrstuhl). Außerdem sorge man für dauernde körperliche und seelische Ruhe. Alle Erregungen seien fern gehalten, deshalb soll man eine Reise, bei der der
Kranke seine Gang- usw. Störungen oft das erstemal besonders deutlich
und mit Erregung bemerkt, nicht zu zeitig antreten lassen. Später ist
leichte regelmäßige Bewegung (natürlich keine Gartenarbeit mit Bücken)
durchaus am Platz und soll sich mit ebenso regelmäßigen Ruhepausen
(Liegen) abwechseln.

Die Ernährungsweise sei nur insofern besonders geregelt, als
man allen stärkeren Alkohol (zu jeder Mahlzeit ein Becher leichten Bieres

kann sicher nichts schaden) und stärkere Gewürze durchaus verbietet[1]).
Koffeinfreier Kaffee sei ebenso erlaubt wie täglich zwei leichte Zigarren.
Im übrigen vertraue man einer Krankenschwester oder Angehörigen
die Sorge für eine verständige Lebensweise an: keine zu großen Mengen
des Essens, regelmäßiger Stuhlgang; keine zu heißen (nicht über 37° C)
Bäder, Kopfkühlung beim Bade; kühle Abreibungen, falls kurze Bäder
subjektiv unangenehm wirken.

Von besonderen Maßnahmen werden bei Kopfschmerzen und Schwin-
delgefühlen kurze (2—3 Min.) am Tage 2—3 mal wiederholte heiße Um-
schläge auf Stirn und Nacken empfohlen. Gegen Kopfweh, Unruhe-
gefühl, Schlaflosigkeit usw., versuche man Brom (1—5 g am Tage,
ganz individuell je nach der Empfindlichkeit und der Stärke der
Symptome).

Die Schlaflosigkeit bekämpfe man nach den allgemein hierfür
geltenden Grundsätzen (siehe den VI. Hauptabschnitt). Die Behandlung
der körperlichen Störungen (Kontrakturen u. dgl.) gehört nicht hierher.
Man kann natürlich neben der Linderung der Symptome auch eine
günstige Beeinflussung des Grundleidens (durch Jodkali, 2—3 g täglich,
im Jahre zwei Kuren von 4—5 Wochen Dauer, individuelle Abmessung!)
versuchen.

Wenn es sich um einen schweren apoplektischen Insult handelt,
werden die Angehörigen ja meistens schon selbst einen Schlaganfall und
Adernverkalkung als Grundleiden vermutet haben. In diesem Falle
bestätige man die Richtigkeit und mache aus der ernsten Lebensgefahr
kein Hehl. In leichten Fällen, vor allem bei noch wenig geschädigter
Verstandestätigkeit, vermeide man, die Diagnose der Arteriosklerose
auszusprechen. Man behelfe sich dann mit Wendungen, wie „geistige
Überanstrengung" oder „Vollblütigkeit, bei der Schwindelanfälle gelegentlich vorkämen" und ähnlichem mehr. Damit sind dann alle Beteiligten sehr zufrieden, während ihnen das Wort Adernverkalkung
meist die größten Sorgen bereitet und sie auf einen baldigen jahen Tod
hinweist. Da man in diesem Falle mit der vollen Wahrheit nichts
nützt, wird man sie besser nicht aussprechen.

Auch sei man bei dem so verschiedenen Verlauf des Leidens mit
einer Prognose sehr vorsichtig[2]).

F. Progressive Paralyse und Hirnlues.

Der Arzt der allgemeinen Praxis hat mit der progressiven Paralyse Paralyse
(die fälschlich Hirnerweichung genannt wird) viel öfter zu tun, als er
gemeinhin annimmt. Der Grund der häufigen Verkennungen dieses
schweren organischen, in wenigen Jahren zum Tode führenden Hirn-

---

[1]) Auch salzarme Kost wird empfohlen.
[2]) Im Anhang an die arteriosklerotischen Demenzprozesse sei noch der
langsamen, meist im mittleren Lebensalter einsetzenden Verblödung gedacht, die
mit unwillkürlichen Veitstanz ähnlichen Bewegungen verläuft und als Huntington-
sche Chorea bezeichnet wird. Sie ist recht selten und meist familiär.

leidens liegt in der unbestimmten vagen Art, in der sich diese Krankheit anfangs meist äußert. Der Arzt nehme sich vor, in allen Fällen zwischen 30 und 50 Jahren nach den paralytischen sicheren Anzeichen zu suchen, wenn nur allgemeine unbestimmte neurotische Beschwerden geklagt werden. Der Arzt beruhigt sich viel zu leicht mit der Diagnose Neurose, Neurasthenie, Hysterie. Dem eigentlichen Ausbruch der paralytischen Psychose gehen oft Monate, selbst 1—2 Jahre lang allgemeine unbestimmte Beschwerden voraus, teils mehr körperlich lokalisiert: unangenehme Schwächeempfindungen in den Beinen, allerhand Parästhesien, Neuralgien, Kopfschmerzen, — teils allgemein körperlich: große Ermüdbarkeit, Schwindelzustände, — teils seelisch: Unlustgefühle, Arbeitsunlust, Gereiztheit, Wechsel von Wochen mit normalem Verhalten mit Wochen, in denen der Kranke plötzlich eigenartig verfallen aussieht, sehr still ist und über Schwere im Kopf, Langsamkeit der Gedanken und Vergeßlichkeit klagt. Aber die Klagen dieses neurasthenischen Vorstadiums sind eben uncharakteristisch: ein beginnender Arteriosklerotiker, ein echter Neurotiker können sie in ganz ähnlicher Weise äußern. So richtig es nun auch ist, bei einem Mann im mittleren Lebensalter in solchen Fällen immer an eine Paralyse zu denken, ebenso unverantwortlich wäre es, diese Diagnose zu stellen, ohne sichere körperliche Symptome des Leidens festgestellt zu haben. Der Praktiker mache es sich zum Grundsatz, die Diagnose der Paralyse nur aus den körperlichen Symptomen zu stellen. Aus dem psychischen Bild allein — selbst wenn die Psychose schon sehr ausgeprägt ist — eine Paralyse erkennen zu wollen, ist selbst für den Fachmann in vielen Fällen nicht leicht.

Die körperlichen Symptome der Paralyse sind Pupillenstarre, Sprachstörung, Lumbalbefund. Sobald man bei einem Kranken diese drei Symptome findet, kann man in 99 von 100 Fällen sicher sein, einen Paralytiker vor sich zu haben. Findet man die reflektorische Pupillenstarre allein, so braucht es sich keineswegs um eine Paralyse zu handeln, vielmehr kommt dann auch neben den umstrittenen (zum mindesten sehr seltenen) Fällen einer angeborenen Starre oder konstitutionell schlechten Reaktion der Pupillen vor allem die Diagnose der Tabes oder der Hirnlues in Betracht. Man denke auch an Vergiftungen und medikamentöse Einträufelungen ins Auge. Auch alte Alkoholiker können zuweilen fast starre (immer enge!) Pupillen haben, Greise — auch im höheren Alter kommen vereinzelt Paralysen noch vor — können allein infolge ihres Seniums annähernd starre (sehr enge!) Pupillen besitzen, und bei manchen Untersuchten kann ein Angstaffekt (Hysterie, abnorme Reaktion) die Pupillen derart stark erweitert (!) festhalten, daß eine Lichtverengerung mit gewöhnlichen Mitteln nicht nachweisbar ist. Auf den Pupillenbefund allein darf man also keine Paralysediagnose gründen. Häufig sind bei ihr auch die Pupillen ungleich oder verzogen oder reagieren verschieden[1]).

---

[1]) Weiteres über Pupillenuntersuchung siehe im V. Hauptabschnitt.

Die Sprachstörung ist durchaus artikulatorisch[1]). Daß sich gelegentlich einmal aphasische Störungen bei Paralyse finden, ist ein so seltener Befund, daß er für den Praktiker überhaupt nicht in Betracht kommt. Die Diagnose hat es lediglich mit der artikulatorischen Sprach- (und Schrift-)störung zu tun. Der Kranke vermag seinen Aussprech- apparat nicht mehr so recht zu beherrschen. Schwierigere Worte miß- glücken ihm ähnlich wie dem Berauschten, der auch seiner Zunge nicht mehr Herr ist. Bei dem einen Kranken sind es mehr die l-Laute, die auszusprechen schwer fällt (Beispiele: Flanellappen, Holländer Bilder, liebe Lilli), bei anderen die Worte mit vielen S (sächsische Schleppschiffahrtsgesellschaft, schweres Sprechen erschwert das Ver- ständnis), wieder bei anderen die vielen R (mit Gepolter entrollte der Marmor, drittes rheinisches Artillerieregiment). Am besten prüft man jedoch das Sprechvermögen des Kranken nicht an Wortbeispielen, sondern indem man seine Aussprache während seiner Erzählungen im Stillen beobachtet oder ihn ein Stück aus einer Zeitung vorlesen läßt. Dabei stellt sich (in fortgeschrittenen Fällen) auch häufig heraus, daß er kleine Worte wegläßt, Zeilen überspringt usw. Seine artikulatorische Sprach- störung muß bald als zögernd, stockend, bald mehr als stolpernd be- zeichnet werden (Silbenstolpern), bald als schmierend. Bei stärkerer Ausbildung der Störung (Dysarthrie) gelingt es nicht mehr, selbst ein- fache Worte hervorzubringen: aus Flanellappen wird dann vielleicht Fananellapappen. Das Zögern, Stocken und Rucken im Sprechen kann gelegentlich zu einer Aussprache führen, die der sog. skandierenden Sprache nahesteht, wie sie bei multipler Sklerose, aber ähnlich auch bei hysterischen Schütteltremoren und Choreaformen vorkommt[2]). — So charakteristisch auch die durchschnittliche Form der Sprachstörung bei der progressiven Paralyse ist, so muß man festhalten: die Sprach- störung allein erlaubt nicht die Diagnose der Paralyse. — Die Schrift ist in analoger Weise gestört, wie die Sprache. Die Silben werden ineinander geschrieben: anstatt Fledermaus z. B. Fledeaus, anstatt segensreich segreiche; oder ganze Silben oder Buchstaben werden vergessen, oder bei Worten mit vielen kleinen Grundstrichen findet sich eine beliebige (nicht mehr zu Buchstaben gesonderte) Zahl solcher Grundstriche. Zuweilen merkt der Kranke, daß, aber nicht recht, was er falsch geschrieben hat und beginnt dann mit verworrenen Korrekturen. Zudem ist die Schriftführung unsicher und zittrig. Ein Faksimile-Beispiel sei hier mitgeteilt[3]). (Abbildung 5.)

---

[1]) Man findet immer wieder Verwechslungen von artikulatorischen und aphasischen Störungen, obwohl doch der Unterschied so einfach ist: Eine Aphasie (die in sich wieder sehr verschieden sein kann) ist immer eine Störung desjenigen Mechanismus, der die Sprache versteht, entwirft, erfindet, erdenkt; eine artikulatorische Sprachstörung ist immer eine Störung desjenigen Appa- rates, der den Sprachentwurf ausführt, laut werden läßt; — also eine Aussprach- störung.

[2]) Auch bei der Hirnarteriosklerose werden gelegentlich eigenartige artikula- torische Sprachstörungen beobachtet.

[3]) Zur Untersuchung eignen sich ältere von den Angehörigen zu erbittende Schriftstücke besser, als unter Kontrolle des Arztes geschriebene Proben.

Endlich ist der Lumbal-
befund[1]) bei der progressiven
Paralyse derart, daß eine starke
Zellvermehrung (Lymphozytose) in
der Gehirn-Rückenmarksflüssigkeit
nachweisbar ist; dazu ist der Eiweiß-
gehalt stark erhöht. Doch können,
wie später noch ausgeführt werden
wird[1]), ähnliche Lumbalbefunde
auch bei anderen Krankheiten vorkommen, so daß allein auf den
Lumbalbefund die Diagnose
nicht begründet werden darf.—
Der positive Ausfall der Wassermannschen Reaktion kann die
Diagnose stützen[2]). Zumal wenn im
Blut und in der Lumbalflüssigkeit
das Ergebnis einwandsfrei positiv
ist, kann man so gut wie sicher annehmen, daß es sich um eine luische
Erkrankung handelt (sei es Paralyse,
sei es Tabes, sei es Hirnlues). —
Abgesehen von den hier erwähnten
in ihrer Zusammenordnung
sicher für Paralyse sprechen-
den drei körperlichen Be-
funden kommen andere körperliche Symptome wechselnd vor.
Z. B. kann die allgemeine Hypalgesie sehr hochgradig sein, sie
kann aber besonders im Anfang des
Leidens auch fehlen. Das Verhalten
der Knie- und Achillessehnenreflexe
ist sehr verschieden: sie können
fehlen, wenn es sich um eine
Tabesparalyse handelt (eine lang-
jährige Tabes mit allmählichem
Übergang in Paralyse), oder wenn
der paralytische Rindenprozeß allmählich auf die Hinterstränge übergegriffen hat. In anderen Fällen
sind die Sehnenreflexe gesteigert.
Gelegentlich kommen bei der Paralyse (wie auch bei der Tabes) noch

---

[1]) Über die Lumbalpunktion im allgemeinen siehe den V. Hauptabschnitt.
[2]) In etwa 98% der Paralysen ist die
Wassermannsche Reaktion im Blut positiv.

Abb. 5. Schrift eines Paralytikers.
(Aus der Sammlung der Heidelberger psychiatrischen Klinik).

andere körperliche Anzeichen, z. B. vorübergehende Herdsymptome vor. Dann und bei den paralytischen Anfällen findet sich oft auch das Babinskische Zeichen, für gewöhnlich fehlt es jedoch. — Grobes Zittern (an Händen, Lippen, Zunge) ist häufig zu beobachten. Das Gesicht der Paralytiker ist oft eigenartig verstrichen, die kennzeichnenden Züge sind ausgelöscht, die Mimik ist erstorben. Zuweilen ist die Haut des Gesichtes wie gedunsen. — Nicht selten findet sich Harnverhaltung, die zum Katheterisieren zwingt, aber auch Harnträufeln kommt vor.

Im Verlauf der Paralyse stellen sich Anfälle ein, die zuweilen symptomatisch von einem epileptischen Anfall nicht zu unterscheiden sind, zuweilen eigene kleine Merkmale haben, an denen sie der Geübte zwar erkennen kann, deren Aufzählung aber hier unterbleibt, da aus ihnen der Arzt doch niemals die Diagnose erschließen dürfte. Diese Anfälle, die also einen schweren organischen Eindruck machen, können mit Vorboten oder ganz plötzlich kommen. Sie können ganz vereinzelt vorfallen, sie können in Serien erscheinen, sie können sich endlich so häufen, daß — wie bei der Epilepsie ein Status epilepticus — hier ein Status paralyticus entsteht. Die Dauer eines gewöhnlichen paralytischen Anfalls beträgt etliche Minuten bis $1/4$ Stunde. Auch ganz kurze Anfälle kommen vor[1]). Eine Verwechselung mit einem hysterischen Anfall ist ganz unmöglich, wenn man sich das beim Thema Epilepsie über Anfälle Gesagte gegenwärtig hält. Nach einem paralytischen Anfall ist zuweilen eine Verschlechterung der Symptome zu beobachten, z. B. kann die Sprachstörung zunehmen, der geistige Verfall kann rasch fortschreiten. In oder nach dem Anfall ist häufig eine plötzliche Vermehrung der Lymphozyten und des Eiweißes in der Lumbalflüssigkeit zu beobachten. Seltener finden sich in oder nach dem Anfall einzelne Herdsymptome (z. B. Aphasien), ein Umstand, der leicht Verwechslungen mit der Arteriosklerose veranlassen kann (Lumbalbefund!). — Zuweilen sind die Anfälle nicht Krampfanfälle, sondern Hemiplegien, deren Kennzeichen (gegenüber der Hirnblutung) der Umstand ist, daß sie schon nach etlichen Stunden wieder vollkommen verschwunden sein können. — Auch kurze Sprachverluste kommen als Anfälle vor: Der Kranke wird plötzlich blaß, stammelt unverständlich und findet erst nach einer halben bis ganzen Stunde die Sprache allmählich wieder.

Zur Differentialdiagnose sei noch bemerkt, daß nur die drei oben geschilderten sicheren Anzeichen, wenn sie zusammengefunden werden, eine sichere Diagnose erlauben. Im übrigen sei man mit der Diagnose — so wichtig die frühzeitige Erkennung der Krankheit für die Dispositionen der Familie ist — sehr vorsichtig. Denn es ist ganz unverantwortlich, wenn durch eine falsch gestellte und ausgesprochene Diagnose unendliche nutzlose Sorgen und Leid über eine Familie gebracht werden, oder wenn der Kranke daraufhin Selbstmord begeht.

----

[1]) Z. B. in Form von Schwindelanfällen und Ohnmachten.

Man beachte, daß

Pupillenstarre + Lumbalbefund auch bei Tabes vorliegen können[1]),

Lumbalbefund + Sprachstörung auch bei anderen Hirnkrankheiten vorkommen können, z. B. bei der multiplen Sklerose, (wenngleich hier der Lumbalbefund wieder etwas anders aussieht) und bei der Arteriosklerose,

Pupillenstarre + Sprachstörung gelegentlich auch beim Arteriosklerotiker, der früher Säufer war, gefunden wird.

Pseudoparalysis alcoholica   Besonders die sog. Pseudoparalysis alcoholica (entsprechend die Pseudotabes alcoholica) macht gelegentlich große diagnostische Schwierigkeiten. Am sichersten entscheidet hier wiederum der Lumbalbefund. Findet man eine Neurasthenie bei einer Person in den besten Jahren, ohne daß eigentlich besondere Ursachen der nervösen Erschöpfung zu nennen wären, und ist die Wassermannsche Reaktion dabei positiv, so braucht noch keineswegs eine Paralyse vorzuliegen, sondern es kann sich ebensogut um eine Neurasthenie bei Tabes oder eine Hirnlues handeln. Ein positiver Wassermann allein beweist nicht viel für Paralyse, doch kann man mit ziemlicher Sicherheit sagen, daß ein wiederholter negativer Wassermann sehr gegen Paralyse spricht.

Neuerdings macht auch die Encephalitis lethargica bei der Differentialdiagnose der Paralyse Schwierigkeiten. Bei mancher Paralyse findet sich nur eine starre enge und eine normale Pupille, oder die beiden Pupillen sind zwar verschieden weit, reagieren aber noch deutlich. Zuweilen ist auch nur ein Kniereflex abnorm verändert, der andere normal. Derartige Befunde werden natürlich auch bei der Encephalitis wie bei anderen organischen Hirnleiden beobachtet. Auch die Abnahme der geistigen Fähigkeiten und die verstrichenen Gesichtszüge kommen bei ihr vor. Der Ausfall der Lumbalpunktion und der Wassermannschen Reaktion wird auch hier die Entscheidung herbeiführen.

Der Praktiker halte fest: keine Paralysediagnose ohne die drei sicheren Zeichen + positiven Wassermann.

Der Tod erfolgt bei der Paralyse nach drei bis fünfjähriger Dauer des Leidens in einem Anfall, einem Status paralyticus oder nach körperlichem Verfall (Marasmus paralyticus) an einem hinzugekommenen Leiden (Pneumonie) (siehe Abb. 8 S. 186).

Sektion   Die Sektion ergibt meist (ungefähr in 75 % der Fälle) eine luische Atheromatose und Sklerose der aufsteigenden Aorta. Ferner findet sich gewöhnlich eine Verdickung des knöchernen Schädeldaches, Verwachsungen der Dura mit der Schädelkapsel, eine milchige Trübung der Pia, die aber nicht die ganze Konvexität umfaßt, sondern meist den Occipitallappen beiderseits freiläßt. Dazu kommt eine Atrophie der Rinde. Die Windungen haben spitze Kämme, die Furchen sind dementsprechend breit. Auch auf dem Querschnitt zeigt sich makroskopisch die Atrophie (Schmalheit) der Rinde. Mikroskopisch findet sich ein ganz bestimmter, von anderen Rindenbefunden hauptsächlich durch die Plasmazellenanhäufung um die Gefäße gut unterscheidbarer Befund,

---

[1]) Siehe Tabespsychosen S. 189.

doch hat es keinen Zweck, ihn hier näher zu beschreiben, da der Arzt nicht in der Lage ist, mit seinen Hilfsmitteln die Präparate richtig herzustellen[1]).

Seelisch ist die Paralyse ein langsamer Verblödungsprozeß. Nach dem geschilderten neurasthenischen Vorstadium, das gelegentlich nur sehr kurz sein kann, stellen sich eigenartige Handlungen ein, die bald mehr verwirrt erscheinen, bald törichte unzweckmäßige Einfälle sind. So wird eine Paralyse z. B. dadurch offenbar, daß ein Beamter eine ganz sinnlose Eingabe an seine vorgesetzte Behörde macht, z. B. ihm das Großkreuz irgendeines Ordens zu verleihen. Ein Arbeiter kehrt von der Arbeit abends nicht nach Hause zurück. Seine Ehefrau sucht ihn überall, er ist nicht aufzufinden. Nach einigen Tagen wird er von der Polizei einer benachbarten Großstadt zugeliefert: er hat dort 3 Tage und Nächte ununterbrochen in den verschiedensten Bordellen verbracht, hat all sein Geld ausgegeben und zuletzt, als man ihn hinauswarf, auf der Straße einen solchen Lärm verübt, daß man ihn einer Anstalt zuführen mußte. — In anderen Fällen sind die ersten psychotischen Handlungen nicht so überraschend; es kommt mehr zu gehäuften kleinen Erlebnissen. Dem Schulrektor wird gemeldet, daß einer seiner Lehrer häufig in sehr nachlässiger Kleidung in die Klassen komme, er sei auch auffallend lustig geworden, habe z. B. neulich in der Geschichtsstunde den Schülern ein Studentenlied vorgesungen. Zur Rede gestellt, weiß der Beschuldigte irgendeine Ausrede, auch gelobt er Besserung. Tatsächlich vermag er sich auch einige Wochen zu beherrschen, aber dann kommen neue unerfreuliche Szenen vor. Er wird zu den Kindern ungebührlich zärtlich, wirft Konfekt unter die Schüler und freut sich unbändig, wenn eine Rauferei entsteht; er redet in der Geographiestunde davon, daß der Bürgermeister des Städtchens ein Schweinehund sei usw. Auch solche Entgleisungen werden häufig noch als Folgen einer — wenn auch nicht nachweisbaren — Überarbeitung entschuldigt. Man gewährt einen längeren Erholungsurlaub und hofft auf Besserung, die zuweilen tatsächlich — man lasse sich dadurch über den Ernst des Leidens nicht täuschen — einsetzen und einige Monate anhalten kann (Remission).

Die Angehörigen schildern die einsetzende Psychose häufig als eine auffallende Charakterveränderung: „Ich weiß gar nicht, was mit meinem Mann ist, er ist so anders geworden. Früher war er immer so lieb und ordentlich, und jetzt ist er abstoßend und grob. Dabei liegt gar kein Grund dazu vor."

Ist die Psychose einmal deutlich geworden, so kann sie bis zum Ende sehr verschiedene Symptome, sehr verschiedene Verläufe zeigen. Das ist der Grund, weshalb wieder die Warnung Platz finde: nie aus den psychischen Symptomen allein die Paralyse zu diagnosti-

---

[1]) Der Nachweis eines paralytischen Befundes post mortem kann für ein Gutachten sehr wichtig sein. Mehrere aus der Hirnrinde an verschiedenen Stellen möglichst frisch herausgeschnittene, sofort in 90 proz. Alkohol aufbewahrte wallnußgroße Blöcke sind der nächsten psychiatrischen Klinik oder einem pathologischen Institut zuzusenden.

zieren. Man pflegt, um in die Menge der Verlaufsformen einige Ordnung zu bringen, drei Typen zu unterscheiden.

Die demente Form der Paralyse ist der stillste, ruhigste Verlauf. Unter ihr haben die Angehörigen am wenigsten zu leiden. Das Gedächtnis läßt nach, jede Initiative schläft ein, alle Energie fehlt. Kommen doch einmal sinnlose Einfälle, Antriebe zu unsinnigen Handlungen vor, so gelingt es einer geschickten Führung (z. B. durch eine verständige Ehefrau) ziemlich leicht, den Kranken den Unsinn wieder vergessen zu machen. Diese Paralytiker sind oft ungemein eigensinnig, stampfen mit dem Fuß und schreien dazu ungezählte Male das gleiche (z. B. ich will fort, ich will fort), aber sie gehen nicht zu ernsten Gewalttätigkeiten über, sie ähneln am ehesten eigensinnigen, doch hilflosen Greisen. Gleich diesen müssen sie zuletzt gefüttert, gepflegt, gewartet werden. (Dekubitusgefahr!, besonders nach paralytischen Anfällen, mit sehr schlechter Heilungstendenz.) Sehr auffällig ist die Stimmungslabilität vieler Paralytiker; sagt man ihnen ein freundliches Wort über die schönen Blumen vor dem Fenster oder dgl., so strahlen sie über das ganze Gesicht; erwähnt man im nächsten Augenblick den Todesfall des Bürgermeisters und dessen traurige Waisen, so strömen dicke Tränen über das Gesicht der Kranken. Ihre dauernde Versorgung in der Familie ist (bei vorhandenen Geldmitteln) durchaus möglich. Freilich bedeutet die zwei- bis dreijährige Pflege für die Familie eine sehr große seelische Last.

Die depressive Form der Paralyse entspricht meist einer einfachen stillen Depression. Große Traurigkeit, Lebensmüdigkeit, Hoffnungslosigkeit liegt über der Seele des Kranken. Anfangs ist diese traurige Einstellung oft durch die klare Erkenntnis des bevorstehenden Schicksals normal motiviert. In diesen Anfangszeiten besteht große Selbstmordgefahr. Später wird die depressive Einstellung, indem sie den gedanklichen Hintergrund verliert, oft eigenartig maskenhaft starr und kann wie ein depressiver Stupor[1]) aussehen. In anderen Fällen leidet der Kranke ungemein unter ängstlichen Wahnvorstellungen, er werde gevierteilt, verbrannt, seine Frau werde geschändet, die Kinder gemordet. Dann jammern und wehklagen diese unglücklichen Kranken tagelang und werfen sich jedem, der zu ihnen kommt, um Gnade flehend zu Füßen. Die Bilder depressiv blöder, von Angstvorstellungen gepeinigter Paralytiker sind menschlich mit das Grauenhafteste, was man erleben kann. Schon aus dem Grunde, um Frau und Kinder an solcher Pflege nicht seelisch mit zugrunde gehen zu lassen, setze der Arzt in diesen Fällen mit Energie die Anstaltsverpflegung durch. Selbst wenn sich aus Altruismus eine Ehefrau anfangs noch so sehr dagegen sträubt, suche man sie umzustimmen; sie wird es dem Arzt später danken. Auch zeigen sich die Symptome (natürlich nicht die Krankheit selbst) in der gut geleiteten großen Heil- und Pflegeanstalt tatsächlich meist milder; die häuslichen Erinnerungen an glückliche Zeiten sind in solchen Fällen keine Wohltat, sondern eine Qual; sie

---

[1]) Siehe unter manisch-depressivem Irresein und Dementia praecox.

fallen dort ebenso weg wie die erregenden Besuche der Verwandten usw.

Die manische oder expansive Form der Paralyse verläuft, wie der Name besagt, oft unter dem Bilde einer reinen, oft unter dem einer komplizierten Manie. An dem oft gehörten Ausspruch: nirgends sehe man so rein manische Zustandsbilder, wie bei der progressiven Paralyse, ist sicher etwas Wahres. Aber die rein manischen Phasen im Verlauf einer Paralyse sind immerhin selten. Es finden sich häufig dabei derartige Größenideen, wie sie der Manische des manisch-depressiven Irreseins nicht produziert. Dieser behauptet vielleicht auch, nicht Müller, sondern von Müller zu heißen, nicht Gefreiter, sondern General zu sein, aber das alles hat immer einen mehr scherzhaften Charakter, klingt nur wie eine lustige Renommisterei. Der manische Paralytiker dagegen ist dafür berühmt — es ist ja eines der populärsten seelischen Krankheitsbilder —, daß er König aller Könige, Obergeneral aller obersten Generäle zu sein behauptet, daß er 1000 Häuser, 10 000 Frauen zu besitzen angibt u. dgl. mehr. Ziemlich selten ist auch in ihm eine so frische, graziöse, gleichsam jugendliche Heiterkeit wie in dem zirkulären Maniacus. Paralytische Größenideen werden oft mit stolpernder Stimme von einem gereizten, schreienden Manne vorgebracht, dem der geistige Verfall schon in die Züge des Gesichts eingegraben ist. Selbst bei fortgeschrittener Verblödung kommen solche Größenideen noch vor: man erlebt es, daß ein Paralytiker im letzten Stadium, wegen seiner Dysarthrie schon kaum mehr verständlich, tagelang vor sich hinmurmelt: „1000 Klemmer, 1000 Klemmer" oder „tief im Neckar, tief im Neckar". Natürlich kommt es dabei oft auch zu schweren motorischen Erregungen (Tobsuchten), bei denen der praktische Arzt, wenn er wirklich ihren plötzlichen Ausbruch in der Wohnung des Kranken einmal miterlebt, nichts zu tun hat, als durch eine Hyoscinnarkose eine möglichst schonende Überführung des Leidenden in die nächste geschlossene Anstalt zu ermöglichen.

Die allen drei Formen (es gibt zahlreiche Mischformen) gemeinsame paralytische Verblödung ist eine vorwiegend intellektuelle Zerstörung (Abnahme der Merkfähigkeit, Verlust des Gedächtnisses, zunehmende Unfähigkeit zu allen Denkprozessen[1])); allmählich bei fortschreitendem Zerfall tritt natürlich auch eine gemütliche Vefödung hervor. Das Krankheitsgefühl ist ganz im Beginn fast immer vorhanden, begleitet meist die depressive Form, stellt sich bei der einfach dementen Form nur ganz gelegentlich einmal ein und fehlt dem expansiven Verlauf ganz. Bei ihm herrscht im Gegenteil meist ein unendliches Gesundheits- und Glücksgefühl.

Randnotizen: Expansive Form; Verblödung

---

[1]) Man kann dies an einfachen Additions- und vor allem Divisionsaufgaben prüfen. (Man wähle nie Aufgaben aus dem kleinen 1 × 1. Das sind keine Rechenleistungen, sondern eingelernte Assoziationen gleich kleinen Verschen.) Man wird sich oft wundern, mit welch unfehlbarer Sicherheit der Paralytiker irgendeine beliebige Antwort auf eine Rechenaufgabe gibt. Belehrt man ihn, sie sei falsch, so nennt er im nächsten Augenblick wieder irgendeine andere ganz beliebige Zahl. Er ratet eben ganz beliebig herum.

Sinnes-
täu-
schungen

Selten sind bei der Paralyse die Sinnestäuschungen. Kommen sie doch einmal vor, so sind es meist akustische Täuschungen, Stimmen, mit denen sich der Kranke in ein Zwiegespräch einläßt. Aber der Paralytiker liebt es auch manchmal, mit einem nicht vorhandenen Partner Gespräche zu halten, obwohl er keine echten Sinnestäuschungen hat. Er redet dann so wie ein Kind mit seiner Puppe. Man spricht in Fällen von Desorientiertheit mit Sinnestäuschungen auch von einem paralytischen Delir.

Ursache

Als Ursache der Paralyse betrachtet man heute allgemein die luische Ansteckung. Freilich führt keineswegs jede Syphilis zur Paralyse, sondern man nimmt nur von ungefähr 2—5% der luischen Infektionen an, daß ihnen später eine paralytische Erkrankung folgt. Man ist von dem Ausdruck metasyphilitisch wieder abgekommen, nachdem es geglückt ist, in der erkrankten Hirnrinde von Paralytikern die Luesspirochäte einwandsfrei nachzuweisen. Man glaubt heute, daß es sich also um eine echte eigenartige syphilitische Erkrankung handelt. Der so überaus häufige positive Wassermannsche Befund unterstützt diese Theorie. Und daß in der progressiven Paralyse wirklich eine (kausale) Krankheitseinheit gefunden ist, dafür spricht auch der einheitliche, gut gekennzeichnete histologische Rindenbefund. Aber man hat noch gar keine Hinweise darauf gefunden, welche besonderen Bedingungen den einen Luiker später zum Paralytiker machen, während 49 auf ihn kommen, die nur an den übrigen Erscheinungen der Lues erkranken. Man hat die verschiedensten Momente dafür angeschuldigt (große geistige Überanstrengungen, seelische Alterationen, körperliche Erschütterungen bei Lokomotivführern usw.), daß sie beim Luiker die Paralyse (Tabes) herbeiführten, doch haben alle diese Theorien noch ebenso viel für wie gegen sich. Man weiß darüber eben noch nichts[1]). Auch glaube der Arzt keineswegs an Unaufrichtigkeit seiner Kranken, wenn er in einem recht erheblichen Anteil unter seinen Paralytikern jede sexuelle Infektion verneinen hört. Die Tatsache kann nicht geleugnet werden, daß etwa 10% der Paralytiker von einer sexuellen Infektion nichts wissen, und daß dann auch von einer Lues in der Familie nicht das mindeste aufzudecken ist. Man hilft sich in solchen Fällen mit der Annahme eines sehr unbedeutenden Primäraffekts (an der Lippe: Bierglas; an den Händen beim Arzt usw.), der der Aufmerksamkeit des Kranken selbst entgangen ist. Doch man sei sich bewußt, daß dies eben eine Hilfstheorie ist, und finde sich vorläufig mit der unbefriedigenden Tatsache ab, daß in 10% der Paralysen ein Luesnachweis nicht gelingt. Daß auch die ererbte Lues eine Paralyse herbeiführen kann. sei kurz erwähnt. Es handelt sich dann um die infantilen Paralysen. Auch eine von der Amme oder sonstwie in frühester Jugend

Jugend-
formen

(Sittlichkeitsverbrechen) erworbene Lues kann eine Paralyse nach

---

[1]) Über die Fragen Unfall und Paralyse, Dienstbeschädigung und Paralyse siehe den VII. Hauptabschnitt. — Wer sich für die komplizierteren Theorien über das Thema Lues und Paralyse interessiert, lese: F. Sioli, Die Spirochaeta pallida bei der progressiven Paralyse. Archiv für Psychiatrie, **60**, 401—464, 1919.

sich ziehen (juvenile Paralysen). Doch sind diese Formen so selten, daß der Arzt ihnen kaum in seiner Praxis begegnen dürfte. Er denke immerhin an diese Möglichkeit, wenn er bei einem Kinde oder Jugendlichen eine rasch zu geistigem Verfall führende Geistesstörung entdeckt.

Über den durchschnittlichen Zeitraum zwischen sexueller Infektion und Ausbruch der Paralyse unterrichtet nachstehende Tabelle:

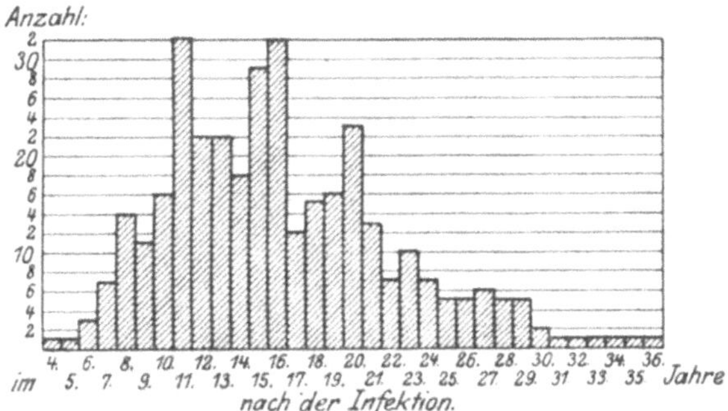

Abb. 6. Zeitlicher Abstand zwischen Lues-Infektion und Ausbruch der Paralyse.
Nach Junius und Arndt, Archiv für Psychiatrie **44**. 1908. S. 302.
341 Fälle, nur Männer.

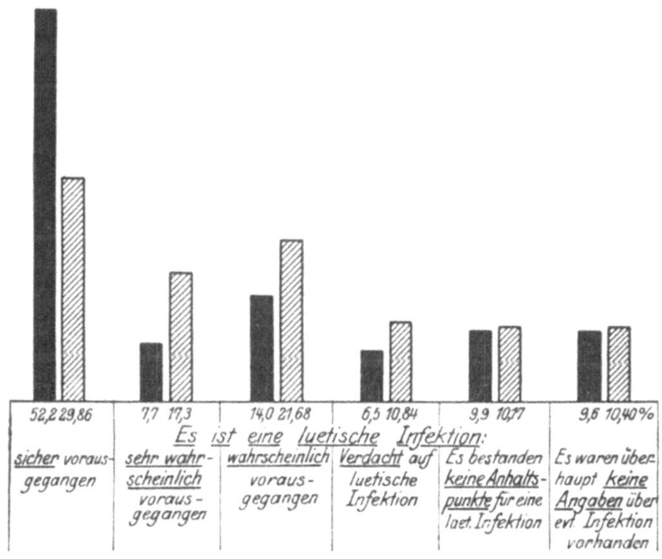

Abb. 7. Lues-Anamnese bei Paralyse.
Nach Junius und Arndt, Archiv für Psychiatrie **44**. 1908. S. 297 u. 973.
Männer (schwarz): 1036 Fälle, Frauen (schraffiert): 452 Fälle.

Über die Krankheitsdauer der Paralyse gibt folgendes Schema besser als Worte Auskunft:

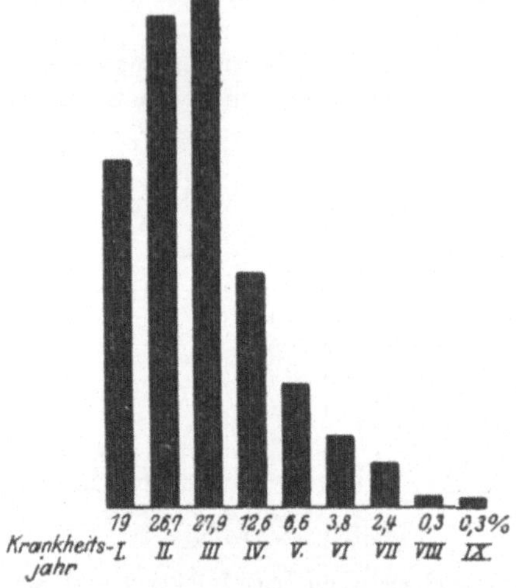

Abb. 8. Krankheitsdauer der Paralyse.
Nach Junius und Arndt, Archiv für Psychiatrie **44**. 1908. S. 280.
Nach dem Ausbruch der Paralyse starben im 1., 2. usw. Jahre des Leidens obige Prozente.

Über das Vorkommen der drei Formen der Paralyse, die soeben geschildert wurden, unterrichtet eine Zusammenstellung von Junius und Arndt (Arch. f. Psychiatrie **44**. 1908. S. 518 u. 979).

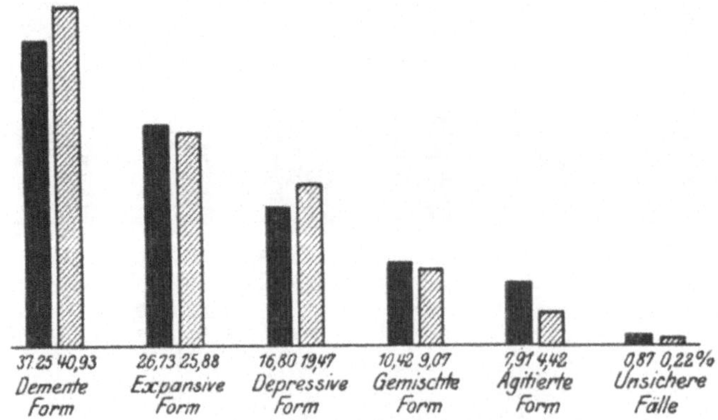

Abb. 9. Die Häufigkeit des Vorkommens der drei Formen der Paralyse.
Es wurden 1036 Männer (schwarz) und 452 Frauen (schraffiert) gezählt.

Über die Lebensjahre, in denen die Paralyse meist zuerst ausbricht, haben Junius und Arndt (Arch. f. Psychiatrie 44. 1908. S. 274) eine Tafel aufgestellt:

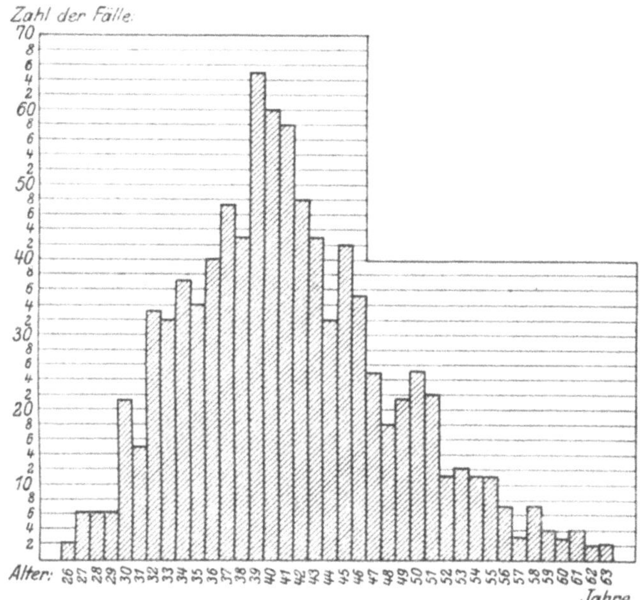

Abb. 10. Beginn der Paralyse und Lebensalter (bei Männern).
(892 in Dalldorf verstorbene paralytische Männer.)

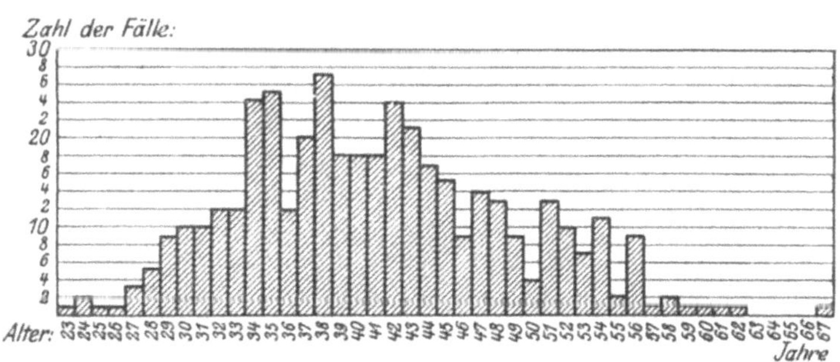

Abb. 11. Beginn der Paralyse und Lebensalter (bei Frauen).
(Archiv für Psychiatrie 44. 1908. S. 544).
(414 in Dalldorf verstorbene paralytische Frauen.)

Die Therapie ist der Paralyse gegenüber fast machtlos. Man Therapie
schließe aus der Lues als Ursache nicht ohne weiteres auf die antiluische
Kur als Gegenmaßregel. Obwohl jetzt Spirochäten in der Hirnsubstanz
Paralytischer einwandfrei festgestellt wurden, liegen offenbar doch

irgendwelche ganz eigenen Beziehungen des luischen Giftes zur Hirnerkrankung vor, die mit denen bei anderen luischen Symptomen nicht
vergleichbar sind. Man hat von einer gewöhnlichen Quecksilber- oder
Neosalvarsankur keine sicheren Erfolge gesehen, ja man konnte gelegentlich darnach Verschlimmerungen des Leidens feststellen[1]). Man
hat sich bemüht, durch Einspritzungen in die Carotis dem Gehirn direkt
antiluische Stoffe zuzuführen: die Ergebnisse waren keineswegs einwandfrei günstig. In den großen Anstalten konnte man häufig beobachten, daß bei zufälligen kleinen Infektionskrankheiten eine scheinbare
Besserung des paralytischen Zustandes einsetzte: die Kranken wurden
zugänglicher, ließen ihre verworrenen Gedanken fort und fügten sich
williger als sonst. Dies gab den Anlaß zu Versuchen mit fiebererzeugen-
den Mitteln, Tuberkulininjektionen, Malaria- und Recurrensimpfungen.
Aber diese therapeutischen Experimente befinden sich noch ganz im
Vorstadium. Es scheint in der Tat, als wenn in manchen Fällen ein Stillstand des paralytischen Rindenprozesses herbeigeführt werden könnte.
Für die allgemeine Praxis kommen jedoch alle diese therapeutischen
Versuche noch nicht in Betracht. Drängen einmal die Angehörigen
sehr, keine Mittel zu scheuen und nichts unversucht zu lassen, so möge
der Arzt den Paralytiker einer psychiatrischen Klinik zuführen.
Über die Behandlung in den Anstalten zu berichten ist hier nicht
der Ort. Nur die einfach dementen Formen und vielleicht noch einige
von den ruhigen Depressiven können bei wirtschaftlich günstigen Verhältnissen in der Familie bis zum Tode verpflegt werden. Wünscht man
das Leben der Erkrankten möglichst zu verlängern, so mache man sich
die Anstaltserfahrung zunutze, daß dauernde oder nur selten unter-
brochene Bettruhe (Wechsel zwischen Bett, Ruhesofa und Lehnstuhl
wegen der Dekubitusgefahr) die Zahl der paralytischen Anfälle sehr
herabsetzt, daß dagegen vieles Herumlaufen sie vermehrt. Es ist ganz
auffällig, wie diese Zahl in den Anstalten seit Einführung der Bettbehandlung zurückgegangen ist. Mögen die Anfälle selbst den paralytischen Hirnrindenprozeß befördern, oder mögen sie nur der Ausdruck
einer verstärkten Rindenentzündung sein, auf alle Fälle wirken sie
symptomatisch verschlechternd und den Verlauf beschleunigend. —
Man verhehle sich niemals, daß die Pflege eines Paralytikers in der
Familie sehr schwer ist. Zuerst muß wegen der Selbstmordgefahr und
der Gefahr sinnloser Handlungen (Feuer, Sturz aus dem Fenster) immer
eine Bewachung gesichert sein. Ferner macht die Unreinlichkeit des
Kranken (gelegentlich Schmieren mit Kot) und das Katheterisieren sehr
viel Mühe[2]); dann kommt die Gefahr des Dekubitus hinzu[3]). Endlich
stört oft das Schreien des Kranken Familie und Nachbarschaft. Der
Arzt möge es sich doch immer vor Augen halten, daß für den Kranken
genügend gesorgt ist, wenn er geregelte Anstaltspflege genießt, und

---

[1]) Bei der eigentlichen Hirnlues dagegen beginne man sofort mit einer Queck-
silberkur.

[2]) Die Ernährung sei die des Gesunden, nur verhindere man das unnütz viele
(manchmal tierische) Essen.

[3]) Hierüber siehe den V. Hauptabschnitt.

daß das Wohl der Gesunden nicht durch eine übermäßige Fürsorge für den dem Tode Verfallenen aufs Spiel gesetzt werden darf.

Wie erwähnt, gesellen sich zu einer schon einige Zeit bestehenden Paralyse zuweilen Hinterstrangserscheinungen hinzu: die Sehnenreflexe erlöschen allmählich. Aber es gibt auch Tabesformen, die schon seit Jahren bestehen, den gewöhnlichen Verlauf genommen haben und eines Tages plötzlich eine Psychose erkennen lassen. Der herbeigerufene Arzt findet den ihm wohl bekannten Tabiker leicht desorientiert und verwirrt, er erhält einige quere Antworten. Seltener schließt sich ein leichter unruhiger, etwas ängstlicher Erregungszustand an. Nach einigen Tagen ist die Psychose vorbei, der Kranke ist wieder der Alte. Zuweilen kommt es auch zu längeren Wochen bis einige Monate dauernden leichten Depressionszuständen, die sich durch kein eigenes seelisches Symptom von anderen Schwermutsanfällen abgrenzen lassen. Auch sie gehen vorüber, ohne eine dauernde Veränderung des Kranken zu hinterlassen. Man hat in solchen Fällen von Tabespsychosen gesprochen, in der Annahme, daß solche vorübergehenden seelischen Störungen im tabischen Krankheitsvorgang kausal mit begründet wären. Das scheint richtig zu sein. Man findet hier in der Tat ausheilende leichte Psychosen, wenn auch selten. In manchen Fällen stellen dagegen solche geistigen Veränderungen eines Tabikers den ersten Schub einer Paralyse dar, die dann erst nach Verlauf weiterer Monate recht deutlich wird. Der Arzt denke immer, wenn er bei einem Tabiker eine Psychose entstehen sieht, an beide Möglichkeiten.

Die Prognose der Paralyse ergibt sich schon aus der obigen Statistik: in 3—5 Jahren führt sie zum Tode. Aber der Arzt lege sich im einzelnen Fall hierauf nie fest, denn es ist immerhin eine beträchtliche Anzahl von Fällen bekannt, in denen Remissionen von einigen Jahren eintraten. Ja es sind sichere Paralysen mit zehnjähriger oder noch längerer Dauer beschrieben worden. Sobald die Diagnose durch die früher ausführlich geschilderten drei sicheren körperlichen Paralysezeichen festgestellt ist, lasse man die Angehörigen, wenn sie die Wahrheit zu wissen verlangen, nicht im unklaren. Man teile der Ehefrau mit, daß es sich um ein ernstes Gehirnleiden handelt, das keine Aussichten auf völlige Wiederherstellung lasse, über dessen Dauer man aber nichts Sicheres aussagen könne. Es könnten Schlaganfälle kommen, die das Ende plötzlich herbeiführten, es könnten auch noch bis zu einem langsamen Tode Jahre vergehen. So gewaltsam und vielleicht sogar roh eine solche Eröffnung auf eine Frau wirken kann, so ist man ihr diese Aufklärung schuldig, sobald sie völlige Wahrheit fordert. Sie ist so in die Lage versetzt, rechtzeitig die wirtschaftlichen Verhältnisse der Familie, die Erziehung der Kinder usw. voraussehend regeln zu können. Da man bei dem Kranken doch selten in einer Untersuchung zu einem völlig sicheren Resultat kommen wird, so hat man ja auch Zeit, die Angehörigen allmählich auf das schließliche traurige Ergebnis vorzubereiten. — Der Arzt bedenke, daß die Kenntnis der Bedeutung der starren Pupillen (und auch der fehlenden Kniesehnenreflexe) bei vielen Männern gebildeter Stände (besonders bei Offizieren) sehr verbreitet ist. Mancher erfahrene

Arzt weiß davon zu berichten, daß ein Kranker, in der Sprechstunde
untersucht, scheinbar ganz harmlos fragt, ob es denn wahr sei, daß seine
Pupillen starr geworden seien. Auf die bejahende Antwort geht der
Kranke nach Haus und nimmt sich das Leben. Dem Kranken selbst
gegenüber wird man den Namen der progressiven Paralyse natürlich
niemals gebrauchen. Im neurasthenischen Vorstadium lasse man ihn
ruhig bei seiner Annahme einer Neurasthenie, das kann nichts schaden.
In vorgerückteren Fällen wird der Verstand des Kranken meist schon
Not gelitten haben, so daß er sich dann mit einer allgemeinen Wendung
wie Nervenüberreizung u. dgl. begnügt. Wird man von der Ehefrau
oder den Kindern nach der Ursache des Leidens gefragt, so halte man
zurück. Man kann es nicht verantworten, eine sensitive Frau, die unter
der plötzlichen, vielleicht unter traurigen Umständen erfolgten Erkrankung ihres bis dahin anscheinend kerngesunden Mannes schon schwer
leidet, noch dadurch zu quälen, daß man genauestens nach den Zeichen
einer luischen Infektion fahndet. Man erreicht ja nichts damit, selbst
wenn man Angaben erhält, die allenfalls die Möglichkeit der Lues bejahen. Nimmt man zuerst eine systematische Anamnese auf, so wird
man sich gewiß nicht scheuen, auch nach dem Sexualleben usw. zu
fragen. Aber bei einer Verneinung einer Infektion nun doch immer
wieder auf das Thema zurückzukommen, bedeutet für die Ehefrau, die
dann ihre eigene ihr nicht bewußt gewordene Ansteckung und die Vergiftung der Kinder nicht mehr aus dem Sinn verliert, eine sehr schwere
(und unnütze) Sorgenlast. Schon früher wurde ausgeführt, daß in der Ur-
sachenlehre der Paralyse noch vieles sehr dunkel sei. Und so scheue
man sich nicht, im besonderen Falle, wenn eine Lues verneint wird,
zu erklären, daß dieser Fall wie so mancher andere zu den unaufgeklärten
gehöre, über die man sich kein sicheres Urteil bilden könne.

Hirnlues   Von der Paralyse zu unterscheiden ist die sog. Hirnlues. Obwohl
die Paralyse ja auch eine Hirnlues ist, meint man mit diesem letzteren
Namen eine luische Erkrankung des Gehirns, welche schon in weit
kürzerem Zwischenraum nach der Infektion, zuweilen schon im Sekundär-
stadium auftritt. Ihre Symptome sind sehr verschiedenartig. Erstens
stehen die fokalen Symptome viel mehr im Vordergrund: es finden sich
Anzeichen von seiten der Hirnnerven (besonders des Okulomotorius)
oder Hirndruckerscheinungen oder Hemiplegien oder Aphasien usw.
Auch stellen sich zuweilen Entzündungen der Hirnhäute (Basismeningi-
tiden) mit den entsprechenden, nur sehr langsam verlaufenden Symptomen ein. Hierbei handelt es sich meist um gummöse Erkrankungen,
sei es gummöse Entzündungen, sei es einzelne, Herderscheinungen (in
der Art der Tumoren) machende Gummata. Aber es gibt auch diffuse
entzündliche Erkrankungen der Hirnrinde luischer Herkunft, die keine
Paralysen sind, und die, mikroskopisch davon sehr wohl zu trennen,
unter dem Bilde der Endarteriitis luica verlaufen. Das klinische Aussehen dieser Rindenerkrankung ist sehr verschiedenartig. Zuweilen ist
der Zustand seelischer Störung von dem der Paralyse kaum zu unterscheiden, zuweilen ist es mehr ein dysphorischer Zustand geistiger Verwirrtheit mit starkem Krankheitsgefühl, heftigen Kopfschmerzen und

gelegentlichen epileptischen Anfällen. Die Kopfschmerzen, besonders die nächtlich verschlimmerten — die Störungen der Okulomotoriusfunktionen (Augenmuskellähmungen, Ptosis) — und die apoplektiformen Anfälle bei Leuten unter 45 Jahren (ohne Herzleiden) sind die häufigsten und bekanntesten Anzeichen einer zerebrospinalen Lues.

Von einem Tumor wird die Hirnlues durch die positive Wassermannsche Reaktion und den Lumbalbefund unterschieden. Letzterer ist dem bei Paralyse ähnlich, doch findet sich oft eine geringere Vermehrung der Zellen und des Eiweißes.

Von der Arteriosklerose wird die Hirnlues abgegrenzt durch das Alter (die Hirnlues macht sich selten erst nach dem 50. Lebensjahr geltend) und den Lumbalbefund. Außerdem gehen die apoplektiformen Anfälle bei Hirnlues oft viel schneller vorüber als bei der Arteriosklerose.

Von der Paralyse endlich ist die Abgrenzung der Hirnlues oft sehr schwer. Man denke wieder daran, daß die drei sicheren Paralysezeichen z u s a m m e n sich bei der Hirnlues fast niemals vorfinden, daß insbesondere die reflektorische Pupillenstarre bei ihr seltener ist[1]) und die gewöhnliche artikulatorische Sprachstörung bei der Hirnlues selten vorkommt. Eine Neuritis optica ist bei der letzteren ziemlich häufig, fehlt jedoch bei der Paralyse immer.

Man mache es sich zum Grundsatz, daß man bei allen organischen Erkrankungen des Zentralnervensystems, die sich in kein Schema einordnen lassen, an die Möglichkeit einer Lues cerebrospinalis denke. Die Erkennung und Unterscheidung dieser Erkrankung ist wichtig, da man ja gegen sie die vorzüglichen Mittel einer antiluischen energischen Kur in der Hand hat. Man kann mit der üblichen Schmierkur beginnen oder zum Kalomel greifen (10 Spritzen, wöchentlich eine, 1:10 in Olivenöl, in die Muskulatur) oder endlich Neo-Salvarsan verwenden. Auch Jodkali (10:150, 4—5 mal täglich 1 Eßlöffel) allein oder mit Quecksilber kombiniert ergibt oft überraschende Heilwirkungen.

G. Manisch-depressives Irresein.

Wie der Name sagt, sind in dieser seelischen Erkrankung zwei Hauptsymptomgruppen vorhanden: Manie und Depression. Man hat sich darüber oft verwundert, daß zwei so entgegengesetzte Zustandsbilder in e i n e r Krankheit vorkommen oder in anderen Worten, daß man zwei so verschiedene Bilder zu einer Krankheitseinheit zusammengefaßt hat. Aber es bleibt dies nicht mehr so erstaunlich, wenn man sich erinnert, daß man doch auch in der körperlichen Medizin oft eine Hyper- und Hypofunktion eines Organs in ein- und derselben Erkrankung findet: man denke nur an die Erkrankungen der Nieren oder der Drüsen mit innerer Sekretion.

Die Hyperfunktion: das wäre hier die Manie mit motorischer Erregung, Ideenflucht, Heiterkeit.

Die Hypofunktion: motorische Hemmung, gedankliche Hemmung, Trübsinn.

---

[1]) Häufiger kommt die absolute Pupillenstarre vor.

Psychologisch deskriptiv ist auf beide Zustände schon früher eingegangen worden. Hier folge nochmals eine zusammenhängende Schilderung zweier Verläufe.

Ein junges Mädchen hat eine völlig normale Kindheit hinter sich. Marie hat in der Schule sehr gut gelernt, hat in keiner Weise je Schwierigkeiten gemacht und gab sich immer als eine freundliche, offene, lebhafte, vielleicht etwas weichmütige Natur. Die Tränen standen ihr leicht in den Augen. Bald nach erlangter Reife, in ihrem 16. Lebensjahr, wird sie stiller. Man schiebt es auf die Umwälzungen, die in diesen Jahren in Körper und Seele eines jeden Mädchens vorgehen, — und als sie auch körperlich weniger widerstandsfähig wird, über Appetitlosigkeit klagt, keine frischen Farben mehr hat und nur müde, langsame Bewegungen fertig bringt, bezieht man die Veränderung auf die Bleichsucht. Der Arzt gibt die üblichen Eisenpräparate usw., aber es wird nicht besser. Man findet Marie jetzt zuweilen allein weinend in ihrem Zimmer. Erst erfährt die tröstende Schwester lange keinen Grund: „Ach, ihr könnt mir ja doch nicht helfen, es ist alles umsonst." Als man nicht nachläßt mit Fragen, kommt es eines Tages zögernd heraus: sie sei so schlecht, sei ganz verloren. Dann ist tagelang nichts mehr darüber zu hören; „quält mich nicht!" Sie verläßt das Bett nicht mehr, erkundigt sich nach nichts, nimmt keinen Anteil mehr an den kleinen Tagesereignissen der Familie und erscheint ganz in sich versunken. Dabei magert sie sehr ab und hat allerlei Störungen der Verdauung. Oft muß man ihr das Essen löffelweise aufzwingen, und zu jedem einzelnen Löffel wieder eine kleine aufmunternde Rede halten, sonst geht es nicht. Die Bewältigung eines Tellers Suppe erfordert 20 Minuten. Zum Kauen ist Marie überhaupt nicht mehr zu bewegen; versucht man es doch einmal, ihr einen Bissen Kuchen oder sonst etwas, was sie früher liebte, zu geben, so läßt sie den Bissen einfach im Mund liegen. Selbst zu der Reinhaltung des Körpers muß sie gezwungen werden. Sie sieht ganz eingefallen und schwer krank aus, um 20 Jahre gealtert. Man muß sie warten wie ein kleines Kind. Ihr Gesichtsausdruck hat etwas unbeschreiblich Rührendes, man sieht den Augen an, daß schmerzliche Gedanken in ihr leben, wie wenig sie ihnen auch sonst Ausdruck geben kann. Schließlich bemerkt man auch nichts mehr von der schwermütigen Stimmung: Marie ist ganz starr und maskenhaft geworden, nicht wiederzuerkennen für alle, die das muntere, frische Mädchen früher liebten. Es bedarf ungemeiner Sorgfalt, sie zu pflegen und vor dem Hunger- und Erschöpfungstode zu bewahren.

Nach vielen langen Monaten, in denen das Körpergewicht stets gleich tief blieb, stellt man eine Zunahme um 1 Pfd. fest. Der Pflegerin kommt es vor, als esse die Kranke etwas besser. Vorher lag sie so starr, daß man mit unendlicher Sorgfalt kaum ein Aufliegen verhinderte, jetzt rührt sie sich ein wenig mehr. Und nun kann man ganz, ganz langsam leichte Fortschritte verfolgen. In die Augen kommt etwas mehr Glanz, die Haut ist nicht mehr so welk, die Bewegungen werden etwas bestimmter. Sie fängt einzelne Worte an zu sprechen, und es ist schon ein Zeichen eines sehr großen Fortschrittes, daß sie sich eines Tages für irgendeine Handreichung wieder bedankt. Jetzt schreitet die Genesung rüstiger fort, Marie nimmt schneller an Gewicht zu, spricht mehr, wird freundlicher, und endlich, nachdem der ganze Anfall vielleicht 8 Monate gedauert hat, kann man sagen, daß man das alte freundliche, liebe Mädchen wiedererkennt, so wie es war. Nur ein leichter Schleier bleibt immer noch über die Frische ihres Wesens gebreitet, bis sich auch dieser nach $1/_2$ Jahre verliert. Als es der Schwester, der sie immer besonders zugetan war, eines Tages gelingt, die Rede auf das Vergangene zu bringen — sonst lehnte sie eine Aussprache darüber immer ab: das sei zu aufregend —, erzählt sie mit einiger Verlegenheit, sie habe so komische Ideen gehabt, habe immer gemeint, sie habe so große Sünden begangen und käme in die Hölle. Über ganz nichtige Sachen habe sie sich die schwersten Vorwürfe gemacht: daß sie als neunjähriges Mädel irgendwo auf dem Felde Wasserrüben gestohlen habe, daß sie so unanständig gewesen sei, noch als Zwölfjährige auf hohe Bäume zu klettern und derlei Sachen. Sie sei fest überzeugt gewesen, niemand könne sie erretten. Und wenn im Zimmer von den Angehörigen irgend etwas gesprochen worden sei, so habe sie das dann auch immer auf sich bezogen. Einmal habe die Mutter z. B. gesagt — sie erinnere sich an alles noch ganz genau —: „Sieh mal, da hat sich der Ring mit

dem kleinen Türkis wiedergefunden, den du so lange vermißt hast," und damit
habe sie natürlich nur eine Anspielung auf ihre Unordentlichkeit und darauf machen
wollen, daß sie damals so schlecht war, wegen des Ringes ein Dienstmädchen zu
verdächtigen. Und ein andermal sagte der Vater: „Ich komme gleich wieder, ich
muß nur noch einmal mit dem Schreiner sprechen." Da wußte sie ganz genau:
jetzt wird dein Sarg bestellt.

Nun das alles so lange her ist, muß sie selbst über all die Torheiten lächeln.
Sie wundert sich sehr darüber und zweifelt keinen Augenblick, daß dies alles krankhaft war.

In der Folge bleibt Marie gesund, niemand spricht mehr von der schweren
Erkrankung, oder wenn doch einmal die Rede darauf kommt, so hat man sich
gewöhnt, dem Leiden einen harmlosen Namen zu geben. Auch der Arzt hatte
das ja so getan. „Es war damals, als du die schwere Bleichsucht hattest."

7 Jahre sind seit dem Leiden vergangen. Marie verlobt sich mit 24 Jahren und
macht eine außerordentlich glückliche Brautzeit durch. Ja, man wundert sich
ein wenig, daß sie gar so lebhaft ist, nachts nur wenig Schlaf braucht, den ganzen
Tag scherzt und singt, Sport zu treiben anfängt — was ihr bisher nicht lag —,
daß sie etliche Reisen unternimmt, nur um ganz entfernte Verwandte des Bräuti-
gams kennen zu lernen, und daß sie in ihren Ausdrücken — im Gegensatz zu ihrer
bisherigen weichen, mädchenhaften Art — etwas burschikos geworden ist. Aber
diese Zeit geht vorüber, die Ehe wird geschlossen, Marie übersteht vier Geburten
in voller Gesundheit und Frische und widmet sich dem Manne und der Erziehung
der Kinder in mustergültiger kluger Weise. Nach 24 gesunden und glücklichen
Ehejahren, in ihrem 49. Jahr, wird sie „nervös", wie es die Angehörigen nennen.
Sie hat nicht mehr den heiteren Gleichmut, beherrscht nicht mehr so sicher die
Situation, sondern ist leicht gereizt, gibt etwas scharfe Antworten, zeigt sich öfter
unzufrieden. Die Unruhe nimmt zu. Sie klagt über Schlaflosigkeit, steht nachts
oft auf und wandert umher. Eines Nachts holt sie zu dessen großem Erstaunen
den erwachsenen Sohn zu Hilfe. Es werde geklopft, er solle sogleich kommen,
es sei wahrscheinlich etwas passiert. Es stellt sich heraus, daß ein Fensterladen
geknarrt hat. Solche kleinen Szenen werden häufiger. Eine leichte ängstliche Unruhe hält an. Frau Marie wird mit nichts mehr recht fertig, ist mit sich selbst unzufrieden, „ich bin zu nichts mehr nütze". Mit den Dienstboten verträgt sie sich
schon lange nicht mehr. „Die bestehlen uns bloß." Gelegentlich läßt sie auch
einmal durchblicken, daß man sich bald werde einschränken müssen. Niemand
begreift warum, denn die Geldverhältnisse haben sich gar nicht verändert. Sie will,
zur Rede gestellt, auch falsch verstanden worden sein. Aber nach ein paar Wochen
kommt wieder solche Äußerung: „Wenn wir das Haus verkauft haben werden . . ."
Dabei denkt gar niemand an den Hausverkauf.

Allmählich, nach 2 Jahren etwa, verliert sich das ängstlich unruhige Wesen
wieder, sie findet sich wieder, wird wieder die Alte, will aber von der überstandenen
„Nervosität" nichts recht wissen. „Ach 'wo, Ihr werdet mich halt geärgert haben,
da verliert jeder einmal die Geduld." Aber im stillen gesteht sie sich ein, daß eine
eigenartige Spannung und Angst über sie gekommen war, und es steigen dunkle
Erinnerungen an jene „schwere Bleichsucht" im 17. Lebensjahr auf.

Ein 14 jähriger Bäckerssohn auf dem Lande, der selbst auch Bäcker werden
will, und der bisher überall wohl gelitten war, wird plötzlich „frech". Er erklärt
in der Konfirmationsstunde, er lerne diese dummen Sprüche nimmer, wenn es
sich um Sprüche handle, so könne er selber welche machen. Zu Hause macht er
sich durch ungewohnte Redensarten unbeliebt. Die nur wenig ältere Schwester
erklärt er für ein altes Weib, den kleinen Bruder verhaut er. Der Vater verstünde
auch nichts vom Backen, aber das sei eben hier in Sattelbach kein Wunder, in dem
elenden Kaff. Wenn er sich erst einmal in den Sattel setze, dann gehe er nicht
zu den Kaffern, da gehe er in die große Stadt zu den reichen Leuten. Da werde
eine Konditorei aufgemacht, so eine feine, wo nur ganz vornehme Weibsbilder
einkauften mit so kleinen Handtäschchen, wie vom Pfarrer die Anna eins habe.
Das sei doch noch ein Mädel, die ließ er sich gefallen. Und geheiratet werde jetzt
auch bald, da solle es nicht fehlen. Mädels gebe es genug, da sei ihm nicht bange. —

In dieser Art geht es dann weiter. Nur mit Mühe fügt er sich den Drohungen des Vaters, das Geschwätz nun endlich sein zu lassen. Aber in den nächsten Tagen wird es nicht besser, im Gegenteil, die Unbotmäßigkeiten häufen sich. Er fängt an, an der Form der Brote kleine Verzierungen anzubringen, will mitten in der Woche Kuchen backen, hat mit einem ganzen Ölfarbenvorrat heimlich eine Scheune angemalt, und als es nun zu ernsten Zusammenstößen mit dem Vater kommt, schimpft er den Vater einen elenden Verreckling und geht mit gefällter Mistgabel auf ihn los. Seine Stimmung schwankt zwischen Übermut, großem, aber rasch verrauchendem Zorn und unbändiger Heiterkeit. Man weiß sich nicht anders zu helfen, als ihn der nächsten psychiatrischen Klinik zuzuführen und bietet zu dem Zweck das halbe Dorf auf, um ihn zu überwältigen. Aber entgegen der allgemeinen Erwartung geht er ganz friedlich, nur mit großem Wortschwall mit. Das geschehe den Sattelbachern gerade recht, daß er fortgehe, nun sollten sie mit ihrem Dreck allein fertig werden usw. In der Klinik dauert die heiter-zornige Erregung noch 6 Wochen, dann ebbt sie allmählich ab und läßt keine Reste irgendeiner Abnormität zurück. Der Bäcker bleibt das ganze fernere Leben frei von jeglicher geistigen Störung.

In diesen Bildern habe ich versucht, die Hauptformen des manisch-depressiven Irreseins recht anschaulich werden zu lassen. Im folgenden soll über dieses Leiden nur noch dasjenige Platz finden, was für den praktischen Arzt zu wissen wirklich nützlich ist.

Manie   Die Manie hat alle möglichen Grade. Nicht jeder jugendliche Übermut ist manisch — wenn sich der Übermut aber recht plötzlich und auffällig bei einem sonst stillen und wenig aus sich herausgehenden Jungen einstellt, so gebe man Obacht und denke an eine Manie. Die leichten Formen sind symptomatisch tatsächlich nicht von einer jugendlich ungestümen Wesensart mit Selbstüberschätzung, Übermut, Heiterkeit, Lautheit und motorischem Betätigungsdrang zu unterscheiden. Deshalb fand ja früher (S. 16) die Manie schon unter den nur quantitativ abnormen Zuständen ihren Platz. Und das ist gerade das Wesentliche der Manie, daß, wenn sie rein ist, sie jedem einfühlbar, das heißt zusammengesetzt erscheint aus Elementen, die jedem wohlbekannt sind, zu einem Gefüge, das jedem nicht in der Struktur, sondern nur im Ausmaß abnorm erscheint. Deshalb macht der leicht Manische auch keineswegs einen bedauerlich kranken Eindruck auf die Umgebung, sondern jeder hat seine Freude an ihm. Seine Augen leuchten, seine Farben sind frisch, seine Mimik ist lebhaft, die Bewegungen erfolgen rasch. Schnell werden Entschlüsse gefaßt und durchgeführt. Und seine Streiche werden von solch liebenswürdiger Lustigkeit begleitet, daß niemand sie ihm übelnehmen kann. Es muß schon zu solchen Ausschreitungen wie bei dem Beispiel des Bäckerjungen kommen, wenn sich die Umgebung von der Krankhaftigkeit der Störung überzeugen soll[1]). Auch
Ideen-
flucht die Ideenflucht kann alle Grade annehmen, von der leichten Art an, wie sie bei dem Bäckerjungen angedeutet wurde, bis zu höchsten Formen, bei denen nur noch einzelne Inhalte allein (ohne Satzbau) herausgestoßen werden. Hierfür diene folgendes (nicht schematisierte) Beispiel (mit dem Phonographen aufgefangen):

---

[1]) Noch schwerere Grade kommen dem allgemeinen Arzt kaum zu Gesicht, sie können zur vollkommenen Tobsucht führen und machen stets Anstaltsbehandlung erforderlich.

„Deutsch-französisch, New York, 5 Tausend, die deutsche Theaterdirektion der preußischen Hofgesellschaft Königsberg, Metz, Baden, deutsche Expedition Sander, Badenweiler, erster Klasse, Expreß Emmendingen, Würzburg, Aufgabe, deutsche Expedi-Buchhandlung Heidelberg, Universitätsbibliothek, na ich danke, für gewöhnlich, v. Drygalski, Curie, Schottenfels, Sommer, Pfalz, Königsberg, Königstein, Villa Emmendingen, Halberstadt nun zum Beispiel für gewöhnlich von Gedanken keine Spur, Laurahütte, Laura, allein Laura. Sozialdemokratischer Hauptabschnitt der preußischen Husaren, die Ecke, Exzellenz Binswanger, Station der Pompadour, Stadtrat Mannheim, Jahresausstellung fertig, Sektion Unterwald, Leutnant der preußischen Garnison Durlach, Laurahütte, Mühlacker, Dr. Heller, Apotheker in Württemberg, die Richtung so recht, Kommissionsverlag, Kunstverlag, Kommissionsrat Bach, Exzellenz Kuno Fischer, Hans von Thoma, Stadtrat Graudenz, Station der preußischen Solda—, Expreßlinie im Wald, Kommissionsführer von Heckner, früherer Gesandter, Apothekerlatein, Professor Dr. Julius Gaupp, am Seerand der Villa Battista, kein Redner, sozialdemokratisches Öl der preußischen Arzneischule usw." (Von „die deutsche" ab in 91 Sek.)[1])

Im Verlauf der Manie kommen auch leichte Wahnideen vor, aber nur solche, die mit der Grundstimmung übereinstimmen. Da behauptet ein kleiner Maniacus plötzlich, er habe entsetzlich viel Geld, er sei eigentlich adelig, er habe ungeheure Kräfte, er habe schon einen Orden bekommen, er sei gescheiter als alle Professoren der Welt, habe bedeutende Erfindungen gemacht usw. Aber diese „Wahnideen" sind eigentlich im strengeren Sinne gar keine: es sind Übertreibungen, Renommistereien, Spielereien. Auch behält sie der Kranke gar nicht ernsthaft bei, sondern behauptet im nächsten Augenblick wieder einen neuen Unsinn.

Von Krankheitsgefühl ist bei der Manie keine Spur zu finden, aber auch nach ihrem Ablauf dauert es oft sehr lange, bis eine verständige Krankheitseinsicht aufsteigt. Zuweilen kommt diese nie.

Die reine Depression (Melancholie) hat ebenfalls alle möglichen Grade. Auch sie ist symptomatisch qualitativ nicht von jener traurigen Stimmung unterschieden, die jeder Fühlende als Wirkung irgendwelcher Schicksalsschläge kennt. Auch bei dem normal Traurigen gehen die Lebensäußerungen motorischer wie gedanklicher Art langsam und wie müde (gehemmt) vor sich. Nicht jede, auch nicht jede längere und tiefere Traurigkeit ist eine Melancholie. Wenn aber jemand gegen sein sonstiges Naturell, ohne rechten äußeren Grund, in Traurigkeit verfällt — wie es soeben im Beispiel „Marie" geschildert wurde —, so merke man auf und denke an eine krankhafte Depression. Auch für die Depression gilt das von der Manie Gesagte, auch sie erscheint jedem einfühlbar, auch sie ist nur eine quantitative Störung. Neben der Schwermut finden sich häufig leichte Wahnideen, jedoch nur solche, die zu der Grundstimmung passen, und in die man sich ebenfalls einfühlen kann. Aus der Überzeugung, daß alles keinen Wert, Zweck usw. habe, entsteht der sog. Kleinheitswahn: Ich bin nichts mehr wert, tauge nichts, bin weniger als ein Tüpfelchen auf dem i. Oder ins Hypochondrische gewendet: ich kann nicht mehr leben, da ich nicht mehr essen, nicht mehr verdauen kann, ich bin ganz vollgestopft, es geht nichts mehr hinein, aber es geht auch nichts mehr hinaus; die Speiseröhre ist nicht

---

[1]) Selbstbeobachtet und von Isserlin schon verwertet. Monatsschr. f. Psychiatrie und Neurologie **22.** S. 514. 1907.

mehr da, der Magen, der After ist nicht mehr da; wie wollen Sie mir denn das Essen aufzwingen, wenn ich keinen Magen mehr habe. Oder ins Religiöse gekehrt: Ich bin verurteilt, verdammt, muß 1000 Jahre, 10 000 Jahre, 100 000 Jahre brennen; ich habe alle Sünden der Welt begangen, eine größere Sünderin gab es noch nie (Versündigungswahn). Oder endlich in ängstlichen Befürchtungen: Es ist meinen Kindern etwas passiert, man hat meinen Mann seiner Stellung enthoben, man will mir die Kinder nehmen. — Überwiegen diese depressiven Wahnideen, so tritt das Krankheitsgefühl zurück; überwiegt die Hemmung, so ist das Krankheitsgefühl oft sehr stark: ich werde verrückt, ich kann nicht mehr denken, mir fällt nichts mehr ein, ich bin ganz tot, habe keine Gefühle mehr, keine Liebe mehr zu meinem Manne (Bewußtsein der Insuffizienz, subjektive Hemmung).

Depressiver Stupor

Die reine, objektiv gehemmte Melancholie entwickelt sich im äußersten Grad — wie im Beispiel Marie — zum depressiven Stupor, d. h. zu einem Erloschensein fast aller seelischen Ausdrucksvorgänge und Bewegungen und zu einer äußersten Verarmung des Innenlebens. Das Bewußtsein ist dann oft so eingeengt, daß es nichts mehr enthält, als „ich bin verloren" und „es ist keine Rettung mehr". Solche hochgradigen Hemmungszustände bekommt der Arzt viel leichter zu sehen als die Extreme der Manie, da sie sozial ungefährlich sind und daher vielfach zu Hause verpflegt werden.

Mischzustände

Neben der reinen Manie und der reinen Melancholie kommen sog. Mischzustände vor. Die beiden folgenden Schemata (Abb. 12 u. 13) versuchen die möglichen Mischungen der drei Hauptsymptome zu verdeutlichen. Gleichzeitig sind die entsprechenden Fachausdrücke hinzugesetzt, damit der Arzt sie wenigstens kennt und einmal nachschlagen kann, wenn er sie irgendwo verwendet findet.

So reizvoll für den Fachmann gerade die Beschäftigung mit den manisch-depressiven Mischzuständen ist, so wenig praktischen Wert hat ihre genaue Analyse für den Arzt der allgemeinen Praxis. Nur die tatsächlich häufiger vorkommenden Formen seien hier angeführt.

Zornige Manie

Die zornige Manie ist eine Manie, bei der sich ein Zug der Unlust einmischt; die rein heiteren, glücklichen Zeiten treten zurück, es schieben sich gereizte Phasen dazwischen. Und vor allem, wenn eine gewöhnliche Manie allmählich abebbt, zur Hypomanie wird, und sich der Gesundheit nähert, kommen solche Gereiztheitszustände von wochenlanger Dauer vor.

Erregte Melancholie

Die erregte (agitierte) Melancholie. Bei ihr fehlt die Hemmung der Bewegungsmechanismen, während meist eine (geringe) Hemmung des Gedankenablaufs (besonders zeitweise Verarmung des Denkens) besteht. Die Kranke läuft jammernd umher, klammert sich an die Angehörigen an, zeigt deutliche Angst (Angstmelancholie). Geht irgendwo eine Tür auf, so schreit sie laut: „Ach Gott, ach Gott, sie holen mich", wird eine Tür zugemacht: „Jetzt sperren sie mich ein." Sie jammert den ganzen Tag über das große Unglück, ohne sagen zu können, was sie denn für eins meine (Jammermelancholie). Sie betet stundenlang, singt Kirchenlieder, um die sündigen Gedanken zu vertreiben.

Sieht sie irgend jemand mit etwas beschäftigt, so reißt sie es ihm weg, um es selbst zu machen, und doch bringt sie vor Unruhe und Zappeligkeit nichts fertig. Diese agitierten Formen sind es auch, bei denen es zu plötzlichen überraschenden Gewalttaten kommt (Raptus melancholicus): eine Mutter würgt plötzlich ernstlich die erwachsene Tochter; ein Schreiner zündet in der Verzweiflung seine Werkstatt an; ein alter Mann stürzt sich ins Wasser, obwohl er weiß, daß es nur fußtief ist; eine Mutter tötet alle ihre Kinder mit dem Messer und springt dann selbst ins Wasser.

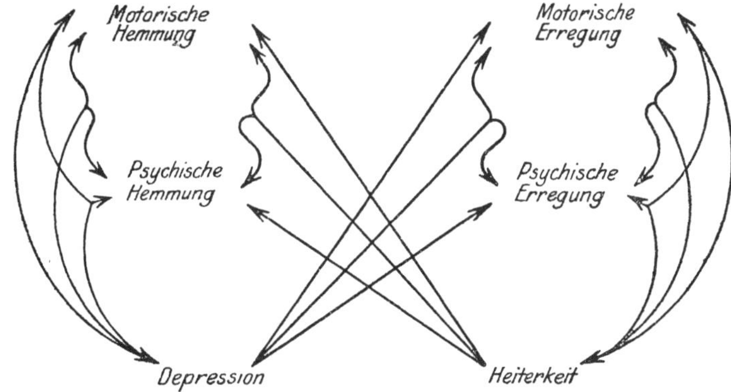

Abb. 12. Schema des manisch-depressiven Mischzustandes.
Die Verbindungen links und rechts bezeichnen die reinen Fälle, diejenigen in der Mitte die möglichen Mischzustände.

Représentation schématique et nomenclature des différentes formes de la psychose maniaque-depréssive.

État dépressif franc.	États mixtes						État maniaque franc.
	à prédominance dépressive.			à prédominance maniaque.			
H							H
I							I
M							M
H = Humeur. I = Idéation. M = Motilité.	1. Dépression avec agitation. [Manie dépressive.]	2. Dépression avec fuite d'idées. [Dépression avec fuite d'idées.]	3. Dépression avec exaltation affective. [Stupeur maniaque.]	4. Excitation avec dépression affektive. [Manie coléreuse.]	5. Excitation avec entrave de la pensée [Manie improductive.]	6. Excitation avec inhibition psycho-motrice. [Manie akinétique.]	

Abb. 13. Schema der manisch-depressiven Mischzustände.
(Nach Deny, L'Encephale 4. 1909. S. 365.)

Man vergesse nicht, daß Manie und Melancholie nur Symptomkomplexe, nur Zustandsbilder sind. Mit der Erkenntnis: H. hat eine Manie oder eine Depression, ist über die Zugehörigkeit dieser Zustände zu einer Krankheit noch nichts ausgesagt. Hierüber beachte man folgende Regeln: Eine reine oder zornige Manie kommt fast nur beim manisch-depressiven Irresein und bei der Paralyse vor. Die Entscheidung wird kaum schwer fallen, denn bei einer Paralyse müssen eben neben der Manie die sicheren körperlichen Anzeichen einer Paralyse vorhanden sein. Sehr selten und meist nur kurz dauernd finden sich rein manische Zustände im Verlauf der katatonischen Verblödung, aber dann stellt ja die Anamnese heraus, daß der Kranke schon seit Jahren gemütskrank ist. Daß einmal eine solche Verblödung mit einer echten Manie zuerst ausbricht, dürfte ein mögliches, aber so selten eintretendes Ereignis sein, daß es praktisch kaum in Betracht kommt. Die diagnostische Einordnung eines rein manischen Zustandes dürfte also gar keine Schwierigkeiten machen.

Anders ist es mit den Depressionen. Eine willenlose (aboulische) Depression findet sich beim manisch-depressiven Irresein, bei der katatonen Verblödung (Hebephrenie), bei der Paralyse und der Arteriosklerose. Das erscheint diagnostisch schwierig, in der Tat lösen sich aber die Schwierigkeiten sofort auf, wenn man folgendes erwägt:

Bei einer Paralyse müssen neben einer Depression noch die sicheren Anzeichen der Paralyse vorhanden sein. Bei der Arteriosklerose wird es sich darum handeln, den erhöhten Blutdruck, den arteriosklerotischen Typus, das Alter des Erkrankten, etwaige Schlaganfälle oder Ohnmachten zu berücksichtigen. Schwieriger wird die Differentialdiagnose bei einem jüngeren Menschen zwischen 15 und 30. Aus dem Zustandsbild kann man nicht immer ins Klare kommen, da muß die Anamnese mithelfen. Wenn sich eine Anamnese ergibt, wie oben bei dem Beispiel „Marie", wird an der Diagnose manisch-depressives Irresein kein Zweifel sein. Hört man aber, daß schon vor dieser Erkrankung an Schwermut allerlei seltsames Gebaren der Kranken beobachtet wurde: verschrobene Ansichten, unmotivierte Handlungen, leichter Verfolgungswahn, so wird andererseits an der Diagnose der katatonen (hebephrenen) Verblödung kein Zweifel sein. Man halte daran fest, daß es ebenso wie von der echten Manie auch von der reinen Depression gilt, daß ein Verblödungsprozeß sehr selten mit ihr anhebt.

Die Mischzustände sind diagnostisch viel schwerer zu beurteilen, ihre Einordnung macht auch dem Fachmann oft große Schwierigkeiten. Hier merke sich der Arzt nur, daß eine agitierte Depression des Lebensalters bis zu 40 Jahren, zumal wenn sie mit Sinnestäuschungen einhergeht, immer sehr verdächtig auf eine katatone Verblödung ist, daß dagegen nach diesem Lebensabschnitt mit großer Sicherheit auf manisch-depressives Irresein bzw. eine Rückbildungs- (Alters-) Melancholie geschlossen werden kann.

Der Verlauf des manisch-depressiven Irreseins ist ebenfalls sehr verschiedenartig. Hier folge eine Tafel, welche Typen solcher Abläufe graphisch darstellt. Bei beiden Geschlechtern pflegen sich die Anfälle vorzüglich auf die Lebensjahre 15—35 zu verteilen. Bei

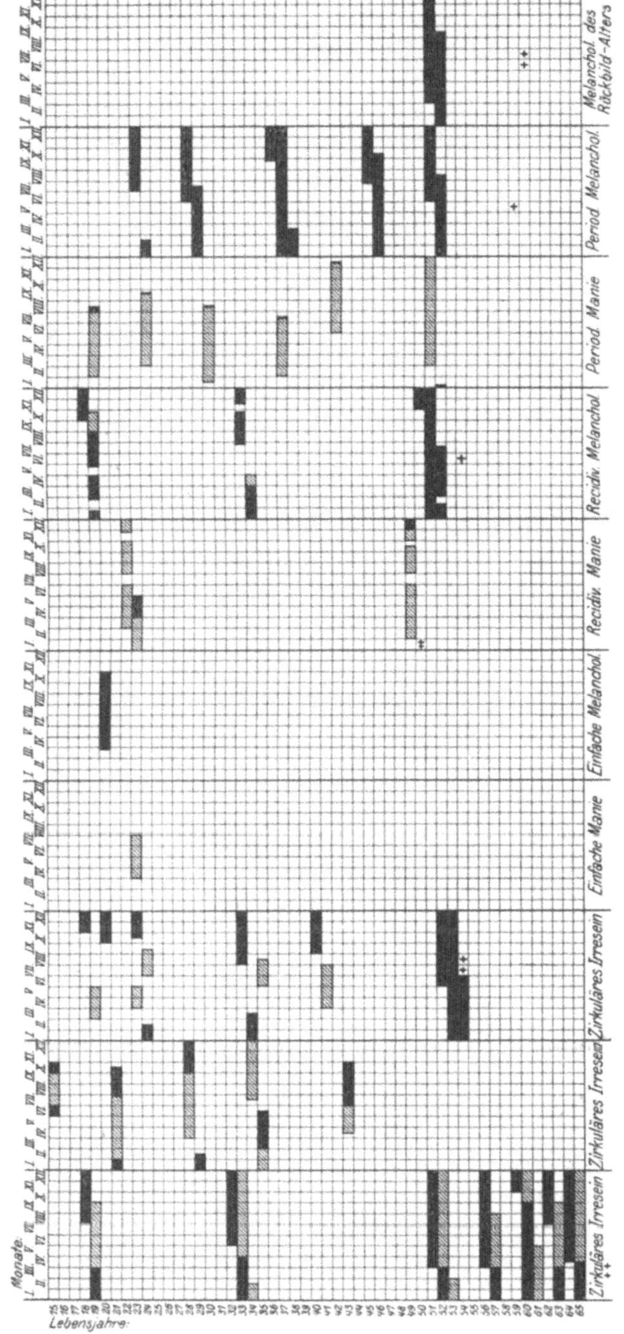

Abb. 14. Verschiedene (nicht schematische) Verläufe des manisch-depressiven Irreseins.
Schwarz = Depression, schraffiert = Manie.
(Aus der Lehrmittelsammlung der Heidelberger psychiatrischen Klinik.)

beiden Geschlechtern tritt nach dem 45. Lebensjahre wiederum eine
Anhäufung solcher Anfälle ein, aber die Frauen sind zur Zeit ihrer Wechsel-
jahre (etwa vom 46. ab) ganz besonders zur Melancholie des Rück-
bildungsalters disponiert[1]). Diese ist, noch einmal sei es betont, eine
ängstliche, unruhige Erregung mit Verzweiflung und Hoffnungslosigkeit.
Im übrigen wechseln die Abläufe ganz ungemein. Manche Menschen
haben in ihrem Leben eine einzige Manie oder eine einzige Melancholie
überstanden. Andere haben nur mehrere Manien oder nur mehrere
Melancholien durchgemacht. Bei anderen erschien ein- oder mehrmal
aneinander geschlossen eine Manie + Depression (oder umgekehrt)
= folie à double forme. Wieder andere hatten bald an einer Manie,
dann einer Depression, dann wieder einer Manie zu leiden (folie circu-
laire ou alternante).

Endlich kommen auch Abläufe mit einer bunten Reihe aller Formen
und Mischzustände vor. Gerade bei letzteren häufen sich die Anfälle
oft so, daß die Zwischenräume sehr kurz werden (selten: chronische
Form des manisch-depressiven Irreseins). Selten kommt eine Manie
nicht zum rechten Abschluß, sie verringert ihre Stärke für einige Zeit
ein wenig, flackert dann aber wieder auf und so geht dies durch Jahre
Konsti-   hindurch (sog. chronische Manie oder konstitutionelle Erregung).
tutionelle   Auch gibt es Formen dauernder Schwermut leichteren Grades, die ab
Formen   und zu ein wenig aufgehellt erscheinen, ihre pessimistische Auffassung
und lebenverneinende Einstellung aber nie ganz verlieren (chronische
Melancholie oder konstitutionelle Depression)[2]).

Man kann niemals bei irgendeinem Anfall voraussagen, ob er
einzig bleiben wird oder ob später andere Anfälle folgen werden. Immer
geht der einzelne Anfall in Heilung aus: die Persönlichkeit wird vollkommen wiederhergestellt. Über die seelische Beeinträchtigung, die
Kranke erleiden, die sehr viele Attacken des manisch-depressiven Irreseins durchgemacht haben, habe ich schon früher ausführlich berichtet
(S. 54). Man kann auch niemals voraussagen, ob eine Anfallsreihe,
die mit einer Manie einsetzt, nun weiterhin nur Manien bringen wird.
Über alles dieses ist jede Prognose unmöglich[3]). Auch die Dauer des

---

[1]) Man hat eine Zeitlang das Wort Melancholie überhaupt für die Involutionsmelancholie vorbehalten wollen und glaubte, daß dieser Erkrankung in diesen
Lebensjahren besondere Eigentümlichkeiten zukämen. Man ist von einer Sonderstellung der Rückbildungsmelancholie jetzt abgekommen und unterscheidet die
Worte nur noch so, daß „Depression" der allgemeine, nicht diagnostisch gefärbte
Ausdruck für eine Schwermut ist, während man mit „Melancholie" eine manisch-
depressive Depression bezeichnet. Doch kommt auch hier auf die Namen
nichts an.

[2]) Vgl. auch S. 89. Die alte Psychiatrie, die auch heute noch einige Anhänger
hat, unterschied die Melancholien nach ihren Nebensymptomen. Da gab es eine
Melancholia simplex, Melancholia attonita, Melancholia cum stupore, Melancholia
cum paranoia usw. Alle diese Bezeichnungen entsprangen einem symptomatischen,
keinem nosologischen System der Psychiatrie.

[3]) Man kann nur ganz allgemein aussagen, daß bestimmte Rassen mehr zu
dem einen (z. B. der schwäbische Typus mehr zu der Melancholie), andere mehr zu
dem anderen neigen. — Es empfiehlt sich bei Beendigung eines manisch-depressiven
Anfalls, den Angehörigen, nicht dem Kranken, zu sagen: er wird jetzt ganz gesund,

einzelnen Anfalles entzieht sich jeder Voraussage; man kann immerhin durchschnittlich bei schwereren Anfällen mit einer Mindestdauer von 4—6 Monaten rechnen. Die Rückbildungsmelancholie hat eine eigene Hartnäckigkeit: unter 1 Jahr verläuft kaum ein solcher Anfall, doch sind auch Formen mit 7—10 jähriger Dauer bekannt. Gelegentlich geht eine solche Involutionsmelancholie von langer Dauer dann direkt in Altersverblödung über. — Im allgemeinen überwiegen etwa vom 40. Lebensjahr an die melancholischen Anfälle an Häufigkeit die manischen Anfälle.

Schon bei der „chronischen" Manie fiel das Wort „konstitutionelle Theorie Erregung"; es leitet auf den Gedanken hin, daß die Erkrankung an manisch-depressivem Irresein auf einer angeborenen Anlage beruhe. Gemäß dieser Ansicht verläuft das seelische Leben solcher zirkulär disponierten Individuen nicht in gleichmäßigem Strome, sondern mit Wellenberg (Manie) und Wellental (Melancholie). Danach würde also dieses ganze Kapitel über das manisch-depressive Irresein eigentlich in das vorige Hauptstück über psychopathische Anlagen gehören. Ähnlich wie die reaktive (degenerative) Psychose dort ihren Platz hat, müßte sich nach dieser Ansicht auch das manisch-depressive Irresein dort anschließen. Die Anhänger dieser Meinung führen als Stütze den Umstand an, daß viele einzelne Anfälle des manisch-depressiven Irreseins sich als Reaktionen an äußere erschütternde Erlebnisse anschlössen. Das ist zweifellos richtig. Es gibt sowohl Manien als Depressionen, bei denen der Ausbruch so unmittelbar an einen Schicksalsschlag anschließt, daß es gezwungen erschiene, wenn man einen ursächlichen oder auslösenden Zusammenhang leugnen wollte. Andererseits gibt es wiederum Anfälle, die zweifellos ohne jedes äußere aufregende Moment ganz „aus heiterem Himmel" kommen.

Andere Forscher wenden sich mehr der Stoffwechseltheorie zu. Der Neigung heutiger Zeit entsprechend, alles Krankhafte, was nicht auf eine nachweisbare äußere Ursache zurückgeführt werden kann, als Ausdruck innerer Sekretionsstörungen anzusehen, glauben diese Autoren, daß auch Manie und Melancholie durch eine Hyper- oder Hypofunktion von Drüsen mit lebenswichtigen Stoffwechselprodukten hervorgerufen würden. Dieser Theorie macht die Tatsache der Auslösung einer Manie durch einen Todesfall in der Familie begreifliche Schwierigkeiten.

Endlich gibt es eine beide Ansichten verknüpfende Lehre, die glaubt, daß eben diese Stoffwechselstörung als angeborene Abnormität angesehen werden müsse, ganz ähnlich wie die Stoffwechselanomalie des Kretinismus[1]).

Der Theorie des manisch-depressiven Irreseins als des Ausdrucks einer angeborenen Anlage kommt besonders der Umstand entgegen,

kann Jahre, kann dauernd gesund bleiben, aber immerhin ist ein Rückfall möglich, rechnen Sie im stillen immer damit. Aber selbst dann würde der Kranke auch wiederum genesen.

[1]) Das Für und Wider der Theorien kann hier natürlich nicht abgewogen werden. — Die S. 123 angeführten, besonders die Zyklothymie zuweilen begleitenden periodischen Hautausschläge werden natürlich meist als Hinweis auf die Stoffwechseltheorie benutzt.

daß es Persönlichkeiten gibt, die fast dauernd ohne äußeren Anlaß in ihrer Grundstimmung auffällig hin- und herschwanken. Nicht derart, wie es früher von den epileptoiden Psychopathen geschildert wurde. Sondern ein solcher Zyklothymiker fühlt sich eine Zeitlang völlig wohl; er hat Freude am Leben, widmet sich gern den übernommenen Pflichten und gilt als ein besonders liebenswürdiger, heiterer, anregender Gesellschafter. Plötzlich hört man nichts mehr von ihm, er zieht sich völlig vom Verkehr zurück und verläßt seine Wohnung nur, um seine Berufspflichten zu erfüllen. Selbst dies fällt ihm schwer. Er muß sich zu allem mühsam aufraffen; er hat an nichts mehr Freude. Kleine Liebhabereien, die er betrieb, läßt er liegen; er ist mit sich selbst sehr unzufrieden, glaubt den Anforderungen des Berufs nicht mehr zu genügen, meint, nicht mehr so schnell denken zu können wie früher, bildet sich ein, das Gedächtnis ließe nach. Er behauptet, für seine Angehörigen nicht mehr die herzliche Zuneigung zu besitzen, wie noch vor Wochen; er ist in trübseliger Stimmung und verzweifelt an der Zukunft: er sei doch zu nichts nütze. Nebenbei hat er alle möglichen körperlichen Störungen, besonders Appetitlosigkeit und Verdauungsbeschwerden. Auch sein Aussehen ist schlecht und gealtert. — Nach etwa 6—8 Wochen (selten einmal 3—4 Monaten) wird sein subjektives Befinden besser, er sieht wieder viel frischer und um 10 Jahre jünger aus, sein Gang wird wieder frei, seine Bewegungen werden lebhaft. Er knüpft an alte Interessen an oder nimmt gänzlich neue auf, macht kleine Reisen, besucht Theater und Ausstellungen, hat neue Einfälle, ja er macht sogar eine kleine Erfindung. Seine Selbsteinschätzung ist wesentlich gestiegen, sein Körperzustand ausgezeichnet; er trägt sich mit allen möglichen Zukunftsplänen und sieht alles sehr optimistisch an. — Man meint, und er meint es selbst, er sei in diesen zwei verschiedenen Phasen ein ganz anderer Mensch. — — An solchen Zyklothymien leiden nicht wenige Menschen, und zwar vor allem aus den Schichten der Gebildeten. Sei es, daß in den gröberen Beschäftigungen des vierten Standes diese feineren Stimmungsstörungen nicht so zur Auswirkung kommen, sei es, daß zyklisch disponierte Arbeiter allein mit ihrer Anomalie fertig werden und nicht ärztliche Hilfe beanspruchen, jedenfalls ist das Erfahrungsmaterial über diese endogen wechselnden Grundstimmungen im wesentlichen an gebildeten Menschen gewonnen worden. Es scheint sogar so — wenngleich exakte Untersuchungen hierüber noch nicht vorliegen —, daß die zyklothymen Naturen meist zu den besonders begabten, talentierten und kulturell hochstehenden Menschen gehören. Man hat auch schon die Ansicht geäußert, daß viele bedeutende Kulturwerke (besonders auf dem Gebiete der Kunst) dadurch zustande kamen, daß sich der Schöpfer in einer derart gehobenen, ganz leicht hypomanischen Stimmungslage befand. Man hat z. B. auch bei Goethe solche grundlosen Wellenbewegungen der Gemütslage und des Schaffens nachzuweisen versucht, bisher wohl noch nicht in völlig überzeugender Weise[1]).

---

[1]) Die Forschung nach seelischen Abnormitäten im Individualleben, also die Biographie nach psychologisch-psychiatrischen Gesichtspunkten, wird meist als Pathographie bezeichnet.

Es ist zweifellos, daß Zyklothymiker gelegentlich einige Jahre, zuweilen fast ihr ganzes Leben an den geschilderten Schwankungen leiden, ohne daß es zu eigentlichen Psychosen kommt. Es ist aber ebenso sicher, daß sich bei anderen Kranken zwischen diese leichten Schwankungen Zeiten stärkerer Gemütsstörung einschieben, die durchaus den Anfällen des manisch-depressiven Irreseins entsprechen. Ob man in der Zyklothymie also die leichtesten Formen des manisch-depressiven Irreseins zu erblicken hat oder ob sie eine psychopathische Artung für sich ist, die nur zu dem manisch-depressiven Irresein besondere „Beziehungen" hat, bleibt noch unentschieden.

Was kann nun der Arzt gegen die geschilderten Anfälle tun? Therapie

Er wird in seiner Praxis zumal die leichten Formen, die Zyklothymiker, finden. Und da vollbringt er an den Kranken und an ihrer Umgebung ein gutes Werk, wenn er sie vor allem über die Natur der Störung aufklärt. Wenn der Kranke genau weiß: es ist nun einmal meine Anlage, mit der ich mich abfinden muß — wenn er mit dem Arzt zusammen einen Plan ausdenkt, wie er am leichtesten die schwierigen Zeiten übersteht, so ist schon sehr viel erreicht. Man muß den Kranken und seine Umgebung vor allem davon überzeugen, daß zwar gelegentlich äußere Umstände, Aufregungen usw. eine solche Schwankung auslösen oder vertiefen können, daß aber im wesentlichen die Zyklizität grundlos, endogen ist — daß es keinen Sinn hat, immer nach Gründen zu suchen, diesem und jenem Umstand Schuld zu geben usw. Der Arzt gewöhne der Ehefrau ab, dem Manne in seiner Depression heftig zuzusetzen: er solle sich zusammennehmen, sich nicht so gehen lassen usw. Gewiß kann der Kranke sich etwas beherrschen, indem er nicht seiner Krankheit (in hysterischer Weise) lebt, aber er kann die Krankheit an sich nicht unterdrücken, nicht ausschalten. Er kann sich nicht zur Fröhlichkeit zwingen, wenn er traurig ist. Und wiederum hat es keinen Zweck (und kostet nur unnützes Geld), wenn man den Kranken in seiner Depression „zerstreuen" will, wenn man ihm alles mögliche „bietet" usw. Das Beste für den zyklisch Deprimierten ist, ihn ruhig bei seinem Beruf, seiner Arbeit zu halten; dann kommt er über die schlimme Zeit am leichtesten hinweg. Ferner wird man ihn trösten und aufrichten können, wenn man ihm mit ruhiger Bestimmtheit erklärt, er werde nicht, wie er glaubt, blödsinnig werden, werde nicht sein Gedächtnis verlieren, nicht seinen Angehörigen dauernd entfremdet werden. Einen gebildeten Kranken kann der Arzt sogar eingehend über das Wesen der Hemmung, die Gründe seiner Entschlußunfähigkeit usw. aufklären; der Kranke wird dafür sehr dankbar sein. Man muß ferner sorgsam auf die Ernährung des deprimierten Kranken achten. Seine Umgebung muß dazu erzogen werden, ihm immer etwas Neues zu essen zu bringen, scheinbar zufällig ihm bald dies, bald jenes anzubieten. Erklärt er beim Mittagessen, er könne nichts hinunterbringen, es würge ihn schon im Halse, wenn er das Essen nur sehe, so unterläßt man heftiges Zureden. Dagegen beim Vesper versuche man ihm gleichsam heimlich das Mitessen zu suggerieren. Deprimierte

Kranke leiden häufig an heftigem Aufstoßen (offenbar durch zu langes
Verweilen der Speisen im Magen; die ganze Motilität des Verdauungs-
traktes liegt dabei darnieder), sehr erschwertem Stuhlgang und anderen
Verdauungsbeschwerden. Diese Funktionen muß man sorgfältig, aber
unauffällig regeln. Meist legt der Kranke selbst schon viel zu viel Wert
auf diese Dinge. Er faßt es meist so: „Wie kann ich guter Stimmung
sein, wenn ich eine so schlechte Verdauung habe.“ Da muß man sich
sehr hüten, seine Aufmerksamkeit noch mehr auf die Verdauung zu
lenken.

Nimmt die Depression schwerere Formen an, wie in dem früheren
Beispiel „Marie“, so gilt selbstverständlich die Hauptsorge der Verhütung des Selbstmords. Die Angehörigen sind ernstlich zu warnen,
den Kranken nicht allein zu lassen. Schwermütige Kranke sind oft
sehr raffiniert. Sie geben vor, sich in der Einsamkeit am wohlsten zu
fühlen. Sie bitten die Angehörigen, sie doch einmal 8 Tage aufs Land
zu schicken, da werde es schon besser werden. Und während sie draußen
dann ganz sich selbst überlassen sind, erhält der langgefaßte Entschluß,
aus dem Leben zu scheiden, den letzten Impuls. Sehr schwer deprimierte,
also fast im depressiven Stupor befindliche Kranke tun sich viel weniger
leicht etwas an, sie sind in jeder Hinsicht zu sehr gehemmt. Aber besonders gewarnt sei vor jener Zeit, in der es dann anfängt besser zu
gehen. Alles atmet auf, daß nun die Krise wohl überstanden sei. Aber
gerade die wiederbeginnende Entschlußfähigkeit, die wieder einsetzenden
Antriebe bringen auch von neuem den Antrieb zum Selbstmord mit. —
In schweren Depressionen ist eine häusliche Behandlung nur zulässig,
wenn die Familie in der Lage ist, zwei Pflegerinnen für Tag- und Nacht-
schicht zu beschaffen. Die zweite Hauptsorge ist die Ernährung.
Es ist zweifellos, daß solche Kranke einfach verhungern können. Der
Arzt muß verlangen, daß eine genaue Gewichtsliste geführt wird, und
schließlich muß er, wenn alle Mühewaltung, alle Geduld nicht mehr hilft,
zur künstlichen Ernährung durch den Schlauch greifen[1]). Man kann
keine genaue Gewichtsgrenze angeben, bis zu der man mit der er-
zwungenen Ernährung warten kann; das ist nach Alter, Geschlecht,
Zustand des Herzens usw. sehr verschieden. Man halte nur fest, daß
weiteres Zögern Gefahr bringt, wenn die Kurve unter 90 Pfd. sinkt. Man
bedenke ferner, daß schwer deprimierte Kranke nichts vom Stuhlgang
sagen, und da die pflegenden Angehörigen oder Schwestern sich häufig
abwechseln, so weiß oft niemand, wann der Kranke das letztemal zu
Stuhle ging. Man kann zuweilen Stuhlverhaltungen von mehreren
Wochen feststellen, die eben nur dadurch möglich waren, daß der Kranke
fast nichts aß. Für Flüssigkeitszufuhr muß unter allen Umständen
gesorgt werden, evtl. auch durch täglich 2—3 mal wiederholte hohe Ein-
läufe. Das Aufliegen muß vermieden werden[1]). Für Mundpflege usw.
ist zu sorgen, kurz, man muß bei solchen Schwermütigen oft an jede
Kleinigkeit denken. Verlangt der Kranke, wie es sehr häufig aus seinen
Kleinheits- oder Versündigungsideen heraus vorkommt, den Geistlichen,

---

[1]) Hierüber siehe das VI. Hauptstück: Therapie.

so wird man es sich angelegen sein lassen, sich vorher mit diesem Seelsorger zu besprechen und ihn über die Natur des Leidens aufzuklären, damit er beruhigt, tröstet und nicht erregt. Auf den häufig vorkommenden Versündigungswahn gehe man nur wenig, aber immer freundlich ausredend ein, doch untersage man es den Angehörigen, solche Gedanken e n e r g i s c h auszureden. Man überhört da besser vieles und betone nur immer, der Kranke sei krank, und alles dies könne erst besprochen werden, wenn er wieder gesund sei, was ja nicht lange mehr dauern werde. Die Geduld der Angehörigen und Pflegerinnen darf kein Ende kennen, denn unter vielen unendlich eintönigen Wiederholungen wird auch immer der Ausspruch beharren: ,,Ich bin ja nicht krank, nur schlecht.'' Man bedenke auch, daß die Kranken alles in depressivem Sinne auf sich beziehen. Man spreche nicht leise miteinander in einer anderen Ecke des Zimmers, denn sogleich wird der Kranke Übles dahinter vermuten. Der einzig richtige Ton ist der einer gleichmäßig gütigen Freundlichkeit.

Schon aus manchem eben Gesagten geht wohl hervor, daß sich eine Pflege eines schweren Trübsinnes zu Hause nur s e h r selten empfiehlt, schon wegen der Dauer, die ja oft viele Monate beträgt. Denn man bedenke, daß die Angehörigen ja keine Psychiater sind. Ehefrau, Schwester, Tochter gehen an der Pflege eines solchen Kranken oft selbst fast zugrunde oder werden seelisch erschöpft (hysterisiert). Es empfiehlt sich also weit mehr, den Angehörigen die Pflicht auszureden, ,,den Vater in solch schwerer Lage nicht verlassen zu können'', und den Kranken einer guten geschlossenen Anstalt zuzuführen. Wenn es irgend die Mittel erlauben, ziehe man eine private Anstalt vor, da auf dem Aufenthalt in Heil- und Pflegeanstalten ja immer noch das Vorurteil der Schande in weiten Kreisen des Volkes ruht, so traurig und sinnlos das auch ist. Aber man vergewissere sich genau über die Preise, die eine solche Anstalt verlangt, und über ihre Güte[1]). Der anfangs genannte Preis erscheint oft ziemlich niedrig; man erkundige sich genau, was dann alles noch besonders berechnet wird. Es wird sich sehr empfehlen, wenn jeder praktische Arzt in der Nähe seines Wirkungskreises alle in Frage kommenden Anstalten allmählich selbst aufsucht, um sich über den Leiter und den Ton in der Anstalt selbst ein Urteil zu bilden. Daß Kassenkranke und auch Leute mit relativ geringen Mitteln in schweren Depressionen unbedingt in eine staatliche Klinik oder Heil- und Pflegeanstalt gehören, versteht sich von selbst[2]).

Was die M a n i e anlangt, so ist in leichten (zyklothymischen) Fällen die Aufgabe des Arztes nur, allenthalben zu bremsen. Wenn man einem Deprimierten oder seinen Angehörigen (wenn es langsam anfängt, besser zu gehen), sagt: ,,Geben Sie Obacht, in einiger Zeit werden Sie sogar etwas z u heiter und z u unternehmend sein'', so wird man zwar auf lebhaften Widerspruch stoßen; trifft dies aber dann — wie recht häufig — ein, so wird das Vertrauen zum Arzt ungemein wachsen, und er hat nun den Kranken erst recht in der Hand. Man verhindere die Ausführung

---

[1]) Fachärzte werden darüber ja meist Auskunft geben können.
[2]) Über die Aufnahmebedingungen siehe das VI. Hauptstück: Therapie.

aller in der Hypomanie vorschnell gefaßten Entschlüsse (Berufswechsel, Hausverkauf, Neubau, Heirat), sofern sie Tragweite haben. Denn vielleicht ist der Kranke nach einem halben Jahr traurig und voll bitterster Selbstvorwürfe über den damals gefaßten Beschluß. Man verhindere die Verschwendung[1]), man verhindere alle ernsten Aufregungen (Teilnahme am Wahlkampf, am Fasching usw.), aber man lasse den Kranken sonst möglichst gewähren, soweit seine Betätigungen harmlos sind. Man suche sie ins Nützliche abzulenken (Gartenbau, Hühnerzucht, Sammlungen anlegen, Turnen usw.). Man bedenke die Steigerung des Sexualtriebes, die bei Mädchen wegen der Gefahr krankhaft leichter Hingabe und Schwängerung, bei Männern deshalb gefährlich wird, weil sie oft hemmungslos auf die erste Anrede mit der ersten Prostituierten gehen, sei sie noch so tiefstehend und schmutzig, und sich eine Geschlechtskrankheit holen. Man verhindere übermäßiges Trinken, und man sorge dafür, daß sich die Hypomanischen nicht durch Zudringlichkeiten, Taktlosigkeiten, unnütze Einmischungen und Streitigkeiten in der Gesellschaft Schwierigkeiten bereiten. Ist einmal doch ein Unglück geschehen, so stelle man die Krankhaftigkeit der Motive in das rechte Licht, damit für den Kranken aller Schaden möglichst vermieden werde. Denn ein Manischer ist unzurechnungsfähig im Sinne des § 51 R.St.G.B.[2]) Schwerere Manien mit großem Bewegungsdrang usw. können natürlich nicht in der Familie verpflegt, sondern müssen in einer geschlossenen Anstalt aufgenommen werden. Man kann solche Kranken, deren Tobsucht anfangs recht gefährlich erscheint, oft relativ leicht einer Anstalt zuführen, wenn man ihnen etwas vormacht. Nicht im Sinne des Betruges. Es wird im Gegenteil noch ausgeführt werden, wie verwerflich und schädlich es ist, einen Kranken unter falschen Vorspiegelungen in eine Anstalt zu locken und dann die Tür hinter ihm zu schließen[3]). Sondern man braucht oft einem Manischen nur zu erzählen: „Herr X., Sie sind doch ein bißchen aufgeregt, ich glaube, wir müssen gegen die Nervosität etwas tun. Ich kenne da den Dr. Y., der hat so ausgezeichnete beruhigende Bäder, das könnten Sie doch eigentlich einmal versuchen, ich bringe Sie selbst hin." Voll Vergnügen, scherzend, sich über den Einfall mit den Bädern sehr amüsierend, geht der Kranke oft mit.

Ist die Verbringung eines manisch-depressiven Kranken in eine Anstalt überhaupt notwendig — sei es eine Manie oder Melancholie —, so kommt nur eine geschlossene Anstalt in Betracht. Denn bedarf es einer solchen nicht, so bedarf es überhaupt keiner. Zyklothymische Kranke in Sanatorien zu schicken, ist im allgemeinen durchaus zu widerraten. Nur wenn man von einem Sanatoriumsleiter oder dessen Frau oder Oberschwester fest überzeugt ist, daß sie es besonders gut verstehen, gerade auf Zykliker einzugehen, wird man diese Anstalt empfehlen können. In der Mehrzahl der mit Hysterischen, Neurasthenischen, Hypochondern usw. gefüllten Sanatorien lernt der Zyklothyme nur noch Symptome dazu. Gerade die Behandlung dieser Kranken zu

---

[1]) Über evtl. Entmündigung siehe unter VII. Begutachtung.
[2]) Siehe das VII. Hauptstück.
[3]) Siehe das VI. Hauptstück.

Hause bietet dem Arzt, der sich dazu eignet, ein reiches und dankbares Feld der Betätigung. Freilich ist dies eine ganz andere Therapie, als sie sonst in den Lehrbüchern der anderen Fächer gelehrt wird. Mit Verschreibung von Medizinen u. dgl. ist hier gar nichts getan, hier muß der Arzt seine eigene Persönlichkeit ganz einsetzen, hier herrscht eine Art Kampf, wessen Wille stärker ist: „Ich lasse Dich nicht, Du segnest mich denn."

H. Dementia praecox (Schizophrenie).

Der Schilderung dieser schweren, zur Verblödung führenden Geisteskrankheit, die sozial besonders bedeutungsvoll ist, gehe eine Auseinandersetzung der Ausdrücke, der Namen voraus. Das Wort Dementia praecox ist nur historisch zu verstehen. Genau so, wie etwa Hysterie mit hystera (dem griechischen Namen für uterus) inhaltlich nichts mehr zu tun hat, genau so braucht eine Dementia praecox nicht praecox, d. h. nicht frühzeitig (Pubertätsalter) auszubrechen. Weil man andererseits zum Hauptwort Dementia praecox kein Eigenschaftswort bilden kann, hat man sich gewöhnt, „katatonisch" als Adjektivum zum Substantivum Dementia praecox allgemein zu verwenden, obwohl Katatonie ja nur eine der Verlaufsarten der Dementia praecox ist. Wenn man also von einer katatonen Verblödung spricht, so meint man meist nichts anderes als die gesamte Dementia praecox. — Bei dem genaueren Studium dieser Krankheit hat man herausgefunden, daß eine gewisse psychologische Verhaltungsweise der Dementia praecox eigentümlich zukommt: der schizophrene Mechanismus. Im allgemeinen Teil ist er früher beschrieben worden (S. 43ff.). Diesem kennzeichnenden Merkmal zuliebe nennt man neuerdings die Dementia praecox auch die „Gruppe der Schizophrenien" und gebraucht dann häufig als Adjektivum (also alternierend und gleichbedeutend mit katatonisch, nur mehr ins Psychologische gewendet) schizophren.

Terminologie

Die Dementia praecox hat — in diesem Punkte mit der Paralyse vergleichbar — einen ungemein verschiedenen Verlauf. Um einige Ordnung in diese bunte Symptommenge zu bringen, hat man sich gewöhnt, drei Verlaufsformen auseinanderzuhalten: die hebephrenische, die katatonische (im engeren Sinne), die paranoide Form. Man präge sich also folgendes Namensschema ein:

Dementia praecox = Schizophrenie (Jugendirresein),
Hebephrene Form = stille Verblödung,
Katatonische   ,,   = stürmische Verblödung,
Paranoische   ,,   = wahnhafte Verblödung,
Spätkatatonie   = Spätform der Schizophrenie (nach dem 40. Lebensjahr ausbrechend).

1. Hebephrene Form.

Schon als Schüler des Gymnasiums fällt Johannes durch ein etwas eigenes Wesen auf. Er hat wenig Freunde unter den Mitschülern. Nur an einen gering begabten, sehr gutmütigen Jungen hat er sich angeschlossen: ihm setzt er immer

Hebephrene Form

seine Meinungen auseinander. Dieser hört sie geduldig an, alle anderen erklären
sie für verrücktes Zeug. Er selbst gilt keineswegs als unbegabt. In seinen Auf-
sätzen finden sich überraschende Wendungen. So versucht er z. B. einmal neben
dem zeitlichen noch einen gedanklichen Zusammenhang zwischen Buddhas Tod
und den Perserschlachten der Griechen zu konstruieren. Ein Lehrer urteilte über
ihn: Seine Einfälle sind gar nicht dumm, nur stets so eigenartig entlegen, nicht
aus fortlaufenden inneren Gedankengängen entsprungen, sondern aus zufälligen
Einfällen, aus äußeren Kontrastierungen, selbst aus Wortwitzen hergeholt. Johannes
widmet sich nicht, wie jedermann erwartete, gelehrten Studien, sondern er erklärt
Wissenschaft für ein Produkt pedantischen Spieltriebs und wendet sich dem Bank-
fach zu. Er geht nach London, um Beruf und Sprachen zu lernen und schreibt
anfangs korrekt, wenn auch selten nach Hause. Aus seinen Briefen geht nur hervor,
daß ihm nichts rechten Eindruck gemacht hat. Schon auf der Schule war er niemals
jugendlich frisch, auch jetzt wirken die Neuerlebnisse fremder Kultur keineswegs
unmittelbar und stark auf ihn ein, sondern er ironisiert alles aus Freude am
Ironisieren. Kleine Züge in den Briefen fallen den Angehörigen deshalb nicht
sonderlich auf, weil sie an solche kleinen Verschrobenheiten bei Johannes immer
gewöhnt waren. Z. B. schreibt er deutsche Buchstaben und nur alle großen An-
fangsbuchstaben lateinisch. Nach 2 Jahren finden sich in seinen Briefen eigenartige Anspielungen, die niemand zu Hause recht versteht, die man aber ebenfalls
nicht weiter beachtet. So heißt es einmal ganz unvermittelt mitten zwischen beliebigen persönlichen Mitteilungen: Was denn diese alberne Bemerkung in der
Kölnischen Zeitung vom letzten Samstag wieder hätte besagen wollen? — Ganz
unerwartet steht er eines Tages vor der väterlichen Tür, er bringt eine für seine
Einnahmen erhebliche Summe als Ersparnis und die besten Zeugnisse seiner
Firma mit. Daß er etwas seltsam angekleidet ist, schiebt man auf englische Einflüsse. Eigentümlicherweise bemüht er sich zu Hause um keine neue Anstellung.
Man begreift das und entschuldigt es mit Erholungsbedürfnis. Nach einem Vierteljahr aber dringt man stärker in ihn, doch er erklärt rund: Sie täuschten sich sehr,
wenn sie glaubten, er nehme wieder eine Stellung an, diese Schweinezeit sei nun
endgültig vorbei. Er gedenke jetzt nur sein System auszuarbeiten. Tatsächlich
sitzt er tage- und wochenlang über vielen Bogen Papiers. Er will „die englischen
und deutschen Lautstämme harmonisieren". Hieraus werde dann eine neue Ordnung aller sozialen Verhältnisse hervorgehen, das sei der erste Schritt. Auf diesen
Bogen stehen sehr sauber in tausendfachen Wiederholungen, einander seltsam
gegenübergestellt sinnlose Silbenreihen, die durch ein Gewirr von Pfeilen auf einander bezogen sind: bi be bam bo bu — ub ob mab eb ib usw. — Alle diese Beobachtungen bringen die Angehörigen keineswegs auf den Gedanken, Johannes
könne geistig abnorm sein. Der Vater ist tot, Mutter und Schwester werden von
ihm in der unglaublichsten Weise tyrannisiert. Dabei wird sein Benehmen immer
roher, seine Äußerungen sind oft kaum mehr erträglich. Die Schwester wird eines
Morgens von ihm begrüßt: Nun altes Fräulein, noch immer keinen Schatz? Er
erklärt am Vormittag häufig, er habe ungeheueren Hunger und könne es heute
nicht bis zur Mittagszeit aushalten. Wenn sich Mutter und Schwester bemühen,
das Essen eine Stunde eher fertigzustellen, so läßt er sich die Suppe geben, erhebt
sich im selben Augenblick, dankt ironisch und geht aus bis zum Abend. Man
beobachtet, daß er jedesmal, bevor er eine Türklinke anfaßt, zwar erst mit der
rechten Hand in der üblichen Weise zufaßt, dann aber im letzten Augenblick schnell
zurückzuckt und mit der linken öffnet. Sein Lachen hat einen unnatürlichen,
Schrecken erregenden Tonfall bekommen, etwas Unheimliches leuchtet aus seinem
ganzen Wesen hervor. Aber erst als er das Dienstmädchen eines Tages aus nich-
tigster Ursache brutal verprügelt, und als er einmal 3 Tage fort ist und in ganz
beschmutztem Zustand zurückkehrt, fangen die Angehörigen an, an die Möglichkeit einer geistigen Störung zu denken. Man zieht einen Arzt zu, der es versteht,
Johannes im eifrigen Gespräch über sein Lautverschmelzungssystem in eine geschlossene Anstalt zu verbringen. Hier fügt sich der Kranke ohne weiteres, pro-
testiert kaum gegen seine Internierung und findet seine Freude an unverschämten
Antworten dem Arzt gegenüber. (Wollen Sie vielleicht die neue Zeitung haben?)
„Nein, Sie?" (Nicht wahr, Sie waren 3 Jahre in England?) „Alberne Frage,
wo soll ich denn sonst gewesen sein?" (Waren Sie die ganze Zeit als Bankbeamter

tätig?) „Mein Herr, wenn Sie Stuhlbeamter gesagt hätten, könnten Sie bei dieser sitzenden Lebensweise als geistreich gelten.“ — Ein Jahr lang bleibt Johannes in der Anstalt, ohne sich erheblich zu ändern. Er beschäftigt sich so gut wie gar nicht, nur sein Sprachverschmelzungssystem taucht ab und zu einmal wieder auf. Die Mutter kann den Geldaufwand nicht länger bestreiten und holt den Sohn wieder heim. Es geht auch leidlich, er vegetiert so dahin, Konflikte sind selten. Wirklich innerlich überzeugt vom Bestehen einer geistigen Störung werden Mutter und Schwester nie. Als die Mutter stirbt, muß der Kranke, sozial völlig unselbständig, wieder in eine Anstalt aufgenommen werden und verbleibt dort bis zum Tod.

2. Katatonische Form.

Die 17jährige Magistratsbeamtentochter Anna wird zu Hause durch ihre über- triebene Vorliebe für das Theater etwas lästig. Es vergeht kaum ein Tag, an dem sie nicht abends ins Theater geht. Man vermutet, daß sie sich mit einem Freund trifft, aber das ist nicht der Fall, sie sitzt jeden Abend ganz für sich verzückt auf der Galerie des Theaters. Eines Abends kommt Anna nicht heim. Man sucht sie ängstlich umsonst. In der Nacht wird sie von der Polizei nach Hause gebracht. Man hat sie beobachtet, wie sie sich mitten in einem Blumenbeet der öffentlichen Anlagen ein Lager zurecht machen wollte. Der Vater verschlägt sie, aber Anna begreift den Grund nicht recht. Schnell wird die Krankheit schlimmer. Anna entweicht ein paarmal von zu Hause, treibt sich umher und kommt schließlich ganz unordentlich und zerzaust wieder zurück. Dabei spricht sie verworrene Dinge vom himmlischen Heiland und vom Glück der gebenedeiten Jungfrau. Aber diese Sätze werden oft so mit dem Namen Paul verflochten, und in ihrem verwirrten Gerede kommen so viel einzelne Anspielungen vor, daß man kaum zweifeln kann, daß sie sich bei ihrem letzten Fortsein „Paul“ hingegeben hat. Geordnete Auskunft kann man von ihr nicht verlangen. Auch die Nachforschungen bleiben vergebens. Sie scheint mit dem ersten besten Mann mitgegangen zu sein. Ihre Erregung nimmt zu. Man versucht sie im Bett zu halten, aber sie springt alle Augenblicke heraus und bringt in der Stube alles durcheinander. Dabei schlägt sie kräftig nach der Mutter, wenn diese ihr zu wehren sucht. Sie zerreißt gute Bücher, klebt die Bilder mittels Kaffee an die Wand, ist immerfort in Bewegung und singt fast ununter- brochen. Beim Singen und auch sonst fällt die Eintönigkeit des Gebarens auf. „Blümchen komm und bleib bei mir, Blümchen komm und geh mit mir, Blümchen Blümchen la la la, Blümchen Blümchen bist schon da, Blümchen komm ins Bettchen rein, Blümchen rein und Bettchen fein“ usw. Auch in ihrem Herumspringen wieder- holen sich immer dieselben Bewegungen. Es fällt ihr offenbar gar nichts Neues ein. Ihre Stimmung ist nicht lustig und noch weniger traurig, man kann eigentlich nichts Bestimmtes darüber aussagen. Als ihr Zerstörungstrieb zunimmt und ihre Lautheit die Hausbewohner stört, holt man den Arzt. Kaum betritt er das Zimmer, so reißt Anna ihr Hemd von oben bis unten durch, wirft sich ihm an den Hals und ist nur mit Mühe einigermaßen zu beruhigen. Eine starke sexuelle Erregung wird dabei sehr deutlich. Da die üblichen Beruhigungsmittel, wie Morphinspritzen nichts helfen, und da die Kranke alle ihr als Pulver gereichten Schlafmittel ausspuckt, wird sie an eine Bahre geschnallt und unter Zusammenlaufen aller Hausbewohner durch die Sanitätsmannschaft in die geschlossene Anstalt verbracht.

Hier hält sich der Erregungszustand 6 Wochen lang in ganz ähnlicher Weise. Anna duldet kein Hemd mehr an sich und zerreißt jedes in lauter Fetzen. Ihre Reden und Bewegungen bleiben seltsam stereotyp. Nie hat man den Eindruck von jugendlicher Lebendigkeit, Übermut oder Spieltrieb, sondern nur den einer sinn- losen Erregung. Selten einmal kann man Sätze auffangen, aus denen hervor- geht, daß sie einzelne Wahnideen hat. So glaubt sie, öfter den Heiland bei sich zu haben. Aber das alles bleibt vereinzelt; von irgendwelchen zusammenhängenden Wahngedanken kann keine Rede sein. Das Personal muß sorgsam bemüht sein, ihre körperliche Verwahrlosung zu verhindern. Anna beschmiert die Wände mit Speichel, versucht ihren Körper mit Kot einzureiben, ihren Urin zu trinken; sie reißt sich ganze Büschel Haare aus. Rücksichtslos stößt sie sich bei ihrem Herum- schleudern und -kugeln überall an, so daß sie bald ganz mit blauen Flecken bedeckt ist. — Zuweilen, wenn sie einmal eine Zeitlang etwas ruhiger geworden ist, kann

Kata-
tonische
Form

man eigenartige Antriebe und Gegenantriebe bei ihr beobachten: sie streckt die Hand nach dem Suppenlöffel aus und zieht sie wieder zurück, streckt sie abermals ein wenig weiter aus, berührt den Löffel und zieht die Hand so schnell zurück, als habe sie sie verbrannt. Sie ist imstande, dieses Spiel viertelstundenlang fortzusetzen. — Ob eigentliche Sinnesstörungen vorhanden sind, wird nie ganz klar, doch scheint sie manchmal auf von oben kommende Stimmen zu horchen.

Nach 6 wöchiger Erregung beginnt Anna ruhiger zu werden, sich besser in die Anordnungen zu fügen usw. und nach abermals 3 Wochen kann man das Mädchen ihren Eltern wieder übergeben. Bei einer langen Schlußunterredung, in der man sie freundlich ermuntert, sich doch noch einmal über ihre Erlebnisse auszusprechen, kommt wenig heraus. Sie interessiert sich kaum für die überstandene Psychose, glaubt auch nicht ernstlich daran, daß es eine schwere geistige Störung war, sondern meint, es sei wohl eine Überreizung infolge vielen Theaterbesuches gewesen. Zu einer Motivierung ihres eigenartigen Benehmens ist sie nicht zu bewegen.

Zu Hause ist Anna ruhig und geordnet und lebt ihren kleinen häuslichen Pflichten. Die Eltern berichten glücklich, daß alle Krankheit vorbei sei. Die Mutter erzählt, sie sei nun gar nicht mehr aufgeregt, vielmehr sehr still und folgsam. Ohne ein Wort des Widerspruchs tue sie alles, was man ihr auftrage. Nur von den Freundinnen wolle sie nichts mehr wissen, sie sei stets für sich.

6 Jahre vergehen ungestört. Da kommt plötzlich und diesmal von den Eltern rechtzeitig wiedererkannt, der zweite Anfall, der Anna sogleich in die Anstalt führt und ganz getreu die erste Psychose wiederspiegelt. Nach $^1/_4$ jährigem Anstaltsaufenthalt kann man sie wieder nach Hause entlassen. Diesmal bleibt der erworbene Defekt auch der Mutter nicht verborgen. Anna ist zwar still, macht keine Schwierigkeiten, doch muß sie zu allem gezwungen werden, selbst zur Reinlichkeit. Ließe man sie gehen, so bliebe sie einfach im Bett liegen. Manchmal bleibt sie während irgendeiner häuslichen Tätigkeit plötzlich stehen und horcht. „Er ruft mich wieder.“

Nach abermals 4 Jahren muß die Anstalt Anna wieder aufnehmen. Sie war zu Hause nicht mehr zum Aufstehen, zum Aufsuchen des Aborts usw. zu bewegen. Sie wird in vollkommenem Stupor eingeliefert. Stellt man sie irgendwohin, gibt man ihren Gliedern irgendeine beliebige Stellung, so bleibt sie wie eine Wachspuppe stehen und steht so minutenlang, bis die ermüdeten Glieder langsam sinken. Ihr Gesichtsausdruck ist verstört, sie ist völlig verstummt. 10 Wochen dauert der Stupor, dann wird sie ein klein wenig lebendiger und kann wenigstens zum regelmäßigen Essen und zur Sauberkeit abgerichtet werden. Aber eine Entlassung ist nicht mehr möglich. Sie ist geistig völlig verödet und verläßt die Anstalt nicht mehr bis zum Tode.

3. Paranoide Form.

Paranoide
Form

Eine 30 jährige Arbeiterfrau kommt eines Nachmittags etwas verstört nach Hause. Die Kinder fragen, was denn passiert sei? „Ach, das versteht ihr nicht.“ Sie hat ganz plötzlich, als sie in der Stadt an einem Schaufenster stand, gemerkt, daß ein Arbeiter eine unzüchtige Gebärde zu ihr hin gemacht hat. Als sie erschreckt weitergeht, sieht sie, daß einzelne Männer höhnisch lachen. Eine Straßenbahn mit der Nummer 25 fährt vorbei, eine Frau sagt zu einer anderen: „Siehst du, das ist die 25.“ Das fällt ihr auf, denn ihre Hausnummer ist auch 25. Einige Firmenschilder leuchten so grell wie noch nie. In der Luft ist wie ein seltsames Brausen. Uniformen zeigen sich in der Stadt, wie sie deren noch nie sah. Eine große Bewegung kommt über die Leute. Es ist ein wachsender Tumult. Es legt sich ihr schwer und ängstlich auf die Brust, und sie jagt nur so heim. Sollte das der Weltuntergang sein? Erst als sie zu Hause aufschließt und die Kinder ruhig spielen findet, wird auch sie ruhiger. Dem Mann wagt sie nicht ihr Erlebnis zu gestehen, als er abends heim kommt. Sie fragt nur so obenhin: „Was war denn heute nachmittag in der Stadt los?“ Er weiß nicht, was sie meint: „Mir ist nichts weiter aufgefallen.“ Von dem Tage an fühlt sie sich nicht mehr so recht wohl, sie hat zwar nichts Bestimmtes zu klagen, aber ihre Natürlichkeit, Unmittelbarkeit, Frische ist fort. Der Mann merkt es wohl: „Was hast du nur, du bist immer so ungebärdig." Sie erlebt zwar kein solch seltsames Ereignis mehr wie an jenem Nachmittag, aber es ist ihr doch häufig wieder einmal etwas auffällig. Eines Tages geht sie Milch holen, da sagt im Laden ein junges Mädchen: Milch und Brot macht Wangen rot. Das kommt ihr doch wieder sehr unpassend vor. Ein Schutzmann an einer Straßenkreuzung in der Nähe ihrer Wohnung macht jedesmal, wenn sie vorbeikommt: Hm hm. Man wird sie doch nicht im Verdacht haben, „auf die Straße zu gehen?" Der Ehemann scheint auch nicht mehr so lieb zu ihr zu sein wie sonst. Auch verlangt er seltener nach ihr. Auf den Straßen fahren zuweilen so schnell Radfahrer mit langen Pelerinen, das bedeutet nichts Gutes. Ob sie wohl unter Beobachtung steht? — Eines Tages — es sind nun 10 Monate nach jenem Weltuntergangserlebnis vergangen — merkt sie, daß ihre Gedanken seltsam geleitet werden. Es ist wie eine andere Macht über sie gekommen. Anfangs ist sie sich selbst nicht so recht klar, wie es ist. Ist es eine Stimme, die zu ihr spricht? Nein, es ist nur so, als wenn andere ihre Gedanken vordächten, und sie muß sie nun nachdenken. Sie bekommt sogar allmählich heraus, wer das ist, der sie so beeinflußt. Es ist ganz sicher der Polizeibeamte, der sie verhörte, als ihr Junge einmal fälschlich eines Diebstahls beschuldigt war. Das waren damals aufregende Tage, und der Polizist hat sich ihr sehr eingeprägt. Jetzt kennt sie es deutlich wieder, der ist es, der sie aushorcht, der ihre Gedanken errät, und der ihr wiederum seine Gedanken eingibt. Erst wird sie gar nicht recht daraus klug, es ist so viel Unkeusches dabei. Sie weiß nicht recht, will der Polizist sie verführen, oder will er sie nur verbotenen Umgangs bezichtigen? Aber allmählich bringt sie Ordnung in ihre Beobachtungen. Offenbar liegen schwere Beschuldigungen auf der Polizei gegen sie vor. Die Radfahrer mit den Pelerinen sollen sie beobachten, das Mädchen in dem Milchladen hat Anspielungen auf einen reinen Lebenswandel gemacht, der Polizist soll sie mit seinem Gedankenmachen auf die Probe stellen. Jetzt wird ihr vieles klar, es schließt sich nun alles zusammen. Deshalb wendet sich der Ehemann von ihr ab. Darum tuscheln die Leute immer so und sind still, wenn sie hinzutritt. Und nun versinkt sie ganz in Beobachtungen und in Traurigkeit über ihr unglückliches Geschick. Der verständige Mann, dem die Zerfahrenheit und die zunehmende Gedrücktheit der Frau schon lange auffällt, hat eines Sonntags die Kinder fortgeschickt und drängt nun ernstlich in sie, zu sagen, was los sei. Als sie nur ihre Unschuld beteuert, wird er heftig, und da kann sie sich nicht mehr halten und kramt nun mit dem lange ängstlich gehüteten Geheimnis aus. Als er sieht, alles Ausreden hilft nichts, bringt er sie zum Kassenarzt, und der schickt sie in die geschlossene Anstalt. Weinend verabschiedet sie sich vom Mann. Sie kann es nicht glauben, daß das Krankheit sei.

Ausführliche Unterredungen in der Anstalt bringen all die Hunderte von wahnhaften Beobachtungen und ihre beginnende Verarbeitung zu einem System klar heraus. Aber bei allen Versuchen, ihr das Krankhafte ihrer Vorstellungen zu beweisen, bleibt sie unzugänglich. „Ich habe gehört, was ich gehört habe. Ich sehe ja, Sie meinen es gut mit mir, Herr Doktor, aber da beißt keine Maus keinen Faden ab." Als man ihr klar zu machen versucht, daß es kein Wunder sei, daß sich ihr Mann etwas von ihr abgewendet habe, denn sie sei immer traurig herumgesessen, und habe selbst für die Kinder nicht mehr so gut gesorgt wie früher, so sieht sie das ein. „Ja damit können Sie recht haben." — Sie drängt sehr aus der Anstalt fort. „Was soll ich hier? Ich bin nicht krank, nur unglücklich." Man hält sie auch in der Anstalt nur kurz. Man bestellt den Ehemann, und in beider Gegenwart setzt man ihr und dem Mann nochmals die ärztliche Auffassung auseinander. Man verhehlt nicht, daß sich vorläufig nichts ändern werde. Sie und er müssen sich damit abfinden. Sie solle sich soweit beherrschen, daß sie Haushalt, Kinder und Mann nicht vernachlässige; er solle Geduld haben und sie nicht grob behandeln. Halte sie es einmal nicht mehr aus, dann solle sie wieder zum Arzt herüber kommen und ihm alles erzählen. Dann werde es für einige Zeit wieder leichter sein. — Das geschieht. Im ersten Jahr nach der Entlassung kommt sie noch zweimal, um sich auszusprechen. Sie deutet jetzt beinahe alles, was um sie herum vorgeht, aus ihrem Wahnsystem heraus. Eine müde Resignation liegt über ihrem Wesen. Sie scheint sehr gealtert und legt auf ihr Äußeres wenig Wert, wenngleich sie nicht verwahrlost ist. Sonst ist ihr Wesen natürlich, ihre Art zu erzählen wie früher. Ihr Verstand hat (abgesehen von ihrem Wahn) nicht merkbar gelitten.

Nur ist ihr alles unwichtig geworden neben der schrecklichen Verfolgung und Beobachtung, an der sich nun fast die ganze Stadt beteiligt. Nichts macht ihr mehr Freude, auch die Kinder nicht. — Nach 2 Jahren sucht sie noch einmal die Anstalt auf. Als sie aber hört, daß der ihr bekannte Arzt nicht mehr da ist, wiederholt sie ihren Besuch nicht. Nach 10 Jahren erkundigt sich die Klinik nach ihrem Befinden. Der Mann schreibt freundlich: „Sie macht ihr Sach. Ihre dummen Ideen hat sie nie aufgegeben und ist immer so verdrückt. Aber sonst kann ich nicht klagen."

Misch-formen

Man lasse nicht außer acht, daß die drei schematisch geschilderten Fälle nur Häufigkeitstypen darstellen, daß aber im Leben oft allerlei Mischformen vorkommen. So findet sich bei der stillen hebephrenen Verblödung nicht selten eine kurze stürmische (katatonische) Phase. Die ganz langsamen Hebephrenieformen sind nicht allzu häufig, aber sie sind sozial außerordentlich wichtig, weil sehr selten jemand die geistige Störung erkennt[1]). Besonders die Mütter sträuben sich ja bis zum äußersten, ehe sie sich zur Annahme einer Psychose bei ihrem Kinde entschließen. „Wir alle sind doch immer ganz gesund gewesen und der Junge auch, und er war so tüchtig und brav, wo soll er denn jetzt plötzlich eine Geisteskrankheit her haben? Das glaub ich Ihnen nimmermehr." Also der Arzt vergesse nicht, daß ihm niemand glaubt, wenn er bei solchen stillen Krankheitsprozessen die Diagnose verkündet. Man braucht ihm ja auch äußerlich nicht zu glauben, wenn die Angehörigen nur sonst praktisch beherzigen, was der Arzt vorschlägt. Besonders in sozial höher gestellten Schichten warne er vor Entschlüssen, die das Schicksal der Familie und des Kranken festlegen, ohne seine fortschreitende Psychose zu bedenken. Man verhindere z. B., daß man dem hebephrenen Sohn, der plötzlich erklärt, Studium sei Unsinn, ein Gut kaufe, — daß eine Mutter Haus und Haushalt aufgibt, um mit dem Sohn, „der sich den Krempel draußen in der Welt einmal ansehen will", auf Reisen zu gehen. Man veranlasse andererseits beizeiten, daß ein hebephrener Beamter seine Pensionierung erbittet, bevor unangenehme Auftritte im Amt vorgekommen sind. Man wird vor allem vor unüberlegten plötzlichen sinnlosen Handlungen des Hebephrenen, die oft seiner **Zerfahrenheit** entspringen, auf der Hut sein müssen. Da beginnt ein schizophrener Student sein Studium, indem er für 10 000 Mk. Bücher kauft, aber nicht etwa für die erwählte Jurisprudenz, sondern aus dem Gebiet der Ethnographie. — Ein Kaufmann, der in Grenoble das Geschäft und Französisch lernen will, reist zwar richtig ab, bleibt aber 2 Jahre verschollen; die ängstliche Familie glaubt an ein Verbrechen, da alle Nachforschungen umsonst sind, erhält aber nach 2 Jahren eine vergnügte Ansichtskarte aus Java, so als wenn nichts geschehen wäre. — Ein 20jähriger Theologiestudent bricht eines Tages plötzlich das Studium ab. Bisher auf der Schule und Universität ein Musterkind, korrekt und sorgfältig in seinem Äußeren, erklärt er plötzlich Theologie für Blödsinn, läßt sich die Haare lang wachsen,

**Zer-
fahren-
heit**

---

[1]) Die stillsten, harmlosesten Verläufe mit wenig Symptomen werden auch als Dementia simplex bezeichnet.

wird gleichzeitig Vegetarier, Theosoph, Anhänger einer naturgemäßen Lebensweise und siedelt sich in Ascona in einer Höhle an.

Es ist der plötzliche Bruch mit der bisherigen Entwicklungslinie, das Einschlagen eines völlig neuen Kurses ohne jede innere Veranlassung, was das Einsetzen des hebephrenischen Krankheitsprozesses kennzeichnet. Man muß freilich nicht glauben, daß jede eigenartige, dem Ungestüm der Jugend und der Zugänglichkeit für äußere Einflüsse entspringende, aufs erste nicht recht verständliche Handlung hebephrenisch sei. Wenn aber Nachforschungen ergeben, daß in dem jungen Menschen auch sonst eine plötzliche Wandlung vorgegangen ist, daß er ohne einsichtige Motive seine Stellung zur Familie und zu allem, was ihm sonst lieb war, geändert hat, dann ist ein lebhafter Verdacht auf eine hebephrenische Störung berechtigt. Zwei Umstände sind für die schizophrenen Verläufe noch besonders kennzeichnend. Erstens der Hang zum Absonderlichen. — Ein Arbeiter erscheint bei seinem Kassenarzt mit unbestimmten hypochondrischen Klagen. Dabei fällt dem Arzt auf, daß die Taschen des Mannes so ungemein dick gefüllt sind. Auf freundliche Fragen, was er denn da Schönes habe, kramt der Kranke geschmeichelt seine Schätze aus: es kommen 8 Bücher über Magnetismus, wie werde ich energisch, die Kraft des persönlichen Willens, die Verhütung der Onanie, die Macht des Glaubens usw. zum Vorschein. — Es ist kein Zweifel, daß unter den Anhängern aller jener Theorien, die sich in schroffstem Gegensatz zu den sonst gerade herrschenden Lehren setzen, mögen sie rein wissenschaftlich, mögen sie künstlerisch orientiert sein, oder mögen sie die praktische Lebensführung betreffen, sich weit mehr Hebephrene befinden, als unter den Anhängern der allgemein anerkannten Meinungen. Es ist ferner kein Zweifel, daß man unter den Angehörigen jener Bestrebungen, die sich nicht rein verstandesmäßig erfassen lassen, sondern vornehmlich aus dem Gefühlsleben entspringen und übersinnliche Erkenntnisse, Fähigkeiten und Heilsziele gewinnen wollen, besonders viele geistig abnorme Persönlichkeiten trifft: sowohl Psychopathen der verschiedensten Schattierungen als vor allem Schizophrene. Daß mit dieser Feststellung hier nicht die mindeste Bewertung dieser Theorien und Bestrebungen verbunden ist, ist selbstverständlich. Aber der Hebephrene neigt zum Bruch mit dem Geläufigen, Üblichen, zum Protest gegen das Gültige. Es muß freilich ausdrücklich ausgesprochen werden: Weil die meisten Hebephrenen auf eine schroffe Ablehnung des allgemein Anerkannten eingestellt sind, so sind doch deswegen keineswegs auch die meisten Protestierenden und die meisten Kämpfer für entgegengesetzte Ideen hebephren. Davon kann gar keine Rede sein. Neben dem Protest (den man in Verbindung mit dem „Negativismus" des Katatonikers gebracht hat) steht beim Hebephrenen noch die Neigung zum Alogischen, zu dem gedanklich und mit Worten nicht Faßbaren, zu jenen Sätzen und Wendungen, die vielfältige Deutung erlauben. Daher ergibt er sich mit Vorliebe dem Okkultismus, Spiritismus usw.

Der zweite Zug, der den Schizophrenen gut kennzeichnet, ist seine Taktlosigkeit. Man findet in der Tat kaum ein besseres Wort für das, was hier gemeint ist. Er hat gar kein Verständnis mehr für die Folgen seines Handelns. Ob er damit seine Eltern oder seine Frau aufs schlimmste kränkt, ob er andere Leute dem Ruin zutreibt, ob er durch sein Äußeres, sein Auftreten Ärgernis erregt usw., das alles ist ihm ganz gleichgültig. Er würde dies, wenn man es ihm auseinandersetzen würde, intellektuell vollkommen begreifen, aber es schwingt keine Gefühlsseite mit, es tritt kein entsprechendes Gefühl als Motiv in sein seelisches Geschehen ein. Man hat den Hebephrenen deshalb oft als gleichgültig, interesselos und stumpf bezeichnet. Das ist sicher nicht in den Anfangsstadien, wahrscheinlich auch nicht in schon vorgerückteren Fällen, höchstens in den Endzuständen richtig. Leidenschaften kann der Hebephrene sehr wohl haben, er hat nur ganz andere Leidenschaften, und sie sind ganz anders organisiert. Will man doch die Ausdrücke „stumpf" „gleichgültig" usw. beibehalten — sie haben sich bei der Dementia praecox sehr eingebürgert —, so bedenke man immer, daß die Kranken nur dem Nächsten, den Angehörigen, der Außenwelt, dem Staat gegenüber stumpf-gleichgültig sind. In ihrem Innern geht oft noch sehr viel Gefühlsbetontes vor. Zuweilen offenbart sich die hebephrenische Wandlung nicht nur in Taktlosigkeit, sondern der Charakter wird der Außenwelt gegenüber direkt zur Bosheit verkehrt. Wie in dem typischen Beispiel Johannes, so macht es vielen Schizophrenen Freude, andere zu brüskieren, zu verletzen, zu quälen.

Wie schon erwähnt, hält der Laie den Hebephrenen selten für krank. Deshalb hat auch der Arzt nicht Gelegenheit, so häufig einzugreifen, als es das soziale Wohl des Kranken und der Familie eigentlich erforderte. Aber eine Form sucht den Kassenarzt zu seinem Schrecken nur allzu häufig auf, das ist der hypochondrische Hebephrene. Die seltsamen, oft an das Wahnhafte grenzenden Ansichten, die die meisten Hebephrenen haben, erstrecken sich bei diesem Typus auf seinen Körper. Es ist fast unmöglich, daß der praktische Arzt ihn bei den ersten zwei, drei Besuchen als einen geistig Kranken erkennt. Wenn er aber immer wieder kommt, sich nicht abweisen läßt und immer neue Klagen in immer neuen Wendungen vorbringt, dann muß dem Arzt der Gedanke auftauchen: sollte jener im Kopf nicht ganz recht sein? Es kann sich bei einem solchen Hypochonder freilich auch um einen Neurotiker handeln. Aber man beachte: Der Neurotiker hat seine zahllosen Beschwerden meist seit einem Ereignis, seit einem Unfall, seit dem großen Krieg. Der Neurotiker klagt auch häufig nicht nur, sondern er produziert Symptome, wie sie früher ausführlich beschrieben worden sind: Lähmungen, Analgesien, Zittern usw. Der hypochondrische Hebephrene klagt ausschließlich, und er klagt in ganz abstruser, lächerlicher Weise. Im allgemeinen Teil ist ja hierauf schon hingewiesen worden[1]). Immer wieder ist es der Leib[2]), wo die seltsamen Empfindungen sitzen. „Herr Dr., Herr Dr., ich möchts Ihnen nicht wünschen, so etwas zu erleben.

---

[1]) Siehe S. 10ff.

[2]) Auch dies meist im Gegensatz zum Neurotiker, bei dem es vorzugsweise der Kopf oder die Glieder sind; nur die hysterische Frau verlegt ihre Beschwerden auch meist in den Leib.

Es reißt einem geradezu die Seele heraus. Es ist als wenn teuflische Krallen den Lebensnerv zerfleischten.“ — Oder: „Ein adliges Gefühl senkt sich von oben auf den Leib hernieder, und wenn man meint, man könnts nimmer aushalten, es schnitt einem in der Mitte entzwei, da fährts plötzlich zum Geschlechtsteil heraus.“ — Solche Kranke geben oft ihren Beruf vollkommen auf und verlangen Invalidenrente. Selbstverständlich werden sie anfangs für Schwindler gehalten. Zwar sollte sich der Arzt sagen: dieser 38jährige Steinhauer hat sein ganzes Leben immer fleißig geschafft und meldete sich erst vor einem Vierteljahr krank. Man schickte ihn in eine Volksheilstätte, aber es will nicht besser werden, er kommt seither aus dem Klagen nicht mehr heraus. 24 Jahre hat er also ohne erhebliche Unterbrechung gearbeitet. Soll er nun plötzlich ein Schwindler geworden sein? — Wie schwer machen Ärzte, Kassen und Versicherungsanstalten solchen armen Hebephrenen oft das Leben! Von Arzt zu Arzt geschickt, mit Verdächtigungen und Beschuldigungen überschüttet, insgeheim beobachtet[1]), müssen sie oft solange um ihre Invalidenrente kämpfen, bis man diese schließlich nur gewährt, um Ruhe zu haben. Mache es sich doch der Arzt zur Regel, bei solch anscheinend gegenstandslosen, seltsamen, verwunderlich formulierten Klagen an eine hypochondrische Hebephrenie zu denken. — Bei jungen Leuten, besonders jungen Mädchen, die an dieser geistigen Störung leiden, kommt das ärztliche Gutachten meist nicht sogleich zur Vermutung der Schwindelei. Da fast alle solche Schizophrenen (oft im Gegensatz zu dem blühend aussehenden Neurotiker) recht blasse Farbe und elendes Aussehen haben, so denkt man bei ihnen meist zuerst an eine Anämie oder Phthise. Und in der Tat: wenn man viele Invalidenakten älterer hypochondrischer Hebephrenen durchsieht, so entdeckt man nicht selten, daß eine ihrer vielen Irrdiagnosen und Irrfahrten sie auch ein- oder mehrmals in Lungenheilstätten geführt hat. Eine geringe Schalldifferenz ist ja gar zu leicht festgestellt. Eine andere Gruppe von hypochondrischen Hebephrenen quält Kassen- oder Frauenärzte mit sexuellen Sensationen höchst seltsamer Art. Da hat es ein Schizophrener beständig mit seiner „Natur“ (= Pollution) zu schaffen und weiß sich gar nicht genug zu tun in der Schilderung, wie oft „es ihm komme“, und wie schwächend es sei, wie sich die Nervenstränge dabei verstauchten usw. Da gibt es Frauen, die den Frauenarzt seit vielen Jahren monatlich einmal aufsuchen, um ihn mit den absonderlichsten Klagen zu überschütten. Ich kannte eine Frau, deren Genitale seit vielen Monaten wöchentlich einmal vom Gynäkologen mit adstringierenden Lösungen ausgespült wurde, weil sie von unerträglichem Kribbeln berichtete, das ihr die „dort vorhandenen Wanzen“ verursachten. Der Frauenarzt hatte die Klage zwar komisch gefunden, aber auf den Gedanken einer geistigen Störung war nicht er, sondern waren schließlich die Angehörigen der Kranken gekommen. — Außer

---

[1]) Als Beweis für das Schwindlertum eines Kranken fand ich einmal in einem Aktenstück, man habe beobachtet, wie er ganz vergnügt im Wirtshaus sein Bier getrunken und „Sachen“ erzählt habe. Als wenn ein Geisteskranker nicht einmal vergnügt sein könnte!

den schon erwähnten kleinen Merkmalen, die es erlauben, solche Hebephrene zu erkennen und sie vor allem von den Neurotikern zu sondern,
gedenke man noch folgender beider Momente: Man frage die Kranken
einmal, seit wann und wodurch sie das Leiden haben. Aber man frage
genau. Da wird sich das Gespräch vielleicht folgendermaßen abspinnen:
„Ach, schon seit 5 Monaten.“ (Wie fing es denn an?) „Es riß mir plötzlich so durch und durch, daß ich meinte, das letzte Stündlein sei gekommen.“ (Wo riß es denn durch?) „Na im Leib.“ (Wo im Leib, so
am Magen?) „Ach was Sie denken, — im Unterleib, an der Gebär-
mutter.“ (Ja war es so wie bei der Geburt Ihres Kindes, so wie Wehen?)
„Ja freilich, genau so, nur viel, viel schlimmer. Und wenn mich dabei
nicht die allerheiligste Jungfrau so freundlich angeblickt hätte und gesagt hätte „sei stark“, so hätt’ ichs nicht ausgehalten.“ (Wieso, die
allerheiligste Jungfrau hat zu Ihnen gesprochen?) „Ja freilich hat sie
gesprochen, ganz lieblich hat sie getan, und dann hat eine Stimme —
aber es war wieder eine andere Stimme — gesagt: „Gesegnet sei die
Frucht Deines Leibes.“ Usw. — Oft gelingt es noch besser auf einem
zweiten Wege, der Psychose auf die Spur zu kommen. Man richte sein
Augenmerk nicht gar so einseitig auf das Symptom, sondern ergründe
die Persönlichkeit[1]). Man erkundige sich ganz unbefangen nach der
Lebensführung, nach dem Verhältnis zu den Leuten im Dorf, zu den
Nachbarn, zum Mann usw., da kommen oft sehr schnell Äußerungen
heraus, die erlauben, anzuknüpfen und schizophrene Wahnideen herauszufinden.

Man mißverstehe diese Ausführungen nicht in dem Sinne, als ob
diese hypochondrischen Hebephrenen ihre unangenehmen lokalen Sensationen gar nicht hätten, sondern nur den Wahn hätten, sie zu haben.
Es mögen tatsächlich sehr häufig wirkliche Sensationen in dem betreffenden Körpergebiet vorliegen. Aber man richte therapeutisch sein
Augenmerk auf die Beeinflussung der ganzen Persönlichkeit, und man
behandle jenen angeblich leidenden Körperteil höchstens symbolisch,
um den Kranken zu beruhigen oder um suggestiv zu wirken. Und man
verordne vor allem keine Kuren, die Geld kosten, man schicke nicht in
Bäder, widerrate alle Operationen usw.

Hebe-
phrene
Wahn-
ideen
    Schon wiederholt war von hebephrenen Wahnideen die
Rede, obwohl doch oben der Wahnverlauf der Dementia praecox als
eine besondere Form geschildert worden ist. Aber es kommt in der Tat
bei der Hebephrenie oft zu leichten, nicht ausgebauten und nicht syste-
matisierten Wahnideen. Sie beherrschen das Bild nicht. Man findet
da gelegentlich einen leichten Begnadungswahn, vereinzelte Verfolgungsideen, Größenideen im Sinne einer vornehmen Geburt oder einer Welt-
verbesserungsrolle usw. Auch vereinzelte Sinnestäuschungen kommen
vor. Von Krankheitsgefühl findet sich meist nicht eine Spur.

Katatoni-
scher
Verlauf
    Der katatonische (stürmische) Verlauf ist für den Arzt weniger
wichtig, weil die schweren Symptome den Kranken sehr schnell in die
geschlossene Anstalt bringen. Nur die Hauptsymptome seien hier mit den

---

[1]) Das VI. Hauptstück bringt hierüber noch mehr.

entsprechenden Fachausdrücken kurz zusammengestellt. Sie liegen vorwiegend auf motorischem Gebiet. Es kommt vor, daß der Erregungszustand zur schweren Tobsucht wird, gelegentlich mit Selbstverstümmelungen oder ernsten Gewalttätigkeiten.

In leichteren Fällen herrscht ein unstillbarer Rededrang mit ganz eintönigem Inhalt (Verbigerieren) und ein Bewegungsdrang mit unendlichen Wiederholungen (Stereotypien)[1]. Andere Kranke machen maschinenhaft alles nach, was sie in ihrer Umgebung sehen und hören (Echopraxie, Echolalie). Wieder andere unternehmen immer gerade das Gegenteil vom Befohlenen oder Bemerkten. Legt sich der neben ihnen liegende Kranke ins Bett, so springen sie plötzlich heraus und bleiben stundenlang wie eine Bildsäule neben dem Bett stehen. Sagt man ihnen, sie sollen essen, so werfen sie das Essen an die Wand. Entgegnet irgend jemand im Zimmer auf eine Frage „ja", so antworten sie ungefragt „nein" (Negativismus). Ihre Bewegungen sind oft unglaublich maniriert. Sie bringen es fertig, wenn sie den Suppenlöffel in der Hand haben, mit diesem erst die seltsamsten Arabesken in der Luft zu beschreiben, ehe sie ihn zum Munde führen. Andere schneiden tage- oder wochenlang fast ununterbrochen Gesichter oder sie behalten irgendeine Grimasse tagelang bei.

Oft kann man beobachten, daß sie eine Bewegung in eigenartigen Rucken ausführen: hin und halb

Verbigerieren, Stereotypien, Echopraxie

Abb. 15. Katatonisch. Erregungszustand.
(Augenblicksbild im Garten, als die Kranke schimpfend auf den eintretenden Arzt losfährt.)

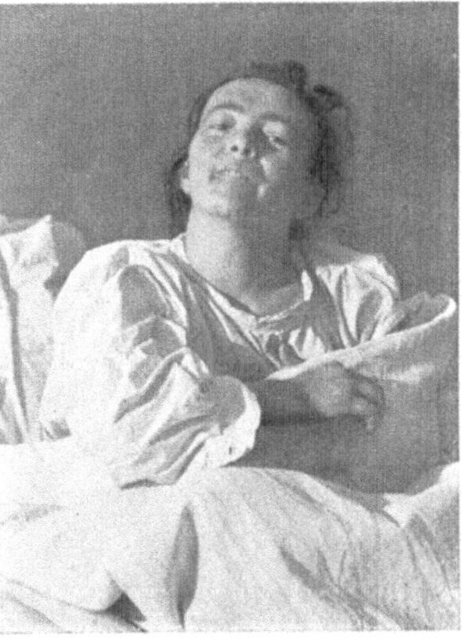

Negativismus, Grimassieren

Abb. 16. Grimassierende kataton. Kranke.
Man beachte die sitzende Stellung im Bett mit gekreuzten Beinen u. den breitgezogenen Mund.

---

[1] Das geht soweit, daß die Kranken in den Anstaltsräumen, die sie jahrelang bewohnen, deutliche Kreise usw. in den Fußboden einlaufen.

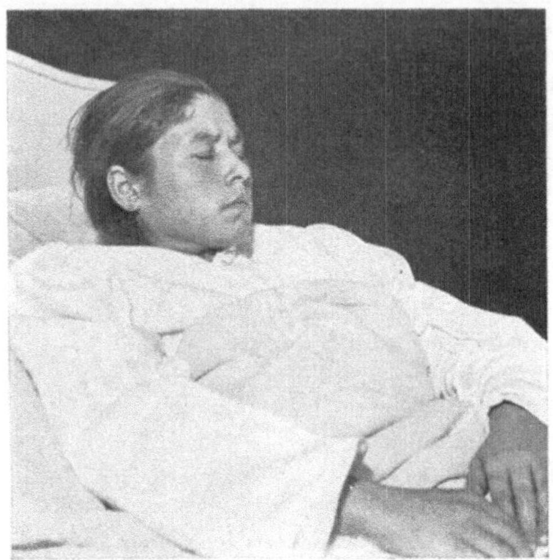

Abb. 17. Ausgeprägter (wochenlang anhaltender) Stupor.
(Abgehobener Kopf, Grimassieren, Schnauzkrampf.)

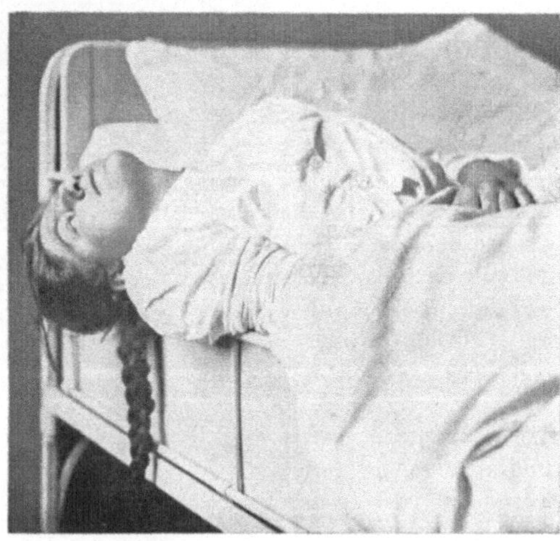

Abb. 18. Schwerer, tagelanger Stupor in unbequemster Haltung.
(Gefahr des Dekubitus am Kopf auf der eisernen Bettkante.)

Abb. 19. Kataleptisches Beharren in manierierter Haltung.
(Weder dieses noch eines der anderen Bilder wurde irgendwie „gestellt". Alle
Haltungen, Haartrachten usw. sind vollkommen eigene Einfälle der Kranken.)

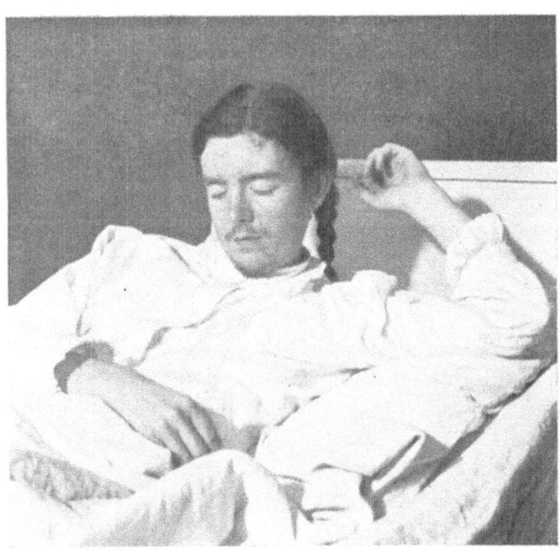

Abb. 20. Stundenlang beibehaltene Haltung im Stupor.
(Man beachte den unbequem abgebogenen Kopf, die gehobene rechte Schulter.)

Sperrung
der Be-
wegung wieder zurück, wieder halb hin und wieder zurück. Man spricht dann von einer Sperrung der Bewegung[1]). — Ganz unvermittelt schließen sich an Erregungszustände Starrezustände an und umgekehrt. Diese Stuporzustände haben alle Grade von einem einfachen Verstummen (Mutacismus) und mangelnden Impulsen bei sonst geordnetem Verhalten bis zu völliger maskenartiger Erstarrtheit mit Unsauberkeit für Kot und Urin. Solche Stuporkranke nehmen oft seltsame Haltungen für Stunden und Tage ein, — Haltungen, die man als Normaler kaum recht nachKata-
lepsiezuahmen vermöchte (Katalepsie).

Sie halten solche Stellungen manchmal so hartnäckig inne, daß sich an den betreffenden Gliedern schwere Stauungen ergeben, oder daß z. B. durch Einkrampfen der Finger auf dem Handteller ein

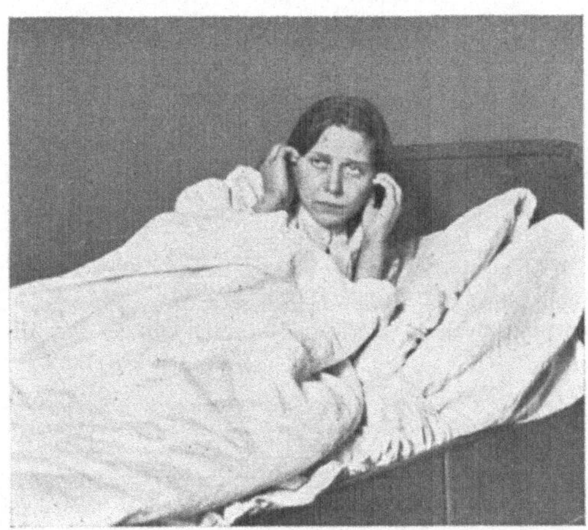

Abb. 21. Chronische Halluzinantin.

Flexi-
bilitas
cereaDekubitus entsteht. Andere wieder lassen sich wie eine Wachspuppe in beliebige, dann lange bewahrte Haltungen bringen (Flexibilitas cerea).Sinnes-
täu-
schungenDabei werden die Kranken oft durch echte Sinnestäuschungen geplagt, wie z. B. die in Abb. 21 abgebildete Kranke, die sich wochenlang die Ohren zuhielt, weil die Arme glaubte, dadurch die Stimmen absperren zu können.

Der Arzt wird in seiner Praxis nur gelegentlich einmal mit katatonischen Stuporzuständen zu tun haben. Jede Therapie ist unmöglich, nur achte man auf die Dekubitusgefahr[2]) und das Verhungern. Ein Stupor mag noch so lange dauern, man sei innerlich immer auf einen plötzlichen Umschlag in Erregung gefaßt, und man denke an die Eigentümlichkeit vieler Stuporöser, unerwartete (sog. impulsive) Handlungen

---

[1]) Man unterscheidet Hemmung: die im Ablauf gleichmäßig erschwerte, gebremste Funktion, von Sperrung: die im Ablauf durch ruckweise Gegenantriebe abgebrochene und zerstückelte Bewegung. Etwas wollen und zugleich nicht wollen = Ambivalenz des Willens.

[2]) Siehe den VI. Hauptabschnitt.

zu begehen. Ein solcher Kranker bringt es vielleicht fertig, aus absoluter Regungslosigkeit heraus ans Fenster zu stürzen, zwei Scheiben herauszuschlagen und sich sofort wieder regungslos ins Bett zu legen, ohne des von der verletzten Hand strömenden Blutes im mindesten zu achten. Ein anderer Kranker, der seit 6 Wochen kein einziges Wort gesprochen hat, sagt beim morgendlichen Eintreten des Arztes: „Guten Morgen, Herr Doktor, entschuldigen Sie, bitte, daß ich Sie gestern nicht begrüßt habe" und versinkt wieder auf Wochen in völlige Stummheit. Zuweilen nötigen „imperative" Stimmen zu solchen Handlungen, zuweilen geschehen sie aber anscheinend völlig aus dem Leeren heraus. Impulsive Handlungen

Körperlich ist an den Stuporen oft ausgebreitete Zyanose (vor allem an Füßen und Händen), speckig glänzende Haut (besonders Nase und Stirn), starker Speichelfluß und eine eigenartige Vorschiebung der Lippen (Schnauzkrampf) bemerkenswert. Der Puls ist langsam, der Lidschluß sehr selten. Körperliche Anzeichen

Die Stimmung ist bei den Stuporen völlig indifferent oder leicht dysphorisch (besonders wenn quälende Stimmen vorhanden sind); bei den Erregungszuständen liegt entweder gar keine irgendwie ausgesprochene Gemütslage oder nur ganz leichte Euphorie oder leichte Gereiztheit vor[1]). Stimmung

Die Sprache des Katatonikers fängt zuweilen an sich zu verändern. Erstens finden sich Wortneubildungen (Neologismen), die entweder neue Wortzusammensetzungen (z. B. „Willensschleuder") oder gänzlich neue Worte sind („Ibam"); zweitens werden irgendwelche bekannten Worte für ganz neue Erlebnisse gebraucht: so nannte ein Kranker stets eine bestimmte Art unangenehmer Einflüsse „Potentaten". Endlich kann die grammatische Konstruktion des Satzes derart Not leiden, daß der Satzbau völlig untergeht und niemand mehr ohne weiteres den Sinn verstehen kann[2]) (Sprachverwirrtheit). Wortneubildungen Sprachverwirrtheit

Z. B. „Zentraleuropa und Zentraleuropaaera Nr. 3528 Eernst Gisler Trauungg auch dder Schlusel ddurch Herr Pfarrer Dr. Studer Kaiser DDes Titt. Stauddenbank ppro p. 96 oder Postbrief 3 vvia Kaiserlichen und Königlichen auch Kaiserlich Königlichen Gewerbes Titt, Rheinau"[3]). Auch die Schrift wird häufig ganz verschroben. Zuweilen werden klare Gedanken nur in seltsam verschnörkelter Schrift wiedergegeben, zuweilen aber sind sowohl Gedanken als Schrift verworren. Hier folgen einige Zeilen eines solchen katatonischen Schreibwerkes: Abb. 22.

Bei den katatonischen wie bei einem Teil der paranoiden Formen kommen reichlich echte Sinnestäuschungen vor. Ganz vorwiegend sind es solche des Gehörs. Echte Halluzinationen des Gesichtssinns sind an sich recht schwer festzustellen. Was anfangs als echte optische Halluzination erscheint, erweist sich bei genauer Prüfung meist nur als Sinnestäuschungen

---

[1]) Man würde irren, wenn man annähme, daß in den Stuporösen niemals etwas vorgeht. Viele von ihnen leben ganz ihren eigenen Wahnideen, sind ausschließlich mit sich selbst beschäftigt und haben sich von der übrigen Welt ganz abgeschlossen (Autismus).

[2]) Man hat den häßlichen Ausdruck „Wortsalat" dafür geprägt.

[3]) Aus Bleulers Lehrbuch der Psychiatrie, S. 295.

lebhafte Vorstellung (Pseudohalluzination) oder Umdeutung oder Ausschmückung von etwas wirklich Gesehenem. Die Stimmen können in ihrer Art sehr verschieden sein: Sie können laut und klar, eindringlich und befehlend, leise und undeutlich, tonlos und tonhaft sein. Sie können gleichsam beschreibend das Handeln des Kranken begleiten: „Jetzt tut er das, jetzt sagt er dies", oder sie können seine eigenen Gedanken nur laut nachsprechen, oder sie können von ganz fremden ungewohnten Dingen reden, „an die ich meiner Lebtag von selbst nie gedacht hätte", wie z. B. ein Kranker sagte. Sie können den Kranken ganz gleichgültig lassen (Typus des alten chronischen Halluzinanten) oder sie können ihn sehr erregen (frische Fälle). Er kann sie nur feststellen, ohne sich innerlich mit ihnen abzugeben, oder er kann sie geistig intensiv verarbeiten. Sie können ihm auch zum Anlaß einer Wahnbildung werden.

Beispiele für echte Sinnestäuschungen:

Sie habe immer gehört: „Emilie kommen Sie runter." „Es war nur in den Ohren, nicht Wirklichkeit." Sie habe Geräusche gehört und gemeint, es sei ein Engel draußen, „der sein Kleid auf der Treppe schleift, so hat's gerauscht". Es sei ihr vorgekommen, wie wenn ein Lobgesang ertönte, sie habe einen bestimmten Choral einmal an der Wand, „g'rad wie wenn ein Telephon an meinem Ohr wär", und vor der Türe gehört. Das war noch in der Nacht. Sie habe den Choral in so ganz feinen Klängen, „wie wenn man einen Zwirnsfaden durch eine Streichholzschachtel zieht", gehört; sie habe erst mitgesungen, und dann, wie der letzte Vers vom Paradies kam, sei es ihr schwer gefallen, und sie habe geweint. „In der Nacht vorher, wo ich noch ganz bei mir war, habe ich das Lied, wie immer, auf meiner Gitarre gespielt." Sie habe auch einmal eine Gestalt „undeutlich, so g'rad vor sich, verschwinden sehen"; habe auch wie so einen Wind über dem Gesicht gespürt, es hat so gekühlt im Gesicht. Sie habe schnell noch nachgeguckt, aber nichts mehr gesehen. Da fiel ihr ein: „der Wind, der Wind, das himmlische Kind" .... „und da war mir's, wie wenn das eingegeben worden wäre in dem Moment", „es war an meinem Ohr, wie wenn jemand an einem Fernamt steht", ich hab's ganz deutlich gehört", „es war mir, wie wenn an meinem Bett ein Telephon wäre". „Wenn ich mich aufs Ohr gelegt hab', hab' ich's im andern gehört." Sie habe das Bett

Abb. 22. „Schrift" eines Katatonikers.

auf den Boden gemacht, weil sie gedacht habe, im Bett sei was drin. „Die Stimmen waren aber ganz gleich, ob ich im Bett oder am Boden gelegen habe."

Der Katatoniker hat auch auf den anderen Sinnesgebieten häufig Sinneserregungen, denen nichts Reales entspricht. So glaubt er Schwefel oder jaucheartigen Gestank zu riechen oder er hat einen eigenartigen Geschmack (pappig, adlig, brennend usw.) im Munde. Das bringt ihn nicht selten auf die Idee der Vergiftung.

Auch am übrigen Körper finden sich alle möglichen Mißempfindungen; sie werden meist nicht einfach als solche beschrieben oder durch Bilder und Vergleiche erläutert, sondern ihnen werden reale Vorgänge als Ursache untergeschoben. So glaubt ein Kranker, kleine Steckkugeln werden auf ihn geschleudert; ein anderer meint, elektrische Funken springen auf ihn über; ein dritter fühlt, wie sich glühende Nadeln einbohren; endlich vermutet jemand: das Ehepaar, das ihn schon seit langem verfolge, trage eine metallene Puppe mit sich herum. Jedesmal, wenn die beiden die Puppe an irgendeiner Stelle berühren, hat der Kranke an dieser Körperstelle einen empfindlichen Schmerz. — Auch an den Genitalien werden alle möglichen, meist sehr peinigenden Sensationen erlebt: die „Natur" wird künstlich abgetrieben (Pollutionen), eine langdauernde sexuelle Erregung ohne Befriedigung wird zur Qual. — Gelegentlich wird ein vollkommener Kohabitationsakt mit dem Gefühl der Vergewaltigung und der äußersten Pein von einer katatonischen Frau halluziniert. — Aus der Art ihrer veränderten Gefühle und Empfindungen beim Sexualverkehr mit ihrem Mann erwächst einer anderen Frau, obwohl sie zugibt, sein Verhalten sei ganz dasselbe wie früher, die Überzeugung, er sei ihr untreu.

Körperliche Mißempfindungen

Gelegentlich kommt es bei Strafgefangenen zum Ausbruch einer Katatonie mit reichlichen Sinnestäuschungen und Wahnideen. Die Abgeschlossenheit des Gefangenen in der Einzelhaft, die gänzlich veränderte Lebensweise, andere Kost usw., dies alles mag zusammenwirken, um bei Persönlichkeiten mit schleichender, noch verborgener Dementia praecox die Krankheit plötzlich und stürmisch ausbrechen zu lassen. Man spricht in solchen Fällen — ohne etwas symptomatisch Eigenes dabei herausstellen zu wollen — von einer Gefängniskatatonie.

Gefängniskatatonie

Man erlebt es zuweilen, daß nach einer ersten stürmischen katatonischen Erregung eine Zeit der Beruhigung eintritt, die Jahre lang anhalten kann. In diesen Intervallen merkt man den Kranken nicht viel Abnormes an: sie vermögen ihren Beruf wieder auszuüben und erscheinen nur weniger lebhaft, weniger energisch wie früher. Sie haben dann oft für die Krankhaftigkeit der überstandenen Erregung sogar eine gewisse Einsicht. Nach einigen Jahren kommt dann der zweite Anfall, der vielleicht wiederum von einer Reihe leidlich guter Jahre gefolgt ist, bis schließlich der dritte Ausbruch einer katatonischen Erregung die endgültige Verblödung herbeiführt. Man spricht in solchen Fällen von einer Katatonie in Schüben.

Katatonie in Schüben

Während der stürmischen Phasen haben die Katatoniker meist weder Krankheitsgefühl noch Krankheitseinsicht. Es ist aber

Krankheitsgefühl

nicht richtig, wenn man behauptet, daß den Schizophrenen immer beides überhaupt fehle. Nur erstreckt sich das Krankheitsbewußtsein meistens nur auf Teile der Störung. Ein Katatoniker mit Wahnideen gibt z. B. zu, daß seine Aufregung abnorm gewesen sei, fügt aber sogleich hinzu: das sei kein Wunder, „wenn man es ihm so mache“ (damit meint er die eingebildeten Verfolgungen).

Die Sinnestäuschungen können, wie erwähnt, Anlaß geben zur Bildung eines sekundären Wahns[1]). Und sie können hernach gleichsam zurücktreten, so daß bei der ersten Bekanntschaft mit einem solchen Kranken der Wahn alles beherrscht. Es ist dies

der paranoische Verlauf (Dementia paranoides)[2]).

Para-noischer Verlauf

Ein solcher Kranker verarbeitet dann gleichsam nur seine Halluzinationen. Wenn ich mitten aus der Wand her Stimmen zu mir dringen höre, wenn ich spüre, wie sich von unten her elektrische Ströme in meine Glieder ergießen, so muß ich doch annehmen, daß dort jemand ist, der mich mit diesen unangenehmen Eindrücken behelligt, der mich also ärgern, zur Verzweiflung bringen, in den Tod treiben will. Und wenn jemand diese Verfolgung plant, so muß er doch ein Motiv dabei haben. Wahrscheinlich wird er sich nach meinem Tode meines Vermögens bemächtigen wollen oder nach meiner Stellung trachten usw. — Auf diesem Wege kann es also zu einem sekundären **Verfolgungswahn**

Ver-folgungs-wahn

kommen. Und wenn dieser einmal besteht, so wird jede neue Sinnestäuschung, jedes neue, irgendwie unangenehm auffallende Erlebnis in diesen Wahn mit hineinbezogen.

Beispiel:

„Mit dem Aufgehen der Sonne erwarte ich meine Erlösung, meine Himmelfahrt. Statt dessen kommt Dr. B. Ich verrate ihm, daß ich der „moderne Messias“ bin. Ich bin mir aber eines großen Unrechts dabei bewußt, zu viel von der Wissenschaft zu verraten. Auf der Straße wird gepfiffen und Steine geklopft: Ich bejammere die schlechten Menschen, die ihren Erlöser noch einmal kreuzigen und begraben wollen, denn in peinlicher Angst wird mir klar, daß ich gekreuzigt werden soll. Denn die guten Menschen sind ja alle in der vergangenen Nacht gestorben; nur die Teufel sind übrig geblieben, und es ist begreiflich, daß diese mich kreuzigen wollen. Papa will die Schande nicht erleben, und er versteckt mich in ein Auto mit einer Pflegerin und einem Pfleger. Wehe mir, er hat Judas Ischariot ausgesucht, mein Mörder sitzt bei mir im Wagen! Mörder, weil er eine ekelhafte Verbrecherphysiognomie hat. Er will mich auch noch halten, entwürdigend! Zuguterletzt spucke ich ihn an, da kommt ihm eine Träne, er ist bekehrt. Wir nähern uns Heidelberg, großes Jubelgeschrei des Pöbels klingt mir von ferne entgegen. Auf einem Berg werde ich gekreuzigt werden. Vermutlich wird der Königstuhl mein Golgatha[3]).“

Aber es gibt ganz ähnliche und auch wieder ganz anders gestaltete Wahnbildungen oh ne alle Sinnestäuschungen. Bei ihnen ist ein primäres Wahnerlebnis, wie es früher geschildert worden ist, oft der Beginn[4]).

---

[1]) Aber es gibt natürlich auch Wahnbildungen oh ne Sinnestäuschungen.

[2]) Daß ursprünglich die Dementia paranoides von der paranoiden Form der Dementia praecox unterschieden wurde, hat heute keine praktische Bedeutung mehr.

[3]) Aus Gruhle, Selbstschilderung und Einfühlung. Zeitschr. f. d. ges. Neurol. u. Psychiatr. 1914.

[4]) Siehe S. 25.

So entsteht der **Bedeutungswahn**, der auch meist als Verfolgungs- Be-
ziehungs-
und Be-
deutungs-
wahn
wahn erscheint. Keine Handlung, die in der Umgebung eines solchen
Kranken vorgeht, ist **nur** diese Handlung, sondern sie **bedeutet**
irgendetwas ganz Bestimmtes. Es gibt beinahe nichts, was sich draußen
abspielt, ohne daß es auf den Kranken irgendwie „gemünzt" ist. Alles
mögliche gibt man ihm „durch die Blume" zu verstehen.

> Beispiel: Die braunen Decken stellen Menschen vor. Die Blumensträuße
> sind Totenbuketts. Sie spielen auf ihren baldigen Tod an. Das Bett wird zum
> Totenbett. — Anna muß Goethe sein. — Ich sehe rote Blumen und ich sehe blaue
> Blumen, aber ich kann keinen Schluß daraus ziehen[1]).

Da der Kranke alle diese feinen Anspielungen in seiner maßlos
egozentrischen Einstellung „merkt", entsteht in ihm allmählich eine
starke Selbstüberschätzung. Er sei doch eigentlich ein sehr heller
Kopf, daß er allen seinen Feinden hinter ihre Schliche komme. Und
auch die „Tatsache", daß ihn die halbe Stadt verfolge, daß viele gegen
ihn unter einer Decke stecken, daß man solche kolossalen Beobachtungs-
und Spionagesysteme nebst Abhorchungsapparaten nur seinetwegen
schaffe, ist ihm ein Beweis für die große Bedeutung seiner Persönlichkeit.
So ist Lust und Leid in der paranoiden Demenz oft eigenartig gemischt.
Auch bei ihr ist der reine Typus selten. Auch bei ihr finden sich meist
hebephrenische oder katatonische Einschläge.

Der Verlauf ist sehr langsam; die immer stärkere Einschränkung
aller Interessen auf das Wahnsystem bedingt allein schon eine geistige
Verarmung. Aber auch hiervon abgesehen tritt eine seelische Verödung
ein, die nach langen Jahren zum Endzustand führt. — Für die Wahnideen besteht meist nicht die mindeste **Krankheitseinsicht**.

Gelegentlich zeigt ein solcher paranoid Dementer das Symptom, Schizo-
phrene Er-
innerungs-
fälschungen
dessen schon als **Erinnerungsfälschung** gedacht wurde[2]). Er er-
zählt, er habe schon als Schuljunge gemerkt, daß er einst bestimmt
sein werde, den Weltkrieg zu beenden. Denn als er einst über seinen
Büchern gesessen sei, habe sich ein Vöglein auf das Fensterbrett gesetzt,
habe ein grünes Blatt aus dem Schnabel auf die Fensterbank fallen
lassen und habe gar lieblich gesungen. Da habe er sich sogleich gesagt:
Du wirst deinem Volke noch einmal ein Friedensverkünder werden in
schwerer Zeit. — Man kann in einem derartigen Falle meist bei einiger
Sorgfalt nachweisen, daß die Krankheit erst viele Jahre nach der Schulzeit ausbrach, und daß ein nie gehabtes Erlebnis phantastisch erfunden
und in jene früheren Lebensjahre zurückverlegt wurde, oder daß ein
viel späteres (vielleicht halluziniertes) Ereignis in der Erinnerung in
einen frühen Lebensabschnitt fälschlich verschoben wurde.

Das Studium der Endzustände belehrt recht eindringlich, daß der Demenz
Defekt der Dementia-praecox-Kranken ein **Gemütsdefekt**, eine Störung
der seelischen **Steuerung** ist. Selbst bei Kranken, die nach jahrzehntelangem katatonischen Verlauf ganz verschrobene und zerfallene Persönlichkeiten geworden sind, kann man (auch wenn sie in eine unverständ-

---

[1]) Aus **Gruhle**, Selbstschilderung und Einfühlung. Zeitschrift für die gesamte Neurologie und Psychiatrie 1914.
[2]) Siehe S. 39.

liche Sprachverwirrtheit verfallen, sobald man auf ihre Wahnkomplexe kommt) noch immer das Erhaltensein des Rechnenvermögens oder die Fähigkeit zu sonstigen logischen Operationen nachweisen. Darum halte der Arzt im Gedächtnis fest, daß das Wesentliche des paralytischen Verfalls eine intellektuelle Verblödung, das Kennzeichnende des schizophrenen Prozesses aber eine Gemütsverödung ist. Der Defekt des katatonischen Endzustandes wird also an jenen geistigen Erzeugnissen zuerst deutlich, die nicht aus dem fast automatischen Ablauf eines logischen Denkprozesses entspringen, sondern aus der Mitwirkung von Erfindung, Gemütswärme, Geschmack usw. hervorgegehen. Als Beispiel finde hier ein Gedicht Platz, das Hölderlin nach 41jähriger schizophrener Erkrankung kurz vor seinem Tode 1843 niederschrieb:

Griechenland.

Wie Menschen sind, so ist das Leben prächtig,
Die Menschen sind der Natur öfters mächtig,
Das prächt'ge Land ist Menschen nicht verborgen
Mit Reiz erscheint der Abend und der Morgen.

Die offenen Felder sind als in der Erndte Tage
Mit Geistigkeit ist weit umher die alte Sage.
Und neues Leben kommt aus Menschheit wieder
So sinkt das Jahr mit einer Stille nieder.

Mit Untherthänigkeit

Den 24t. Mai 1748.   Scardanelli.

Oder man beachte die völlige Armut, Leere und Verschrobenheit des einst so überreichen, nun verödeten Geistes Hölderlins in einem Brief an seine Mutter:

„Verehrungswürdigste Mutter!

Ich schicke mich schon wieder an, Ihnen einen Brief zu schreiben. Was ich Ihnen gewöhnlich geschrieben habe, ist Ihnen erinnerlich, und ich, habe Ihnen sonst wiederhohlte Äußerungen geschrieben. Ich wünsche, daß Sie sich immer recht wohl befinden mögen. Ich empfehle mich gehorsamst und nenne mich

Ihren

gehorsamen Sohn
Hölderlin."

Man hat paranoide Formen der Dementia praecox kennen gelernt, bei denen der geistige Verfall anfangs fast unmerklich verläuft, und bei denen man erst nach vielen Jahren deutliche Defektsymptome findet. Man hat sich bemüht, sie als **Paraphrenien** von den übrigen abzugrenzen. Für den praktischen Arzt haben diese feineren Unterscheidungen kaum Bedeutung, auch sind diese Fachausdrücke zum Teil noch so jung, daß es sich fragt, ob sie sich erhalten werden. Immerhin seien sie hier kurz angeführt, damit man nachschlagen kann, wenn einem ein solcher Ausdruck einmal irgendwo begegnet. Man nennt (mit Kraepelin)[1]:

Paraphrenien (Randglosse)

---

[1] Kraepelin trennt diese Paraphrenien von der Dementia praecox ab und meint nur, daß beide „in naher Verwandtschaft" stünden, doch sind dies Feinheiten, die nur den Psychiater interessieren können. Der praktische Arzt rechne die Paraphrenien unbedenklich wie früher zur Dementia praecox.

Paraphrenia systematica: eine Erkrankung an systematisiertem fort-schreitendem Verfolgungswahn und folgendem Größenwahn;

Paraphrenia expansiva: die Entstehung eines maßlosen Größenwahns bei lebhaft gehobener Stimmung und leichter Erregung;

Paraphrenia confabulans: eine Wahnbildung auf Grund zahlloser Er-innerungsfälschungen;

Paraphrenia phantastica: eine Wahnerkrankung mit ganz außer dem Bereich der Möglichkeit liegenden, zerfahrenen, wechselnden Vorstellungen.

Mag der Verlauf der Dementia praecox nun hebephren, katatonisch oder paranoid gewesen sein, schließlich geht sie in einen „Endzustand" ein. Die Kranken sind nach jahre- oder jahrzehntelangem Verlauf des Leidens zu völligen seelischen Ruinen geworden. Die vorzügliche körperliche Pflege unserer Heil- und Pflegeanstalten bewahrt ihnen ein langes Leben. In der Freiheit wären sie wahrscheinlich infolge verdrehter, unzweckmäßiger Lebensweise längst verkommen. Aber die Moral unserer Zeit verlangt, daß sich der Staat dieser Unglücklichen mit dem Aufwande eines großen Apparates und ungemein großer Summen annimmt. Die Heil- und Pflegeanstalten, Kreispflegeanstalten, Land-armenhäuser, und wie diese Einrichtungen in den verschiedenen Bundes-staaten alle genannt werden mögen, sind voll von solchen schizophrenen Endzuständen. Die paralytische Endverblödung hat das menschlich Versöhnliche an sich, daß sie in kurzer Zeit das Individuum auslöscht, aber der Katatoniker, der mit 25 Jahren anstaltsbedürftig geworden ist, trägt vielleicht noch 40 Jahre lang die Bürde seines nutzlosen Daseins. Der Arzt wird mit solchen Endzuständen nur zu tun haben, wenn er ein kleines Asyl, Provinzialkrankenhaus usw. mit unter seiner Obhut hat. Er wird für saubere Pflege der Kranken sorgen können und wird versuchen, die noch einigermaßen geordneten Kranken zu Haus- oder Feldarbeit mit heranzuziehen. Sonst ist er machtlos. Manche dieser Endzustände können viele Jahre lang im heimischen Dorf noch nützliche Arbeit schaffen; sobald sie die richtige Anweisung haben, arbeiten sie oft ebenso geistlos und ebenso sorgsam wie eine Maschine.

Die Ursache der schweren geistigen Störung, die als Dementia praecox bezeichnet wird, kennt niemand. Die meisten Forscher glauben heutzu-tage an eine innere Vergiftung, an eine Dysfunktion irgendeines der Organe, deren innere Sekretionsprodukte für das normale Leben unentbehrlich sind.

Es gibt nicht die geringste Möglichkeit, auf das Leiden selbst ein-zuwirken. Weder irgendwelche Medizinen noch Lebensweisen noch Proze-duren können am Krankheitsverlauf selbst irgend etwas ändern. Aber gerade weil man dies weiß, verhindere man, daß eine an sich nicht allzu-reich begüterte Familie relativ große Summen an „Kuren" bei schizo-phren Erkrankten hänge. Lieber empfehle man die Unterbringung eines Katatonikers in einer Anstalt, als daß man unter seinem ab-stoßenden Wesen und peinlichen Angewohnheiten die sonst gesunde Familie zugrunde gehen sieht. Dieser Schutz der Gesunden, nicht eine Beeinflussung der Kranken, sei der Hauptgesichtspunkt der Ent-scheidung: Anstalt oder nicht. Man kläre ferner die Angehörigen über das Wesen des Leidens auf. Doch stelle man anfangs die Prognose nicht zu ungünstig, da sich jahrelange gute Remissionen einschieben

15*

können. Man erlebt gelegentlich die überraschendsten Wendungen. Man hat einem Kranken vielleicht wochenlang zugeredet, das Bett zu verlassen und etwas zu schaffen: immer vergebens. Da bleibt eines Tages im Zimmer des Kranken versehentlich ein Besen stehen. Und urplötzlich steigt der Kranke aus dem Bett; ergreift den Besen und fängt an zu kehren. Und von diesem Tage an verrichtet er die Hausarbeit, einsilbig aber gewissenhaft, als wenn es nie anders gewesen wäre. Bei den stürmisch einsetzenden Formen wird man immer eher mit einem Verlauf in Schüben (also auch mit guten Intervallen) rechnen können, als bei den schleichenden hebephrenischen und paranoischen Prozessen.

Differen-
tial-
diagnose
Die Differentialdiagnose wird nur gegenüber dem manisch-depressiven Irresein schwer sein, sie ist dort schon besprochen worden. Die meisten Schwierigkeiten bereiten die leichten, symptomarmen Depressionen der Lebensjahre 16—30. Hier wird nur eine genaue Kenntnis der ganzen Persönlichkeit und längere Beobachtung den Ausschlag geben, und zwar nach jenen Gesichtspunkten, die schon bei der manisch-depressiven Depression erwähnt wurden. Schwierig ist auch die Abgrenzung der ganz langsam sich entwickelnden Hebephrenien von eigenartigen psychopathischen Veranlagungen. Es gibt seltsame Charaktere, eigenartig verschrobene Sonderlinge[1]), deren merkwürdige Angewohnheiten oft von den Verschrobenheiten eines Hebephrenen kaum unterschieden werden können. Sollten sie einmal in den Wirkungskreis des Arztes kommen, wird er des fachärztlichen Rates kaum entbehren können. Mit der Paralyse könnten die stürmischen Phasen einer Katatonie an sich sehr leicht verwechselt werden, doch klärt hier der bei der Paralyse ausführlich besprochene körperliche Befund die Sachlage sicher auf. Endlich kann die Unterscheidung einer schizophrenen Paranoia (= paranoide Demenz) von einer psychopathischen Paranoia[2]) zuweilen schwer sein. Wenn ein solcher Wahnkranker eigentliche Sinnestäuschungen hat und irgendwelche verschrobenen Ideen vorbringt — z. B. von Einrichtungen zu seiner Verfolgung, die außerhalb des Bereiches jeder Möglichkeit liegen —, so wird man sicher sein, eine paranoide Demenz vor sich zu haben. Ebenso wird dies der Fall sein, wenn ein solcher Wahn (besonders ein Verfolgungswahn), wie in dem früheren Beispiel der 30 jährigen Arbeiterfrau, irgendwann ganz plötzlich im Leben auftritt. Wenn andererseits Charakterzüge des Mißtrauens und Argwohns oder der Eifersucht von jeher eine Persönlichkeit kennzeichnen, und wenn sich diese Anlagen im Lauf des Lebens immer weiter ausbauen und steigern, bis sie zu wahnhaften Vorstellungen führen, — so wird man mit Recht an eine psychopathische Paranoia glauben dürfen. Eine sorgfältige Anamnese ist unerläßlich. Zuweilen wird eine Entscheidung erst nach monatelanger Beobachtung möglich sein[3]).

---

[1]) Man gebraucht für sie zuweilen den Ausdruck der originären Verschrobenheit.

[2]) Siehe S. 102.

[3]) Stark umstritten ist noch die nosologische Stellung der sog. Involutionsparanoia. Dabei handelt es sich um neueinsetzende Wahnbilder, die besonders bei einzelstehenden Personen um das 45. bis 55. Jahr erscheinen und die Persönlichkeit unberührt lassen. Manche Autoren rechnen diese Erkrankung dem prä-

Das Lebensalter, in dem die schizophrene Erkrankung beginnt, ist **Lebens-alter** meistens die Jugend. In der Kindheit entsteht sie nur selten, aber schon in den Pubertätsjähren und bis zum 25. Lebensjahr bricht in der Mehrzahl der Fälle die Krankheit aus. Freilich machen sich die ersten deutlichen Zeichen oft erst später bemerkbar, erhebt man aber eine sorgsame Anamnese, so erfährt man meist einzelne eigenartige Züge oder auffällige Handlungen, die oft bis in das zweite Lebensjahrzehnt zurückreichen. Aus dieser Beobachtung entstammt ja auch der Name Dementia praecox.

Es gibt aber auch eine späte Form der schizophrenen Verblödung, **Spät-katatonie** die sog. Spätkatatonie, die sich besonders um die Jahre 45—55 einstellt. Sie hat symptomatisch nichts Eigenes vor den anderen katatonischen Verläufen voraus. Handelt es sich um einen ängstlichen Erregungszustand, so beachte man, daß lebhafte echte Sinnestäuschungen des Gehörs für Spätkatatonie und gegen eine Rückbildungsmelancholie sprechen, mit der sie sonst leicht verwechselt werden kann. Eine Melancholie erzählt vielleicht auch gelegentlich von „Stimmen", aber diese bleiben gleichsam schüchtern im Rahmen ihres depressiven Komplexes: Man flüstert in der Ecke: bring dich um, du bist schlecht, oder ähnliches; die eigenen irgendwie gequälten Kinder schreien im Keller; ihr Name wird gerufen usw. Die „Stimmen" der Spätkatatonie dagegen sind viel reichhaltiger und fallen viel eher aus dem Rahmen der Gefühls- und Lebenslage heraus. Wenn eine solche ängstlich erregte Kranke hört, wie die Stimmen fremder Männer auf der Straße unten die gemeinsten Schimpfworte sagen (auf die sie womöglich ähnlich antwortet), oder wie ein elektrischer Apparat ihr durch Röhren fremde Stimmen einbläst und Gedanken macht, so wird es sich so gut wie sicher um eine Spätkatatonie handeln. Kleinheitswahn, Selbstbeschuldigungen, Versündigungswahn, das Gefühl des Verlorenseins, das Bewußtsein, ewig verdammt zu sein, kurz alles, was sich gut mit der Tendenz des Pessimismus, der Trostlosigkeit, der Selbstherabsetzung, der Ängstlichkeit verträgt, spricht für eine Melancholie. Die Entscheidung ist oft schwer, aber sie ist wichtig, denn eine Melancholie geht (wenn auch oft nach jahrelanger Dauer) in Heilung aus, — die Spätkatatonie verblödet. Praktisch weniger wichtig ist die Unterscheidung einer Spätkatatonie von einem präsenilen Wahn. Meist verläuft der präsenile Wahn ja gleichsam friedlich: die Kranken sitzen hinter ihren verbarrikadierten Türen, abwehrbereit gegen die Verfolger, aber nicht aktiv gewalttätig. Aber es kommt auch gelegentlich vor, daß eine solche halluzinationsgeplagte präsenile Frau (sehr selten sind es Männer) vor das Haus ihrer vermeintlichen Verfolger zieht, dort fürchterlichen Lärm macht und deshalb aufgegriffen und vom Arzt behandelt werden muß. Dann ist eine Differentialdiagnose gegen eine Spätform der Katatonie oft schier unmöglich, aber (wie betont) auch praktisch wenig wichtig. Manche Forscher haben deshalb schon vorgeschlagen, das Bild des präsenilen Wahns ganz in dem Umfang der Spätkatatonie aufgehen zu lassen.

senilen Wahn, andere der Spätkatatonie zu, noch andere versuchen ihr eine selbständige Stellung zu sichern. Für die Praxis ist diese Frage unwichtig.

V. Wichtige körperliche Befunde bei seelischen Störungen.

Nur auf wenige für die Psychiatrie des praktischen Arztes besonders wichtige körperliche Befunde will ich hier eingehen:

Diagnostisch käme die gesamte Herd- und Lokalisationslehre in Betracht, da die Beziehungen zwischen allgemeinen psychischen Symptomen und den einzelnen, auf eine umschriebene Hirnerkrankung bezogenen Störungen ja sehr eng sind. Doch ist es nach heute geltendem Einteilungsbrauch Vorrecht der Neurologie, die Lehre von der Hirnlokalisation und deren Störungen zu behandeln.

Pupillen · Die Untersuchung der Pupillen wird vom Unerfahrenen selten korrekt vorgenommen. Man lasse den Kranken bei mäßiger Beleuchtung irgendeinen fernen Punkt ruhig fixieren und betrachte seine Pupillen Ent- daraufhin, ob beider Form tadellos rund oder die eine verzogen ist. Ist rundung das letztere der Fall und gibt der Kranke bestimmt an, niemals ein Augenleiden gehabt zu haben, zeigt sich auch sonst an der Zeichnung der Iris oder an der vorderen Augenkammer kein lokaler abnormer Befund, so ist dieses Verzogensein der Pupille bedenklich und hinweisend (nicht beweisend) auf eine organische Erkrankung des Zentralnerven- Weite systems. Ferner beachte man die Weite der Pupillen bei ruhiger Einstellung auf einen fernen Punkt bei mäßiger Beleuchtung. Es besteht eine Beziehung der Pupillenweite zum Alter[1]). Im allgemeinen werden die Pupillen mit zunehmenden Jahren (vom 35.—40. an) enger. Greise haben oft ganz enge, kleinstecknadelkopfgroße Pupillen. Beschleunigt wird diese allmähliche Verengerung durch die Trunksucht. Trinker haben schon in jüngeren Jahren (nach 35) oft auffällig enge Pupillen[2]). — Sehr weite Pupillen erwecken immer den Verdacht des Schmerzes oder der Aufregung, der Angst (Angstpupille). Bei der progressiven Paralyse sind beiderseits sehr weite Pupillen ziemlich selten, mittlere und kleine Durchmesser überwiegen.

Ver- Drittens beobachte man die Verschiedenheit der Weite der schiedene beiden Pupillen bei gleichmäßiger Beleuchtung und Einstellung auf den Weite gleichen fernen Punkt. Man hat besondere Pupillenmeßapparate er-

---

[1]) Man denke auch daran, daß Hyperope im allgemeinen engere, Myope weitere Pupillen haben.

[2]) Hyoscin (Skopolamin) und Kokain erweitern, Morphin verengert die Pupillen.

funden und mit diesen festgestellt, daß geringe Pupillenweitedifferenzen zwischen rechts und links nicht selten sind. Aber auch mit bloßem Auge findet man gelegentlich leichte Pupillendifferenzen bei völlig Gesunden. Sind sie erheblicher, so erweckt das schon Verdacht auf eine organisch-nervöse Anomalie. Doch gibt es auch angeborene erhebliche Pupillendifferenzen (ebenso wie verschiedene Irisfärbungen). Von diesen wissen die Betroffenen meist, wenigstens sofern es sich um Angehörige sozial höherer Stände handelt. Diejenige Pupillendifferenz, die durch ein organisches Nervenleiden bedingt ist, kann in sehr verschiedener Weise entstehen. Man bedenke immer, daß sich der Einfluß des Okulomotorius und des Sympathikus normalerweise auf ein Gleichgewicht eingespielt haben, und daß eine einseitige Erweiterung entweder eine Reizung des Sympathikus oder Lähmung des Okulomotorius, eine einseitige Verengerung entweder eine Reizung des Okulomotorius oder Lähmung des Sympathikus bedeutet. Ob nun die engere oder die weitere Pupille die krankhaft veränderte ist, wird man aus dem Verhältnis der Weite zur vorhandenen Lichtmenge (evtl. durch Vergleichung mit der Pupillenweite eines ungefähr gleichalterigen danebengestellten Gesunden) unschwer feststellen können.

Alle Störungen also, die den Okulomotorius von seinem Kern an bis zur Iris treffen können (Neubildungen oder Abszesse in der Orbita, Druck durch Neubildungen oder Gummen oder Blutungen im Schädelinneren oder Reizung durch diffuse Prozesse im Gehirn selbst), vermögen je nach Stärke den Okulomotorius zu reizen (Pupillenverengerung) oder zu lähmen (Erweiterung). Macht man sich den Verlauf des Okulomotorius klar, so leuchtet ein, daß eine erhebliche Beeinträchtigung des Nerven auch sonstige Augenmuskelstörungen (Paresen) herbeiführen wird, aus denen dann eine genauere Diagnose hergeleitet werden kann. Fehlen diese, und handelt es sich also nur um eine Störung der Pupillenweite, so wird man auch an eine Halssympathikuserkrankung denken müssen. Als solche kommt ein Druck auf die sympathischen Nerven in der Halsgegend (durch Aneurysmen, Narben, zumal Schußnarben und Kropfoperationsnarben, Strumen, geschwollene Lymphdrüsen, Halswirbelabszedierungen) hauptsächlich in Betracht[1]). Hierbei bildet sich meist der Hornersche Symptomenkomplex aus, der darauf beruht, daß der Nervus sympathicus auch die Müllerschen Orbitalmuskeln sowie die Gefäße der gleichen Gesichtshälfte versorgt, so daß folgende Symptome sich vereinigen (bei totaler Sympathikuslähmung): enge Pupille, Zurücksinken des Augapfels (verengte Lidspalte), Erweiterung der Gefäße und daher höhere Temperatur und ausbleibende Schweißabsonderung auf der kranken Gesichtsseite. — Läßt sich von diesem Symptomverband nichts feststellen, so denke man noch an die Pupillendifferenz, die die Migräne häufig begleitet, und ferner daran, daß der Kranke sich eine wirksame Medizin (Morphin verengert) durch am Finger haftende Spuren in ein Auge hineingewischt

Hornerscher Symptomenkomplex

---

[1]) Die Pupillenfasern des Sympathikus verlassen das Rückenmark in der Höhe des untersten Halssegmentes und der obersten Brustsegmente.

haben kann. — Kann man alle derartigen Ursachen ausschließen, so wird der Verdacht auf eine Tabes oder Paralyse immer ernster.

Pupillenunruhe Die Pupillen verharren auch bei gleichbleibender Einstellung und Beleuchtung selten (abgesehen von alten Leuten) auf der gleichen Weite, wenn in den betreffenden Personen seelisch etwas vorgeht. Angestrengtes Nachdenken (z. B. schwere Rechenaufgaben), ferner affektbetonte Vorstellungen (Angst, Unruhe) lassen die Pupillenweite ebenso hin- und herspielen wie körperlicher Schmerz[1]. Es gibt neurotische oder psychotische Menschen, deren Pupillenspiel sehr auffallend ist, ja bei denen es sogar zu der gleich noch zu erwähnenden paradoxen Reaktion kommen kann. Auch bei Katatonikern wechselt die Pupillenweite auffällig, nicht aber wie beim Neurotiker von Hundertstel Sekunde zu Hundertstel Sekunde, sondern mehr so, daß ich die Pupillen jetzt sehr eng finde, und untersuche ich sie nach einer Viertelstunde bei gleicher Beleuchtung noch einmal, so sind sie dann vielleicht sehr weit. Bei irgendeinem Schmerzreiz, etwa beim Kneifen einer Hautfalte oder bei einem Nadelstich erweitert sich die Pupille fast regelmäßig (außer bei alten Leuten).

Psychosensorische Reaktion Das Ausbleiben dieser psychosensorischen Reaktion (Erweiterung) bei allen affektarmen Personen (torpid Schwachsinnigen, katatonischen Endzuständen, Paralytikern, dementen Epileptikern usw.) wird als Bumkesches Phänomen bezeichnet[2].

Normale Pupillenreaktion Die Pupillen verengern sich bei Lichteinfall[3]. Die Amplitude ihrer Bewegung hängt natürlich von der ursprünglichen Weite, von der einwirkenden Lichtstärke und von der Reflexempfindlichkeit ab. Dauernd sehr enge (miotische) Pupillen (Säufer, Greise, Morphinisten) haben oft eine so minimale Reaktion, daß sie so gut wie starr erscheinen. Die normale Lichtreaktion ist eine schnelle ausgiebige Verengerung der Pupille bei plötzlichem Lichteinfall, meist gefolgt von einer geringen Erweiterung (Schwanken). Sehr ängstliche Menschen mit sehr weiten Pupillen haben oft nur eine ganz kurze Verengerung, der sogleich wieder die Mydriasis folgt (Affektkrampf der weiten Pupille). Ja es kommt bei sehr sensitiven Persönlichkeiten (Unfallsneurotikern) gelegentlich zu einer paradoxen Reaktion: sie erschrecken über den plötzlichen Lichtreiz derart, daß auf die kurze, blitzschnelle Verengerung eine maximale Erweiterung erfolgt.

Man prüfe die Pupillen immer so, daß man einen fernen Punkt (Schornstein, Baum) fixieren läßt und dann beide Augen des Kranken mit den Händen bedeckt, ohne seinen Kopf zu berühren. Nimmt man nun die eine Hand plötzlich weg, und bemerkt man, daß der Untersuchte neu fixiert, so „gilt“ die Prüfung nicht. Man muß dies so lange üben, bis der Kranke es lernt, dauernd auf jenen fernen Punkt fixiert zu sein, auch während man ihm die Hände vor die Augen hält. Nun erst kann man sich durch Wegziehen der einen Hand von der direkten

---

[1] Rascher Wechsel der Pupillenweite wird „Hippus“ benannt.

[2] Bei organischen Analgesien tritt keine Erweiterung auf Stich usw. ein, bei psychischen Ausschaltungen der Schmerzempfindlichkeit (hysterischen Analgesien) bleibt die psychosensorische Reaktion meist erhalten.

[3] Von blinden Augen ist hier natürlich nicht die Rede.

Lichtreaktion überzeugen. Nimmt man die andere Hand auch noch weg, und verengert sich die zuerst untersuchte Pupille nun noch einmal, so ist auch die indirekte (konsensuelle) Reaktion vorhanden. Man merke sich, daß die konsensuelle gute Reaktion ein noch feineres Anzeichen für normale Verhältnisse ist als die direkte. In anderen Worten: Finde ich, daß das mäßig belichtete rechte Auge auf eine grelle Belichtung des linken Auges gut reagiert und umgekehrt, so bin ich sicher, daß der Lichtreflex der Augen normal ist. Das Fehlen des Lichtreflexes bei erhaltener Konvergenzreaktion wird als das Argyll-Robertsonsche Phänomen oder als reflektorische Pupillenstarre bezeichnet. Es kommt vor allem bei Tabes und Paralyse vor[1]) (oft nur auf einem Auge). Licht-
starre

Bei dem Übergang der Fixation der Augen von einem unendlich fernen auf einen etwa 20 cm nahen Punkt (Fixieren des vorgehaltenen Fingers) tritt bei normalem Auge immer eine Pupillenverengerung ein (akkommodative oder Konvergenzreaktion). Das ist der Grund, warum man bei der Lichtreaktionsprüfung einer dauernden Fernfixierung sicher sein muß. Sonst täuscht eine positive Konvergenzreaktion zu leicht eine positive Lichtreaktion vor. Fehlt neben der Lichtreaktion auch die Konvergenzreaktion, so spricht man von einer absoluten Pupillenstarre. Sie ist bei Paralyse viel seltener. Konver-
genz-
reaktion

Es ist möglich, wenn auch niemals sicher erwiesen, daß es eine angeborene Pupillenstarre gibt. Es ist ferner festgestellt worden, daß auch bei katatonischen Geistesstörungen in ganz seltenen Fällen wirkliche Pupillenstarre vorkommt. Der Arzt ziehe beides niemals in den Bereich seiner diagnostischen Erwägungen, denn in seiner Praxis wird dies niemals vorkommen. Er halte fest: eine reflektorische Pupillenstarre beweist (abgesehen vom Morphinismus und von Greisen) ein organisches Nervenleiden, meist luischer Herkunft.

Über das Verhalten der übrigen Reflexe vergleiche man ein Lehrbuch der Neurologie. Nur dies sei erwähnt, daß der Praktiker haufig auf lebhafte (gesteigerte) Reflexe viel zu großen Wert legt. Ungezählte Neurastheniker, Neurotiker, Psychopathen haben sehr lebhafte, oft schleudernde Kniereflexe. Man muß selbst gelegentlich in gerichtlichen Gutachten lesen, daß die gesteigerten Patellarreflexe allein schon eine nervöse Minderwertigkeit des fraglichen Individuums erweisen. Das ist, gelinde gesagt, Unfug. Aus lebhaften (beiderseits gleichen) Sehnenreflexen allein kann man gar nichts erschließen. Körper-
reflexe

Die Lumbalpunktion ist in den letzten Jahren ein so wertvolles diagnostisches Hilfsmittel geworden, daß selbst der praktische Arzt auf dem Lande sie in vielen Fällen nicht mehr entbehren kann. Er scheue sich auch keineswegs, sie selbst vorzunehmen, denn der kleine Eingriff erfordert kaum irgendwelche Geschicklichkeit, und er ist, richtig ausgeführt, völlig gefahrlos. Jeder Arzt, der die Lumbalpunktion Lumbal-
punktion

---

[1]) Medikamente können die Pupillen fast oder ganz starr machen: Eserin (Physostigmin) verengert, Hyoscin (Skopolamin), Atropin, Kokain erweitert, Morphin verengert die Pupillen. Hyoscin wirkt tagelang nach! — Ist der M. sphincter iridis und der M. ciliaris gelähmt, so spricht man von einer Ophthalmoplegia interna.

nicht schon als Student oder Praktikant selbst gemacht hat, sollte sich
an einem der nächstgelegenen größeren Krankenhäuser oder einer
Klinik einmal die Punktion ansehen und sollte bitten, sie dort selbst,
unter Aufsicht des betreffenden Assistenten, einige Male ausführen zu
dürfen. Passieren kann gar nichts dabei, sofern der Arzt seine Nadel,
Hände und die Umgebung der Einstichstelle sorgsam desinfiziert und
nicht mehr als 8 ccm Lumbalflüssigkeit abläßt. Eine Beschreibung des
Eingriffs hier folgen zu lassen, hat keinen Zweck; man muß ihn nicht
nur gesehen, sondern auch selbst einmal unter Anleitung ausgeführt
haben. In vielen Fällen wird auch ein jüngerer Arzt zu finden sein, der
die Methode beherrscht[1]). Man hört von begeisterten Anhängern der
Lumbalpunktion häufig, sie habe nicht die geringsten Folgen und mache
(außer dem nur eine Sekunde dauernden Nadelstich) keine Beschwerden.
Das ist nicht wahr. Es gibt ziemlich viele Menschen, die nach Entnahme
von selbst nur 4—5 ccm Lumbalflüssigkeit heftige Beschwerden erleiden
(Schwindel, starkes Kopfweh, Erbrechen, Mattigkeit), besonders dann,
wenn sie keine Anweisung zu zweckmäßigem Verhalten bekommen.
Jeder Punktierte muß sich sofort legen. Er darf also auf dem Lande
nicht erst lange Zeit laufen, ehe er wieder nach Hause kommt, darf
auch keine längere Bahnfahrt (Erschütterung) unternehmen, sondern
darf höchstens wenige Minuten nach Hause gehen, um dann 3 Tage
lang ohne Kopfkissen fest zu liegen. Wenn es sich nur irgendwie einrichten läßt, bestelle der Arzt den Kranken für 3 Tage in ein Kreis-
krankenhaus oder Sanatorium und nehme dort die Punktion vor, oder
er führe sie in der Wohnung des Kranken aus. Sobald sich die geringsten
Beschwerden einstellen oder schon vorbeugend 0,3 Pyramidon! Diese
Beschwerden sind an sich ja ohne Folgen und ganz ungefährlich, aber
sie sind für den Kranken natürlich lästig. Man verschweige sie ihm
nicht, bereite ihn vielmehr auf die Möglichkeit vor. Trotzdem also
auch bei korrektem Verhalten etliche Punktierte diese Folgen zu
tragen haben, nehme der praktische Arzt immer dann die Lumbalpunktion vor, wenn die Diagnose eines organischen Nervenleidens
schwankt[2]). Wenn ein Kranker mit deutlicher artikulatorischer
Sprachstörung und starren Pupillen zum Arzt kommt, wird an der
Diagnose nur selten ein Zweifel sein, und die Mühe der Lumbalpunktion
kann dem Arzt und dem Kranken erspart bleiben. Wenn aber die
einzelnen Symptome unklar sind und keinen sicheren Schluß zulassen,
ob etwa eine Hirnlues oder Paralyse oder nur eine Neurasthenie usw.
vorliegt, punktiere man immer. Man bedenke ferner, daß man bei
Meningitis (und auch bei Hirndruck) durch eine reichliche (15—20 ccm),
evtl. wiederholte Punktion therapeutisch wirkt, und man vergesse nicht,
daß man bei dem ernsten Verdacht auf Tumoren nicht gern punktiert

---

[1]) Eines besonderen Apparates bedarf es nicht, nur zweier Punktionsnadeln
mit Mandrins (diejenigen aus Platiniridium sind vorzuziehen) und eines Schleif-
steins zum Schärfen der Spitzen. Auf die manometrische Druckbestimmung verzichte man. Die Punktion sehr unruhiger Kranker riskiere man in der Privatpraxis nicht.

[2]) Vor allem auch in den sonst nicht aufzuklärenden Benommenheitszuständen
(Koma) und bei Paralyse gegenüber der alkoholischen Pseudoparalyse.

(Gefahr der Blutungen in die Ventrikel, Kompression der Oblongata durch den gegen das Foramen magnum drängenden Tumor).

Die Untersuchung der Punktionsflüssigkeit selbst kann der praktische Arzt nicht vollständig vornehmen, dazu hat er weder die Hilfsmittel, noch eine genügende Übung. Aber genau so, wie heutzutage jeder Arzt in der Nähe seiner Praxis eine Stadt haben wird, in der irgendein Institut die Wassermannsche Reaktion ausführt, genau so wird er auch dieses oder eine andere Krankenanstalt darum ersuchen können, seine Lumbalpunktate zu untersuchen, und zwar: Untersuchung des Liquors

1. auf die Art und Vermehrung des Eiweißes (Angaben über das quantitative Ergebnis der Esbachschen und über den Ausfall der Ammonsulfatreaktion, letztere oft als Nonne-Apeltsche Reaktion bezeichnet);
2. auf die Art und Vermehrung der Zellbestandteile (Lymphozytose, Leukozytose, Blut);
3. auf besondere Färbung der Flüssigkeit (Trübung, Blutfarbstoff);
4. auf Wassermannsche Reaktion im Liquor;
5. evtl. auf Bakterien (epidemische Meningitis).

Eine Vermehrung des Gesamteiweißes (über 2 Teilstriche nach Nißl), ein positiver Ausfall der Ammonsulfatreaktion, eine erhebliche Vermehrung der Zellelemente (10 und mehr Zellen im cmm), eine positive Wassermannsche Reaktion sprechen für Paralyse. Ist alles in geringerem Grade vorhanden, so kann auch eine Tabes vorliegen.

Vollkommen normale Eiweißverhältnisse machen eine Paralyse sehr wenig wahrscheinlich. Eine Leukozytose im Liquor cerebrospinalis spricht für eine Meningitis spinalis oder cerebralis, dann ist der Liquor meist trüb![1]) Blutbeimengung kommt meist vom Einstich der Nadel her und bedeutet diagnostisch gar nichts, verschlechtert aber die Verwertbarkeit der Befunde. Gelbliche (aber klare) Farbe der Flüssigkeit rührt meist von früheren Blutungen her und kann auf Apoplexion, Traumen usw., aber auch auf Ikterus bezogen werden. Auch bei Tumoren kommt solche Gelbfärbung vor. Positive Wassermannsche Reaktion spricht für irgendein luisches Leiden, läßt sich also nur gegen einen Tumor, Abszeß usw. ausnützen. Eine negative Wassermannprobe beweist nichts, denn in fast der Hälfte der Tabesfälle ist sie negativ, und auch bei Paralyse kann sie in Remissionen, besonders nach starken antiluischen Behandlungen, unsicher oder negativ werden. (Außerdem können Fehler der Methode vorliegen.)

In Fällen, deren Klärung dem Arzt besonders am Herzen liegt, wird es sich empfehlen, die steril aufgefangene Lumbalflüssigkeit (in den gleichen in Holz eingeschlossenen Glasröhrchen, die man zur Versendung von Proben zur bakteriologischen Untersuchung verwendet), und zwar in einer Menge von 6—8 ccm, an die nächste psychiatrische Klinik zu senden. Allein auf Grund des Lumbalbefundes wird in vielen Fällen (natürlich nicht in allen) die Klinik schon eine Wahrscheinlichkeits-

---

[1]) Der normale Liquor ist wasserhell. Ein trüber Liquor sollte auch bakteriologisch untersucht werden.

diagnose stellen können. Freilich werden auch Fälle übrig bleiben, bei denen auch der Lumbalbefund keine eindeutige Auslegung erlaubt. Man beachte bei der Punktion selbst auch den Druck, mit dem der Liquor entquillt. Vermehrter Druck findet sich bei Enzephalitis, Meningitis, Tumor (zuweilen noch vor Einsetzen der Stauungspapille), gelegentlich bei Lues cerebrospinalis, selten bei Tabes und Paralyse. Eine mäßige Lymphozytose ohne Wassermann und ohne stärkere Eiweißvermehrung kommt auch vereinzelt bei schwerem Alkoholismus, dementen Epilepsien und multipler Sklerose vor.

Lokalisation im Gehirn

Zu dem Problem der Lokalisation im Gehirn (insbesondere zur Diagnose der Aphasien, die an sich ja in das Gebiet der Neurologie fallen) mögen hier noch einige Bemerkungen für den Praktiker folgen. Man vergesse nie, daß die Psyche eines jeden organisch Nervenkranken auch in ihrer Totalität alteriert ist. Selbst wenn man im einzelnen Falle eine diffuse cerebrale Erkrankung ausgeschlossen hat, einen Herd annimmt und nun noch nach dem genauen Sitz dieses Herdes fahndet, wird man die Angaben des Kranken (z. B. in ihrer sprachlichen Formung) nicht schlechtweg so verwerten dürfen, wie sie der Kranke ausspricht. Man mache sich klar, daß dem schwer Erkrankten die genauen Fragen des Arztes oft sehr lästig sind, und daß er etwas ganz Beliebiges daher antwortet, nur um möglichst bald seine Ruhe zu haben. Solche Antworten lassen sich also immer nur mit vorsichtiger Kritik verwerten. Und selbst der bekannte attente Typus des irgendwie aphasischen Apoplektikers, der sich die redlichste Mühe gibt, den Fragen des Arztes gerecht zu werden, ist nicht ein Gesunder, der eben nur seinen Herd im Hirn hat, sondern er ist häufig in seiner allgemeinen seelischen Leistungsfähigkeit (Auffassung, Ermüdbarkeit usw.) schwer beeinträchtigt, so daß auch seine Antworten nicht ohne weiteres zu verwerten sind.

Endlich sei noch eines ganz anderen Momentes gedacht, das für den Arzt praktisch wichtig ist.

Menstruation

Bei vielen schwereren psychopathisch-neurotischen Störungen und vor allem bei allen Psychosen kommen Störungen der Menstruation vor. Die Zwischenzeiten können kürzer werden; viel häufiger aber werden sie länger: die Menstruation setzt über 3—6, ja noch mehr Monate aus. Dieses Ausbleiben beunruhigt die erkrankten Mädchen und ihre Angehörigen meist lebhaft. Selbst wenn an die Möglichkeit einer Schwangerschaft gar nicht zu denken ist, machen sich die Kranken oft ängstliche Gedanken, meist aus einer Art Aberglauben heraus. Dem einfachen Verstand liegt es sehr fern, anzunehmen, daß die gemütliche oder geistige Störung von selbst (d. h. aus inneren Ursachen) kommen und daß die Menstruationsstörung die Folge sein solle; umgekehrt wäre es, so meint die Frau aus dem Volke. Die „Natur", die nicht herauskomme, sei dem Mädel „ins Geblüt" gestiegen, und nun sei sie „hinter sich gekommen". Aus dieser Anschauung heraus wird der Arzt dann häufig gebeten, die Menstruation künstlich herbeizuführen. Wenn er durch harmlose Mittel die Kranke und ihre Umgebung beruhigen kann, so wird er von warmen Fußbädern zur Zeit des Menstruationstermins und ähnlichen Maßnahmen nicht abreden, um so weniger, als man ja noch gar nicht weiß, ob nicht das regelmäßige Einsetzen aller normalen Körperfunktionen wirklich für den Organismus allgemein nützlich erscheint. Aber man rede den Leuten aus, daß nun an den Erfolg dieser Hausmittel die Gesundung der Kranken gebunden ist. Man mache ihnen klar, daß es gut ist, wenn die Blutungen wiederum regelmäßig kommen, daß aber der Verlauf des Gemütsleidens noch von sehr vielen anderen Umständen abhängt. Man findet solche Dysmenorrhöen bei hebephrenen, manisch-depressiven, hysterischen Kranken. Diagnostisch lassen sie sich gar nicht verwerten. Nicht selten verschlimmern sich die psychisch-nervösen Störungen, welcher Art sie auch sein mögen, an den Tagen des Menstruationstermins, mag nun das Unwohlsein eintreten oder nicht. Aber deswegen (wie man dies vor Jahrzehnten getan hat) von einer Menstruationspsychose zu sprechen, liegt nicht der mindeste Anlaß vor.

Endlich sei noch kurz der Sektionsbefunde bei Geisteskranken gedacht. Der praktische Arzt, der gemeinhin nicht über große Erfahrungen in Sektionen verfügt, ist niemals imstande, aus dem Vorhandensein irgendwelcher zerebralen oder meningealen abnormen Befunde auf das Vorhandensein einer geistigen Störung im Leben rückwärts zu schließen. Dazu sind die anatomischen Krankheitszeichen viel zu fein und schwer zu erkennen. Lediglich bei einer groben fokalen Störung (Tumor, Blutung, Erweichung, Abszeß) wird sich der Arzt ein eigenes Urteil zutrauen dürfen. Es gibt wenig Tote, an deren Gehirn man nicht irgend eine leichte Abnormität entdecken kann, wenn man will. Das ist praktisch wichtig wegen der Beerdigung von Selbstmördern. Die Kirche verweigert auch heute zuweilen noch den Selbstmördern das „ehrliche Begräbnis". Da wird man es gern als ein Gebot der Menschlichkeit betrachten, einen abnormen Befund am Gehirn festzustellen. Denn dieser macht ja die Annahme einer geistigen Störung und damit das ehrenhafte Begrabnis „moglich".

Sektions-
befunde
bei
Geistes-
kranken

VI. Behandlung.

Ehe man von einer Therapie überhaupt sprechen kann, muß man sich einen Augenblick darüber besinnen, wann denn eine heilende oder bessernde Einwirkung überhaupt möglich ist, d. h. wann sie Erfolg verspricht. Man hört ja nirgends so häufig wie bei den seelischen Abnormitäten, daß sie ererbt und also Schicksal, d. h. unabänderlich hinzunehmen sind. Aber man beachte, daß hier in ganz oberflächlicher Weise durcheinander geworfen wird:

ererbt, angeboren, unbeeinflußbar.

Alles Ererbte ist angeboren. Aber keineswegs alles Angeborene ist ererbt[1]). Es liegt durchaus nicht im Begriff der Anlage, daß sie ererbt sei, d. h. daß sie sich in eben dieser hier vorliegenden Form bei einem der Elternteile fände. Die gleiche Anlage kann schon auf einer Elternseite vorhanden gewesen sein, sie kann aber auch einer intermediären Vererbung (Mischresultat) entspringen, sie kann aber endlich auch eine echte Neuschöpfung sein, gleichwie die Verbindung zweier chemischer Elemente einen Stoff von ganz neuen Eigenschaften ergibt. Welche dieser Möglichkeiten wirklich vorliegt, darüber kann ich mir im speziellen Fall kein Urteil bilden, da ich die Erbregel nicht kenne und nicht weiß, was ich als Erbelemente anzusehen habe. Es ist also unzweckmäßig, in den Begriff der Anlage irgendein Moment hineinzubringen, das über die Beziehung dieser Anlage zur Vererbung irgendetwas aussagen soll. Man definiere also Anlage als Disposition, Eigenschaft, Fähigkeit, Gabe, Tendenz, die in dem Kind angeboren vorhanden ist, nicht erst im extrauterinen Leben gesetzt wird.

Man hört nicht selten die Äußerung: „Sein Vater war geistesschwach; kein Wunder, wenn der Sohn zum Verbrecher wurde." Worüber soll man sich da nicht wundern? Daß der Vater seinen Sohn infolge des eigenen Schwachsinns so schlecht erzogen hat? Dies wäre verständig, ist aber in den meisten derartigen Äußerungen keineswegs gemeint. Gemeint ist vielmehr: der Schwachsinn des Vaters habe den Sohn zum Verbrecher prädestiniert. Niemand kann eine solche Behauptung irgendwie beweisen. Gibt es denn nicht viele Verbrecher, deren Väter nicht schwachsinnig waren? Und gibt es denn nicht genug Kinder

---

[1]) Das folgende zum Teil fast wörtlich aus Gruhle, Vererbung und Erziehung. Archiv für Pädagogik II. **2**, 369. 1914.

schwachsinniger Väter, die niemals zu Verbrechern geworden sind? Wer will also im einzelnen Fall den Zusammenhang zwischen Verbrechen des Kindes und Schwachsinn des Vaters auch nur wahrscheinlich machen?[1] — „Es ist gar kein Wunder, daß der Junge so jähzornig ist, seine Mutter ist ja im Irrenhause gestorben." Der Junge ist der einzige auffällige unter fünf Geschwistern. Über was darf ich mich nun nicht wundern? Soll ich mich wundern, daß die anderen vier nicht jähzornig sind? Oder soll ich es nur erstaunlich finden, daß sie nicht auffällig sind? — Gemeint ist mit solchen Sätzen natürlich, daß der Jähzorn des Kindes (als Erbmasse, als Belastung) aus der Geisteskrankheit der Mutter abzuleiten sei. Aber dies ist eine leere, mit nichts zu erweisende Behauptung.

Mit dem Worte „Belastung" wird ein großer Mißbrauch getrieben. Noch immer kann man Gutachten von Ärzten, ja selbst von Irrenärzten lesen, die über eine Persönlichkeit X dadurch etwas auszusagen glauben, daß sie nachweisen, sein Vatersbruder habe an einer geistigen Störung gelitten, X sei also belastet. Weisen diese Gutachter die geistige Abnormität bei X selbst aus Vorleben oder Zustandsbild nach, so glauben sie mit der Feststellung, X sei belastet, die Ursache seiner Abnormität aufzudecken. Unter der Erbmasse, die X erhalten habe, sei auch ein abnormer Faktor, den X vom Onkel habe, bzw. den der Onkel und X von einem gemeinsamen Ahnen haben. Aber diese Annahme kann nicht ohne weiteres wahrscheinlich gemacht werden. Vielleicht hat der Neffe seine „Belastung" von seinem mütterlichen Stamme her, oder die Abnormität ist bei ihm, bzw. bei seiner Zeugung durch Neukombinierung von Erbelementen als eine „echte" (amphimiktische) Neuheit entstanden (Mutation). Vielleicht hatte ja der Vatersbruder die geistige Störung durch Umstände, die in seinem eigenen Leben lagen (Lues!), erworben! — Nicht selten will aber der Gutachter mit dem Nachweis einer Psychose beim Onkel noch etwas ganz anderes aussagen. Er will nämlich, auch wenn er bei X selbst keine Abnormität auffindet, durch die angebliche Belastung eine noch verborgene krankhafte Anlage beim Neffen wahrscheinlich machen. Es ist ein geradezu verwerfliches Spiel mit unbewiesenen Hypothesen.

Die Verwirrung unerwiesener Behauptungen umgreift aber noch ein anderes Problem. „Was Anlage ist, ist entschuldbar und unbeeinflußbar, dafür kann der Mensch nichts," so lautet eine häufig wiederholte Meinung. Und vorzüglich jene Anlagen werden als unbeeinflußbar angesehen, die man als abnorm bezeichnet. Aber diese abnormen (im Seelischen: psychopathischen) Anlagen sind ja qualitativ außerordentlich verschieden. Ein großer Teil dieser Dispositionen besteht ja gerade in der Schwäche, in der übermäßigen Beeinflußbarkeit (hysterischer Charakter). Deswegen weil sich eine Eigenschaft dem Grade nach sehr weit vom Durchschnitt entfernt, also abnorm ist, braucht sie doch

Belastung

Erziehbarkeit

---

[1] Man lasse sich nicht durch gegenteilige Behauptungen in der populären (auch in der eugenischen) Literatur täuschen. Nirgends werden so viele völlig unbewiesene Behauptungen immer und immer wieder abgedruckt, wie in diesen gut gemeinten Tendenzschriften über Regeneration.

keineswegs nicht nicht-bildbar zu sein   Kurz: der Nachweis, daß eine Eigentümlichkeit eines Kindes als angeboren abnorm, also als psychopathisch zu bezeichnen ist, darf für den Arzt (noch auch für den Lehrer) niemals eine Entschuldigung dafür sein, daß seine ärztliche (pädagogische) Kunst an diesem Kinde versagt hat. Es gibt nicht-psychopathische Eigenschaften, bei deren „Bezwingung" der beste Arzt (oder Lehrer) versagt, und es gibt psychopathische Züge, die sich sehr wohl aus dem Bilde der Persönlichkeit wegwischen lassen. Auch hierbei vergesse man nicht den früher ausführlich auseinandergesetzten Unterschied zwischen psychopathisch und psychotisch. Eine Eigentümlichkeit, ein Symptom, das nicht aus einer Anlage erwachsen, sondern durch einen neu einsetzenden organischen Krankheitsprozeß erzeugt ist, wird sich natürlich wesentlich starrer gegenüber einer Beeinflussung verhalten. Einen seelisch wirklich erkrankten Menschen kann der Arzt niemals heilen.[1] Er kann nur manches lindern und äußere Schädlichkeiten fernhalten. Aber beeinflußbar sind selbst erwachsene, an schweren Psychosen leidende Kranke bis zu einem gewissen Grade noch. Jene entsetzlich vertierten Insassen der alten Irrenanstalten, die heutzutage glücklicherweise fast nur noch aus Bildern und aus dem Auslande bekannt sind, waren im wesentlichen ein Anstaltserzeugnis, d. h. ein Ergebnis negativer Momente: mangelnder Pflege, mangelnder Sorgfalt, mangelnder Erziehung. — Aus dem vertrauten Verhältnis, das zwischen demjenigen Arzt, der sich wirklich tief einzufühlen vermag, und seinem Schützling besteht, geht oft eine Wirkung hervor, die im allerbesten Sinne eine Erziehung ist, auch wenn die Jahre der Kindheit schon weit zurückliegen. Freilich gibt es auch Anlagen, die so stark sind, daß auch die intensivste Bemühung daran scheitert. Jedenfalls halte man fest: ob ein Symptom ererbt, angeboren, beeinflußbar ist, ist eine dreifache, sich niemals deckende, sondern von drei verschiedenen Seiten her zu unternehmende Untersuchung.·

Vererbung bei Geisteskrankheiten

Der heutige Stand unserer Kenntnisse über die Vererbungstatsachen bei Geisteskrankheiten ist leider noch recht dürftig. So große Sorgfalt und Mühe manche Forscher der Aufklärung dieser Zusammenhänge widmen, so kennt man doch erst für wenige Krankheitstypen sichere Erbregeln. Ja es scheint zuweilen, als würden diese Regeln um so verwickelter, je tiefer man sich in das Sonderproblem einarbeitet. Sieht man aber von der Spezialformel — z. B. für die epileptische Vererbung — ab und fragt nach dem allgemeinen Vorkommen von Psychosen in der Ascendenz, so vermag die Forschung nur ganz unbestimmte Ergebnisse zu liefern: Die „großen" Psychosen scheinen eine Tendenz zu haben, in den Nachkommen wieder aufzuleben. Nur von den eigentlich Geisteskranken weiß man, daß etwa 18% von ihnen geisteskranke Eltern haben, während dies unter den geistig gesunden nur bei 2% der Fall ist. Hiervon sind aber die Apoplexien und Nervenkrankheiten ausgenommen[2]. Über das Vorkommen von Psychopathien bei den Eltern Psychopathischer

---

[1]) Natürlich können viele seelischen Störungen ausheilen, aber dies kann nicht durch die Kunst des Arztes bewirkt werden.

[2]) Sonst würde der Unterschied zwischen 2 und 18% noch viel kleiner.

weiß man noch gar nichts Bestimmtes. Wahrscheinlich geworden ist das Schicksal Schwachsinniger, schwachbegabte Nachkommen zu erzeugen. Ziemlich sicher ist die seelische Beeinträchtigung der Nachkommen von Säufern. Aber gerade an diesem Beispiel kann man wiederum die Schwierigkeit der verquickten Probleme aufzeigen[1]):

Einmal besteht eine gewisse Wahrscheinlichkeit, daß ein gewöhnlich der Trunksucht ergebener Elternteil auch zur Zeit der sexuellen Paarung berauscht war, daß also das damals gezeugte Kind ein „Rauschkind" ist, d. h. daß seine Keimgründung unter akuter Alkoholwirkung stand. Hierüber läßt sich natürlich nicht einmal schätzungsweise etwas feststellen.

Vererbung
und
Trunk-
sucht

Sodann liegt die Annahme nahe, daß trunksüchtige Eltern auch schon zur Zeit der Zeugung trunksüchtig waren, d. h. sich in einem Zustande chronischer Alkoholvergiftung befanden, und daß sich diese mannigfache Schädigung der Eltern in körperlicher und geistiger Hinsicht auch bei der Zeugung in einer Keimschädigung auswirkte. Für dieses Moment wäre die Feststellung wichtig, wann die Trunkenheit der Eltern deutlich geworden ist, ob erst nach, ob schon vor der Geburt des Kindes. Aber auch diese Untersuchung begegnet großen Schwierigkeiten.

Endlich käme als dritte Theorie der Belastung durch elterlichen Alkoholismus die Ansicht in Betracht, daß es gar nicht so sehr der Alkohol selbst sei, der den Kindeskeim schädige; vielmehr läge in der Tatsache, daß die Eltern an den Trunk gekommen seien, ein wichtiges Anzeichen ihrer psychopathischen Veranlagung. Manche, ja viele Menschen hätten reichlich Geld, Zeit, Lust und Gelegenheit zu trinken und würden doch nicht süchtig. Die aber, die alkoholsüchtig würden, die dann eben auch die Zeichen alkoholischer Vergiftung und Degeneration aufwiesen, diese seien von vornherein psychopathisch veranlagt. Diese Anlage sei die wahre Gefahr für die Nachkommen, und dazu trete nun der Alkohol als Gift als eine mehr nebensächliche Keimschädigung hinzu.

Der Frage, welche dieser drei Ansichten die richtige sei, oder ob alle drei einen gewissen Wahrheitskern enthalten, läßt sich keine Antwort geben, die zu begründen wäre. Der eine Forscher neigt mehr dieser, der andere jener Meinung zu. Von den Rauschkindern wird neuerdings besonders gern gesprochen, ja es erscheinen Statistiken, die diese Frage aufzuklären versuchen. Jedoch bei der großen, kaum überwindlichen Schwierigkeit der Feststellung, ob damals, bei der Konzeption dieses Kindes, ein Elternteil berauscht war — einer Schwierigkeit, die um so größer wird, je tiefer das soziale Niveau, je größer die Kinderzahl ist —, wird man derartigen Arbeiten über Rauschkinder mit großer Skepsis begegnen müssen. Auch bei der Verwendung der zweiten Theorie: — Vater Säufer, also Keimschädigung durch chronische Vergiftung — wird man wesentlich vorsichtiger verfahren müssen, als es bei den statistischen Feststellungen für gewöhnlich geschieht. Die

---

[1]) Vgl. Gruhle, Die Ursachen der jugendlichen Verwahrlosung, S. 36.

Fälle, in denen erst der häusliche Unfriede, der wirtschaftliche Verfall den Mann ans Trinken bringt — lange nach der Geburt des Sohnes — sind gar nicht selten. Und endlich wird der dritten Ansicht von der Disposition zum Alkoholismus als psychopathischer Anlage mehr Aufmerksamkeit geschenkt werden müssen, als es gemeinhin geschieht.

Auf keinen Fall — das ist die aus diesen Ausführungen abgeleitete praktische Regel — verzweifle man an der Beeinflußbarkeit oder Heilbarkeit einer Abnormität, weil sie angeboren ist, oder weil man sie für ererbt hält.

Der praktische Arzt ist im allgemeinen viel zu sehr auf die Tendenz eingestellt, einzelne Körperorgane und nicht den Gesamtmenschen zu behandeln. Und so geschieht es leicht, daß er das, was er an dem Befinden des Organs bessert, wieder an der Persönlichkeit verdirbt. Der Gedanke, daß irgendeine Äußerung des Arztes — etwa über die Prognose — den Kranken heftig erschüttern, ja neue Symptome herbeiführen könne, kommt ihm leider fast nie. Diese Feststellung führt zu dem betrüblichen Kapitel:

Der Arzt als Krankheitsursache.

Dabei denke ich nicht so sehr an jene gewissenlose Leichtfertigkeit, die bei harmlosen Leiden dem Kranken selbst die Morphinspritze in die Hand gibt: davon war schon oben beim Morphinismus die Rede. Ich wiederhole nur nochmals die schwere Beschuldigung: an den meisten Fällen von Morphinismus ist ein Arzt schuld. Sondern ich meine hier das mangelnde Verantwortungsgefühl vieler Ärzte bei der diagnostischen Fragestellung, bei seinen Äußerungen gegenüber den Kranken, bei der einzuschlagenden Therapie.

Wenn der Arzt richtig erkannt hat, daß ein Leiden nicht organisch, sondern „nervös" ist, so begnügt er sich allzuleicht mit der Bemerkung: „die Nerven seien Schuld". Aber selbst wenn er nicht an die Beteiligung der „Nerven" wirklich glaubt, sondern richtig den seelischen Ursprung der Störung erkennt: sucht er nun etwa diese seelische Ursache zu beeinflussen? Keineswegs. Er gibt bei „nervösen" Magenstörungen verdünnte Salzsäure oder Chinawein oder Condurango, bei Schlaflosigkeit Ta. Valerianae oder Adalin, bei Aufgeregtheit Bromural usw. Daneben empfiehlt er die berühmte „Schonung", bei der sich niemand etwas Rechtes denken kann, und womöglich Massage, milde Wasserbehandlung u. dgl. Mit allen diesen Mitteln wird er freilich nicht viel schaden. Aber wie häufig schafft er erst die Symptome! Wenn ein unbestimmt über Herzklopfen usw. Klagender hört: das Herz scheine doch etwas angegriffen zu sein, — wenn ein leicht Ermüdender gesagt bekommt, das liege an seinem unreinen Blut, — wenn ein Tuberkuloseängstlicher erfährt, er sei nicht ganz fest auf der Lunge: — so lenken solche Äußerungen selbstverständlich alle Aufmerksamkeit und Sorgen des hypochondrischen Kranken auf das angeblich erkrankte Organ. Der zweite Arzt, an den sich der Unglückliche wendet, hat nun schon wenig Hoffnung mehr, dem Neurotiker sein Herz- oder Lungenleiden auszureden, denn der erste habe es ja gesagt. Wenn aber gar ein alter vergrämter Bureaubeamter wegen seiner Hämorrhoiden kommt und hören muß: man müsse genau untersuchen, denn in diesem Alter käme auch Krebs am Darm vor, — wenn ein ängstliches über Seiten- und Kreuzschmerzen klagendes älteres Fräulein erfährt, es stecke vielleicht eine Wanderniere dahinter, — wenn einer ewig über schreckliche Leibschmerzen jammernden Frau nach der ersten ergebnislosen Blinddarmoperation gesagt wird, es hätten sich wahrscheinlich Verwachsungen gebildet, so bringt man solche vom Arzt gesetzten Angstkomplexe kaum je wieder fort. Furcht vor Tod oder Siechtum plagen den armen Psychopathen nun erst recht. Wie wenig denken die Ärzte, besonders die jungen Ärzte der großen Kliniken und Krankenhäuser daran, daß der Kranke ängstlich jedes Wort aufschnappt, das über ihn fällt. Die paar kümmerlichen lateinischen Brocken, deren sie sich bedienen, hat der Kranke sehr schnell richtig heraus, zumal eine freundliche Schwester sie ihm oft stolz übersetzt. Die fröhliche Unbekümmertheit des jungen Arztes, der fast beleidigt ist, wenn er sieht, was seine leichtfertigen Reden angerichtet haben, — „seien Sie doch nicht so empfindlich" — sollte ernstem Verantwortungsgefühl weichen.

Ferner bedenke der Arzt, wie leicht er eine psychogene Störung fixiert, statt sie zu bessern. Wenn ein Kriegsbeschädigter mit hysterischer Handlähmung in einen orthopädischen Apparat gespannt wird, an dem er wochenlang üben muß, so setzt sich ja seine „fixe Idee", die Hand sei wirklich gelähmt, durch Aufmerksamkeitszuwendung immer mehr fest. Wenn ein Rentensüchtiger wegen ganz unbestimmter Beschwerden mit Brom, „nervenstärkenden" Mitteln und Schlafpulvern förmlich überfüttert wird, so züchtet der Arzt natürlich dem „Kranken" die Idee, er habe ein schweres Leiden. Aber selbst in den Fällen, in denen es sich um ein wirklich organisches Leiden, z. B. eine Tuberkulose handelt, wäge der Arzt sorgsam jedes Wort, was er dem Kranken sagt. Ich kenne Fälle, in denen der Arzt den Kranken durch unbedachte Äußerungen (Paralyseverdacht!) in den Selbstmord getrieben hat. Auch die quälende Angst des Psychopathen, in Geisteskrankheit zu verfallen, geht meistens auf unvorsichtige Äußerungen des behandelnden Arztes über erbliche Belastung, Keimvergiftung u. dgl. zurück. Möge doch jeder Arzt daran denken, daß seine Anordnungen und Mitteilungen nicht nur körperliche sondern auch soziale Folgen haben. Der Weltanschauungskonflikt eines Jünglings ist keineswegs leicht zu nehmen „weil wir ja alle den Kram durchgemacht haben". Einige Verfolgungsideen eines jungen Mädchens geben sich nicht wieder mit der Zeit, sondern sind sehr ernst zu bewerten. Und andererseits die große Szene eines schweren Verbrechers vor Gericht in der Hauptverhandlung, in der er wilde Reden führt und mit Zittern und Schnaufen Eindruck zu machen sucht, ist meist nichts, als wohlüberlegtes Theater.

Alles, was zur speziellen Therapie zu sagen war, ist bei den einzelnen Kapiteln schon mitgeteilt worden. Hier soll nur noch einiges allgemein Therapeutische erörtert werden. Da ist zuerst im weitesten Sinne die

Psychotherapie.

Psycho-
therapie

Sie liegt dem praktischen Arzt unserer Zeit leider meist sehr fern. Der alte Hausarzt, der zugleich der Freund der Familie war, verstand davon viel mehr. Es ist heute Mode geworden, über diesen leider verschwundenen Typus sich lustig zu machen. Er gilt als unfähig, verstand er es doch nicht, den Puls graphisch aufzunehmen, verschmähte er doch viele moderne Arzneimittel, war er doch nicht imstande, komplizierte Stoffwechsellaboratoriumsversuche auszuführen. Und für das, was er verstand, haben die Ärzte heute den Blick verloren. Er faßte die Persönlichkeit als Ganzes auf, als Glied ihrer Umgebung, ihrer Familie. Er bemühte sich nicht nur, durch strenge Befolgung irgendeiner rigorosen Therapie seinem Kranken 3 Jahre der Qual zu schenken, sondern er versuchte, ihm noch eine möglichst beschwerdenfreie, möglichst glückliche Zeit zu ermöglichen, wenn sie vielleicht auch etwas kürzer war. Er stürzte sich nicht auf ein Leiden mit allen Errungenschaften der Neuzeit, sondern er lehrte den Kranken, sein Kreuz zu tragen und sein Leben so einzurichten, daß er es möglichst gelinde und so trug, daß er am Leben noch Freude hatte und der Umgebung noch nützen konnte. Der alte Hausarzt war oft lebensklüger und auch kritischer als der moderne Großstadtarzt, der immer auf dem Laufenden ist. Er betrachtete seinen Kranken als Menschen mit allen menschlichen Schwächen, nicht als eine Summe von chemischen Prozessen und physischen Funktionen. Leicht ist es, Rezepte zu schreiben, schwer ist es, die Persönlichkeit des Kranken kennen zu lernen und sie sich zu unterwerfen. Denn das ist Psychotherapie. Wie schon erwähnt, werden die „großen Psychosen" dem Arzt selten zu schaffen machen, deshalb wurden sie hier auch ziemlich kurz behandelt. Aber die psychopathischen Artungen, erworbenen Neurosen, abnormen Reaktionen kommen dafür um so eher in den Wirkungsbereich des Arztes. Und bei ihnen ist das Wichtigste die Psychotherapie.

Der Arzt muß dem Psychopathen viel Geduld widmen. Er muß sich sein ganzes Leben schildern lassen, muß möglichst einen Einblick in sein Milieu, seine Berufsverhältnisse gewinnen. Er muß die einzelnen Symptome aus dem Gesamtzusammenhange heraus verstehen, nicht ihnen einzeln zu Leibe gehen. Und er erweist dem Psychopathen meist schon damit eine Wohltat, daß er ihm Gelegenheit gibt, sich unumwunden auszusprechen. Für manchen Zwangsvorstellungskranken ist schon die Heilung halb erreicht, wenn er nicht einem moralisierenden, aburteilenden Menschen gegenübersitzt, sondern wenn er seine ganze Leidensgeschichte einmal einem gänzlich vorurteilsfreien Manne anvertrauen kann, aus dessen teilnehmenden und die Erzählung fördernden Zwischenfragen er den Sachkundigen heraushört. Hat der Arzt einmal das Vertrauen des Kranken gewonnen, so vermag er ihn auch leicht zu beeinflussen und zu leiten. Und diese Leitung dränge nun dem Kranken nicht ganz fremde Tendenzen, Verhaltungsweisen usw. auf, sondern sie entnehme die Gesichtspunkte der Führung eben dem Leben des Kranken, der Kenntnis seines Milieus. Wenn ich von einem Manne höre, daß er bisher immer völlig einsam gelebt hat und in dieser Einsamkeit zur Hypochondrie und zur Angst vor einem Schlaganfall gekommen ist, so werde ich ihn nicht damit überfallen, daß ich ihm suggeriere: Sie müssen unter Menschen, in die Gesellschaft, müssen Sport treiben usw. Je nach der Gemütsart des Leidenden wird ein ironisches Lächeln („Ja Herr Doktor, ich dachte mir, daß Sie das sagen würden") oder ein resigniertes „das kann ich nicht" die Antwort sein. Sondern man fange die Sache viel vorsichtiger und viel spezieller an. Hat man z. B. einen Kunstwissenschaftler vor sich, so überlege man mit ihm eine Reise nach Holland, damit er sich wieder einmal die dortigen Originale aus seinem speziellen Arbeitsgebiet ansehe; im Anschluß daran solle er dann ein holländisches Seebad aufsuchen. Nach der anstrengenden Museumsarbeit werde ihm dann das Seeklima lebhaften Appetit machen, er solle dem nachgeben, solle auch eines mäßigen Weingenusses nicht vergessen. Er werde sich dann wie neugeboren vorkommen, wenn er einmal 3 Wochen im Winde der Nordsee gestanden habe. Außerdem sei übrigens seine ganze Konstitution derart, daß an einen Schlaganfall nicht gedacht werden könne. Der Arzt habe seine ganz bestimmten Anzeichen, an denen er die zu Schlaganfällen Disponierten erkenne. Und von solchen Anzeichen sei hier nicht das Mindeste zu finden usw.

Besondere Sorgfalt wende der Arzt auf, wenn er einen geistig hochstehenden Mann als neurotisch Kranken bekommt. Dieser fährt nach Abschluß seines Krankheitsberichtes vielleicht gleich fort: „Darf ich Ihnen nun sagen, Herr Doktor, was Sie vorschlagen werden? Sie werden sagen usw...." Man sei in solchen Fällen nicht empfindlich und gebe keine Antworten, wie ich es einmal erlebt habe: „Ja wenn Sie schon selber wissen, was ich sagen werde, dann brauchen Sie ja meinen Rat nicht." Dann hat der Arzt selbstverständlich von vornherein verspielt. Sondern man überlege, was für Gedanken der Äußerung des Kranken zugrunde liegen, und warum er bestimmte Wege von vornherein ablehnt. Oft gehen selbst sehr gebildete Menschen von ganz unsinnigen physiologischen Theorien aus. Man weise ihnen diesen Unsinn nach und begründe ihnen die neu gemachten Vorschläge. Dem Gelehrten gegenüber wird man selbstverständlich jede Geheimnistuerei unterlassen, der Bauersfrau hingegen kann man sehr wohl einige Bemerkungen über die geheimnisvolle Wirkung irgendeiner harmlosen Kur beibringen. Individualisieren ist hier die allererste Forderung. Hört man, daß ein Lehrer bisher sein Heil darin gesucht hat, seine Nahrung stundenlang zu kauen, so erkläre man dies nicht sofort für Blödsinn, denn es ist für den Betreffenden natürlich sehr deprimierend — wenn er es glaubt —, daß er 2 Jahre seines Lebens an diese unsinnige „Lebensweise" gehängt hat. Sondern man antworte, daß dieses Kauen sicher nichts geschadet habe; anscheinend ja auch nichts genützt, denn sonst würde der Lehrer ja jetzt nicht die Sprechstunde aufsuchen. — Eine ältere Dame kommt mit der Mitteilung, sie habe ihre Neuralgien bisher immer durch Wiesbaden bessern können, nun sage ihr aber jemand, Wildbad sei wirksamer, was sie nun tun solle. Nichts wäre verkehrter als ihr zu sagen, das sei ganz gleichgültig. Stellt man nach

genauer Untersuchung fest, daß es sich gar nicht um echte Neuralgien
handelt, so erkläre man ihr, daß man bei der besonderen Form der
Nervenschmerzen, die gerade bei ihr vorliege, eigentlich mehr zu Wildbad
raten müsse, allerdings könne man nicht verhehlen, daß zuerst eine
Kur völliger Abstinenz von Alkohol anzuraten sei. Man kenne da das
Sanatorium X., dessen Leiter ein besonders bei Nervenschmerzen erfahrener Arzt sei usw.

Es ist nicht richtig, wie man es gelegentlich aussprechen hört, daß
eine derartige Behandlungsweise charakterlos sei. Man kann seine fest
begründeten eigenen Meinungen haben, von denen man in keinem einzelnen Falle abgeht. Es kann sich nie darum handeln, daß man diese
seine Ansichten irgendwann opfert, sondern man muß nur die Form,
in der man seine Ansichten ausspricht, in jedem Falle individualisieren.
Im einen Falle wird man sie dem andern so beizubringen versuchen,
als seien sie eigentlich immer dessen Ansichten gewesen, und als ginge
der jetzige Therapievorschlag ja aus den Anregungen des Kranken selbst
hervor. Im andern Falle wird man im Gegenteil sehr bestimmt, suggestiv
und autoritativ auftreten. Aber man lasse sich nicht durchschauen! Man
vergesse nie, daß rein psychogene Leiden auch ganz vorwiegend auf rein
psychischem Wege beeinflußt und beseitigt werden müssen. Nebenbei
wird man sich natürlich bemühen, die Ernährungs- und Lebensweise
möglichst vernünftig zu regeln. Doch lasse man alle Angewohnheiten des
Kranken bestehen, mögen sie noch so verdreht sein, wenn man sie für
harmlos hält. Es gibt freilich auch seltene Fälle, in denen man einmal
den Versuch machen wird, einen Menschen in allen seinen Gewohnheiten
völlig auszuwechseln. Man darf eben nichts verallgemeinern. Man vergesse vor allem eines Faktors nicht, des Segens der Arbeit. Sehr viele von
den Psychopathen sind ja Müßiggänger, die eben nur ihren Symptomen
leben. Wenn man diesen irgendeine Lebensaufgabe zu suggerieren vermag, so hat man gewonnen. Wenn man mit Hilfe der Familie bei einer
unbeschäftigten, an Phobien leidenden Tochter herausfindet, daß sie
immer schon gewünscht hätte, einmal selbständig einen Haushalt zu
führen, so mache man ihr klar, nun sei diese Gelegenheit bei Tante Anna
gegeben, die sich gern einmal etwas erholen wolle usw. Kein Wort
davon, daß dies eine „Kur" sei, aber die Phobien werden schwinden,
sobald das Mädchen ordentlich zu tun hat.

Man bedenke doch, worauf die ausgezeichneten Erfolge — sie sind
oft nicht zu bestreiten — bei den Magnetopathen, Schäfern, Wunder-
doktoren, Gesundbetern usw. beruhen. Nur in ihrer geschickten Menschenbehandlung und in ihrem großen Ruf, aber dieser beruht wiederum auf
ersterer. Warum schilt man immer nur auf diese „Kurpfuscher"? Man
lerne von ihnen das, was gut an ihrer Methode ist, und man wird ihnen
dann wegen der eigenen Bildung usw. auch in den Erfolgen weit überlegen sein. Es entgeht mir nicht, daß die Anhänger jener Wunder-
doktoren zum Teil aus Leuten bestehen, die aus einer gewissen Perversität
heraus jene aufsuchen. Da wirkt auf den einen kulturell Komplizierten
die Einsamkeit und die Primitivität des Dorfes, wo der Schäfer haust: —
eine Dame der Gesellschaft trägt von der Unbildung und der Ungepflegt-

heit des Mannes den tiefsten Eindruck davon; — ein dritter wiederum wird von irgendwelchen geheimnisvoll erscheinenden Allüren im Innersten erregt usw. Aber derartige Hilfsmomente werden ja — nur auf anderem Niveau — auch von den Ärzten keineswegs verschmäht. Wenn der berühmte Geheimrat bei der Visite als einzig dunkel gekleideter gefolgt von einer großen Zahl von Assistenten in weißen Mänteln zu dem einfachen Manne tritt, so macht das diesem natürlich auch einen gewaltigen Eindruck, und wenige Worte und Handbewegungen können genügen, sein neurotisches Zittern fast verschwinden zu lassen.

Neben bestimmten Vorschlägen zur Regelung der Lebensweise oder neben besonderen Maßnahmen vergesse man nicht der Hauptsache, der Behandlung der psychopathisch-neurotischen Persönlichkeit im Sinne der Erziehung. Es ist wohl etwas einseitig, wenn der unermüdliche Verfechter dieser Lehre vom Arzt als Erzieher — Dubois-Bern — fast alles von diesem einen Standpunkt aus zu bewegen versuchte. Doch kommt sicher dieser erzieherischen ärztlichen Tätigkeit sehr große Bedeutung zu. Der Kranke muß das Bewußtsein haben, vom Arzte wirklich geführt zu werden, und der Arzt muß beim Kranken wieder die Fähigkeit zur Selbstbeherrschung und Selbsterziehung wecken. Müdigkeit bekämpfen, Unlust unterdrücken, Erregung beherrschen, Trägheit überwinden, Furchtsamkeit bezwingen, Grübeleien verwerfen, Selbstvertrauen gewinnen lernen: dies sind nur einige der Forderungen, die die Kranken wieder an sich selbst zu stellen erzogen werden müssen. Je nach der sozialen Schicht und der intellektuellen Ausbildung des einzelnen wird man diese Erziehung bald mehr ethisch, bald mehr ästhetisch begründen müssen.

Außer der individualisierenden Besprechung der Leiden, den wiederholten Beichten der Kranken, außer den vernunftgemäßen Einrichtungen in der Lebensweise, Tätigkeit, Arbeit, Erholung und Reisen usw. hat der Arzt zur Unterstützung seiner Therapie natürlich noch besondere Hilfsmittel zur Verfügung. Erstens die Arzneimittel. Er bediene sich ihrer in der Psychotherapie nur gleichsam als einer suggestiven Unterstützung. Von dem verstorbenen bedeutenden Psychiater und Therapeuten Hecker erzählt die Anekdote, er habe bei der Behandlung der Schlaflosigkeit sehr verschiedene psychische Behandlungsweisen erprobt. Wenn aber nichts davon genützt habe, habe er in leichter Hypnose dem Kranken für die nächste Nacht bestimmt einen tiefen Schlaf in Aussicht gestellt, nur werde die Folge des tiefen und sehr erquickenden Schlafes leider sein, daß der Kranke am nächsten Tage leichte Blendungserscheinungen an den Augen haben werde. Doch habe dies nichts zu sagen. In der Tat wurden aber dem Kranken in das Nachtessen etliche Tropfen Hyoscin geschmuggelt, von denen er nichts ahnte. Seine Bewunderung des Arztes war groß, als sich nicht nur der lange Schlaf, sondern auch die leichten Augenstörungen einstellten. — Gerade bei der Schlaflosigkeit bediene man sich der Schlafmittel nur vorübergehend und immer nur als Unterstützung anderer Prozeduren, auf die man dem Kranken gegenüber den größeren Wert legt. Wenn sich z. B. jemand an Adalin gewöhnt hat und behauptet, er könne ohne eine

Tablette Adalin die Nacht bestimmt nicht schlafen, so belasse man ihm dies ohne Sorgen monatelang, da diese geringe Dosis sicher ebensowenig schadet als nützt. Will man ein starkes Mittel anwenden, so versuche man es mit 2 g Sulfonal (besonders bei alten Leuten), gebe es aber höchstens 2—3 Abende lang und schiebe dann eine längere Pause ein. Ziemlich stark wirkt auch noch ein ganzes Gramm Veronal oder das lösliche Veronalnatrium (Medinal), letzteres scheint schneller resorbiert zu werden. Mit $^1/_2$ g Medinal wird man in manchen Fällen auch schon etwas erreichen. 1 g Trional wirkt etwa 1 g Veronal gleich. Will man lieber eine Flüssigkeit wählen an Stelle eines Pulvers, so sei noch immer das alte Chloralhydrat (2,0 g) oder Paraldehyd (bis zu 6,0 g) empfohlen, beide gehörig verdünnt. Ersteres schmeckt ziemlich bitter nach; letzteres hat einen eigenen, vielen äußerst widerlichen, manchen wiederum angenehmen Geschmack. Auch die Atemluft riecht noch 24 Stunden lang nach Paraldehyd. Aber gerade deshalb macht dieser „Schlaftrunk" z. B. auf alte Bauersleute einen vorzüglichen Eindruck. Auch des Broms wird man sich in manchen Fällen bedienen[1]). Morphium gebe man niemals als Schlafmittel[2]). Gelegentlich aber kann man von 10 Tropfen Opium guten Erfolg sehen. Daß man individuell verfahren, daß man den gesamten Körperzustand (Herzleiden!) bei der Auswahl und Dosierung sorgfältig berücksichtigen muß, gehört zu den Selbstverständlichkeiten. Man wird natürlich gelegentlich finden, daß ein Mittel, welches bei dem einen Kranken vorzügliche Dienste geleistet hat, bei einem anderen versagt. Von den zahllosen neuen, immer wieder wechselnden Arzneien habe ich jenen erwähnten älteren gegenüber keine besonderen Vorteile gesehen. Häufig liegt der mangelnde Schlaf an mangelnder körperlicher Ausarbeitung (Bureaubeamte). Man empfehle dann vor dem Abendessen oder vor dem Zubettgehen noch einen längeren Spaziergang, Turnen, Gartenarbeit je nach Jahreszeit und Lebensgewohnheiten. Ein warmes (36° C) Bad von einstündiger Dauer[3]) mit direktem Übergang ins Bett verschafft anderen einen gesunden Schlaf[4]). Bei anderen wiederum sieht man Gutes, wenn man der Bettruhe, gleichsam als Vorbereitung eine einstündige Ruhe auf dem Liegesofa vorangehen läßt[5]). Handelt es sich um jene Schlafstörung, bei der die Kranken zwar einschlafen, aber nach 2—3 Stunden schon wieder aufwachen und nun nicht ein zweites Mal einschlafen können, so lasse man evtl. das Schlafmittel erst beim ersten Aufwachen nehmen. Man festige den Glauben, daß ein Schlafmittel stets 2—3 Nächte nachwirke. Zuweilen erreicht man eine gute ausgiebige Nachtruhe, wenn man den Mittagsschlaf verbietet. In anderen Fällen kann man wiederum mittags leicht ohne alle Mittel den Kranken 1—2 Stunden fest schlafen sehen,

---

[1]) Siehe unter Therapie der Epilepsie.

[2]) Über die Verwendung des Morphins überhaupt siehe unter Morphinismus.

[3]) Nicht abkühlen lassen im Verlauf dieser Stunde!

[4]) Man erreicht damit vor allem die so notwendige motorische Ruhe.

[5]) Hierdurch stellt sich oft eine wohltuende, den Schlaf vorbereitende „Affektruhe" ein. Die Erregungen und Unruhen der Tätigkeit schwinden, die psychischen Vorgänge verlaufen in langsameren Wellen.

während es nachts nicht recht gelingen will, ihm längere Ruhe zu verschaffen. Man muß in der Erfindung irgendwelcher Vorschläge hier besonders reich und beweglich sein. Hat man auf irgendeine Weise 6—8 Stunden Schlaf erreicht, sei es auch nur Mittags und Nachts zusammen, so wird man zufrieden sein können. Man bedenke, daß die Angabe der Leidenden, sie hätten „kein Auge zugetan" sehr oft völlig unwahr ist. Die Kranken wollen den Arzt sicher nicht betrügen, sie sind fest überzeugt, sie hätten „jede Stunde schlagen" hören. Und doch kann man oft nachweisen (man hat es auch experimentell nachgewiesen), daß sie tatsächlich stundenlang, wenn auch zuweilen unterbrochen, geschlafen haben. Man denke auch daran, daß manche Psychopathen ihre sonst irgendwie begründete Unlust auf die Schlaflosigkeit verschoben haben. In der Tat machen sie sich über irgendetwas anderes, z. B. eine Liebesangelegenheit Sorgen, und diese hat ihnen anfangs manche schlaflose Nacht gebracht. In der Folge können sie sich über die Hauptsache niemand gegenüber aussprechen, so bleibt ihnen nichts übrig, als über die Schlaflosigkeit zu klagen, denn klagen will der Psychopath. Gelingt es dem Arzt, das Vertrauen des Kranken zu gewinnen und die Hauptsache herauszubekommen, so wird von Schlaflosigkeit bald kaum mehr gesprochen werden. Immer wieder muß ich es betonen — fast jedes Thema zwingt die Mahnung von neuem auf —: man hänge nicht an einzelnen Symptomen, sondern sehe hinter die Dinge. Symptome sind Symbole, so hört man diese Sachlage oft genug formulieren, und wenn dies auch durchaus nicht in allen Fällen stimmt: in manchen trifft der Satz sicher das Richtige. Bei der Bekämpfung der Schlaflosigkeit vergesse man auch des Alkohols nicht. In Fällen, in denen man sicher ist, den Schlaflosen nicht zum Trinker zu erziehen — also besonders bei Frauen — und vor allem immer dann, wenn man von dem Psychopathen hört, daß er auf Alkohol nicht mit heiterer Erregung, sondern nur mit Müdigkeit reagiere, rate man zu einem Glase Südwein oder einer kleinen Flasche schweren Bieres als Schlaftrunk.

Bei Zuständen der Unruhe, der leichten depressiven Erregung usw. kann man sich auch während des Tages für längere Zeit des Broms in irgendeiner Form bedienen[1]). Doch gebrauche man — noch einmal sei es betont — so wenig Arzneimittel als möglich. Durchaus gewarnt sei vor allen Nerventonika, Nervenstärkungsmitteln, spezifischen Mitteln gegen Neurasthenie usw. Man hat von der Wirkung solcher Mittel, selbst wenn man ihre chemische Zusammensetzung kennt, auf das Gehirn nicht die mindeste Kenntnis, noch weiß man von tatsächlichen Erfolgen, wenn man die betreffende Literatur kritisch verfolgt. Gerade der wenig Begüterte wirft für solche Mittel oft ganz ungemein große Summen hinaus. Selbst im großen Kriege konnte man Leute sehen, die vor Angriffen oder großen Anstrengungen irgendwelche von der Braut gesandten Nervenstärkungsmittel schluckten. Dem wiederholt geäußerten Grundsatze getreu, wird man niemandem, der sein ganzes Herz daran gehängt hat, die Wirksamkeit eines solchen Mittels ausreden wollen,

Nerventonika

---

[1]) Siehe unter Brombehandlung der Epilepsie.

doch wird man selbst niemals derartige Mittel verschreiben außer
in der eigenen Überzeugung, sich des Mittels nur als Trägers einer
Suggestion zu bedienen. Von diesem Gesichtspunkt aus ist jedes sonst
unschädliche Mittel recht[1]).

Über die Arzneibehandlung schwerer Psychosen wird später noch
gesprochen werden.

Magen-
neurosen

Besondere Vorsicht übe man auch bei der Behandlung der Magen-
neurosen. Hat eine wirklich gründliche körperliche Untersuchung
sicher ein organisches Magenleiden ausschließen lassen, so behandle
man die Persönlichkeit, nicht den Magen. Und vor allem der Arzneimittel bediene man sich in solchen Fällen nur als Träger einer Suggestion.
Bei hypochondrischen Psychopathen wird man es erleben, daß solche
Kranke gleich mit einer Serie von Pillen und Essenzen ankommen, um
das Urteil des Arztes darüber zu hören. Da wird es sich leider selten
empfehlen, den ganzen Kram schlechtweg zu beseitigen. Man lobe
viel eher die Mittel an sich. Es seien sicher lauter vortreffliche Sachen,
nur schienen sie gerade im gegenwärtigen Fall nicht am rechten Platz
zu sein. Und dann bemühe man sich, dem Kranken vor allem zuerst
die stark wirkenden Mittel und die Geheimpräparate abzugewöhnen,
und an die unschuldigen Stoffe knüpfe man mit einer Suggestivtherapie
an. Man vermeide es immer, die Anordnungen des vorigen Arztes
direkt oder ironisch zu tadeln. Und zwar denke ich bei diesem Rat
nicht etwa an Standesrücksichten u. dgl. Sondern der Kranke selbst
beurteilt einen solchen Tadel des anderen Arztes häufig ungünstig.
Es erinnert ihn zu sehr an das Gebaren des Kaufmanns, der die Kon-
kurrenz herabsetzt. Und der Kranke soll doch Vertrauen zu dem neu
gewählten Arzt fassen; nicht von vornherein abgestoßen werden. Zudem
hat der Kranke oft schon sehr viele Ärzte und deren sich immer wider-
sprechende Aussagen kennen gelernt. Sein Vertrauen zum Ärztestand
ist an sich oft schon sehr erschüttert. Manche Neurastheniker, die von
Arzt zu Arzt ziehen, lieben es auch, den Arzt gleichsam hineinzulegen.
Sie fragen z. B. scheinbar harmlos, was der Herr Doklor denn zu der
Wirksamkeit von Calcium lacticum meine, und wenn dann der Arzt
aus seiner Überzeugung heraus dies Mittel für gänzlich unwirksam
erklärt, bekommt er zur Antwort, Herr Geheimrat X. habe es erst gestern
noch seinen Studenten empfohlen. — Besonders denjenigen Kranken
gegenüber, die schon seit Jahren alle möglichen Sanatorien durchlaufen
haben, steht der Arzt oft auf sehr exponiertem Posten. Dazu gehören

Unfalls-
neurotiker

auch die Unfallsneurotiker, die von den Berufsgenossenschaften häufig
durch die verschiedensten mediko-mechanischen Institute und andere
Anstalten hindurchgeschickt worden sind. Ihnen gegenüber ist, wie in
dem folgenden Hauptstück noch gezeigt werden wird, ganz besondere

---

[1]) Man hört gelegentlich, wie sich ein Arzt über die Heilmethode seines
ärztlichen Vorgängers lustig macht, oft sogar in taktloser Weise in Gegenwart des
Kranken. Das ist vielfach sehr kurzsichtig. Denn wenn ich jemandem Diathermie
verordne, um eine Suggestion daran zu knüpfen, so ist es nicht klug, wenn sich
ein anderer über mich moquiert, weil auch ich angeblich diese Diathermiemode
mitmache.

Vorsicht am Platz. Nicht etwa, als ob alle diese Leute Schwindler wären, von dieser Einstellung muß man sich ganz frei machen, — sondern weil sie sich seit Jahren mit ihren Symptomen und deren so verschiedenartiger Behandlung beschäftigt haben und hierin gleichsam sachverständig geworden sind. Das Leben der Neurotiker und Neurastheniker ist ja nicht nur wegen ihrer Symptome ein Leidensweg. Die begüterten unter ihnen müssen sich mit allen den deprimierenden Eindrücken in den Sanatorien herumschlagen und dazu meist noch sehr große Summen bezahlen. Die einfachen Leute werden von den Ärzten (und auch dem Personal) in einer großen Zahl der Fälle außerordentlich schlecht behandelt. Einen Unfallsneurotiker von vornherein anzuherrschen und grob anzufassen, ihn wie einen halben Schwindler anzusehen und ihn dies fühlen zu lassen, haben sich leider viele Ärzte zum bewußten, aber falschen Grundsatz gemacht. Sicher soll das wehleidige Gebaren solcher Leute nicht noch durch ein weiches, nachgiebiges Wesen des Arztes unterstützt werden, sicher sollen sie den festen Willen des Arztes, aber zugleich auch seine Freundlichkeit zu spüren bekommen. Die richtige Haltung ihnen gegenüber ist etwa die des idealen Vorgesetzten: bestimmt, aber wohlwollend. Hartes Anfassen verbittert durchaus. Der grobe Arzt kann sicher sein, sich durch seine Grobheit den Erfolg von vornherein verscherzt zu haben[1]). Gerade beim Unfallsneurotiker vermeide man alle Arzneien möglichst. Es ist unverantwortlich, daß die jährliche Apothekenrechnung mancher solcher Kranken, wie sich aus den Unfallsakten ergibt, einen Monatslohn weit übersteigt. Nirgends ist die Psychotherapie so wichtig als gerade dem Unfalls- oder Kriegsneurotiker gegenüber. Hier ist sie überhaupt das Einzige, was noch helfen kann. Aber gerade hier wird sich der Arzt besonderer Hilfsmittel bedienen müssen, nicht der Arzneien, sondern z. B. des zweiten großen Heilfaktors, der Arbeitstherapie. Schon früher wurde ja darauf hingewiesen, wie wertvoll es z. B. bei einem unbeschäftigten älteren Fräulein ist, das nur seinen Leiden lebt, wenn man ihr eine Aufgabe, eine nützliche Lebensausfüllung mit Hilfe der Angehörigen verschafft; wenn man sie schließlich dahin bringt, sich womöglich für unentbehrlich zu halten; wenn man ihr Zutrauen zu sich und ihr Selbstgefühl immer mehr stärkt und ihr schließlich beweisen kann, was alles sie doch trotz ihrer damaligen Leiden, die ja inzwischen nun zum größten Teile glücklich überstanden seien, mit großer Bravour fertig gebracht habe. Und beim Unfallsneurotiker versuche man, ihn möglichst wieder in seinem Beruf zu beschäftigen. Es ist nicht zu empfehlen, hysterisch gelähmte an besonderen Apparaten üben zu lassen, die für organische ähnliche Lähmungen geschaffen sind. Es ist das der gleiche Fehler, wie wenn man hysterisch Ertaubten die Ablesesprache der Taubstummen lehrt oder durch Chok Verstummte mit Lippenübungen usw. plagt. Der Arzt, der so handelt, beweist damit, daß er das Wesen einer hysterischen Lähmung noch nicht verstanden hat. Jedesmal, wenn sich ein solcher

Arbeits-
therapie

---

[1]) Auch dieses sei natürlich nicht schematisch verallgemeinert und wird hier speziell nur gegenüber dem Unfallsneurotiker betont. Manchen weiblichen Kranken gegenüber wirkt eine gewisse Derbheit oft Wunder.

Kranker, der z. B. seine Handstreckfunktion seelisch ausgeschaltet hat, an seinen Apparat setzt, um zu üben, wird der Gedanke in ihm von neuem erweckt und verstärkt: Du hast eine gelähmte Hand. Genau wie beim Erlernen eines Arbeitsstoffes, etwa einer Geschichtszahl, jede Wiederholung die Gedächtnisspur tiefer eingräbt, — genau wie jedes erneute Durchlaufen des Zwangsgedankenmechanismus den unsinnigen Gedanken tiefer und quälender einbohrt, — genau so wird eine derartige Lähmungsvorstellung durch Repetition verstärkt. Von diesem Gesichtspunkt aus müssen alle mediko-mechanischen Institute für Neurotiker als gänzlich ungeeignet erklärt werden. In der gewöhnlichen Arbeit hingegen, deren Verrichtung meist die Tätigkeit einer großen Zahl von Muskeln erfordert, wird die Aufmerksamkeit viel weniger auf die Art der Ausübung als auf den Erfolg gelenkt. Deshalb sind auch alle sog. Scheinarbeiten aufs äußerste zu bekämpfen, wie sie vor noch nicht gar zu langer Zeit z. B. in Erziehungsanstalten eingeführt waren, als noch Knöpfe auf Pappen genäht, wieder losgetrennt und abermals angenäht werden mußten. Wenn ein gelernter gesunder Arbeiter eine Spezialmaschine zu bedienen gehabt hat, die in unendlicher Einförmigkeit nur eine oder wenige Handgriffe erforderte, wird es sich nicht empfehlen, ihn sogleich wieder dieser Tätigkeit zuzuführen, sofern gerade einer dieser Handgriffe psychogen gestört ist. Ist die Fabrik nicht in der Lage, ihn in einem anderen Teil ihres Betriebes, als Packer usw. anzustellen, so mag sich der Unfallgeschädigte so lange eine andere, mehr die Gesamtheit seiner Körperfunktionen beanspruchende Arbeit suchen, bis alle Störungen vorüber sind. Landwirtschaft und Gartenarbeit sind vorzügliche Heilmittel für Neurotiker. Besonders bei Kriegsneurotikern hat man die besten Erfolge gesehen. Sobald die zappelnden, zitternden, gelähmten, wehleidigen, klagenden, reizbaren Kriegsneurastheniker in der gesunden Luft und Lebensweise des Landes vom Arzt ganz individuell zu dieser und jener Arbeit angestellt wurden, sobald sie vor allem merkten, daß sie durch fleißige Arbeit nicht nur frische Farben, körperliches Wohlgefühl und bessere Stimmung, sondern auch noch Geld erwarben, schritt ihre Besserung aufs allerbeste fort. Man hatte dem ja schon vor dem Kriege Rechnung getragen, indem man besondere Arbeitsheilstätten für Unfallsneurotiker gründete. Sicherlich war dies gut, wenngleich die Anhäufung von vielen „Nerven"kranken an einem Orte auch wiederum mancherlei gegen sich hat. Das Ideal wäre: jeder Unfallsneurotiker kommt zur Landarbeit aufs Dorf und wird vom Arzt nur alle 14 Tage einmal aufgesucht. Er bekommt von seiner Rente keinen Pfennig, sondern nur freie Verpflegung. In dem Maße aber, in dem er nützliche Arbeit verrichtet, wird er ebenso wie ein landwirtschaftlicher Tagelöhner entlohnt. Leider läßt sich dieses wegen verschiedener gesetzlicher Bestimmungen usw. nicht durchführen, doch sollte man versuchen, diesem Ideal, soweit es in jedem einzelnen Falle eben geht, nahe zu kommen. Statt dessen sitzen die Rentenempfänger in den Wirtschaften der Städte herum und vertrinken ihr Geld. Und wenn ein Unfallsneurotiker auch noch zum Säufer geworden ist, dann lasse man jede Hoffnung auf eine Besserung fahren, wenn es nicht gelingt, ihn ganz aus seinem Milieu herauszureißen und ihn abstinent zu machen.

Man hat den Satz ausgesprochen, daß nur derjenige ein wirklicher traumatischer Neurotiker sei, der über seine Störungen nur 6—8 Wochen lang nach dem Unfall zu klagen habe. Dauern die Symptome länger, so sei dies kein Neurotiker, sondern — wenn man jede organische Schädigung ausschließen könne — ein Schwindler und Rentenjäger. Es ist ja gewiß menschlich sehr begreiflich, daß der Theoretiker wie der Praktiker darnach strebt, komplizierte Erscheinungen auf eine einfache Formel zu bringen. Aber in diesem Fall ist die einfache Formel eben falsch. Ein Standpunkt, wie der soeben skizzierte, ist entweder einseitig doktrinär oder laienhaft. Man halte daran fest, daß der Neurotiker ein psychisch gestörter Mensch ist[1]) im Sinne der früher besprochenen pathologischen Reaktion. Er hat durch seinen Unfall einen Choc bekommen, und durch all das Drum und Dran des Unfalls hat sich dann eine überwertige Idee in ihm festgesetzt; im allgemeinen: Du wirst nie wieder gesund, im besonderen: Du bleibst an dem verletzten Arm gelähmt. (Ob beim Zustandekommen einer solchen überwertigen Idee Rentenbegehrungsvorstellungen[2]) oder ähnliches mitspielen, ist eine rein theoretische, praktisch unwichtige Frage.) — Der Fall liegt nicht wesentlich anders, als wenn beim plötzlichen Tode seiner Frau an einer Hämoptoe der Ehemann tief erschüttert wird (Chocwirkung), und sich in der Folgezeit bei ihm die überwertige Idee herausbildet, er leide auch unheilbar an Tuberkulose. Er mißt sich täglich mehrmals, läßt sein Sputum von den verschiedensten Ärzten untersuchen, fängt an, einen leichten Husten zu produzieren usw. Hier kommt gar kein Arzt auf den Gedanken, zu sagen: wenn die Einbildungen nur 6—8 Wochen dauern, sind es überwertige hypochondrische Ideen; dauern sie länger, so ist der Mann ein Schwindler. Aber der Mensch neigt so leicht dazu, beim Nebenmenschen einen schlechten Charakter oder niedrige Bereicherungsabsichten dann vorauszusetzen, sobald auch nur die Moglichkeit eines Gelderwerbs hereinspielt. Man vergesse auch nicht, daß der Neurotiker, der sich z. B. angeblich seine Teilrente von 15% im Monat „erschwindeln" will, zuvor vielleicht einen Monatsverdienst von mehr als dem 10fachen gehabt hat, und daß er sich durch sein angebliches Schwindlertum also fast zum Hungern verurteilt. Daß es aber natürlich unter den Unfallsgeschädigten auch Schwindler gibt, ist so selbstverständlich, daß es kaum der Erwähnung bedarf. Die Zahl dieser Rentenjäger hat jetzt nach dem großen Kriege sehr stark zugenommen. Unter ihnen sind mehrere Typen. Der eine droht ganz offen mit Gewalt: Er habe lange genug seinen Kopf draußen hingehalten — in der Tat war er meist Bahnbewachungsmann in Belgien — und werde nicht Ruhe geben, bis er eine Rente bekomme.

Unfalls-
neurosen
als über-
wertige
Ideen

---

[1]) Wenn man als Arzt von neurotisch, nervös, nervenkrank usw. redet, so ist dies eigentlich nichts als eine Art Heuchelei oder wenn man will, Schönfärberei. Nicht die peripheren Nerven sind krank, sondern die Psyche.

[2]) Man hat angenommen, daß es nicht bewußte Rentenwünsche wären, sondern nur unterbewußte Rentenberechtigungsüberzeugtheiten. Doch kann hier auf die Theorien über das Zustandekommen von überwertigen Ideen nicht eingegangen werden.

Lehne man sie ab, so werde man schon sehen, dann fließe noch Blut. — Solch brutale Burschen — im stillen meist an Eigentumsverbrechen, im öffentlichen Leben als Schreier an allen Aufruhrszenen, Streiken usw. lebhaft beteiligt — scheuen sich nicht, auf den Versorgungsämtern und Fürsorgestellen dem Beamten die Papiere zu zerreißen, das Tintenfaß an die Wand zu werfen und alles in Schrecken zu jagen. Und — was das Bedauerlichste dabei ist — meistens erreichen sie ihren Zweck. Denn „mit solchen Menschen will niemand etwas zu tun haben". Offenbar — so täuscht man sich selbst — sei der arme Mann durch den Krieg so erregbar geworden, daß er schon deshalb einer Rente bedürfe. In der Tat aber ist der arme Mann ein Schwindler, und die Dienststellen haben Angst. Es ist eine ganz ähnliche Erfahrung wie im Gerichtssaal: bei einem stillen besonnenen Kranken hat der Sachverständige oft Mühe, den Richter von der Krankhaftigkeit zu überzeugen, — wenn sich ein hysterisches Mädchen im Gerichtssaal hinwirft, um sich schlägt, sich die Haare rauft und schreit, so muß der Gutachter oft mit großer Energie betonen, sie sei trotzdem zurechnungsfähig.

Der zweite Typus des Rentenschwindlers ist der stille scheinbar gefügige Mann, der im Krankenhaus auf irgendeine Psychotherapie hin seines Zitterns, oder was er sonst haben möge, sehr bald Herr wird. Sobald er aber wieder zu Hause ist, vergehen kaum einige Wochen, und er beginnt von neuem zu zittern und beantragt eine Erhöhung seiner Rente. Beide Typen — es gibt deren noch mehrere — machen viel Mühe. Von einer Therapie im eigentlichen Sinne kann ja bei ihnen keine Rede sein, denn sie wollen ja die Rente ertrotzen.

Handelt es sich nicht um einen Schwindler, sondern um einen wirklichen Neurotiker, so sind ja neben verständiger ärztlicher Beeinflussung und der Arbeitstherapie noch andere Hilfsmittel zur Beseitigung der Symptome vorhanden. Ob sich der einzelne Arzt gerade dieses oder eines anderen Hilfsmittels bedient, hängt hauptsächlich von seiner eigenen Persönlichkeit ab. So setzt es z. B. eine gewisse eigene Robustheit voraus, sich des starken elektrischen Stromes zur Heilung neurotischer Beschwerden und vor allem von Lähmungen, Schüttellähmungen, Zittern, Gangstörungen usw. zu bedienen. Faradische starke Ströme ergeben zweifellos sehr große Erfolge. Nicht als ob diese Ströme selbst irgendeinen therapeutischen Einfluß hätten. Aber sie sind ein so ungemein wirksamer Träger der Suggestion, daß man wirkliche Wunderkuren damit erzielen kann.

Behandlung mit faradischen Strömen

Im Kriege spielte sich eine derartige Kur folgendermaßen ab: Ein hysterisch abasischer Soldat muß vom Bahnhof im Fahrstuhl zu dem berühmten Nervenarzt gefahren werden. Schon im Hof redet ihn eine scheinbar zufällig daherkommende Putzfrau freundlich an. „Ach Sie kommen gewiß auch von auswärts zu unserem lieben Professor X., nicht wahr? Jeden Tag kommen so viele schwer Kranke, und man glaubt es gar nicht, jeder kann allein wieder nach Hause gehen. Alle sind so glücklich darüber." In den Korridoren halten sich lauter vergnügte junge Mannschaften auf, denen man von Krankheit nicht das Mindeste ansieht[1]). Im Arztzimmer herrscht völlige Ruhe. Der Professor in militärärztlicher Uniform gibt kurze militärische Befehle. Hier herrscht nichts als militärische Disziplin. Eine kurze

---

[1]) Alle diese „Zufälle" sind natürlich absichtlich eingerichtet.

Ansprache klärt den Kranken auf, nachdem er flüchtig untersucht ist. „Ich sehe, daß Sie in einer, höchstens in zwei Sitzungen vollkommen zu heilen sind. Wahrscheinlich werden Sie schon heute selbständig wieder zum Bahnhof gehen können. Ich werde Sie jetzt elektrisieren. Die Ströme sind sehr schmerzhaft. Leider ist das nicht zu ändern. Gegen einen so gewaltigen Nerveneindruck, wie Ihre Verschüttung war, ist eben auch ein gewaltiges Heilmittel notwendig." Auf ein Klingelzeichen erscheinen vier Lazarettgehilfen. Ein Assistent regelt den Strom. Eine große Elektrode auf die Brust[1]), die kleine streicht langsam die Schenkel entlang. Vier Männer halten den völlig nackten Kranken, der sich mit vermehrtem Strom vor Schmerzen windet, wohl auch brüllt. Schon durch die schmerzhaften Zusammenziehungen lernt er seine Beine gebrauchen. Auf scharfe militärische Kommandos wird der Kranke bei schnell weggenommenen Elektroden halb in die Höhe gehoben, auf seine Füße gestellt und muß nun nach militärischen Kommandos alle möglichen Freiübungen so schnell machen, daß er kaum recht zur Besinnung gekommen ist, als er schon wieder auf das Bett gelegt wird, und die Ströme abermals beginnen. Nachdem diese Verfahren 3—4mal gewechselt haben, und der Arzt seinem Assistenten wiederholt dazwischen laut zurief: „Sehen Sie, wie gut er schon steht, jetzt hebt er das rechte Bein schon ganz hoch," kann der völlig erschöpfte schweißbedeckte Kranke wieder von allein laufen. Mühsam geht es zwar noch, aber es geht. Der Fahrstuhl ist inzwischen schon verschwunden. Die Schlußsuggestion wirkt nach, daß „hoffentlich" keine zweite Sitzung nötig werde. Und sie wurde selten nötig. Vor der Türe empfingen den Geheilten die Glückwünsche der „zufällig" vorübergehenden Krankenschwester. — Hunderte, ja vielleicht Tausende von schweren Neurotikern mit den seltsamsten Störungen sind auf diese Weise geheilt worden.

Das Verfahren ist nicht jedermanns Sache, immerhin muß man folgendem Satz zustimmen: auch eine chirurgische Operation ist schmerzhaft, wenn sie nur den Kranken heilt. Solche Kuren strengen übrigens auch den Arzt außerordentlich an, denn er muß mit ganzer Aufmerksamkeit dabei sein und muß durch sein ganzes Wesen, seine Kommandos usw. eine außerordentliche Energie zur Schau tragen. — Selbstverständlich kommen Rückfälle vor, doch können sie durch Wiederholung des Verfahrens, oft nur durch seine energische Androhung auch wiederum beseitigt werden. Andere Ärzte modifizieren diese Methode erheblich, besonders ältere Herren setzen an Stelle der militärischen Kommandos das Gewicht ihrer erfahrenen Persönlichkeit und kommen mit nur gelegentlicher Zuhilfenahme stärkerer Ströme auch — man möchte sagen milder — zum Ziel. Auch kann man bei der Prozedur den faradischen Strom nur ganz kurz wirken lassen, damit der Kranke seine Wirkung spürt, dann gibt man ihm eine Einspritzung Aqua destillata, „damit er nicht so von dem Strom durch Schmerzen geplagt werde", und arbeitet von da ab in genau der gleichen Weise mit stromlosen Elektroden oder einem nur gerade merkbaren Strom. Der Strom ist gleichgültig, die Suggestion allein ist wichtig. Wieder andere Ärzte bedienen sich eines großen Funkeninduktoriums, das auf die Neurotiker mit seinen Blitzen einen gewaltigen Eindruck hervorbringt usw.

Derartige Kuren waren freilich nur in der Kriegszeit möglich, als die Strenge der militärischen Disziplin, die Unterordnung des einzelnen unter die Gesamtstimmung und die Geringfügigkeit der kleinen Leiden gegenüber den großen Verlusten die gewalttätig heilsame Durchführung der geschilderten Technik erlaubten. Heute, da alle diese Faktoren

---

[1]) Vorsicht! Vagus!

weggefallen sind, würde ich niemandem zu solchen Prozeduren raten. In vielen Fällen wären sie heute notwendiger denn je. Aber der Arzt, der in der besten und richtigsten Tendenz solche Gewaltkuren ausführte, würde der übelsten Presseverleumdungen und gröbsten Bedrohungen seitens der Kriegsbeschädigtenverbände oder anderer Organisationen gewiß sein, ohne vom Staate geschützt zu werden.

Hypnose   Endlich kann man sich (als eines vierten Hilfsmittels der Psychotherapie) der H y p n o s e bedienen. Auch sie ist nicht jedermanns Sache, ja mancher Arzt ist einfach nicht die Persönlichkeit danach, sie wirksam durchzuführen. Es ist keineswegs nötig, daß der Hypnotiseur eine energisch gewaltsame robuste Persönlichkeit ist, sondern er kann ebenso durch seine Geistesgaben überlegen wirken. Aber eine gewisse Überlegenheit ist durchaus erforderlich, um einen wirksamen Tiefschlaf herbeizuführen, — nur dieser ist hier mit Hypnose gemeint; von der gewöhnlichen Verbalsuggestion ist ja vielfach gesprochen worden. Ich kann hier keine eingehende Anweisung zur Vornahme der Hypnose folgen lassen. Wer sich selbst als Hypnotiseur Erfolge zutraut, lerne das äußere Verfahren am besten bei einem Fachmann, oder er versuche, sich die betreffenden Kunstgriffe aus der Literatur (siehe den Anhang) anzueignen. Meist gelingt die Hypnose, die geeignete Auswahl der Objekte vorausgesetzt, leichter als man denkt. Man beachte in der Praxis immer, daß der Wille des Kranken zur Hypnose nötig ist. Besonders im Anfang unternehme der Arzt es niemals, gegen den Willen eines Hysterikers eine Hypnose erzwingen zu wollen. Später kann man sich auch gelegentlich an solche Fälle wagen, besonders dann, wenn der Widerstand gegen die Einschläferung nur äußerlich erscheint. Manchmal wird der Arzt mit Bitten um Hypnotisierung förmlich bestürmt. Er sei gerade in diesen Fällen vorsichtig und erinnere sich der betrüblichen Fälle, in denen der Arzt später von der hypnotisierten Hysterica beschuldigt wurde, sich während ihres Tiefschlafes an ihr vergriffen zu haben. Oft entspringen solche Anklagen der Verlogenheit und Abenteuersucht des hysterischen Temperaments, zuweilen aber entstehen sie auch im guten Glauben, da die Hingabe an den Willen des Arztes gelegentlich sexuelle Sensationen, ja sogar vollkommene Beischlafsträume herbeiführt. Es ist natürlich sehr erschwerend und störend, wenn man beim Hypnotisieren eine Krankenschwester oder andere Persönlichkeit anwesend sein läßt. Zuweilen aber wird man eine solche Vorsichtsmaßregel nicht unterlassen dürfen. Auch hier ist Takt alles. Der Arzt mache es sich zum Grundsatz, mit der Hypnose nicht zu dilettieren. Wenn er sich damit versuchen will, so nehme er es ernst und vergesse nicht besonderer Studien. Er bedenke, daß eine gelungene Hypnose zwar die Disposition zur nächsten Hypnose steigert — was seinen Heilabsichten ja sehr förderlich ist —, daß sie aber die Widerstandskraft gegen fremden Willen (auch gegen denjenigen anderer Persönlichkeiten) überhaupt schwächt. Man hat recht, wenn man gesagt hat: die Hypnose ist ein künstlich erzeugter hysterischer Ausnahmezustand. Kommt eine ausgeprägte Hysterica zum Arzt, so habe er vor der Hypnose keine Bedenken, aber bei Einzelsymptomen, besonders bei Kindern, versuche er erst alle anderen

Mittel, ehe er zuletzt zur Hypnose greift. Es ist gar kein Zweifel, daß durch die Hypnose in vielen Fällen — z. B. auch bei Kriegsneurosen — die allerbesten Ergebnisse erreicht worden sind.

Endlich sei noch eines fünften Hilfsmittels der Psychotherapie gedacht: der **Psychoanalyse Sigmund Freuds** und seiner An- hänger. Nicht deshalb sei sie erwähnt, weil sie der praktische Arzt selbst anwenden könnte, sondern nur, weil er einiges von ihr wissen muß, um evtl. geeignete Kranke den Fachärzten Freudscher Richtung zuzuweisen. Es ist kaum möglich, das sorgsam aufgeführte, wenn auch nicht allzu übersichtliche Gebäude Freudscher Theorien in wenigen Sätzen zu beschreiben. Es lohnt theoretisch und praktisch durchaus, sich selbständig mit Freuds Lehren auseinanderzusetzen. (Siehe den Literaturanhang.)

Das neurotische (psychopathische, hysterische) Symptom ist nach ihm nur ein Symbol für einen inneren Konflikt, an dem der Neurotiker erkrankt ist, und den er aus eigener Kraft nicht zu lösen vermag. Man muß ihm dabei helfen. Er hat irgendwann in seinem Leben einmal einen schweren Eindruck gehabt, ein quälendes Ereignis erlebt[1] usw., vielleicht schon als Kind (ja als Säugling), vielleicht später, — oder er ist mit irgend- einem persönlichen Lebensproblem nie recht fertig geworden. Aber der Affekt, die heftige Unlust, die ursprünglich mit jenem speziellen Erlebnis oder Problem verbunden war, hat sich von diesem gelöst. Das Erlebnis selbst ist unter die Schwelle des Bewußtseins gerückt, der Kranke weiß nichts mehr davon. Aber der Affekt ist lebendig geblieben und hat sich nun auf irgendeinen anderen, an sich gleichgültigen Gegenstand geworfen, vielleicht auf einen Frosch. Und jedesmal wenn der Neurotiker nun einen Frosch sieht, kommt es zu lebhaften Reaktionen: Angst, Erbrechen usw. Die Kunst des Psychoanalytikers besteht nun darin, mittels seiner eigenen Methode den Unlustaffekt vom Frosch wieder zu lösen und dorthin zu schieben, wo er ursprünglich verankert war. Sobald dies gelungen ist, sobald der in das Unterbewußtsein verschobene ursprüngliche Affekt- träger — d. h. das primäre Störungserlebnis — gefunden und deutlich bewußt gemacht worden ist, ist der Bann gebrochen: der Neurotiker ist kein Neurotiker mehr, er ist geheilt.

Es ist kein Zweifel, daß mit Hilfe der Psychoanalyse viele Menschen von äußerst lästigen Symptomen befreit worden sind. Zwar gelingt es auch **Freud** naturgemäß nicht (ebensowenig wie dem Arzt überhaupt), aus Psychopathen Normale zu machen, aber es ist ja schon sehr viel erreicht, wenn das quälende Symptom geschwunden ist. Die Methode der Psychoanalyse hier näher zu beschreiben, ist nicht möglich. Sie durch- zuführen erfordert außerordentlich viel Zeit (viele Sitzungen und manch- mal monatelange Behandlung) und seitens des Kranken reichliche Mittel. Zudem ist nach meiner persönlichen Ansicht ihre Durch- führung für die Seele des Kranken nicht ungefährlich[2]), besonders dann,

---

[1]) Fast immer werden sexuelle Konflikte gesucht und gefunden. Doch faßt **Freud** den Begriff des Sexuellen viel weiter als der Sprachgebrauch und die Wissenschaft.

[2]) Eine Begründung dieser meiner Ansicht würde hier zu weit ab führen.

Psycho-
analyse

wenn es sich um eine noch nicht ausgereifte Persönlichkeit handelt. Selbstverständlich kommt man in den meisten Fällen auch auf anderem Wege zum Ziel als gerade mit der Psychoanalyse. Handelt es sich aber um einen erwachsenen Psychopathen, bei dem schon alle möglichen Kuren und Heilversuche vergeblich erprobt worden sind, und stehen Mittel und Zeit reichlich zur Verfügung, so empfehle man dem Kranken eine psychoanalytische Kur. Betrachtet man seine eigene Erfahrung ganz vorurteilslos, so muß man so formulieren: viele Psychopathen widerstanden jeder anderen Psychotherapie und wurden durch die Analyse von den Symptomen befreit; — und viele andere hatten durch die Psychoanalyse nicht den mindesten Nutzen und wurden durch irgend eine sonstige Methode von den Störungen geheilt. Adressen von Psychanalytikern vermag der Arzt aus den im Literaturanhang erwähnten Zeitschriften zu entnehmen, wenn er nicht vorzieht, einen Facharzt um Auskunft zu bitten.

Neurose und Frauen- leiden Gelegentlich — und zwar etwa alle Jahrzehnte einmal — wiederholt sich in der Literatur und zumal in den medizinischen Wochenschriften, die sich an das allgemeine ärztliche Publikum wenden, eine Anregung, man solle doch nervöse Frauen vor jeder weiteren Therapie zuerst dem Frauenarzt zuführen. Meist sei bei solchen neuropathischen weiblichen Kranken etwas an den weiblichen Organen nicht in Ordnung, und sobald dieser Schaden behoben sei, schwinde die „Nervosität" von selbst. Es ist dies also — etwas abgeändert — der alte Standpunkt, der das Wort Hysterie vom griechischen Namen von Uterus ($\dot{v}\sigma\tau\acute{e}\varrho a$) ableitete. Und obwohl viele erfahrene Fachleute, sowohl Nervenärzte als Frauenärzte, längst erkannt haben, daß es sich anders verhält, kehrt, wie erwähnt, jene Versicherung: „Beseitigung von Frauenleiden beseitigt zugleich Nervenleiden" immer einmal wieder. Man mache sich klar, daß in einzelnen Fällen dieser Satz richtig ist. Wenn heftige von den Frauenorganen ausgehende Schmerzen den Organismus herunterbringen, wenn durch eine Uterusverlagerung oder Myome eine Empfängnis verhindert wird und eine Ehefrau unter der steril bleibenden Ehe seelisch sehr leidet usw., so können selbstverständlich neurotische Störungen auftreten, die zugleich mit der Ursache dann verschwinden. Dies ist kein anderer Fall, als wenn ein Mädchen unter den Folgen eines wiederholten Magengeschwürs oder unter dem seelischen Druck eines zerstörten Liebesglückes eine abnorme Reaktion durchmacht. Daß jederzeit bei allen neurasthenisch oder psychopathisch erscheinenden Persönlichkeiten eine genaue körperliche Untersuchung vorzunehmen ist, und daß etwaige abnorme körperliche Befunde stets richtig behandelt werden müssen, habe ich in diesem Buche ja wiederholt nachdrücklich betont. Wenn aber grundsätzlich bei psychopathischen Frauen so lange nach irgendeiner Anomalie der Organe der Sexualsphäre gesucht wird, bis sich eine unbedeutende Abnormität glücklich findet, und wenn nun dieser Befund als Ursache des Nervenleidens angesehen und behandelt wird, so ist das ein nicht zu rechtfertigender Kunstfehler, der nur verrät, daß dem betreffenden Frauenarzt eben alle psychiatrischen Erfahrungen und Gedankengänge fernliegen. Die Frauenorgane haben

in dieser Hinsicht vor den übrigen Organen des Körpers keine
Sonderstellung. Ein erfahrener Frauenarzt beobachtet vielmehr
häufig, daß allerlei unbestimmte Sensationen und Beschwerden von
den Kranken auch dann in das Genitalgebiet verlegt werden, wenn
wiederholte genaue Untersuchungen einen völlig negativen Körper-
befund ergaben.

Der praktische Arzt wird nicht selten gefragt werden: „Was meinen
Sie, Herr Doktor, sollte meine Frau nicht ein Sanatorium aufsuchen?"
Er wird nur dann zureden können, wenn als eine Hauptursache der
neurotischen Symptome die häuslichen Verhältnisse selbst anzusehen
sind, oder wenn die Angehörigen dem Leiden nicht das mindeste Verständnis entgegenbringen. Aber selbst dann wird sich vielleicht noch
ein anderer Ausweg finden lassen, vielleicht daß Verwandte auf dem
Lande vorhanden sind, mit denen die Kranke sympathisiert, oder daß
z. B. die kranke Tochter mit einer Freundin in ein ruhiges Dorf im
Schwarzwald oder in Thüringen gehen kann, möglichst nachdem die
Freundin vom Arzt über ihr Verhalten belehrt worden ist. Auf alle
Fälle ist ein Wechsel der Umgebung sehr heilsam. Bei Kindern kann
er allein geradezu Wunder bewirken[1]). Bei Badereisen von Neurotikern
ist die Ursache des Erfolges meist der Umstand, daß die Kranken
unter ganz neuen Verhältnissen leben, nichts mehr von dem alltäglichen
Kleinkram des Haushalts oder der Beamtentätigkeit hören, daß sie
mehr in freier Luft sich bewegen usw., kurz daß sie freier und natur-
gemäßer leben können. Die Bäder oder Trinkkuren selbst spielen dabei
meist eine recht geringe Rolle. Darum hat es auch keinen Zweck, wenn
sich der Arzt über die Wahl des speziellen Bades den Kopf zerbricht.
Sicherlich wird er nicht den Fehler begehen, dem Kranken zu sagen,
es sei ganz gleich, wo er hingehe. Das würde der Kranke nicht verstehen.
Im Gegenteil sei auch hier wieder betont, daß es wichtig ist, mit einer
besonderen Maßnahme (hier der Wahl des Badeortes) die entsprechende
Suggestion zu verbinden. Wenn es der Wahrheit entspricht, erzähle
man eine kleine Geschichte: man habe jetzt schon mehrere Leute
da- und dorthin geschickt, und sie seien neugestärkt und äußerst
befriedigt von dort zurückgekommen. Das Bad sei noch wenig bekannt,
aber man rate sehr, es gerade dort einmal zu versuchen, nicht immer sei
das allgemein Bekannte das Beste. — Was das Klima anlangt, so beachte
man, daß Kurorte mit milder, feuchtwarmer Luft häufig sehr schlaff
machen, sie sind daher im allgemeinen nicht für Psychopathen und
Neurastheniker geeignet. Bei der Höhenlage bedenke man, daß größere
Höhen (über 1000 m) leicht erregen, daß also wohl erschöpften, abgespannten, hypochondrischen, apathischen Persönlichkeiten der eupho-
risierende Einfluß der Höhensonne und Bergesluft wohltun wird, nicht

------

[1]) Man hört zuweilen den Satz: niemand pflegt schlechter als die Mutter.
Wie alle derartigen Aussprüche, übertreibt natürlich auch dieser. Aber gerade
psychopathischen Kindern gegenüber benimmt sich die allzu große Mutterliebe
in der Tat oft recht töricht. Und auch bei Verwundeten konnte man es im Anfange
des Krieges nicht selten beobachten, daß sie durch übertriebene mütterliche Pflege
hysterisiert worden waren.

aber reizbaren, ängstlich unruhigen, zappeligen Naturen. Diesen würde
das Mittelgebirge oder die Ostsee, nicht die Nordsee zu empfehlen sein.
Die Nordsee übt auf alle empfänglichen Naturen infolge ihres kahlen
Strandes, dauernd starken Wellenschlages und anhaltenden Windes
eine tiefe seelische Wirkung aus, die oft unerwünscht ist und den einen
erregt, den anderen deprimiert. Man denke ferner der vorzüglichen Einrichtungen, die besonders das Hochgebirge für den Winteraufenthalt
getroffen hat, so daß man für Reisen und Kurortsaufenthalte jetzt an
keine Jahreszeit mehr gebunden ist. Man beachte aber andererseits die
Gefahr, die sehr komfortable Hotels und Kurhäuser für die Lebensweise
mit sich bringen. Wenn ein schwächliches junges Mädchen mit hysterischen Symptomen zur Erholung in den Wintersport nach Oberhof
oder ins Engadin geschickt wird, so ist dies an sich zweifellos richtig.
Wenn sie dort aber jeden Abend bis in die Nacht tanzt, lange Diners
mitmacht, nur dem Toilettenluxus lebt usw., so wird von einer günstigen
Kurwirkung nichts zu finden sein. Man denke auch der Gefahr des Alkoholismus, welche durch rege Geselligkeit in den großen Winterhotels
mitbedingt ist. Und man vergesse endlich über allen den Gesichtspunkten der kranken Psyche nicht den Körper, der vielleicht auch
besondere Berücksichtigung verlangt. Man sieht aus allen diesen
hier nur ganz kurz zusammengedrängten Ratschlägen, wie vieles doch
zu beachten, und wie es richtig zu verstehen ist, wenn ich soeben sagte:
die Wahl des Badeortes sei relativ gleichgültig. Auch hier individuali-
siere man mit allem Ernst.

Wie schon erwähnt, empfehle man ein Sanatorium nur aus ganz
bestimmten Gründen. Man stelle sich vor, daß dort viele Kranke zu-
sammenkommen, die bei ihrer unbeschränkten Zeit sich natürlich vor
allem ihre Leiden vorklagen. Bei keinen Kranken wirkt eine Ansamm-
lung so verderblich, wie bei Psychopathen; der Grund ist ihre leichte
Ansprechbarkeit und Suggestibilität. Und man kann nicht nur bei
den Angehörigen gesellschaftlich höherer Stände, sondern auch bei
Arbeitern immer wieder feststellen, daß sie Symptome, über deren
Herkunft man sich den Kopf zerbricht, in Sanatorien, Volksheil-
stätten, mediko-mechanischen Instituten usw. gelernt haben. Außerdem ist in vielen Sanatorien das Nichtstun sehr vom Übel, da es
die Aufmerksamkeit der Kranken auf ihre Leiden lenkt. Das Tändeln
mit Sport und Gartenarbeit vermag davon meist nicht genügend
abzuziehen. Wenn sich aber andererseits ein Arzt davon überzeugt
hat, daß ein Leiter irgendeines in seiner Nachbarschaft gelegenen
Kurhauses psychotherapeutisch besonders begabt ist, daß jener alle
die geschilderten Mißstände zu umgehen versteht und günstige Heil-
erfolge erzielt, so soll er nicht zögern, diesem bewährten Hause
seine Neurotiker zuzuführen. Man vergewissere sich auch, ehe man
seinen Kranken ein Sanatorium empfiehlt, immer sorgsam über die
Preise, nicht nur über die offiziell angegebenen, sondern vor allem
darüber, was extra berechnet wird. Über die sog. Entziehungshäuser
ist schon früher beim Alkoholismus und Morphinismus gesprochen
worden.

Auch hier seien nochmals die **Heilpädagogien für abnorme** Kinder grundsätzlich empfohlen. Selbstverständlich ist auch ihr Wert im einzelnen sehr ungleich, aber es wird in vielen sehr Tüchtiges geleistet[1]). Auch die Landerziehungsheime werden sich selten weigern, leicht abnorme Kinder aufzunehmen; sie sind besonders dann zu empfehlen, wenn es sich nicht um einzelne psychopathische Symptome, sondern um abnorme Charaktere handelt. Doch überzeuge man sich bei der Unterbringung eines psychopathischen Kindes in einem Heilerziehungsheim, daß keine schwachsinnigen Kinder dort mit untergebracht sind. Es ist besonders für sensitive kluge Kinder, z. B. solche mit hysterischen Angewohnheiten, ganz und gar schädlich, etwa mit geistig tiefstehenden, fast idiotischen Kindern zusammen zu leben. Imbezille Kinder und psychopathische Kinder sind voneinander durchaus zu trennen; das Erziehungsniveau kann in einem Heim ohne geistesschwache Zöglinge natürlich sehr viel höher sein.

Über die **Therapie der großen Psychosen** ist an dieser Stelle nichts zu berichten, denn mit ihr hat nur der Facharzt zu tun. Dagegen kann es dem praktischen Arzt jederzeit geschehen, daß er zu einer psychotischen Erregung gerufen wird, die ganz plötzlich ausgebrochen ist. Deshalb mögen hier einige Ratschläge Platz finden, was sich in einer solchen Situation zu tun empfiehlt. Geht aus den Schilderungen der Angehörigen und den Worten des Kranken hervor, daß ein Erregungszustand nur als abnorme Reaktion vorliegt (Liebesszene usw.), so wird man alle Angehörigen und Zuschauer entfernen und wohl durch Zureden und leichte Beruhigungs- (Schlaf-) mittel zum Ziel kommen. Ist man aber der Überzeugung, daß es sich um eine Erregung bei einer echten Psychose handelt, so wird Zureden nur wenig nützen. Man wird dann vor allem völlige Ruhe bewahren müssen und seine gut überlegten Anordnungen kurz und klar treffen. Unter gar keinen Umständen ist heutzutage mehr eine Zwangsjacke nötig. Es ist empörend, daß dieses Requisit einer vergangenen Zeit bei Zivil- (Polizei-) und Militärbehörden noch immer planmäßig ist. Noch immer kommt es gelegentlich vor, daß ein Geisteskranker in der Zwangsjacke auf einen Wagen geschnallt, von Gendarmen in Uniform begleitet, über Land bis zur nächsten Bewahranstalt gefahren wird, eine Freude der Dorfjugend. Seitdem man das Hyoscinum hydrobromicum (= Scopolamin) besitzt, sind alle derartigen Maßregeln unnötig geworden. Hat man Zeit und äußert sich der Erregungszustand nicht in Gewalttätigkeit, sondern nur in Schreien und Schimpfen, dann wird man versuchen, in einem Glas Wasser 20 Tropfen einer $4^0/_{00}$igen Lösung zu trinken zu geben. In etwa 20 Minuten (bei leerem Magen) wird die beruhigende Wirkung eintreten (an der Pupillenerweiterung ist zu erkennen, wann die Wirkung beginnt). Schwächlichen Personen wird man entsprechend weniger geben. Kann man den Kranken zur Einnahme von „Wasser" nicht bewegen (Hyoscin ist fast geschmacklos), so muß man zu einer Einspritzung greifen. Man läßt sich den Kranken von vier kräftigen Männern halten. Mehr sind

____

[1]) Adressen bei Fachärzten und Kinderärzten.

selten erforderlich, sofern jeder richtig anfaßt (je ein Mann eine Hand
an der Schulter, eine am Unterarm, je ein Mann eine Hand am Knöchel,
andere Hand fest über dem Knie, das Bein aufs Bett oder den Erdboden
drückend). Und dann injiziere man dort, wo sich die beste Gelegenheit
bietet; es ist ganz gleichgültig wo. Man halte 3—4 Pravaznadeln bereit,
denn bei den plötzlichen Rucken des erregten Kranken bricht leicht
einmal eine Nadel ab. Bleibt sie im Arm oder Bein stecken, oder verschwindet sie durch Muskelkontraktion plötzlich in der Haut, so mache
man sich darüber keine Sorgen. Die Dosis zur Einspritzung ist bei einem
kräftigen Mann 2 mg[1]).

Rp.   Hyoscini hydrobromici   0,2
Aq. dest.   50,0
M. D. S. c. f.

Von dieser wässerigen Lösung spritze man also eine halbe Spritze
ein. Bei schwächlichen Leuten entsprechend weniger. Bei Kindern
vermeide man Hyoscin, bei ihnen wird man auch so fertig. Daß man
dem Alkoholdeliranten kein Hyoscin geben soll, wurde schon früher
erwähnt. Bei diesem kommt man auch fast immer ohne alle Gewalt zum
Ziele, wenn man ihn geschickt zu behandeln versteht. Man erschrecke
nicht, wenn nach der Injektion sich die Erregung anfangs kurz etwas
steigert (etwa nach 5—7 Minuten), und wenn leichte Delirien mit Zupfen,
Fädenziehen usw. auftreten. Beides hat nichts Schlimmes zu bedeuten.
Die Dauer einer 2 mg Wirkung ist sehr verschieden. Sie kann 4—5, aber
auch 6—10 Stunden betragen. Hat der Kranke bis zur Anstalt einen
langen Transport vor sich, so kann man dem Begleitpersonal ein Fläschchen Wasser mitgeben, dem man 20 Tropfen der gleichen Lösung ein-
verleibt hat. Wird der Kranke wach, so verlangt er meist zu trinken
(Trockenheit im Hals als Hyoscinwirkung). Dann kann man ihm die
erneute Gabe einflößen (natürlich nur in sehr schweren Fällen).

Von der Kombination Hyoscin + Morphin habe ich nur in seltenen
Fällen einen Vorteil gesehen, nämlich nur dann, wenn sich ein Individuum
einmal gegen Hyoscin sehr tolerant erweist. Dann kann man bei der
Einspritzung 1 cg Morphin mit 1 mg Hyoscin vereinigen.

Daß man beim Status epilepticus hohe Dosen Brom oder Luminal
gibt, beim Delirium tremens weder Hyoscin noch Schlafmittel (außer
Paraldehyd) und daneben stets Digitalis, sei noch einmal wiederholt.

Ver-
bringung
in Anstalt
    Man vermeide es, wenn es irgendwie angeht, den Kranken unter
falschen Vorspiegelungen in die Anstalt zu locken, und man bringe auch
die Angehörigen der Kranken von diesem gern und oft unternommenen
Versuch ab. Man wird dem erregten Psychotiker sicherlich nicht ins
Gesicht sagen, er werde nun für einige Wochen interniert, aber man
kommt — außer in sehr schweren wütenden Erregungen — oft damit im
Guten aus, daß man dem Kranken die halbe Wahrheit sagt: „Wir wollen
wegen Ihrer Aufgeregtheit einmal einen anderen Doktor um Rat fragen,
wir nehmen eine Droschke, und ich komme selber mit; Sie brauchen

---

[1]) Entgegen der offiziellen Maximaldosis!

sich nicht zu beunruhigen." Zuweilen (fast immer bei Deliranten, oft bei Paralytikern) gelingt es auch, den Kranken gutwillig zum Mitgehen zu bewegen, wenn man die Sache von der lustigen Seite faßt. Wenn es irgendwie angeht, vermeide man unter Anpassung an die augenblickliche Situation die Ringkämpfe der Nachbarn und Angehörigen mit einem Psychotiker. Solche machen auf alle Beteiligten — wenn es sich nicht um ganz tiefstehende Kreise handelt — einen unauslöschlich schrecklichen Eindruck. Bei leichteren Erregungszuständen und in wohlhabender Familie kann man eine Internierung eventuell auch durch häusliche Badebehandlung zusammen mit beruhigenden Arzneien um- Bade-
behandlung gehen. Man verordne dann täglich (außer bei Herzleiden) zwei vierstündige Bäder von 35—36° C und wechsele überhaupt nur zwischen Bett und Bad. In den Badeeinrichtungen der Privathäuser ist es nur nicht immer leicht, das Wasser gleichmäßig warm zu halten. Das Personal muß hierauf immer besonders genau hingewiesen werden. Bei leichten hebephrenischen oder manisch-depressiven Erregungen kann man solche Badebehandlungen unbedenklich wochenlang fortsetzen. In den Heil- und Pflegeanstalten bleiben die Kranken zuweilen monatelang ununterbrochen Tag und Nacht im Wasser.

Schon früher wurde wiederholt auf die Gefahr des Aufliegens Aufliegen hingewiesen, besonders bei Stuporkranken, Paralytikern, gelähmten Arteriosklerotikern, Hirnschüssen u. dgl. Ganz besonders gefährdet sind Paralytiker. In 2—3 Tagen können bei ihnen schwere Dekubitusdefekte entstehen. Hier muß man rechtzeitig vorbeugen[1]). Man versuche besonders bei fetten Leuten die Haut etwas derber zu machen durch Waschungen der Gesäß- und Kreuzbeingegend mit Alkohol oder Sublimatspiritus (nicht im Krankenzimmer stehen lassen!). Haben Kranke die unangenehme Eigentümlichkeit, durch beständiges Hin- und Herscheuern mit dem Gesäß (bei ängstlicher Unruhe) sich wund zu reiben, so ziehe man die Salben vor: kein Lanolin, sondern die gewöhnliche Borsalbe, alle paar Tage wechselnd mit 5 proz. Thigenolsalbe[2]). Nach Jodtinkturaufpinselungen schält sich die Haut immer und wird hernach leicht rissig, was man ja gerade vermeiden will. Doch unterstützt eine Jodpinselung oft die Heilungstendenz, wenn das Geschwür schon da ist. Auch mit dem Argentumstift kann man dann oft die Heilung beschleunigen. Am besten heilt der Dekubitus natürlich im Dauerbad.

Zuweilen werden, wie früher geschildert, alte Leute irgendwo ausgehoben, die in der unglaublichsten Verwahrlosung bedeckt mit Ungeziefer gefunden werden. Ich habe es selbst wiederholt gesehen, daß sie über und über voll Geschwüre waren, in denen die Maden herumkrochen. Solche bedauernswerten Geschöpfe bedürfen des Irrenanstaltsaufenthalts meist nicht, sondern sind in jedem geordneten Spital, Kreispflegeanstalt usw. genau so richtig aufgehoben. Kann man es ermöglichen, so lege man sie erst einmal, nachdem man ihnen alle

---

[1]) Man lege die stuporösen Kranken regelmäßig viermal am Tage herum: auf rechte Seite, Bauch, linke Seite, Rücken.

[2]) Rp. Thigenol 2,5, Pasta Zinci Lassar ad 50,0 M. D. S. c. f.

Haare kurz abgeschnitten hat, auf 3 Tage ins warme Bad (36°), ehe
sie ins Bett kommen.

Sonden-
ernährung Wiederholt habe ich es gesehen, daß sich Ärzte sehr unbeholfen
anstellten, wenn sie die Sondenernährung an widerstrebenden
Kranken vornehmen sollten. Der praktische Arzt kann leicht in diese
Lage kommen, wenn er in wohlhabender Familie einen Stuporkranken
hat, und wenn die Familie die vorgeschlagene Anstaltsaufnahme verweigert. Man habe drei verschiedene Kaliber Schlundsonden zur Hand,
zur Not genügen auch zwei: eine dicke Mundsonde und eine dünne
Nasensonde. Preßt der Kranke (man braucht bei einem beinahe oder
ganz Stuporösen fast immer nur beide Hände festhalten zu lassen, damit
er nicht plötzlich den Schlauch herausreißt) die Zähne fest aufeinander,
so bemühe man sich nicht lange, mit der Mundsperre die Zähne gewaltsam auseinander zu bringen, sondern man füttere durch den engen
Schlauch, den man durch ein Nasenloch langsam eingeschoben hat.
Man hat dabei meist zwei kleine Widerstände zu überwinden: erstens
an der Nasenmuschel, dann am Gaumensegel vorbei. Zuweilen schiebt
sich natürlich der Schlauch von hinten in die Mundhöhle. Doch bekommt
man das bald in die Handempfindung. Ob man in die Glottis fährt,
merkt man nicht immer an der Hustenreaktion des stuporösen Kranken.
Kneift man aber den Schlauch einige Atemzüge lang fest mit dem
Finger zu, und zeigt der Kranke nicht den mindesten Lufthunger, so
wird man kaum in der Trachea sein. Auf alle Fälle halte man aber einen
Gummiballon bereit (ähnlich wie zum Zerstäuben von Insektenpulver,
nur etwas größer), mit dem man kurz und kräftig Luft durch den Nasenschlauch jagt. Ist man mit dem anderen Ende im Magen, so entsteht
ein kennzeichnendes gurrendes Geräusch. Dann füge man an den
Nasenschlauch mit Hilfe eines kleinen Glasrohrzwischenstückes den
am Speiseglastrichter befestigten Schlauch an und lasse die Nährflüssigkeit einlaufen. Vermag man mit dem Mundschlauch zum Ziele
zu kommen, um so besser, — nur lasse man den armierten Finger stets
neben dem Schlauch zwischen den Zahnreihen liegen, sonst beißt
plötzlich mitten in der Handlung der Kranke den Schlauch durch.
Man führe Mund- wie Nasenschlauch so tief ein, daß eine kleine Spanne
vom Schlauch aus Mund oder Nase noch herausrage.

Die Nährflüssigkeit wechsle: Bald $^3/_4$ l warme Vollmilch mit 2 Eiern,
wenig Salz, 6 Stück Zucker, — bald eine gleiche Menge Hafermehl-
suppe + 2 Eier, oder sehr dünne Kartoffelsuppe mit eingerührtem
Spinat und Butter usw. Gelegentlich füge man ein leichtes Abführ-
mittel hinzu.

Mindestens zwei Personen außer dem Arzte sind zu einer Sondenernährung nötig. Die folgende Abb. 23 veranschaulicht wohl das ganze
Verfahren genügend. Die eine Schwester hält den Kranken, eine andere
reicht Schlauch, Trichter usw. zu.

Blasen-
störungen Hat der Arzt in einer Familie einen Paralytiker oder Apoplektiker
oder Tumorkranken usw., so richte er das Augenmerk der Pflegerinnen
oder Angehörigen nachdrücklich auf die tägliche Urinmenge. Ist sie
einmal auffallend klein, so wird wohl eine Zurückhaltung vorliegen.

Dann den Arzt zu benachrichtigen, muß die Pflegerin streng angewiesen werden. Manche Krankenschwestern oder Ehefrauen lernen es bei den blöden Kranken leicht selbst, die Blase zu perkutieren. Ist sie gefüllt, so helfen meist die sonst gebräuchlichen und bewährten Mittel (warmes Sitzbad, Herabrieselnlassen sehr warmen Wassers am stehenden Kranken vom Epigastrium über das Genitale an den Beinen entlang, Wärm-flasche auf Blase, plötzliche eiskalte Abklatschung der Blasengegend), beim Paralytiker nicht. Dann versuche man folgendes. Man spritze (z. B. mit einer Tripperspritze) etwa 25 ccm einer 2 proz. Borglyzerinlösung in die Harnröhre bzw. in die Blase ein[1]). Das wirkt günstig auf den

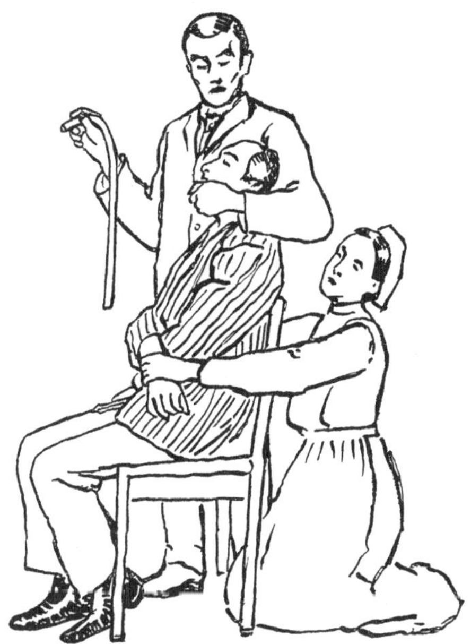

Abb. 23. Künstliche Ernährung eines Stuporösen.

Blasenmechanismus, so daß wenigstens in den nächsten Tagen der Urin von selbst zu kommen pflegt. Ist dies nicht der Fall, so muß man katheterisieren; dabei beachte man die peinlichste Sauberkeit: ein Blasenkatarrh ist allzu leicht verschuldet.

Die gegenteilige Störung, das Träufeln des Harns, ist kaum irgendwie zu beeinflussen. Am besten ist es — falls der Kranke eine Bettflasche nicht ruhig liegen läßt (die aus Gummi sind am meisten zu empfehlen, Vorsicht wegen Dekubitus des Gliedes!) —, ihm alle paar Stunden frische grobe Watte (Zellstoff) unter das Glied und zwischen die Schenkel zu legen und außerdem den Mittelteil der Matratze aus leicht wechsel-barer Holzwolle fertigen zu lassen. — Das ruckweise plötzliche Ins-Bett-

---

[1]) Nach dem bewährten Vorschlag von Franke (Psychiatr.-neurol. Wochen-schrift 1912/13. S. 608).

gehen-lassen einer größeren Urinmenge kann man fast allen Geisteskranken mit Zeit und Geduld abgewöhnen, indem man sie ganz regelmäßig alle 2 bis 3 Stunden auf den Abort führt.

Hauspflege Manche Angehörige nehmen lieber die ärgsten Plagen einer häuslichen Pflege eines geistig schwer Kranken auf sich, ehe sie ihn in eine geschlossene Anstalt bringen. Dem soll der Arzt in gewissen Fällen entgegentreten. Handelt es sich um einen schwer verblödeten Kranken, dessen Pflege die ganze Familie zugrunde richtet, obwohl sie vom ärztlichen Gesichtspunkt aus noch nicht einmal einwandsfrei erscheint, so suche man mit aller Energie jede falsche Sentimentalität zu bekämpfen und den Kranken einer gut geleiteten Anstalt zuzuführen. Ist man in anderen Fällen nicht völlig sicher, daß eine dauernd tags und nachts anwesende Wache einen Selbstmord verhindert (vor allem bei manisch-depressiven Melancholien), so dringe man ebenfalls auf Anstaltsbehandlung. Mit allgemeinen Redensarten: ,,Ach, Herr Doktor, so schlimm ist das nicht, wir passen schon auf" begnüge man sich nie, man regle Verpflegung und Überwachung bis ins einzelne. Wieder aus anderen Gründen sei man bei schweren gewalttätigen Alkoholikern rücksichtslos für Anstaltsbehandlung. Auch bei bösartigen Hebephrenen, die (wie bei dem früheren Beispiel) die Angehörigen unaufhörlich drangsalieren, suche man der Familie wegen, auch wenn sie widerspricht, die Behandlung in geschlossener Anstalt durchzuführen. — Dagegen überlege man es sich sehr genau, ehe man bei leichten Erregungszuständen (manischer wie schizophrener Art) eine Anstaltsaufnahme vorschlägt, wenigstens sofern es sich um Angehörige kulturell höherer Schichten handelt. Selbst in gut geleiteten Privatanstalten und erst recht in den öffentlichen Anstalten müssen erregte Kranke, auch wenn sie Selbstzahler sind, eben auf die Erregten-Stationen, in die Unruhigen-Häuser verbracht werden. Und was sie dort von Zimmergenossen zu sehen und von Zimmernachbarn zu hören bekommen, ist oft so schrecklich, daß es dem sensitiven Menschen, selbst wenn er psychotisch ist, meist für das ganze Leben eine entsetzliche Erinnerung bleibt. — Daß bei den beschränkten Wohnungsverhältnissen der Arbeiterkreise Kassenkranke selbst bei leichten Psychosen fast immer in Anstalten aufgenommen werden müssen, erscheint selbstverständlich. — Man erinnere sich der Abneigung vieler kleiner und armer Gemeinden, die Kosten des Anstaltsaufenthalts eines erkrankten Ortsangehörigen zu zahlen. Der Bürgermeister versucht dann lieber, den Kranken in irgendeiner Stube des Armenhauses oder in einen Stall einzusperren. Kommt der Arzt einer solchen ,,Einsperrung" auf die Spur, so scheue er sich nie, den Kreisarzt von dem Mißstand zu benachrichtigen.

Aufnahme in geschlossener Anstalt Über die Formalitäten, die zu erfüllen sind, wenn ein Geisteskranker in eine Anstalt verbracht werden soll, kann hier eingehend nicht gesprochen werden, da in den verschiedenen Bundesstaaten sehr verschiedene Bestimmungen (bald Gesetze, bald nur Verordnungen) vorliegen. Meist ist es im Notfalle möglich, nach vorhergehender telephonisch eingeholter Zustimmung der zuständigen Aufnahmeanstalt, einen Geisteskranken direkt der Anstalt zuzuführen. Liegt kein Notfall

vor, so bedarf es meist des Antrages des nächsten Anverwandten (auf
Aufnahme des Kranken) beim zuständigen Landratsamt (Oberamt,
Bezirksamt usw.), und dieser Antrag muß von einem auf besonderem
Formular ausgefertigten Zeugnis des Arztes unterstützt sein. In manchen
Bundesstaaten muß dieses Zeugnis vom Kreisarzt noch gegengezeichnet
werden. Es empfiehlt sich sehr, wenn jeder Arzt in seinem Bezirk
sich über die geltenden Bestimmungen und beschließenden Persönlichkeiten genau unterrichtet, damit er ermessen kann, ob er es mit Beamten
zu tun hat, die das Wohl des Kranken, oder solchen, die die Erfüllung
aller Formen voranstellen. Auch sollte jeder Arzt über die für seinen
Praxisbezirk zuständigen aufnehmenden Heil- und Pflegeanstalten
(bzw. psychiatrischen Kliniken) und über die sonstigen Unterbringungs-
möglichkeiten (Altleut-Spitäler, Stiftungen, Asyle, Landarmenhäuser,
Kreispflegeanstalten, Krankenkassenheime, Erholungshäuser usw.) genau Bescheid wissen.

VII. Begutachtung.

Der Arzt der allgemeinen Praxis kann leicht in die Lage kommen, über einen psychiatrischen Fall ein Gutachten abgeben zu müssen. Oft war er der einzige, der einen Kranken zu irgendeiner wichtigen Zeit gesehen hat. Solche Gutachten können von der Landesversicherungsanstalt oder von den Versorgungsämtern, vor allem aber von den Unfallberufsgenossenschaften angefordert werden. Private Versicherungsgesellschaften können Zeugnisse erbitten. Die Eisenbahn- oder Postbehörde kann über die Dienstfähigkeit eines Beamten, die Schulbehörde über die verschuldete oder unverschuldete Verfehlung eines Lehrers, die Verwaltungsbehörde oder das Vormundschaftsgericht über die fragliche Krankhaftigkeit eines Fürsorgezöglings eine Äußerung verlangen. Das Gericht kann über die Geschäftsfähigkeit eines Lebenden oder Verstorbenen (zu irgendeinem Zeitpunkte) oder darüber ein Gutachten einholen, ob jemand infolge von Geisteskrankheit oder Geistesschwäche seine Angelegenheiten nicht zu besorgen vermag. Im Strafverfahren kann der Arzt gefragt werden, ob ein Jugendlicher bei Begehung einer Tat die zur Erkenntnis der Strafbarkeit erforderliche Einsicht besaß, ob ein Erwachsener für eine Handlung verantwortlich zu machen ist, ob jemand verhandlungsfähig, haftfähig, straferstehungsfähig ist usw. Der Arzt wird mit entscheiden müssen, ob jemand infolge einer Körperverletzung in schwere Krankheit oder geistiges Siechtum verfallen ist, oder in einem anderen Fall: ob eine geistige Störung schon 3 Jahre dauert, unheilbar ist und einen derartigen Grad erreicht, daß die geistige Gemeinschaft zwischen den Eheleuten aufgehoben ist.

Um aber ein solches Gutachten brauchbar fertigen zu können, muß der Arzt eine psychiatrische Krankengeschichte sachdienlich abfassen können. Da darf nicht alles kunterbunt durcheinander gehen, daß jemand drei Kinder hat, offenbar von Sinnestäuschungen geplagt wird, wöchentlich 30 Mk. verdiente und in der Pubertät an hysterischen Anfällen litt. Sondern eine gute Krankengeschichte muß sorgsam disponiert sein. Man mache sich folgendes Schema zu eigen:

I. Vorgeschichte.
    A. Familie (Belastung).
    B. Soziales Vorleben.
        Schulfortschritte, Vorbildung, Militärdien t, Höchstlohn, Beruf, Berufswechsel, Orte der Tätigkeit, organisiert oder

nicht, Kriminalität, Verhalten gegen Alkohol, Heirat, Kinder, Charakter, Neigungen, Nebenbeschäftigungen, Interessen.

C. Frühere Krankheiten.

In der Kinderzeit, Jugend (Pubertät), später. Körperkrankheiten, seelische Ausnahmezustände, Anfälle.

II. Jetzige Klagen.

III. Befund.

A. Körperlich.

B. Seelisch.

Auffällige subjektive Angaben (Sinnestäuschungen, Wahnideen, Verstimmungen).

Objektive Feststellungen und psychologische Beurteilung.

IV. Begründete Diagnose.

V. Praktische Auswertung der Diagnose.

Beispiel einer psychiatrischen Krankengeschichte:

Vorgeschichte: Sein Vater war ein angesehener Handwerker in Landsberg am Lech und starb mit 52 Jahren an Schlaganfall, er soll gewohnheitsmäßig, doch nie bis zum Rausch getrunken haben. Die Mutter lebt und ist gesund. Von den Geschwistern der Eltern ist nichts mehr bekannt, auch weiß der Kranke nichts mehr von seinen Großeltern. Er ist von fünf Geschwistern der jüngste. Alle anderen Geschwister sind gesund, nur eine Schwester soll einmal in einer Schwangerschaft kurze Zeit geistig verwirrt gewesen sein. Die Geschwister sind alle in geordneten kleinbürgerlichen Lebensstellungen.

Er selbst, am 30. XI. 1879 in Landsberg geboren, besuchte die Volksschule bis zur obersten Klasse und lernte leicht. Schon als Schüler war er etwas empfindlich: eine recht anschaulich erzählte Geschichte konnte ihm gleich die Tränen in die Augen treiben. Bei einem heftigen Schrecken — der Sturm warf einen Baum dicht vor ihm über die Straße — verlor er einmal auf 2—3 Stunden die Sprache. Nach der Schulzeit lernte er als Bäcker und Konditor in seiner Vaterstadt aus, doch ging er dann nicht auf die Walze, sondern war nur einmal 2 Jahre in einer größeren Konditorei in München. Er spricht gern von dieser Zeit und erzählt, welchen Eindruck ihm die große Stadt, die Schaufenster usw. gemacht hätten. Er liebte es, sich gut zu kleiden und hielt sich von allem Rohen fern, trank „nur wenig in Ehren" und hatte niemals mit dem Gericht zu tun. Er heiratete 1905 ein Mädchen aus seiner Heimat oder „wurde geheiratet", wie er lachend zugibt. Zwei gesunde Kinder, keines gestorben, keine Fehlgeburt. Niemals eine geschlechtliche Ansteckung. Zugleich mit der Heirat machte er sich in Landsberg selbständig, er verstand sein Geschäft und hatte keine Sorgen. Vom aktiven Militärdienst kam er wegen allgemeiner Körperschwäche frei. Er führte ein sehr solides Leben, ohne einsiedlerisch zu sein. Er las seine Zeitung und auch selten einmal ein Buch, hielt sich aber dabei streng im Rahmen dessen, was die Kirche erlaubte. Mit seinem Seelsorger stand er sich sehr gut, er war ausgesprochen kirchlich gesinnt. Neben seiner Familie lebte er nur noch einem kleinen Garten, dessen Pflege ihm viel Freude machte. Er liebte es nicht, in Versammlungen zu gehen: dort werde ihm leicht ängstlich. Auch wäre er nie dazu zu bewegen gewesen, eine öffentliche Rede zu halten. Er neigte gelegentlich etwas zu pessimistischer Auffassung, glaubte bei leichten Erkrankungen der Kinder, es werde sicher schlimm ausgehen usw., doch war er auch dann immer Zuspruch, besonders von geistlicher Seite, sehr zugänglich. Als seine Frau eine schwere Niederkunft hatte, war er ganz außer sich und stundenlang wie verwirrt, zur einfachsten Handreichung nicht zu brauchen. Am 15. Mai 1915 mußte er einrücken. Schon bei Kriegsausbruch war er ganz verzweifelt gewesen: Nun ist alles hin. Seither hatte man ihn nicht mehr lachen gesehen. Als er einrücken mußte, schämte sich die Frau seiner, wie er ruhig zugibt; so sehr war er verzweifelt. In der Ausbildungszeit war er schon nicht recht

brauchbar; anfangs diente er den Kameraden als Zielscheibe des Spottes, besonders als er einmal bei der Besichtigung durch einen Vorgesetzten das Gewehr
hingeworfen hatte und in einen Zitteranfall verfallen war. Später ließ man ihn
gehen. Bei größeren Märschen machte er immer schlapp, so daß man ihn schließlich
zur Artillerie versetzte. Dort ging es leidlich bis zum ersten Scharfschießen, dabei
fiel er in eine Ohnmacht und mußte vom Schießplatz besinnungslos in das Quartier
zurückgebracht werden. Nach dem Aufwachen blieb ein leichtes Zittern aller
Glieder dauernd bestehen. Man erkannte seine militärische Unbrauchbarkeit und
verwandte ihn über ein Jahr als Koch in der Offiziersspeiseanstalt. Bei einer
Nachuntersuchung kam er als kriegsverwendungsfähig ins Feldrekrutendepot.
(1. VIII. 1916.) Als er bei einem Fliegerangriff in eine tiefe Ohnmacht mit leichten
Zuckungen verfiel, wurde er ins Kriegslazarett gebracht.

Abgesehen von der kurzen Sprachlosigkeit als Kind und den üblichen Kinder-
krankheiten hatte er früher nie eine ernste Krankheit überstanden. Nur an Kopfschmerzen hatte er gelegentlich gelitten, und sein Magen war immer etwas empfindlich gewesen. Dies hatte sich bei der Kriegskost vermehrt bemerkbar gemacht.
Seine Sexualität war immer sehr gering gewesen.

Jetzige Klagen: Hier im Kriegslazarett gehe es ihm ja gut, aber er habe
immer so eine innere Angst. Ein eigenartiger Druck sei immer im Kopf, wie wenn
ein eiserner Ring um den Kopf geschmiedet sei. Und dann werde er das Zittern
nicht los. Es brauche bloß eine Tür zuzuschlagen, so werde gleich wieder alles
in ihm lebendig. Wenn er die Treppen heraufsteige, so bekomme er gleich Herzklopfen, und wenn er sich aufrege, wie z. B. gestern, als einer im Zimmer von einem
Sturmangriff erzählt habe, da sei es ihm, als wenn das Herz an einem Faden hänge
und immer herumschlage. An Schlafen sei gar nicht zu denken, alle Augenblicke
fahre er erschreckt in die Höhe.

Befund: Körperlich findet sich nichts Wesentliches. Er ist schwächlich
gebaut, nur mäßig ernährt. Die Sehnenreflexe sind alle in Ordnung, wenn auch
recht lebhaft. Oft schleudert er nach einer Kniesehnenbeklopfung noch einmal
willkürlich nach. Die Hautreflexe sind alle gehörig. Leichtes Nachröten. Fazialis
gleich, Trigeminus gleich, Zunge gleich innerviert. Pupillen ziemlich weit, gleich,
reagieren gut auf Licht (auch konsensuell) und Akkommodation. Keine Reflex-
differenzen der Körperhälften. Hysterische Stigmata fehlen. Im ganzen Körper
liegt eine beständige zitterige Unruhe, kein regelmäßiges Zittern. In der rechten
Schulter hat er ein gelegentliches zwangsmäßiges Hochziehen — in der Art eines
Tics —, das sich bei Aufmerksamkeitszuwendung und bei Erregung steigert.
Kein Romberg. Schmerz- und Tastempfindlichkeit überall normal.

Der Puls ist 120, gleichmäßig, gut gefüllt. Herzgrenzen normal, Töne rein.
An den Lungen und sonstigen Organen kein Befund. Plattfüße mäßigen Grades
beiderseits.

Er vermag nur von seiner großen Schreckhaftigkeit und Erregbarkeit, seinem
Zittern und den erwähnten gelegentlichen Ohnmachten zu berichten. Sonst weiß
er nichts Erwähnenswertes.

Er macht einen ziemlich intelligenten Eindruck. Doch ist er äußerst sensitiv,
schreckhaft, weich, unmännlich. Man sieht ihm gleich an, daß er keiner ernsteren
Anstrengung oder Aufregung gewachsen ist. Er sieht zurzeit geradezu bemitleidens-
wert aus. Dabei ist er bescheiden, drängt sich mit seinen Klagen in keiner Weise
vor, sucht sie auch nicht selbstgefällig auszumalen.

Diagnose: Er ist ein von Geburt an leicht psychopathischer Charakter
vom Typus des Weichen, Zaghaften, Unmännlichen, Sensitiven. Er hat wiederholt an krankhaften reaktiven (hysterischen) Symptomen gelitten. Er hat ein
erregbares Herz und einen empfindlichen Magen und er ist sehr schwächlich.

Schlußurteil: Er ist als dauernd garnisonverwendungsfähig in der Heimat
zu bezeichnen. Jeder Fliegerangriff oder dergleichen würde ihn im Felde sogleich
wieder in hysterische Reaktionen stürzen. Am besten wird man ihn in seinem
Beruf oder etwas Ähnlichem beschäftigen (Bäcker, Koch). Eine Dienstbeschädigung liegt nicht vor. Zum Ersatz-Truppenteil[1]).

---

[1]) Dies ist ein Beispiel aus dem Krieg. Im Frieden wird sich das Schlußurteil natürlich immer nach der jeweiligen Fragestellung richten.

Das eigentliche Gutachten findet sich also nur unter V. Meist Erwerbs-
wird es sich ja nicht nur um eine Beschreibung und Festlegung der beschrän-
Diagnose handeln, sondern darüber hinaus wird der Gutachter nach kung
mehr gefragt werden. Er wird z. B. den Grad der Erwerbsbeschränkung zu beurteilen haben. Hierbei beachte man, daß dieser Grad nicht
aus der Störung allein, sondern aus ihrer Beziehung zur Arbeitsart abge-
schätzt werden muß. Man bedenke, daß es bei allen psychopathischen Störungen auf den Grad der Störungen ankommt.
Wenn z. B. ein technisch hochstehender Feinschlosser infolge einer
Fingerquetschung eine psychogene Tastempfindungslähmung an der
verletzten Hand bekommen hat und daher seine Mechanikerarbeiten
zeitweise nicht mehr ausführen kann, so wird man ihm eine wesentlich
höhere Erwerbsbeschränkung, bzw. Rente zubilligen müssen, als wenn
der gleiche Verletzte ein Gelegenheitsarbeiter wäre. Hat jemand durch
einen großen Schrecken eine allgemeine Chocneurose davongetragen,
etwa eine hysterische Schüttellähmung am ganzen Körper, so wird man
ihm solange eine 100 proz. Arbeitsunfähigkeit zubilligen müssen, mag
er nun Feinschlosser oder Taglöhner sein, bis man diese psychogene
Störung beseitigt hat, den guten Willen des Erkrankten natürlich vorausgesetzt. Bei den heute so häufigen Begutachtungen der Kriegsbeschä-
digten achte man stets auf den Unterschied von Dienstbeschädigung und
Erwerbsbeschränkung. Man wird z. B. bei einem Manne, der zuerst
seit einem schweren Kriegsschrecken psychogene Anfälle hat, die Frage
der Dienstbeschädigung bejahen müssen, wird es aber für seine Erwerbsfähigkeit als gänzlich belanglos ansehen, daß er jedesmal nach Streitigkeiten auf den Boden fällt und um sich schlägt. Man wird diesem Mann
also eine Rente versagen. Auf alle Fälle ist eine funktionelle (psychogene,
neurotische, hysterische) Störung prinzipiell nicht anders zu beurteilen,
als eine organische (anatomische), sofern die Erwerbsbeschränkung in
Betracht kommt. Der Grundsatz, den Hysteriker schlechter zu behandeln als den anatomisch Verletzten, ist durchaus zu verwerfen. Der
Arzt darf seinen Ärger, den er an einem Hysteriker hat, weil es ihm selbst
nicht gelingt, dessen Symptome zu beseitigen, nicht dadurch abreagieren,
daß er jenem eine kleinere Rente gibt. Noch immer erlebt man bei einem
Arzte gelegentlich die Einstellung, daß er einem Manne, der den dritten,
vierten, fünften Finger einbüßte, eine Rente ohne Bedenken gewährt,
obwohl sich der Geschädigte sehr gut mit seinen beiden verbliebenen
Fingern eingewöhnen könnte; — aber einem Manne, der eine schwere
Gehirnerschütterung erlitt und nun an Gleichgewichtsstörungen, Kopfschmerzen, Schwindelanfällen usw., kurz einer Kommotionsneurose noch
jahrelang leidet, will der gleiche Arzt nur sehr ungern eine Rente gewähren, denn jenem „fehle ja eigentlich nichts". Unter solchen ärztlichen
Beurteilungen haben die ernstlich Nervenkranken oft außerordentlich
zu leiden. Ihr viel geschmähter Kampf um die Rente ist oft nur ein
Kampf gegen ärztliches Unwissen. Dabei soll keineswegs empfohlen
werden, irgendwelchen Rentenjägern oder Drückebergern entgegen-
zukommen: das ist selbstverständlich verwerflich. Auch hier entscheidet das ärztliche Wissen: der Arzt muß es eben gelernt haben,

Rentenjäger von Neurotikern zu trennen. Er sollte es vor allem auch gelernt haben, zu entscheiden: inwieweit war der Mann von jeher neurasthenisch oder psychopathisch, und inwieweit hat der Unfall verursachend oder nur verschlimmernd gewirkt. Die Behandlung der Neurotiker und Hysteriker in orthopädischen oder mediko-mechanischen Instituten ist geradezu ein Kunstfehler. Dadurch werden die betreffenden Symptome oft den Geschädigten geradezu eingehämmert. Wenn ein Hysteriker nach einem Unfall von den verschiedenen Ärzten immer wieder zu hören bekommt, daß er ja völlig gesund, und daß sein angeblich gelähmter Arm eigentlich ein Schwindel sei, und wenn er trotzdem dann an orthopädischen Apparaten üben muß, so ist das ein Verfahren, das in dem Geschädigten naturgemäß eine große Verbitterung und eine höchst ungünstige Disposition zur Besserung erzeugt. Man mache sich zum Grundsatz: den anatomisch Geschädigten eine lokale Therapie, den psychisch Geschädigten eine Psychotherapie. An den hohen Renten, die gelegentlich den neurotischen Unfallverletzten gezahlt werden müssen, sind häufig die Ärzte durch unzweckmäßige Behandlung schuld. Bei kleineren Unfällen mit geringeren Folgen empfiehlt sich sehr häufig eine einmalige Entschädigung. Diese räumt die Möglichkeit unrichtiger Therapie, von Verbitterung, Rentenkämpfen, zahlreichen Krankenhauseinweisungen, Begutachtungen usw. aus dem Weg. Muß dennoch eine Rente gewährt werden, so stärke man den Willen des Neurotikers zur Gesundung durch den Hinweis auf die „Gewöhnung": er solle sich möglichst Mühe geben, bald wieder Herr seiner vollen Arbeitsfähigkeit zu werden, denn die Unfallsgenossenschaft werde mit Recht nach einiger Zeit annehmen, daß er sich an seine Beschwerden nun gewöhnt und angepaßt haben müsse, und daß er daher dann nichts mehr oder nur noch eine kümmerliche Rente bekommen werde. Werde er aber bald wieder seine Arbeit leisten können, so komme er ja wieder zu seinem alten Verdienst. Ist man sicher, es mit einem alten Rentenquerulanten zu tun zu haben, so sei man ebenso freundlich wie bestimmt. Glücklicherweise sind diese Typen an absoluter Anzahl nicht allzu häufig, sie fallen nur immer durch ihre Unverschämtheit so unangenehm auf. Versichert ein solcher Mann dem Gutachter: natürlich, er werde als Arbeiter unterdrückt, erst trage er seine Knochen zu Markte, und jetzt wolle man nicht zahlen, und lasse ihn verrecken, das sei der Segen der kapitalistischen Weltordnung usw., — so werde man unter keinen Umständen heftig, denn dann hat man sofort verlorenes Spiel. Sondern man versichere sehr freundlich, das sei allerdings die heutige Ordnung, in die man sich nun einmal schicken müsse: wer infolge geringer Rückenschmerzen glaube nicht arbeiten zu können, der müsse eben verrecken, wie er sage; das sei vielleicht hart, aber es sei daran leider nichts zu ändern. — Man vermeide es auch, in seinen Gutachten sein Urteil allzu vorsichtig zu verklausulieren; davon hat die Genossenschaft durchaus keinen Nutzen. Man sei kurz und klar. Man bedenke, daß der Unfallgeschädigte Einblick in sein Gutachten verlangen kann. Wünscht man nicht, daß der Kranke alle Ausführungen selbst liest, so halte man das Gutachten kurz und gebe der Genossen-

Einmalige
Abfindung

schaft in einem Begleitschreiben, das sie dem Kranken niemals auszuhändigen braucht, die nötigen Winke. Denn man bedenke immer, daß man der Genossenschaft weder Geld ersparen soll, noch daß man dem Kranken eine möglichst hohe Rente gewähren soll. Beides ist unzulässig. Man hat kein anderes Interesse, als den Kranken möglichst bald gesund zu machen; damit ist beiden Teilen am besten gedient.

Anders liegt der Fall, wenn es sich bei der Festsetzung der Erwerbsbeschränkung nicht um einen Neurotiker oder Psychopathen handelt, sondern um einen eigentlichen Geisteskranken. Ein solcher ist so erwerbsbeschränkt, als er will, d. h. es lassen sich überhaupt keine Regeln für seine Arbeitsfähigkeit aufstellen. Er ist ja als Psychotischer nicht zurechnungsfähig. Arbeitet er gar nicht, so muß man ihm 100% bewilligen, und arbeitet er zu einer anderen Zeit wieder einmal voll, so wird man ihm die Rente wieder streichen. Besonders wenn man auf den Fragebogen der Invalidenversicherung sich darüber entscheiden soll, ob der Katatoniker X. ein Drittel der Lohnarbeit eines gleichartigen Arbeiters in Zukunft wird wieder verdienen können, wird man in einiger Verlegenheit sein. Möglicherweise wird er sehr viel mehr, möglicherweise aber auch gar nichts verdienen: bei einer Schizophrenie ist dies unberechenbar.

Rente bei
Geistes-
kranken

Das Gutachten muß sich sehr häufig darauf erstrecken, ob irgendein Moment, meistens ein Unfall, als Ursache irgendeines Leidens anzusehen ist. Inwiefern bei hysterisch-neurotischen Störungen einzelne Erlebnisse ursächlich oder nur auslösend gewirkt haben, ist früher schon wiederholt gestreift worden. Schwierig ist gelegentlich die Entscheidung bei den „organischen" Nervenleiden, besonders denjenigen mit unbekannter oder nur vermuteter Ätiologie (z. B. der multiplen Sklerose). Man wird bei dem heutigen Stand der Kenntnisse einen Zusammenhang zwischen Unfall und solchen Leiden nur dann als „möglich" bejahen können, wenn es sich um eine direkte ernste Schädigung des Zentralnervensystems, nicht aber dann, wenn es sich nur um eine beliebige somatische Störung gehandelt hat (etwa eine Fingerquetschung) und auch nicht dann, wenn nur ein Schreck vorlag. In anderen Worten: ein seelischer starker Eindruck kann kein organisches Hirnleiden verursachen. — Aber selbst bei den spätluischen Leiden (besonders der progressiven Paralyse) ist die Entscheidung oft schwer. Es hieße vollkommen doktrinär sein, wenn man bei einem sicheren Paralytiker dann jeden Zusammenhang mit einem ernsten Kopfunfall leugnen wollte (Auslösung!), wenn die Krankheit vor dem Unfall in keiner Weise Erscheinungen verursachte und nach ihm sogleich stürmisch ausbrach.

Frage
der Ver-
ursachung

Ähnlich wie mit der Erwerbsfähigkeit ist es mit der Dienstfähigkeit bei einem Lehrer, Offizier, Geistlichen, Beamten bestellt. Bei allen psychopathischen Störungen ist es der Grad der Störung, der die Dienstbrauchbarkeit bestimmt. Hierbei kommt es auch sehr auf den guten Willen des Psychopathen an, denn neurotische (hysterische) Symptome lassen sich eben bis zu einem gewissen Grade beherrschen. Bei einem wirklichen Psychotiker wird man hingegen nur selten die Leistungsfähigkeit bejahen können, nämlich nur in den seltenen Fällen einer

Dienst-
fähigkeit

guten Remission. Ebenso wie ein Katatoniker im Kriegsdienst an der
Front unter allen Umständen unbrauchbar war, ebenso ist er auch als
Lehrer, Eisenbahnbeamter in verantwortungsvoller Stellung unmöglich
zu verwenden, denn er ist in jedem Augenblick unberechenbar und
kann großes Unheil anrichten. Doch muß man stets von Fall zu Fall
entscheiden. Ein Epileptiker mit häufigen Anfällen wird fast in jedem
Beruf unbrauchbar sein und nur allenfalls als Gärtner oder Landwirt
untergebracht werden können. Kommen die Anfälle nur alle halben
oder ganzen Jahre einmal, so wird er auch als Kaufmann, Bankbeamter,
Bureaubeamter usw. verwendbar sein. — Man denke bei Beamten, die in
mittleren Jahren plötzlich in ihrer Leistungsfähigkeit auffallend versagen, neben einer Lues des Zentralnervensystems an eine frühzeitige
(oft mit Trunksucht zusammenhängende) Arteriosklerose. Man hört
da z. B., daß ein Beamter nach einer fröhlichen Feier (mit viel Alkohol-
verbrauch) in der Nacht einen Schwächeanfall gehabt habe. Er hat
etwas gelallt, aber schon am nächsten Tage ist objektiv nichts Sicheres
festzustellen, nur subjektiv bleiben Störungen übrig: er fühlt sich sehr
matt und unbehaglich. Und von diesem Tage an erreicht er seine alte
Arbeitskraft nicht mehr. Alle paar Wochen muß er aussetzen, er fühlt
sich elend, müde, abgespannt. Er macht kleine Fehler im Dienst, ist
stiller, zurückgezogener geworden. Es stellen sich unbestimmte ziehende
Schmerzen in den Gliedern ein, die man anfangs für rheumatisch hält,
dann kommen Kopfschmerzen, Schlaflosigkeit und zunehmende große
Ermüdbarkeit hinzu; der Kranke beginnt auch äußerlich zu altern.
Es entwickelt sich allmählich das Bild der Adernverkalkung. Auch
bei solchen schleichenden Prozessen entferne man die Erkrankten aus
verantwortungsvollen Berufen (als Eisenbahnbeamte, Zugführer usw.). —
Man bekommt zuweilen von irgendeiner Behörde die heikle Frage vorgelegt, ob ein Beamter eine Arbeitsunfähigkeit, die er sich durch Trunksucht zuzog, selbst verschuldete. Handelt es sich um Fälle, in denen
der Betreffende nur den gewöhnlichen Trinksitten ergeben war, so wird
man jene Frage kaum bejahen können, hat er aber wirklich unmäßige
Mengen Alkohols zu sich genommen, ohne psychisch krank zu sein,
so wird man ihn nicht durch irgendeine übel angebrachte Nachsicht
schonen dürfen, sondern ihm die Verantwortung für sein Tun voll
aufbürden.

Jugend-
liche
Fordert ein Jugendamt, eine Jugendgerichtshilfe, Verwaltungsbehörde oder ein Amtsgericht eine Begutachtung eines Jugendlichen,
so denke man daran, daß es sich keineswegs nur darum handelt, zu entscheiden, ob der Jugendliche abnorm ist oder nicht. Mit dieser Feststellung allein ist niemand gedient. Vielmehr ist es gerade in diesen
Fällen notwendig, daß der Arzt eine ausführliche Charakteristik
des Jungen bringt, denn nur sie kann Hinweise auf besondere Erziehungsmaßnahmen und Behandlungsmethoden enthalten. Wenn
auch das Fürsorgeerziehungsgesetz manches Bundesstaates die Für-
sorgeerziehung an geisteskranken Kindern ausschließt, so sollen doch
hiermit — ganz abgesehen von den verwaltungstechnischen Konse-
quenzen für die zahlungspflichtigen Instanzen — nur die eigentlichen

Geisteskranken getroffen werden, nicht aber die zahllosen Psychopathen verschiedenster Art. Gerade durch die eingehende Schilderung ihrer Wesenszüge liefert der Arzt den Erziehern sehr wertvolles Material.

Nicht selten will das Gericht eine Begutachtung der **Geschäftsfähigkeit** haben. Handelt es sich um einen Lebenden, so ist die Frage nicht allzu schwer zu beantworten. **Alle Psychopathen sind im allgemeinen geschäftsfähig**, nur in den seltenen Fällen einer wirklichen degenerativen Geistesstörung, eines schweren hysterischen Dämmerzustandes muß die Geschäftsfähigkeit verneint werden.

Deutsches B.G.B.:
§ 104, 2. „Geschäftsunfähig ist, wer sich in einem die freie Willensbestimmung ausschließenden Zustande krankhafter Störung der Geistestätigkeit befindet, sofern nicht der Zustand seiner Natur nach ein vorübergehender ist."
§ 105, 2. „Nichtig ist auch eine Willenserklärung, die im Zustande der Bewußtlosigkeit oder vorübergehenden Störung der Geistestätigkeit abgegeben wird."

Alle eigentlichen Psychotiker sind geschäftsunfähig, d. h. alle Paralytiker, Dementia-praecox-Kranken, alle Manisch-depressiven im Anfall. Bei den senil Dementen, den Arteriosklerotikern, Imbezillen, traumatisch Dementen und Epileptikern hängt es vom **Grad** der geistigen Störung ab, ob man sie als geschäftsunfähig erklären muß oder nicht[1]. Hier können natürlich auch zwei Sachverständige einmal verschiedener Meinung sein, aber bei den erstgenannten drei Formen kann es **keine** Meinungsverschiedenheit geben: sie sind unter allen Umständen geschäftsunfähig, sobald die Diagnose feststeht. Zeigen sich bei einem Senilen schon Wahnideen, so wird man die Geschäftsunfähigkeit anzunehmen durchaus berechtigt sein. Daß auf einen Arteriosklerotiker im apoplektischen Insult und unmittelbar danach (Testamente in Todesangst, Schenkungserpressung der Verwandten) und auf einen Epileptiker im epileptischen Dämmerzustand der oben angeführte § 105 Z. 2 zutrifft, ist selbstverständlich. Man kann also unterscheiden den **dauernd Geschäftsunfähigen** (z. B. den Paralytiker), von dem **periodisch Geschäftsunfähigen** (z. B. den Manisch-depressiven) und dem **augenblicklich Willensunfähigen** (z. B. dem Epileptiker im Anfall). Es gibt aber endlich auch eine partielle Geschäftsfähigkeit in besonderem Sinne. Man hat früher gegen diesen Begriff mit Recht sehr geeifert und faßt ihn heute, da man ihn wieder aufnimmt, nur in einem eigenen anderen Umfang. Es kommt vor, daß eine Persönlichkeit von einzelnen Wahnideen beherrscht wird, ohne sonst in ihrer seelischen Gesamtstruktur wesentlich beeinträchtigt zu sein. Z. B. sei an die chronischen Trinker mit eng begrenztem Eifersuchtswahn erinnert. Ein solcher Säufer ist keinesfalls generell geschäftsunfähig. Wenn er aber Rechtsgeschäfte vornimmt, getrieben von dem Wahn der Untreue seiner Frau, so ist er für alle Angelegenheiten, in die dieser Wahn hineinspielt, befangen in einem Zustande von krankhafter Störung der Geistestätig-

Geschäfts-
fähigkeit

---

[1]) Die sogenannten „Lucida intervalla" haben nur eine theoretische Bedeutung. Eine eigentliche schwere Psychose hat nach den heutigen Ansichten **niemals** ein ganz freies Intervall mit Geschäftsfähigkeit und Zurechnungsfähigkeit.

18*

keit, der die freie Willensbestimmung ausschließt, also geschäftsunfähig.
Ähnlich ist es beim Querulanten. Man bedenke jedoch, daß solche Zustände einer in besonderem Sinne partiellen Geschäftsunfähigkeit recht
selten vorkommen.

Es ereignet sich gelegentlich, daß ein Mann, von dem irgendeine
Willenserklärung erpreßt werden soll, von den Interessierten betrunken
gemacht wird, und daß der Arzt nachher zu entscheiden hat, ob der
§ 105 Abs. 2 vorliegt. Das kann bei mangelhaften Zeugenaussagen oft
recht schwierig sein. Man erwäge, daß ein Betrunkener dann einem
Bewußtlosen oder geistig Gestörten gleich zu achten ist, wenn er gröblich
lallt, schwer taumelt, ernste sinnlose Gewalttätigkeiten grundlos begeht,
oder in einer abnormen Grundstimmung ist, die seinem sonstigen Charakter vollkommen widerspricht[1]).

Entmün-
digung
Sehr bedeutungsvoll ist das Gutachten des Arztes in der Frage der
Entmündigung einer Person.

§ 6 B.G.B.:
Entmündigt kann werden
1. Wer infolge von Geisteskrankheit oder von Geistesschwäche seine Angelegenheiten nicht zu besorgen vermag.

Man halte von vornherein fest, daß in diesem Wortlaut Geisteskrankheit und Geistesschwäche zwei vom Juristen geprägte Begriffe
sind, die mit den gleichbenannten Begriffen der Psychiatrie gar nichts
zu tun haben. Ein im psychiatrischen Sinne Geisteskranker kann im
Sinne dieses Paragraphen ein Geistesschwacher sein und auch umgekehrt. Das was juristisch diese beiden Begriffe scheidet, ist der Grad
der geistigen Störung. Diese Unterscheidung wiederum ist gemacht
worden, weil die Folgen der Entmündigung wegen Geisteskrankheit
anders (schwerer) sind als wegen Geistesschwäche. Grob ausgedrückt
kann der wegen Schwäche Entmündigte nämlich noch in einem bestimmten Umkreis seiner Angelegenheiten mitwirken, dann nämlich,
wenn die betreffenden Rechtsgeschäfte zu seinem Vorteil sind. Er ist
einem Minderjährigen von über 7 Jahren gleichzuachten (§§ 106—113
B.G.B.). Ein Schizophrener also ist, wenn er nicht von Wahnideen bewegt wird, im Sinne des § 6 meist ein Geistesschwacher; handelt er aber
unter dem Einfluß von Wahngedanken, so ist er geisteskrank. Erfordert
wird in diesem Paragraphen aber auch noch, daß er infolge seiner geistigen
Gebrechen seine Angelegenheiten nicht zu besorgen vermag: damit ist
die Gesamtheit der wichtigen Angelegenheiten gemeint. Es ist dies
eine sehr bedeutsame Beziehung. Denn ein Landmann, der kaum über
bares Geld verfügt und nur seiner kleinen Landwirtschaft lebt, kann
diese Angelegenheiten meist noch recht gut besorgen, auch wenn er
schon reichlich blödsinnig ist. Ein Großindustrieller mit äußerst komplizierten Berufs- und Wirtschaftsverhältnissen wird vielleicht schon
durch eine Hypomanie daran gehindert werden, seine Angelegenheiten
richtig zu besorgen. Er wird vielleicht unsinnige Käufe abschließen,
Besitztümer verschleudern usw.

---

[1]) Vom pathologischen Rausch war unter Alkoholismus ausführlich die Rede.

Bei der Frage nach der Entmündigungsreife muß also begutachtet werden:

1. Ist X. geistig abnorm.
2. Erreicht diese Abnormität einen hohen Grad oder nicht.
3. Inwiefern wirkt dieser Grad von Abnormität auf die Besorgung der gerade hier vorliegenden Angelegenheiten[1]) in ihrer Gesamtheit ein[2]).

Vermag sich der Arzt aus eigener Kenntnis und Erfahrung über diese Fragen kein Urteil zu bilden, so kann er beim Gericht den Antrag stellen, den zu Entmündigenden auf die Höchstdauer von 6 Wochen zur Untersuchung und Beobachtung in eine Irrenanstalt einzuweisen (§ 656 Z.P.O.).

Mit der 2. Ziffer des § 6 B.G.B. wird der Arzt selten zu tun bekommen:

Entmündigt kann werden:
2. Wer durch Verschwendung sich oder seine Familie der Gefahr des Notstandes aussetzt.

Denn wenn diese Verschwendung auf einer geistigen Störung beruht, so kommt ja eben die 1. Ziffer des gleichen Paragraphen in Betracht. Wichtiger ist die 3. Ziffer des § 6:

3. Wer infolge von Trunksucht seine Angelegenheiten nicht zu besorgen vermag oder sich oder seine Familie der Gefahr des Notstandes aussetzt oder die Sicherheit anderer gefährdet.

Hierbei wird zuweilen, wenngleich es nicht vorgeschrieben ist, ein Arzt gefragt werden. Über die Bedeutung der Entmündigung für die Bekämpfung des Alkoholismus ist an der entsprechenden Stelle gesprochen worden[3]). Man bedenke, daß der Arzt in keinem Falle das formale Recht hat, den Antrag auf Entmündigung zu stellen. Aber hierdurch lasse man sich keineswegs abschrecken, wenn man es im Interesse eines einzelnen, einer Familie oder der Gesamtheit für seine Pflicht hält, eine Entmündigung herbeizuführen. Man beantragt dann eben die Entmündigung nicht, sondern man regt sie an. Z. B. man unterbreitet sein Material einem Fürsorgeamt, einem entsprechenden Verein, der Verwaltungsbehörde oder Armenbehörde, damit diese, soweit sie es darf (die Armenbehörde bei der Trunksucht), den nötigen Antrag stelle oder ihrerseits die Anregung weitergebe (an den Staatsanwalt z. B.). Hat man ein exaktes Material zusammengebracht, und macht man sich wirklich hinter die Sache, so wird man in den meisten Fällen die Entmündigung erreichen. Doch erwarte man im allgemeinen nur Widerstände und keinen Dank von irgendeiner Seite; — man finde an dem Bewußtsein Genügen, das getan zu haben, wozu das soziale Pflichtbewußtsein treibt. Gelingt es aus irgendwelchen Gründen nicht, die

---

[1]) Nicht nur Vermögensangelegenheiten, sondern auch alle Angelegenheiten der Person!

[2]) Das Unvermögen, vereinzelte, wenig wichtige Angelegenheiten besorgen zu können, bedingt nicht die Entmündigungsreife.

[3]) Siehe S. 164.

Entmündigung zu erreichen, so begnüge man sich mit der **Pflegschaft**.
Diese ist in manchen, einfach gelegenen Fällen auch deshalb erstrebens-
wert, weil die Pflegschaftsanordnung nicht, wie das Entmündigungs-
verfahren, Kosten bereitet.

Pfleg-
schaft

B.G.B. § 1910, Abs. 2:

Vermag ein Volljähriger, der nicht unter Vormundschaft steht, infolge geistiger
oder körperlicher Gebrechen einzelne seiner Angelegenheiten oder einen bestimmten
Kreis seiner Angelegenheiten, insbesondere seine Vermögensangelegenheiten, nicht
zu besorgen, so kann er für diese Angelegenheiten einen Pfleger erhalten.

Die Pflegschaft darf nur mit Einwilligung des Gebrechlichen angeordnet
werden, es sei denn, daß eine Verständigung mit ihm nicht möglich ist.

Letzteres ist bei allen Geisteskranken im engeren Sinne der Fall, da
sie bei ihrer Nichteinwilligung immer von abnormen Motiven bestimmt
werden. Ausnahmen hiervon ließen sich theoretisch allenfalls konstruieren, kommen aber praktisch nicht in Betracht. Wenn also ein
Arzt, z. B. ein praktischer Arzt auf dem Lande, Zeuge ist, wie ein Geisteskranker infolge seiner Störung z. B. seine Felder vernachlässigt, sein An-
wesen verkommen läßt usw., und wenn er glaubt, ein Entmündigungsver-
fahren nicht oder nicht sogleich durchsetzen zu können, so rege er in
geeigneter Weise (beim Bürgermeisteramt, der Verwaltungsbehörde usw.
zur entsprechenden Weitergabe) die Gestellung eines Pflegers an.

Fürsorger-
amt

Will ein Arzt sich noch intensiver um das Wohl seines Bezirkes,
insbesondere der Jugend, kümmern, so biete er sich der Verwaltungsbehörde zum Amte des „Fürsorgers“ (für die in Familienerziehung
untergebrachten Fürsorgezöglinge) an. Die Verwaltungsstellen sind oft
sehr dankbar, vertrauenswerte Personen für dieses Amt zu gewinnen.
In vielen Landesteilen gibt es Vereine für entlassene Geisteskranke.
Auch als Obmann oder Vertrauensmann eines solchen Vereins kann der
Arzt sehr viel Nutzen stiften. Das Geheimnis seiner segensreichen
Wirkung in allen diesen sozialen Hilfen liegt in der Initiative des einzelnen. Keine Scheu vor Paragraphen, nichts nur an sich herankommen
lassen, sondern selbständig eingreifen!

Geschäfts-
fähigkeit
eines Ver-
storbenen

Wird der Arzt befragt, ob ein Verstorbener, den er einst behandelte,
zu irgendeinem Zeitpunkte geschäftsfähig war, so lehne er im allgemeinen
ein Urteil, nicht aber die Zeugenschaft ab. Solche Begutachtungen sind
außerordentlich schwierig und können, da es sich ja doch um Aktengut-
achten handelt, vom Gericht ebensogut an den nächsten Facharzt
bzw. die nächste psychiatrische Klinik geschickt werden. Hat man
als Facharzt solche Fälle zu bearbeiten, so liest man oft mit Schrecken
die hemmungslosen Urteile und Zeugenaussagen, die vor Gericht von
jenen praktischen Ärzten abgegeben wurden, die den Verstorbenen
seinerzeit behandelten. Da heißt es z. B.: „Ich erinnere mich an den
alten Kanzleirat sehr wohl und habe manchmal am Stammtisch mit ihm
gesessen. Er war ein sehr anregender Gesellschafter, war sehr belesen
und allgemein geachtet und beliebt. Es kann gar keine Rede davon
sein, daß er nicht geschäftsfähig gewesen wäre. Er hatte freilich seine
Eigenheiten, aber wer hätte sie nicht. So lebte er immer der Einbildung,
man wolle sich bei ihm einschleichen, um ihn zu bestehlen, und so zahlte

er einem Nachbar ziemlich hohe Summen, damit dieser sein Haus mit bewachen helfe." Der sachverständige Zeuge, der eine solche Aussage gibt, ist eben nicht sachverständig, sonst würde er sich sagen, daß gerade hinter der genannten „Eigenheit" sehr wohl senile Wahnideen stecken konnten, und daß daher die Geschäftsfähigkeit des Verstorbenen zum mindesten zweifelhaft war.

Man stelle über die geistige Gesundheit eines Menschen niemals ein Zeugnis aus. Man mache sich dies zu einem unumstößlichen Grundsatz. Selbst dem Fachmann kann es geschehen, daß er stundenlang mit einem Geisteskranken redet, ohne die Krankheit erfassen zu können. Der Psychotiker will eben oft mit seinen krankhaften Gedanken nicht herausrücken. Oft steckt er ganz voll von Wahnideen, aber er hält schlau damit zurück. Oft aber kommt man nur durch Zufall lange nicht auf das Schlagwort, das die ganze Paranoia enthüllt. Ich erinnere mich, einmal über eine Stunde mit einem Manne gesprochen zu haben, der mir als sicherer paranoider Schizophrener zugeschickt worden war, ohne daß ich auf eine abnorme Idee stieß. Erst als mir allmählich auffiel, daß er das Wort „Einheit" etwas häufig gebrauchte, und ich nun fragte, was es denn eigentlich mit dieser Einheit sei, da brachen alle seine Wahngedanken hervor, als wenn eine Schleuse aufgezogen worden wäre. — Wird man einen Fremden mit der einfachen Weigerung, ein Gesundheitszeugnis auszustellen, nicht los, so bescheinige man ihm z. B.: daß bei einer Unterredung von 10 minutiger Dauer von Herrn X. nichts Abnormes geäußert worden sei. Oder man bestätige, daß sich bei einer genauen körperlichen Untersuchung keine Anzeichen gefunden hätten, die auf eine Erkrankung des Zentralnervensystems hindeuteten. Aber man bescheinige niemals eine seelische Gesundheit. Man darf dies oft mit gutem Gewissen nicht nach wochenlanger Bekanntschaft tun, geschweige denn nach einer Sprechstundenunterredung. Man hüte sich vor allem vor Fremden, die solche Zeugnisse erbitten. Oft sind dies geistig Abnorme, die von ihrer eigenen Gesundheit felsenfest überzeugt sind und nun herumreisen, um bona fide „Material" gegen Leute zu sammeln, die sie früher einmal in eine Anstalt gebracht, ihre Entmündigung beantragt haben usw. Man erinnere sich der Sensationsprozesse von Leuten, die „8 Wochen in der Irrenanstalt zu X. lebendig begraben" waren usw. Sehr selten handelt es sich dabei um ganz gesunde Menschen, oft um wirkliche Geisteskranke, meist um Psychopathen.

Gelegentlich wird der Arzt um ein Gutachten gebeten werden, wenn es sich um Ehescheidung wegen Geisteskrankheit handelt.

B.G.B. § 1569:

„Ein Ehegatte kann auf Scheidung klagen, wenn der andere Ehegatte in Geisteskrankheit verfallen ist, die Krankheit während der Ehe mindestens 3 Jahre gedauert und einen solchen Grad erreicht hat, daß die geistige Gemeinschaft zwischen den Ehegatten aufgehoben, auch jede Aussicht auf Wiederherstellung dieser Gemeinschaft ausgeschlossen ist."

Der Gutachter muß hierzu also erstens den Verfall in Geisteskrankheit nachweisen, d. h. einen neu erscheinenden geistigen Krankheitsprozeß. Wenn über dessen Dauer etwas ausgesagt werden soll, kann

man seine ersten deutlichen Zeichen natürlich als seinen Beginn ansehen. Dann aber verlangt der angeführte Paragraph auch noch,
daß die geistige Störung jetzt so hochgradig ist, daß sie die geistige
Gemeinschaft zwischen den Ehegatten aufhebt. Sie muß also das Wesen
des Erkrankten im Grunde verändert und so zerstört haben, daß er ein
anderer geworden ist, und daß es dem gesunden Teile nicht mehr
möglich ist, mit dem Kranken eine geistige Gemeinschaft zu haben.
Endlich darf die Psychose nicht vorübergehend, sie muß dauernd, d. h.
sie muß ein fortschreitender oder zum mindesten irreparabler Zer-
störungsprozeß sein. Alle diese Bedingungen sind relativ selten zugleich
erfüllt, so daß manche Ehe, deren Lösung für den gesunden Teil und
für die Kinder eine große Wohltat wäre, leider bestehen bleiben muß[1]).

Verfall in Siechtum Selten einmal wird der Arzt als Sachverständiger gehört werden,
ob — wie von irgendeinem Beteiligten behauptet wird — eine geistige
Störung eine Folge einer Körperverletzung (Mißhandlung) ist. Besonders
bei der Epilepsie wird diese Frage zuweilen aufgeworfen. Hierbei bedenke man immer, daß es unendlich viele Fälle aller geistigen Störungen
gibt, die sicher ohne eine Mißhandlung einsetzen, daß es also an sich
schon nicht allzu viel Wahrscheinlichkeit für sich hat, irgendeine Psychose kausal auf eine Körperverletzung zu beziehen. Immerhin wird
man bei einem zeitlich völligen Zusammenfallen von Tat und Störung
den Zusammenhang auch nicht rundweg leugnen können. Man kann
sich z. B. vorstellen, daß eine epileptisch disponierte Frau durch einen
ernsthaften Notzuchtsversuch derartig erregt und erschüttert wird, daß
der erste epileptische Anfall noch am gleichen Tage einsetzt, und daß
sich die Anfälle nun nicht wieder verlieren. Doch werden solche Fälle,
in denen man den Zusammenhang zwischen Mißhandlung und Geistesstörung bejahen wird, sehr selten sein und sich im allgemeinen auf jene
Verletzungen beschränken, die mit einer ernsten Schädigung des Kopfes
(Schädelbruch, schwere Gehirnerschütterung usw.) verbunden waren.

Geschlechtsverkehr mit Geisteskranken Sehr selten wird der Arzt einmal gefragt werden, ob die Geisteskrankheit einer Frauensperson so deutlich war, daß auch ein Laie sie
erkennen mußte und also keinen Geschlechtsverkehr mit ihr ausüben
durfte. Meist handelt es sich in solchen Fällen um angeboren schwachsinnige (imbezille) Mädchen, deren Sexualsphäre sehr erregt ist, und die
womöglich selbst aktiv beteiligt waren. In allen solchen Fällen wird
man, wenn es sich nicht gerade um ein idiotisch-tierisches Wesen gehandelt hat, oder wenn nicht der betreffende Mann aus den Umständen
(Anstaltsinsassin!) die Krankheit erschließen mußte, verneinen
können, daß die geistige Störung genügend erkennbar war.

Zurechnungsfähigkeit Jugendliche Endlich wird die Frage der Zurechnungsfähigkeit zur Zeit der
Begehung einer Straftat vom Arzt nicht selten zu beantworten sein. Da
handelt es sich zuerst um die Jugendlichen (vom 12. bis zum 18. Ge-
burtstage). Ihnen ist im Gesetz an sich schon eine Sonderstellung hinsichtlich des Strafmaßes eingeräumt. Außerdem nimmt aber der § 56

---

[1]) In Frage kommt wohl hier nur die Dementia praecox, Paralyse und die
schnell verblödenden Epilepsien.

R.St.G.B. noch besonders auf diejenigen Rücksicht, die in ihrer geistigen Entwicklung zurückgeblieben sind. Die Kinder bis zum vollendeten 12. Lebensjahr können strafrechtlich überhaupt nicht verfolgt werden.

§ 55 St.G.B. Wer bei Begehung der Handlung das zwölfte Lebensjahr nicht vollendet hat, kann wegen derselben nicht strafrechtlich verfolgt werden. Gegen denselben können jedoch nach Maßgabe der landesgesetzlichen Vorschriften die zur Besserung und Beaufsichtigung geeigneten Maßregeln getroffen werden. Die Unterbringung in eine Familie, Erziehungsanstalt oder Besserungsanstalt kann nur erfolgen, nachdem durch Beschluß des Vormundschaftsgerichtes die Begehung der Handlung festgestellt und die Unterbringung für zulässig erklärt wird.

§ 56 St.G.B. Ein Angeschuldigter, welcher zu einer Zeit, als er das zwölfte, aber nicht das achtzehnte Lebensjahr vollendet hatte, eine strafbare Handlung begangen hat, ist freizusprechen, wenn er bei Begehung derselben die zur Erkenntnis ihrer Strafbarkeit erforderliche Einsicht nicht besaß.

In dem Urteile ist zu bestimmen, ob der Angeschuldigte seiner Familie überwiesen oder in eine Erziehungs- oder Besserungsanstalt gebracht werden soll. In der Anstalt ist er so lange zu behalten, als die der Anstalt vorgesetzte Verwaltungsbehörde solches für erforderlich erachtet, jedoch nicht über das vollendete zwanzigste Lebensjahr.

Nach der heute geübten Rechtsprechung ist der § 56 so auszulegen, daß es sich dabei lediglich um die Verstandesreife handelt. Um die Voraussetzungen des § 56 zu erfüllen, wird nicht verlangt, daß der Jugendliche von der Strafbarkeit der betreffenden Handlung nichts gewußt hat, sondern man fordert mehr als ein totes Wissen bzw. Nichtwissen. Es wird zur Bestrafung des Jugendlichen diejenige Verstandesreife verlangt, die hinreicht, um selbständig die fragliche Handlung als gerichtlich strafbar zu erkennen. Ist diese Verstandesreife nicht vorhanden, so ist der Jugendliche freizusprechen. Um die sogenannte moralische Reifung, genügende Festigkeit der Charakterentwicklung usw. handelt es sich dabei also nicht. Zur Entscheidung über den Grad der Verstandesreife werden die früher ausführlich wiedergegebenen Binet-Bobertagschen Tests[1]) sehr gute Dienste leisten. Dasselbe gilt für die Taubstummen:

§ 58 St.G.B. Ein Taubstummer, welcher die zur Erkenntnis der Strafbarkeit einer von ihm begangenen Handlung erforderliche Einsicht nicht besaß, ist freizusprechen.

Endlich lautet der für Erwachsene wie Jugendliche geltende § 51 folgendermaßen:

§ 51 St.G.B. Eine strafbare Handlung ist nicht vorhanden, wenn der Täter zur Zeit der Begehung der Handlung sich in einem Zustande von Bewußtlosigkeit oder krankhafter Störung der Geistestätigkeit befand, durch welchen seine freie Willensbestimmung ausgeschlossen war.

Man beachte, daß bei der Begutachtung eines Rechtsbrechers also auf folgende Punkte eingegangen werden muß:

1. zur Zeit der Begehung der Tat;
2. in einem Zustande von Bewußtlosigkeit oder krankhafter Störung der Geistestätigkeit;
3. durch welchen seine freie Willensbestimmung ausgeschlossen war

---

[1]) Siehe S. 60.

Was die großen Psychosen anlangt (Dementia praecox, Paralyse),
so ist ihre Beurteilung vor dem Forum einfach: Diese Kranken befinden
sich von dem Augenblicke, an dem die Krankheit festgestellt wurde,
bis zum Tode dauernd in einem Zustande von krankhafter Geistesstörung, durch den ihre freie Willensbestimmung ausgeschlossen war.
Sie können also zu jeder beliebigen Zeit begehen, was sie wollen, sie sind
immer zu exkulpieren (dauernde generelle Unzurechnungsfähigkeit). Paralytiker werden selten straffällig. Nur im Anfang der expansiven Formen der Paralyse kommt es gelegentlich zu
Schwindeleien, Vorspiegelungen falscher Tatsachen, Geschäftsgrün-
dungen, die einen betrügerischen Eindruck machen usw. Die Dementia-praecox-Kranken hingegen geraten überaus häufig mit
den Gesetzen in Konflikt. Besonders die stillen hebephrenen Formen
verraten sich gelegentlich zuerst dadurch, daß z. B. ein bisher völlig
sozialer, ordentlicher Mann anfängt, sich Vergehen zu schulden kommen
zu lassen. Zahlreiche durch ihre geistige Erkrankung in ihrer Persönlich-
keitsstruktur gestörten Persönlichkeiten werden asozial, seltener anti-
sozial. Sie neigen infolge ihrer geistigen, langsam fortschreitenden Zerrüttung nicht so sehr zu aktiven, gegen die Gesellschaft oder das Eigentum gerichteten Handlungen, als vielmehr zu Passivitätsdelikten:
Betteln, Landstreichen und Gelegenheitsdiebstählen, Hehlerei. Ein
Strafregister eines sozial heruntergekommenen Schizophrenen zeigt fast
immer eine gemischte Kriminalität, denn der gleichgültig gewordene,
die Landstraße entlang durch Wind und Wetter „tippelnde" Hebephrene
ist naturgemäß auch fast immer ein Trinker geworden: er trinkt ordinären
Branntwein für seine erbettelten Pfennige. Und im Rausch gerät er
gelegentlich auch mit der Polizei in Streit. Es gibt dann Widerstand
gegen die Staatsgewalt, Beamtenbeleidigung, Bedrohung, Körperverletzung. Auch nimmt der Schizophrene gelegentlich einmal eine Hose
oder ein Hemd mit, das zum Trocknen irgendwo aufgehängt ist. Er ist
eben geistig herabgekommen und hat keine Hemmungen mehr. „Ich
brauche ein Hemd, hier ist ein Hemd, niemand hindert mich am Weg-
nehmen, also nehme ich das Hemd." Das ist meist der ganze Gedankengang, der in ihm vorgeht.

Man lasse sich durch den von Richtern und andern Laien oft genug
geäußerten Einwand nicht irre machen: ein Geisteskranker könne
nicht mit Überlegung zu seinem Vorteil eine zwecksichere Handlung
begehen. Das ist vollkommen unrichtig. Der Laie stellt sich den Geisteskranken fälschlich immer als Tobenden oder geistig Verwirrten vor.
Es gibt eben viele geistige Störungen, zu deren Erkennung Fachkennt-
nisse erforderlich sind. Man halte demgegenüber fest, daß ein Dementia-
praecox-Kranker und Paralytiker immer und für alle Taten zu exkulpieren ist, mögen diese noch so zweckmäßig sein.

Die einzige Schwierigkeit liegt in der Frage der Remission. Finden
sich irgendwelche Symptome von Abnormität bei einem Paralytiker
oder Schizophrenen, so ist er wie erwähnt generell unzurechnungsfähig.
Aber es kommen so weitgehende Besserungen vor — bei der Paralyse
überaus selten, bei der Schizophrenie ziemlich häufig — daß man einem

Kranken so gut wie nichts Krankhaftes mehr anmerkt, obwohl man ihn vielleicht noch vor wenigen Wochen schwer psychotisch sah. Man nehme ein Beispiel: ein vollkommen normaler Gewohnheitsdieb hat schon manche Strafe abgesessen und erkrankt nun in seinem 28. Lebensjahre an einer akuten Phase einer Katatonie. In diesem Augenblicke wird er also generell unzurechnungsfähig. Nach 3 Monaten sind die stürmischen Erscheinungen des Anfalls vorbei; er hat sich beruhigt und wird aus der Anstalt entlassen. Kurze Zeit darauf begeht er ganz in der früheren Weise einen neuen Diebstahl. Ist er nun unzurechnungsfähig? — Es ist zuzugeben, daß eine solche Tat seiner früheren — nach der stürmischen schizophrenen Attacke gleichsam wiederhergestellten — Persönlichkeit entspringt. Dennoch wird man in einem solchen Falle die Zurechnungsfähigkeit nur dann bejahen, wenn sich wirklich gar kein einziges Symptom der Schizophrenie mehr aufzeigen läßt. In dubio pro reo! — Für die Geschäftsfähigkeit in der Remission gilt übrigens dasselbe. — Rechte Schwierigkeiten in der forensischen Beurteilung machen auch die heilbaren oder periodischen Seelenstörungen. Wenn z. B. ein Maniacus (des manisch-depressiven Irreseins) wenige Wochen nach einer Anstaltsentlassung ein Delikt begeht, das noch ganz nach Manie aussieht (z. B. im Rathaus Formulare stiehlt, mit denen er gar nichts anfangen kann), so wird man natürlich die Voraussetzungen des § 51 bejahen. Wenn eine melancholische Frau die Kinder ins Wasser wirft, dann aber selbst am Selbstmord verhindert wird, so wird man natürlich ebenfalls für Exkulpierung sprechen. Doch können besonders bei den leichteren Fällen des manisch-depressiven Irreseins (der Zyklothymie) zuweilen recht viel Schwierigkeiten erwachsen. Man muß dann eben in der Erwägung aller Umstände gleichsam einen psychologischen Indizienbeweis für oder wider führen. Auch wenn ein Hirnluiker $^3/_4$ Jahre nach einem luischen Schlaganfall eine Straftat begeht, kann seine Zurechnungsfähigkeit recht zweifelhaft sein. Sind noch ernstliche körperliche Symptome vorhanden, so wird man auch dann noch an seiner Zurechnungsfähigkeit erhebliche Zweifel äußern dürfen, wenn sein Verstandesleben keinen ernstlichen Schaden gelitten zu haben scheint. Die manisch-depressiven Kranken und die zyklothymisch veranlagten Naturen haben die Eigentümlichkeit, sich sozial zu halten und nur selten kriminell zu werden. Bei ihnen liegt also — ebenso wie bei den Epileptikern im Anfall und Dämmerzustand — eine generelle periodische Unzurechnungsfähigkeit vor. Man hört zuweilen die Äußerung, der echte Epileptiker sei überhaupt unzurechnungsfähig. Ganz zu Unrecht. Lediglich jene Epileptiker sind generell und dauernd ohne Verantwortung, die schon stark verblödet sind. Doch sind solche Verblödeten ja vielfach in Anstalten und daher selten kriminell. Recht häufig kommen die Epileptiker dagegen gerade dann in Streit mit den Gesetzen und Verordnungen, wenn sie noch nicht erheblich verblödet sind. Wie früher schon erwähnt wurde, sind es nicht die motorischen epileptischen Anfälle, in denen sie ein Verbrechen begehen, — sondern in ihren Dämmerzuständen, in ihrer dann meist dysphorischen gereizten Stimmung werden sie oft schwer gewalttätig. Es ist klar, daß ein

schwerer epileptischer Dämmerzustand (mit vollkommener Amnesie)
auch die Voraussetzungen des § 51 einschließt. Aber im Kapitel der
Epilepsie[1]) wurde schon ausgeführt, daß diese Kranken auch an Verstimmungen aller Stärken und an pathologischen Räuschen aller Grade
leiden, und daß es hier nur die sehr erheblichen, eben die schwer
abnormen Grade sind, die unzurechnungsfähig machen. Und
hiermit führe ich in das forensisch so sehr viel schwieriger zu beurteilende
Gebiet der gradweise abnormen Zustände hinüber. Bei ihnen besteht
nur eine partielle periodische Unzurechnungsfähigkeit. Dies
ist das Gebiet, in dem sich zwei Sachverständige begreiflicherweise
zuweilen widersprechen können. Dort wo es sich nur um Grade handelt,
kann man eben über diesen Grad sehr leicht verschiedener Meinung
sein. Wenn ein Epileptiker oder epileptoider Psychopath an einem
kritischen Tage sehr mißgestimmt ist, trinkt, einen pathologischen
Rausch mit Amnesie bekommt und jemand totschlägt, so wird man,
wenn die eben bezeichneten Momente einwandsfrei nachweisbar sind,
die Voraussetzungen des § 51 sehr wohl bejahen können. Wenn dagegen
eine gleiche Persönlichkeit, die schon sehr oft gestohlen hat, an einem
solchen kritischen Tage, wie sie es auch sonst gewohnt war, stiehlt, so
liegt nicht der mindeste Anlaß zu einer Exkulpierung vor. Es muß also
der innere Zusammenhang (der Motivzusammenhang) zwischen der Art
der abnormen Verstimmung und der speziellen Tat erwiesen werden.
Aber selbst beim gelungenen Nachweis dieses Zusammenhangs muß
außerdem noch die Intensität der Störung so hochgradig gewesen sein,
daß der Sachverständige mit voller Überzeugung sagen kann: der Verstimmte war nicht mehr Herr über sich, oder wie das Gesetz es ausdrückt, seine freie Willensbestimmung war ausgeschlossen. Das eben
Gesagte gilt nun keineswegs nur von den epileptischen oder epileptoiden
Verstimmungen, sondern von allen psychopathischen (hysterischen usw.)
Störungen und zumal von den Imbezillen.

Um diese praktisch wichtigen Unterschiede ganz klar herauszustellen, sei nochmals zusammengefaßt:

1. Es gibt eine generelle dauernde Unzurechnungsfähigkeit, z. B. bei der progressiven Paralyse, bei der Dementia
   praecox, bei fortgeschrittenen verblödeten Epilepsien, Idiotien,
   schweren Imbezillitäten, verblödeten Senilen, blöden Arteriosklerotikern, traumatisch schwer Dementen.

2. Es gibt eine generelle periodische Unzurechnungsfähigkeit, z. B. bei den Anfällen des manisch-depressiven Irreseins,
   dem echten epileptischen Dämmerzustand, dem vorübergehenden
   hirnluischen Anfall, dem Fieberdelir, der Meningitis, der Alkoholhalluzinose, dem Delirium tremens, der hysterischen Gefängnispsychose, der Korsakowschen Störung, dem sinnlosen oder dem
   pathologischen Rausch.

3. Es gibt eine partielle dauernde Unzurechnungsfähigkeit, z. B. beim Querulanten hinsichtlich seiner Wahnidee der

Partielle
Unzu-
rechnungs-
fähigkeit

----

[1]) Siehe S. 144—145.

Rechtsbenachteiligung (dagegen ist er sehr wohl zurechnungsfähig, wenn er Geld stiehlt), beim eifersuchtswahnsinnigen
Alkoholiker im Bereich seines Eifersuchtswahns, bei leichten
Imbezillen für komplizierte „unbeabsichtigte“ Vergehen.
4. Es gibt eine partielle periodische Unzurechnungsfähigkeit, z. B. bei der hochgradigen endogenen Verstimmung für
Affektvergehen, bei dem hochgradigen pathologischen Affekt
eines gereizten Hysterikers ebenfalls für Affektvergehen (oder
z. B. für unerlaubte Entfernung von der Truppe).

Besondere Sorgfalt ist notwendig bei der Begutachtung eines Täters,
der eine Tat im Rausch beging. Hier muß man beachten:

1. Ist der Rausch überhaupt nachgewiesen?
2. Wenn ja, war es ein normaler Rausch, ein pathologischer Rausch,
ein sinnloser Rausch?
3. Einen sinnlosen Rausch zu erkennen, macht keine Mühe: der
Täter lallt dann, kann nicht mehr gerade stehen, nicht mehr
richtig gehen, spricht verwirrt usw.
4. Handelte der Täter in einem abnormen (oder pathologischen)
Rausche[1]), so muß der Grad dieser Abnormität besonders beachtet werden. Bei den höchsten Graden ist der Täter generell
unzurechnungsfähig (sinnloses Toben, Umsichstechen, mit ge-
zücktem Messer durch die Straßen laufen und auf alle Begegnenden einstechen), bei den mittleren Graden liegt eine partielle
Unzurechnungsfähigkeit für Affektvergehen vor, bei den leichten
Graden ist der Täter zurechnungsfähig.

Bei dieser Gelegenheit sei des Strafregisters als einer Quelle psy- Straf-
chologischer Erkenntnis gedacht. Wer ein Strafregister zu lesen versteht, register
kann daraus sehr viel schöpfen. Man beachte Folgendes. Man kann
ihm entnehmen, wann der Kriminelle das erstemal im Leben zur Verantwortung gezogen wurde, also das Lebensalter beim Anfang der
Kriminalität. Man kann sich ferner über die Häufigkeit, und aus
dem Strafmaß zum Teil auch über die Schwere der Verbrechen unterrichten. Nur bedenke man, daß die hohen Strafmaße für Eigentums-
vergehen im wiederholten Rückfall eben auf den Rückfall gesetzt sind.
In der Tat kann es sich dabei um ganz harmlose Delikte handeln. Man
kann beachten, in welche Monate die Verurteilungen fallen (Sommer-
bettler, Winterbettler), man kann aus den Orten der Bestrafung die
Routen oder die Arbeitsgebiete der Verbrecher ermitteln (Großstadt-
einbrecher), und man wird endlich aus der Tatsache, daß ein Verbrecher
einmal einige Jahre lang eine Lücke in seinem Strafregister hat, nicht
ohne weiteres auf eine Besserung schließen, sondern an die Möglichkeit
denken, daß er diese Jahre im Auslande war. Man kann dem Strafregister noch vielerlei mehr entnehmen, doch mögen diese Andeutungen
hier genügen.

---

[1]) Die Kriterien hierfür s. S. 152.

Mündliches
Gutachten

Bei dem mündlichen Vortrag eines Gutachtens vor Gericht versäume man nicht, dem Gerichtshof den Unterschied zwischen einem dem Grade nach abnormen Seelenzustand und einem eigentlichen destruktiven Krankheitsprozeß klar zu machen, wenn diese Unterscheidung im besonderen Falle wichtig ist. Man häufe in seinem Gutachten nicht die differentialdiagnostischen Schwierigkeiten auf, denn der Richter will nicht diese hören, sondern er will als Laie belehrt, unterrichtet sein. Denn er ist es ja, der das Urteil fällt, nicht der Arzt. Man spreche sich also klar aus, schildere genau die seelische Struktur des Täters und ihre Zusammenhänge mit der Tat, aber man beschränke sich hierauf. Man greife nicht in irgendein außerpsychologisches Gebiet über, denn dagegen ist der Richter oft mit Recht sehr empfindlich. Bei dem heute im allgemeinen guten Verhältnis zwischen Richter und Sachverständigem wird es dem letzteren kaum als eine Gebietsüberschreitung ausgelegt werden, wenn er sich im geeigneten Falle auch noch darüber äußert, ob dem Angeklagten infolge dieser oder jener Eigenart mildernde Umstände zur Seite stehen. Der Richter wird vielmehr oft dankbar sein, wenn diese Frage erörtert wird, um so mehr, als unser heutiges Gesetz eine verminderte Zurechnungsfähigkeit noch nicht kennt.

Mildernde
Umstände

Der Sachverständige wird zuweilen nach der Verhandlungsfähigkeit einer Person gefragt werden. Eine bindende Definition dieses Begriffes liegt nicht vor. Es empfiehlt sich im Interesse des Angeklagten diesen Ausdruck in weitem Umfange aufzufassen. Nicht jede Leidenschaftsszene im Gerichtssaal, nicht jedes verstockte Insichversunkensein schließt die Verhandlungsfähigkeit aus. Es ist ja fast immer ein Vorteil für den Angeklagten, wenn seine Verhandlung nicht hinausgeschoben, wenn er nicht wieder in Untersuchungshaft zurückgebracht wird, sondern wenn sich sein Schicksal durch den Richterspruch endlich einmal entscheidet. Man wird, ohne zu sehr zu schematisieren, sagen können, daß nur die eigentlichen Psychosen die Verhandlungsfähigkeit vernichten.

Verhand-
lungs-
fähigkeit

Der Arzt wird gelegentlich die Haftfähigkeit zu beurteilen haben. Sie deckt sich in mancher Hinsicht mit der Strafvollzugsfähigkeit. Wenn ein Gefängnis über günstige bauliche Zustände und geeignete Einrichtungen verfügt, kann fast jeder psychisch leicht Erkrankte dort verbleiben. In den großen Landesgefängnissen und Zuchthäusern, die über Irrenabteilungen verfügen, können sogar schwerer Erkrankte mit bewahrt werden. Auch dies liegt im Interesse der Verurteilten, denn wenn sie aus dem Strafvollzuge heraus in eine geschlossene Anstalt überführt werden, so ruht der Strafvollzug, und sie müssen später jene Zeit doch noch abbüßen. Daß Paralysen und Katatonien aus einem geordneten Strafvollzug hinaus und in die Heil- und Pflegeanstalten gehören, ist selbstverständlich.

Haft-
fähigkeit

Es sei noch mit wenigen Worten der einzelnen Delikte gedacht: welche seelischen Abnormitäten zeigen sich besonders häufig bei den Verbrechertypen?

Ver-
brecher-
kategorien

Bei Bettlern und Landstreichern denke man zumal an den psychopathischen Typus des Haltlosen und des „geborenen Vaganten".

Auch viele Imbezille finden sich unter ihnen. Vor allem aber neigen die sogenannten stillen Hebephrenen zu dieser Übertretung. Daß die Schnapssäufer unter ihnen nicht fehlen, ist begreiflich. — (Täter aus Schwäche)[1]).

Bei allen Affektvergehen sind vorzüglich die Trinker beteiligt. Hier forsche man besonders nach den pathologischen Räuschen, nach dem epileptoiden Typus und dem Epileptiker. Auch die reizbaren Psychopathen (die Krakeeler) und die konstitutionell Erregten und erethisch Imbezillen beteiligen sich oft an diesen Vergehen. Handelt es sich um sehr rohe und brutale Taten, so ist an die Delikte verstimmter Epileptiker oder wütender Säufer zu denken. Dasselbe gilt für den Mord aus Rachsucht. — (Täter aus Leidenschaft.)

Bei allen schweren, mit Gewalttätigkeit verbundenen Eigentumsverbrechen (Raubmord, Raub, Einbruch) wird ein Berufsverbrecher der Täter sein (Täter aus Neigung). Und unter diesen überwiegen die rohen brutalen Naturen, die oft dem erethischen Imbezillen nahestehen. Auch viele Epileptoide und Hysteriker finden sich unter ihnen, Männer, die nach der Verhaftung dann gern den wilden Mann spielen, in eine wirkliche Gefängnispsychose verfallen und sich dann trotzdem über den Arzt lustig machen, der sie — ganz mit Recht — in dieser Zeit für geisteskrank hielt[2]).

Bei den Sittlichkeitsverbrechen interessieren besonders die Taten an kleinen Mädchen. Diese Verbrecher sind in sehr großer Zahl alte schwere Säufer, deren sexuelle Erregbarkeit gereizt ist, und die doch zu normaler Befriedigung unfähig geworden sind. Auch Greise finden sich relativ häufig unter jenen Tätern, die sich gegen den § 176 Abs. 3 vergingen. Der Grund hierfür ist wohl einerseits der Umstand, daß im Alter häufig die Sexualität nochmals erwacht, andererseits die Tatsache, daß diese alten Männer kein volljähriges Objekt ihrer Geschlechtsbetätigung mehr finden und daher dazu kommen, sich an Kindern zu vergreifen[3]). — Unter den Exhibitionisten kommen besonders Schwachsinnige und Epileptiker vor. — Es ist heutzutage bei manchen Gutachtern — besonders in Berlin — üblich geworden, allerlei Sexualverbrecher (Fetischisten, Zopfabschneider, Homosexuelle usw.) deshalb als unzurechnungsfähig zu erklären, weil an ihnen oder an ihren Eltern irgendwelche abnormen Züge nachgewiesen werden konnten. Aber ganz abgesehen von dem schon oben besprochenen Unfug, der in foro mit der erblichen Belastung getrieben wird, geht es auch durchaus nicht an, aus irgendwelchen psychopathischen Anlagen die Voraussetzungen des § 51 R.St.G.B. herzuleiten. Selbst wenn z. B. nachgewiesen werden

---

[1]) Unter den Prostituierten sind vor allem Imbezille und haltlose Persönlichkeiten häufig („geborene Prostituierte"). S. S. 78.

[2]) Nur darf man nicht den Fehler begehen, den Geisteszustand zur Zeit der Begehung der Tat mit jenem zur Zeit der Haft oder des Strafvollzuges zu verwechseln. Daß jemand die Haft schlecht verträgt und zu einer Gefängnispsychose neigt, hat mit dem Geisteszustand während der Tat gar nichts zu tun.

[3]) Bei der Begutachtung verbrecherischer Greise ist besondere Sorgfalt geboten. Nicht das Alter allein macht unzurechnungsfähig, sondern nur der Nachweis eines senilen Schwachsinns!

kann, daß sich ein homosexueller Handlungen Beschuldigter von frühester Jugend an niemals zu Mädchen hingezogen fühlte, selbst wenn man also bei ihm eine echte homosexuelle Veranlagung annimmt, kann gar keine Rede davon sein, daß seine freie Willensbestimmung ausgeschlossen ist. Man wird in solchen Fällen vor Gericht zwar nachdrücklich darauf hinweisen, daß in der Anlage des Angeklagten weitgehende psychologische Milderungsmomente gegeben sind; die Voraussetzungen des § 51 wird man aber mit Bestimmtheit verneinen müssen.

Bei allen Gutachten, mögen sie nun die Erwerbsfähigkeit, Geschäftsfähigkeit, Zurechnungsfähigkeit usw. betreffen, vergesse man nie, daß für den zu Begutachtenden viel im Spiele steht, und daß er daher die Neigung hat, den Arzt zu täuschen. Man verlasse sich Simulation niemals auf Autoanamnesen, man versuche alle Angaben nachzuprüfen, und man scheue sich nie, wenn man den psychologischen Zusammenhang für noch nicht genügend geklärt hält, von den Berufsgenossenschaften, Gerichten usw. genau bezeichnete Zeugenaussagen, Akten usw. zu erbitten. Ein genaues Gutachten z. B. über einen Berufsverbrecher wird immer eine sehr große Geduld und Sorgfalt erfordern und eine große Arbeit sein. Handelt man nach diesen Grundsätzen, so wird die Entscheidung, ob es sich um einen geisteskranken oder psychopathischen oder bewußt geistige Störung vortäuschenden (simulierenden) Täter handelt, nur in wenigen Fällen schwer sein. Bei einer einmaligen Untersuchung (z. B. im Gefängnis) wird man freilich häufig nicht zu sicherer Entscheidung kommen können. Zahlreiche Erfahrungen haben ergeben, daß es wenig Simulanten gibt, die geistig vollkommen gesund sind. Meist wuchern sie mit den besonderen Vermögen, die ihnen die Natur mitgab: sie haben tatsächlich allerlei angeborene abnorme Züge (hysterischer, epileptoider usw. Art) und nutzen diese nun noch bewußt aus, um straffrei zu werden. Besonders wenn es ihnen einmal geglückt ist, einen Gutachter insofern hineinzulegen, als er eine hysterische Reaktion nach der Tat für eine echte Psychose hielt, die die Voraussetzungen des § 51 R.St.G.B. ergäbe, versuchen sie diese Methode bei jeder neuen Straftat von neuem anzuwenden. Sicher sind sie dann Schwindler, Simulanten, doch bleiben sie trotzdem Psychopathen. Besonders in den Verbrecherkreisen der großen Städte (zumal in Berlin) ist diese eigenartige Mischung von Simulation und Psychopathie häufig zu finden. Man pflegt sie als verbrecherische Minderwertige zu bezeichnen.

Anhang.

Schema der seelischen Störungen.[1]

I. Angeborene seelische Abnormitäten (Psychopathien).
   A. Abnorme Persönlichkeiten.
      1. Der Debile, Imbezille.
      2. Der Torpide.
      3. Der Erethiker (angeborene manische Verstimmung).
      4. Der geborene Verbrecher.
      5. Der Haltlose (der geborene Vagant, die geborene Prostituierte).
      6. Der Epileptoide.
      7. Der Phantast (Pseudologist).
      8. Der Sensitive (der hysterische Charakter).
      9. Der Hypochonder (angeborene depressive Verstimmung, angeborene Neurasthenie, Psychasthenie).
   B. Abnorme Persönlichkeitsentwicklungen.
      1. Überwertige Ideen, Spleen.
      2. Querulanteneinstellung.
      3. Mißtrauen, Beeinträchtigungswahn (echte Paranoia).
   C. Abnorme Einzelsymptome.
      1. Bettnässen, Pavor nocturnus, Nachtwandeln.
      2. Zwangssymptome, Phobien.
      3. Idiosynkrasien.
      4. Sexuelle Abnormitäten.

II. Angeborene seelische Abnormitäten in ihrer Reaktion auf seelische Erschütterungen (reaktive Psychosen, psychopathische Reaktionen).
   A. Auf langdauernde seelische Schädigungen.
      Erworbene Neurasthenie (Neurose), seelische (nervöse) Erschöpfung.
   B. Auf einmalige seelische Schädigungen.
      1. Erworbene Neurasthenie (Schreckneurose, Unfallsneurose).

---

[1] Man kann die unendliche Mannigfaltigkeit des seelisch Abnormen natürlich in recht verschiedenartige Schemata einordnen, je nach den gewählten Gesichtspunkten. Jedes solcher Schemata ist in sich selbst berechtigt. Für seine Brauchbarkeit wird lediglich seine Übersichtlichkeit entscheiden.

2. Reaktive Psychose (Schreckpsychose, Konfliktpsychose, Situationspsychose, degenerative Psychosen, hysterische Dämmerzustände).
3. Psychogene Einzelsymptome (hysterischer Anfall u. dgl.).

III. Erworbene seelische Störungen (Psychosen, Krankheitsprozesse).

A. Ohne nachweisbare Ursache.
1. Ausreifung einer krankhaften Körperorganisation (innere Vergiftung?).
   a) Manisch-depressives Irresein.
   b) Dementia praecox.
   c) Epilepsie.
   d) Chorea Huntington u. dgl.
2. Rückbildungsvorgänge, Senium.

B. Mit nachweisbarer Ursache.
1. Seelische Störungen als Begleiterscheinungen (symptomatische Psychosen) von endogenen Organerkrankungen.
   a) Bei Urämie, Diabetes, Schwangerschaftsvergiftung, Basedowscher Krankheit und vielleicht bei Chorea minor.
   b) Kretinismus und verwandte Störungen.
2. Seelische Störungen als Begleiterscheinungen äußerer Schädigungen.
   a) Akuter Vergiftung (symptomatische Psychosen).
      Infektionskrankheiten, frische Schübe alter Tuberkulosen, Meningitis, Enzephalitis.
   b) Chronischer Vergiftungen.
      α) mit totem Gift.
         Alkoholismus.
         Morphinismus.
      β) mit lebendem Gift.
         Hirnlues.
         Progressive Paralyse.
         Multiple Sklerose.
   c) Traumata des Gehirns (Hirnerschütterung, Kopfschüsse u. dgl.).
3. Seelische Störungen als Ausdruck von Erschöpfungen, Blutverlusten, Sonnenstich u. dgl.
4. Seelische Störungen als Begleiterscheinungen von organischen Hirnleiden (endogener Art).
   a) Idiotie (Mikrocephalie, Porencephalie u. dgl.).
   b) Hirntumoren.
   c) Arteriosklerose, Blutungen, Erweichungen.

Literatur.

Ich habe hier einige Ratschläge zusammengestellt, die sich ausdrücklich an den praktischen Arzt wenden. Nur selbständig erschienene Arbeiten werden angeführt (keine Zeitschriftenaufsätze).

Lehrbücher.

Wer sich eingehender mit der Psychiatrie, vor allem den „großen Psychosen" beschäftigen will, nehme als allgemeine Lehrbücher zur Hand:

Kraepelin, Emil: Einführung in die psychiatrische Klinik. 4. Aufl. Leipzig, Barth. 1921. 957 S. 3 schmale Bändchen.

— — Psychiatrie. 8. Aufl. Leipzig, Barth. 1909—15. 4 starke Bände (2372 S.).

Bleuler, E.: Lehrbuch der Psychiatrie. Berlin, Julius Springer. 3. Aufl. 1920. 539 S.

Die Kraepelinsche Einführung und der Bleulersche Band sind mehr für den Studenten geschrieben. Die große Kraepelinsche Psychiatrie wendet sich vornehmlich an den Fachmann und ist ein Nachschlagewerk. Wer sich neben der klinisch-ärztlichen Betrachtung des abnormen Seelenlebens noch für die Methodenlehre der Psychopathologie interessiert, wähle Jaspers. Ich selbst bin in dem nachfolgend angeführten kleinen Buche bestrebt, die Psychologie des Abnormen im Rahmen der allgemeinen Psychologie zu behandeln.

Jaspers, Karl: Allgemeine Psychopathologie. Berlin, Julius Springer. 2. Aufl. 1920, 416 S.

Gruhle, Hans W.: Psychologie des Abnormen. München, Reinhardt. 1922. 152 S.

Als Lehrbücher der Neurologie dienen Oppenheim (groß) und Lewandowsky (klein):

Oppenheim, H.: Lehrbuch der Nervenkrankheiten. 6. Aufl. 2 Bde. Berlin, Karger. 1903. 1926 S.

Lewandowsky, M.: Praktische Neurologie für Ärzte. 3. Aufl. Berlin, Julius Springer. 1919. 373 S.

Zeitschriften.

Von vorwiegend psychiatrischen Zeitschriften sei empfohlen:

Zeitschrift für die gesamte Neurologie und Psychiatrie. Herausgegeben von Förster, Gaupp, Spielmeyer. 1922 der 74. Band. Berlin, Julius Springer.

Monatsschrift für Neurologie und Psychiatrie. Herausgegeben von Bonhoeffer. 1922 der 51. Band. Berlin, Karger.

Von rein neurologischen Zeitschriften sei genannt:

Deutsche Zeitschrift für Nervenheilkunde. Herausgegeben von Strümpell. 1922 der 61. Band. Leipzig, Vogel.

Über die gesamte Literatur des In- und Auslandes referiert das

Zentralblatt für die gesamte Neurologie und Psychiatrie. Herausgegeben von Mendel und Spielmeyer. 1922 der 28. Band. Berlin, Julius Springer.

Zur Diagnostik

besonders zu empfehlen im allgemeinen:

Koch, Richard: Die ärztliche Diagnose. 2. Aufl. Wiesbaden, Bergmann. 1020. 206 S.

im besonderen:

Bumke, Oswald: Die Diagnose der Geisteskrankheiten. Wiesbaden, Bergmann. 1919. 657 S.

Gregor, Adalbert: Lehrbuch der psychiatrischen Diagnostik. Berlin, Karger. 1914. 240 S.

Plaut-Rehm-Schottmüller, Leitfaden zur Untersuchung der Cerebrospinalflüssigkeit. Jena, Fischer. 1913. 150 S.

Aus der **speziellen Psychiologie** ist dem Arzt zu empfehlen:

Offner, Max: Das Gedächtnis. Berlin, Reuther u. Reichard. 1909. 238 S. (Nur für den theoretisch Interessierten.)

Ziehen, Theodor: Die Prinzipien und Methoden der Intelligenzprüfung. 3. Aufl. Berlin, Karger. 1911. 94 S.

Stern, William: Die Intelligenzprüfung. 2. Aufl. Leipzig, Barth. 1916. 175 S. (Nur für den theoretisch Interessierten.)

Freud, Sigmund: Die Traumdeutung. 6. Aufl. Wien, Deuticke. 1921. 478 S. und die kleinere Schrift desselben Verfassers: Der Traum. Wiesbaden, Bergmann. 1911. 44 S.

— — Zur Psychopathologie des Alltagslebens. 7. Aufl. Wien, Psychoanalyt. Verlag. 1907. 232 S.

Zum Thema der **Psychopathien**

sei des etwas altmodischen, aber wegen der Fülle der Beobachtungen noch immer lesenswerten Buches von Koch gedacht:

Koch, J. L. A.: Die psychopathischen Minderwertigkeiten. Ravensburg, O. Meier. 1891/92. 427 S.

Von neueren Schriftstellern:

Pelmann, Karl: Psychische Grenzzustände. 4. Aufl. Bonn, Cohen. 1921. 320 S.

Birnbaum, Karl: Über psychopathische Persönlichkeiten. Wiesbaden, Bergmann. 1909. 88 S.

Zur **Idiotie und Imbecillität:**

Kalender für heilpädagogische Schulen und Anstalten in Deutschland, Österreich-Ungarn, der Schweiz, den nordischen Staaten und Amerika. Begründet 1905 von Scheffer, herausgeg. von Frenzel-Schwenk-Meltzer. 8. Jahrg. 1912/13. Halle, Marhold. 232 S.

Zeitschrift für die Behandlung Schwachsinniger (ehemalige Schröterssche Zeitschrift). 1922 ist 42. Jahrg. Halle, Marhold.

Zeitschrift für die Erforschung und Behandlung des jugendlichen Schwachsinns auf wissenschaftlicher Grundlage. Jena, Fischer. Bd. 8. 1920. Die erste dieser beiden Zeitschriften ist populär, die zweite wissenschaftlich.

Fuchs, Arno: Schwachsinnige Kinder. 2. Aufl. Gütersloh, Bertelsmann. 1912. 526 S.

Zum **Degenerationsproblem** und zur **Vererbung:**

Bumke, Oswald: Über nervöse Entartung. Berlin, Julius Springer. 1912. 120 S.

Hildebrandt, Kurt: Norm und Entartung des Menschen. Dresden, Sibyllenverlag. 1920. 293 S.

Rüdin, Ernst: Studien über Vererbung und Entstehung geistiger Störungen. Berlin, Julius Springer. Bisher 3 Hefte.
1. Heft 1916. 172 S.
2. Heft 1921. 234 S.
3. Heft 1921. 149 S.

Zur **Hysterie** und **Psychasthenie:**

Lewandowsky, M.: Die Hysterie. Berlin, Julius Springer. 1914. 192 S.

Gaspero, H. di: Hysterische Lähmungen. Berlin, Julius Springer. 1912. 174 S.

Janet, P.: Les obsessions et la psychasthénie. Paris, F. Alcan. 1903. 2 Bde. 1307 S. (Nur für eingehende Studien geeignet.)

— — L'État mental des hystériques. 2. Aufl. Paris, F. Alcan. 1911. 708 S.

Zur **Neurasthenie** und den **Neurosen:**

Dubois, Paul: Pathogenese der neurasthenischen Zustände. Leipzig, Barth. 1909. 36 S.

Veraguth, Otto: Neurasthenie. Berlin, Julius Springer. 1910. 156 S.

Naegeli, O.: Unfalls- und Begehrungsneurosen. Stuttgart, Enke. 1917. 201 S.

Kugler, Emil: System der Neurose. Berlin-Wien, Urban u. Schwarzenberg. 1922. 188 S.

Liebermeister, G.: Über die Behandlung von Kriegsneurosen. Halle, Marhold. 1917. 75 S.

Bloch, J.: Das Sexualleben unserer Zeit. Berlin, Marcus. 10. Aufl. 1919.

Löwenfeld, L.: Sexualleben und Nervenleiden. Wiesbaden, Bergmann. 5. Aufl. 1914. 503 S.

Auerbach, Sigmund: Der Kopfschmerz. Berlin, Julius Springer. 1912. 132 S.

Zu den Zwangsphänomenen:

Löwenfeld, L.: Die psychischen Zwangserscheinungen. Wiesbaden, Bergmann. 1904. 568 S.

Bumke, Oswald: Was sind Zwangsvorgänge? Halle, Marhold. 1906. 45 S.

Friedmann, Max: Über die Natur der Zwangsvorstellungen und ihre Beziehungen zum Willensproblem. Wiesbaden, Bergmann. 1920. 102 S.

Zur Psychopathologie des Kindes und Pubertätsalters:

Hermann, Grundlagen für das Verständnis krankhafter Seelenzustände (psychopathischer Minderwertigkeiten) beim Kinde. Langensalza, Beyer. 1910. 67 S.

Klieneberger, Otto: Über Pubertät und Psychopathie. Wiesbaden, Bergmann. 1914. 59 S.

Mönkemöller: Die Psychopathologie der Pubertätszeit. Langensalza, Beyer. 1912. 29 S.

Bruns, Ludwig: Die Hysterie im Kindesalter. 2. Aufl. Halle, Marhold. 1906. 85 S.

Bühler, Charlotte: Das Seelenleben des Jugendlichen. Jena, Fischer. 1922. 103 S.

Stier, Ewald: Wandertrieb, und pathologisches Fortlaufen bei Kindern. Jena, Fischer. 1913. 135 S.

Eger, J., u. Heitmann: Die Entwicklungsjahre. Leipzig, Eger. 1912. (Eine Sammlung kleiner Schriften.)

Strohmayer, Wilhelm: Vorlesungen über die Psychopathologie des Kindesalters. Tübingen, Laupp. 1910. 303 S.

Zum
Zusammenhange von seelischer Abnormität und sozialem Verfall (Verbrechen):

Wilmanns, Karl: Zur Psychopathologie des Landstreichers. Leipzig, Barth. 1906. 418 S. (Nur für eingehende Studien.)

Stelzner, Helene Friderike: Die psychopathischen Konstitutionen und ihre soziologische Bedeutung. Berlin, Karger. 1911. 249 S.

Gruhle, Hans W.: Die Ursachen der jugendlichen Verwahrlosung und Kriminalität. Berlin, Julius Springer. 1912. 454 S. (Nur für eingehende Studien.)

Wilmanns, Karl: Über Gefängnispsychosen. Halle, Marhold. 1908. 65 S.

Birnbaum, Karl: Psychosen mit Wahnbildung und wahnhafte Einbildung bei Degenerativen. Halle, Marhold. 1908. 227 S.

    Kriminalpsychopathologie. Berlin, Julius Springer. 1921. 214 S.

— — Die psychopathischen Verbrecher. Berlin, Langenscheidt. 1914. 568 S.

Schneider, Kurt: Studien über Persönlichkeit und Schicksal eingeschriebener Prostituierter. Berlin, Julius Springer. 1921. 229 S.

Hoppe, Hugo: Alkohol und Kriminalität. Wiesbaden, Bergmann. 1906. 208 S.

Zur forensischen Tätigkeit:

Aschaffenburg, Gustav: Das Verbrechen und seine Bekämpfung. 2. Aufl. Heidelberg, Winter. 1906. 277 S.

Pollitz, P.: Die Psychologie des Verbrechers. Leipzig, Teubner. 1909. 148 S.

Als großes Lehrbuch der forensischen Psychologie sei empfohlen:

Hoche, H.: Handbuch der gerichtlichen Psychiatrie. 2. Aufl. Berlin, Hirschwald. 1909. 787 S.

Zum Selbstmord:

Gaupp, Robert: Über den Selbstmord. München, Verlag der ärztl. Rundschau. 1910. 22 S.

Eulenburg, A.: Schülerselbstmorde. Berlin, H. Walther. 1907. 31 S.

Stelzner, Helene Friderike: Analyse von 200 Selbstmordfällen. Berlin, Karger. 1906. 124 S.

Placzek: Selbstmordverdacht und Selbstmordverhütung. Leipzig, Thieme. 1915. 272 S.

Redlich, E., u. Lazar, E.: Über kindliche Selbstmörder. Berlin, Julius Springer. 1914. 90 S.

Zur **Beziehung der Psychopathologie zur Kulturgeschichte**:

Birnbaum, Karl: Psychopathologische Dokumente. Berlin, Julius Springer.
    1920. 322 S.
Hellpach, Willy: Die geistigen Epidemien. Frankfurt a. M., Rütten u. Loe-
    ning. 1906. 101 S.
Bechterew, W. von: Die Bedeutung der Suggestion im sozialen Leben.
    Wiesbaden, Bergmann. 1905. 142 S.
Hansen, Joseph: Zauberwahn, Inquisition und Hexenprozeß im Mittelalter.
    München, Oldenbourg. 1900. 538 S.
Lehmann, Alfred: Aberglaube und Zauberei, übersetzt von Petersen.
    Stuttgart, Enke. 1898. 556 S.
Stoll, Otto: Suggestion und Hypnotismus in der Völkerpsychologie. 2. Aufl.
    Leipzig, Köhler. 1904.

Zum Thema der **Psychosen**:

Symptomatische Psychosen:
    Bonhoeffer, K.: Die symptomatischen Psychosen im Gefolge von akuten
        Infektionen und inneren Erkrankungen. Leipzig-Wien, Deuticke. 1910.
        139 S.
Alkoholismus:
    Bonhoeffer, K.: Die akuten Geisteskrankheiten der Gewohnheitstrinker.
        Jena, Fischer. 1901. 226 S.
    Gaupp, R.: Die Dipsomanie. Jena, Fischer. 1901. 161 S.
Epilepsie:
    Binswanger, Otto: Die Epilepsie. Wien-Leipzig, Hölder. 2. Aufl. 1913.
        548 S.
    Gowers, William: Das Grenzgebiet der Epilepsie. Leipzig-Wien, Deuticke.
        1908.
Paralyse:
    Hoche, A.: Die Frühdiagnose der progressiven Paralyse. Halle, Marhold.
        1896. 44 S.
    Obersteiner, H.: Die progressive allgemeine Paralyse. Wien-Leipzig, Hölder.
        1908. 217 S.
Schizophrenie:
    Bleuler, E.: Dementia praecox oder Gruppe der Schizophrenien. Leipzig-
        Wien, Deuticke. 1911. 420 S.

Zur **Psychotherapie**:

Schultz, J. H.: Die seelische Krankenbehandlung. (Psychotherapie.) 2. Aufl.
    Jena, Fischer. 1920. 323 S.
Dubois, Paul: Die Psychoneurosen und ihre seelische Behandlung. Bern,
    Francke. 1905. 459 S.
Hirschlaff, Leo: Hypnotismus und Suggestivtherapie. 3. Aufl. Leipzig,
    Barth. 1921. 320 S.
Heller, Th.: Pädagogische Therapie für Ärzte. Berlin, Julius Springer.
    1914. 223 S.
Gaupp-Goldscheider-Faust, Über Wesen und Behandlung der Schlaf-
    losigkeit. Wiesbaden, Bergmann. 1914. 112 S.
Freud, Sigmund: Vorlesungen zur Einführung in die Psychoanalyse. 3. Aufl.
    Wien, Psychoanalyt. Verlag. 1916. 553 S.
Internationale Zeitschrift für ärztliche Psychoanalyse. Herausgegeben von
    Sigm. Freud. Leipzig-Wien, Internat. psychoanalyt. Verlag. 1921. 7. Bd.
Zur Berufsberatung:
    Lipmann, Otto: Psychologische Berufsberatung. Berlin, Karl Heymann.
        2. Aufl. 1921. 30 S.
Bei der Einführung von Pflegepersonal in psychiatrische Gedankengänge:
    Haymann, Hermann: Lehrbuch der Irrenheilkunde für Pfleger und Pflege-
        rinnen. Berlin, Julius Springer. 1922. 148 S.

Sachverzeichnis.

Die Ursachen der jugendlichen Verwahrlosung und Kriminalität.
Studien zur Frage: Milieu oder Anlage. Von Dr. **Hans W. Gruhle** in Heidelberg. Mit 23 Abbildungen im Text und 1 farbigen Tafel. Abhandlungen aus dem Gesamtgebiete der Kriminalpsychologie (Heidelberger Abhandlungen), herausgegeben von Geh. Hofrat Professor Dr. K. v. Lilienthal, Professor Dr. F. Nissl †, Professor Dr. S. Schott, Professor Dr. K. Wilmanns. Heft I. 1912. Preis M. 18.—

Verbrechertypen.
Von Dr. **Hans W. Gruhle** und Dr. **Albrecht Wetzel** in Heidelberg.

I. Band, 1. Heft. **Geliebtenmörder.** Von Dr. **Albrecht Wetzel** und Professor Dr. **Karl Wilmanns** in Heidelberg. 1913. Preis M. 2.80

I. Band, 2. Heft. **Säufer als Brandstifter.** Von **H. W. Gruhle** und **K. Wilmanns** in Heidelberg und **G. L. Dreyfus** in Frankfurt a. M. Mit 1 Tafel. 1914. Preis M. 3.20

I. Band, 3. Heft. **Zur Psychologie des Massenmordes.** Hauptlehrer Wagner von Degerloch. Eine kriminalpsychologische und psychiatrische Studie von Professor Dr. **R. Gaupp** in Tübingen nebst einem Gutachten von Geh. Med.-Rat Professor Dr. **R. Wollenberg** in Straßburg i. E. Mit 1 Textfigur und 1 Tafel. 1914. Preis M. 6.—

Lehrbuch der Psychiatrie.
Von Dr. **E. Bleuler**, o. Professor der Psychiatrie an der Universität Zürich. Dritte Auflage. Mit 51 Textabbildungen. 1920. Preis M. 36.—; gebunden M. 44.—

Allgemeine Psychopathologie
für Studierende, Ärzte und Psychologen. Von Dr. med. **Karl Jaspers**, a. o. Professor der Philosophie an der Universität Heidelberg. Zweite, neubearbeitete Auflage. 1920.
Preis M. 28.—

Psychopathologische Dokumente.
Selbstbekenntnisse und Fremdzeugnisse aus dem seelischen Grenzlande. Von **Karl Birnbaum.** 1920.
Preis M. 42.—; gebunden M. 49.—

Psychiatrische Familiengeschichten.
Von Dr. **J. Jörger**, Direktor der graubündnerischen Heilanstalt Waldhaus bei Chur. 1919. Preis M. 6.40

Kultur und Entartung.
Von Geh. Medizinalrat Professor Dr. **O. Bumke** in Leipzig. Zweite, umgearbeitete Auflage. Erscheint im Sommer 1922

Vererbung und Seelenleben.
Einführung in die psychiatrische Konstitutions- und Vererbungslehre. Von Dr. **Hermann Hoffmann,** Privatdozent an der Universitätsklinik für Gemüts- und Nervenkrankheiten in Tübingen. Mit 104 Textabbildungen und 2 Tabellen. 1922.
Preis etwa M. 186.—; gebunden etwa M. 237.—

Hierzu Teuerungszuschläge